浙江智库 ZHEJIANG THINK TANK　浙江省经济信息中心 ZHEJIANG ECONOMIC & INFORMATION CENTRE
·省新型重点专业智库·

BLUE BOOK FOR ZHEJIANG PROVINCE'S ACTIONS ON RESPONDING TO CLIMATE CHANGE AND LOW-CARBON DEVELOPMENT（2023）

浙江省应对气候变化和低碳发展蓝皮书（2023）

黄　炜　王　诚　肖相泽　邬梦晓俊　著

中国环境出版集团·北京

图书在版编目（CIP）数据

浙江省应对气候变化和低碳发展蓝皮书 . 2023：汉文、英文 / 黄炜等著 . —北京：中国环境出版集团，2024.5

ISBN 978-7-5111-5863-5

Ⅰ. ①浙…　Ⅱ. ①黄…　Ⅲ. ①气候变化—关系—低碳经济—区域经济发展—研究报告—浙江—2023—汉、英
Ⅳ. ①P467 ②F127.55

中国国家版本馆 CIP 数据核字（2024）第 098587 号

出 版 人　武德凯
责任编辑　刘梦晗
封面设计　光大印艺

出版发行　中国环境出版集团
（100062　北京市东城区广渠门内大街 16 号）
网　　址：http：//www.cesp.com.cn
电子邮箱：bjgl@cesp.com.cn
联系电话：010-67112765（编辑管理部）
010-67175507（第六分社）
发行热线：010-67125803，010-67113405（传真）

印　　刷　北京中科印刷有限公司
经　　销　各地新华书店
版　　次　2024 年 5 月第 1 版
印　　次　2024 年 5 月第 1 次印刷
开　　本　787 × 1092　1/16
印　　张　37.75
字　　数　800 千字
定　　价　388.00 元

著作组

浙江省经济信息中心著作组

黄　炜	王　诚	肖相泽	邬梦晓俊	张天佑
俞明东	吴海泽	王希莉	郦依洒	吕　希
林　朗	叶津宏	王逸伦	张虹影	孙雪城
杜伟杰	鲁艺冰	李天仪	杨元一	张　伟

参与著作人员（按姓氏拼音字母排序）

柴麒敏　国家应对气候变化战略研究和国际合作中心战略规划部主任

李浩铭　中国国际工程咨询有限公司资环部气候应对处高级工程师

李继峰　国务院发展研究中心资环所气候政策研究所气候政策研究室主任

刘海燕　国家应对气候变化战略研究和国际合作中心市场机制研究部（CDM）项目减排交易机制研究室主任

木其坚　中国国际工程咨询有限公司资环部气候应对处处长

唐　玮　大成律师事务所合伙人

田智宇　中国宏观经济研究院能源研究所可持续中心主任

王　克　中国人民大学生态环境学院教授

王艳华　中国人民大学生态环境学院博士后

项燕彪　中国人民银行浙江省分行博士

俞　敏　国务院发展研究中心资环所气候政策研究所副研究员

于胜民　国家应对气候变化战略研究和国际合作中心市场机制研究部（清洁发展机制项目管理中心）副主任

赵　盟　中国宏观经济研究院能源研究所可持续中心副主任

WRITING GROUP

Zhejiang Economic & Information Center Writing Group

Huang Wei	Wang Cheng	Xiao Xiangze	Wu Mengxiaojun
Zhang Tianyou	Yu Mingdong	Wu Haize	Wang Xili
Li Yisa	Lyu Xi	Lin Lang	Ye Jinhong
Wang Yilun	Zhang Hongying	Sun Xuecheng	Du Weijie
Lu Yibing	Li Tianyi	Yang Yuanyi	Zhang Wei

Participating Authors(Sort by Surname in Alphabetical Order)

Chai Qimin	Director of the Department of Strategic Planning in National Center for Climate Change Strategy and International Cooperation
Li Haoming	Senior Engineer in the Climate Change Division within the Resource and Environment Industry Department at China International Engineering Consulting Corporation
Li Jifeng	Director of the Climate Policy Research Office at the Climate Policy Research Institute, Institute of Resource and Environmental Policy, Development Research Centre of the State Council
Liu Haiyan	Director of the Clean Development Mechanism (CDM) Project Emission Reduction Trading Mechanism Research Office, Market Mechanism Research Department, China's National Center for Climate Change Strategy and International Cooperation
Mu Qijian	Director of the Climate Change Division within the Resource and Environment Industry Department at China

	International Engineering Consulting Corporation
Tang Wei	Partner of Dentons Law Offices
Tian Zhiyu	Director of the Sustainable Development Center, Energy Research Institute of Chinese Academy of Macroeconomic Research
Wang Ke	Professor of the School of Environment & Natural Resources, Renmin University of China
Wang Yanhua	Postdoctoral Student of the School of Environment & Natural Resources, Renmin University of China
Xiang Yanbiao	Doctor, People's Bank of China (Zhejiang Provincial Branch)
Yu Min	Associate Research Fellow of the Climate Policy Research Institute, Institute of Resource and Environmental Policy, Development Research Centre of the State Council
Yu Shengmin	Deputy Director of the Market Mechanism Research Department (Clean Development Mechanism Project Management Center), China's National Center for Climate Change Strategy and International Cooperation
Zhao Meng	Deputy Director at the Sustainable Development Center, Energy Research Institute of Chinese Academy of Macroeconomic Research

序言

当前，绿色低碳转型已成为全球共识，世界各国都在积极制定绿色转型战略、低碳政策规划、绿色金融计划等，不断引导推动绿色低碳技术创新与产业发展，抢占绿色经济发展制高点。2024 年 2 月，习近平总书记在主持二十届中共中央政治局第十一次集体学习时指出，绿色发展是高质量发展的底色，新质生产力本身就是绿色生产力。这一重大论断表明，绿色既是新质生产力自身的鲜明特征，也是发展新质生产力的根本导向，更是发展新质生产力的必然结果。我们必须坚持绿色发展这一重大原则和根本导向，将绿色低碳要求贯穿高质量发展的全过程和各方面，扎实推进碳达峰碳中和行动，加快构建绿色低碳循环经济体系，推动经济社会发展全面绿色转型。

作为习近平生态文明思想的重要发源地和率先实践地，2023 年，浙江省坚定不移践行“绿水青山就是金山银山”理念，扎实推进能源、工业、建筑、交通等重点领域绿色低碳转型，加速绿色技术创新转化，启动实施绿色低碳发展和能源保供稳价工程。在全国率先启动绿色低碳转型立法，积极开展碳排放双控先行探索，并成功获批被列入国家先行探索省份，杭州、湖州两地被列入国家首批碳达峰试点城市，3 个项目入选国家第一批绿色低碳先进技术示范项目清单。在绿色转型强劲需求带动下，浙江相关行业绿色创新能力和产业实力大幅提升，全省实施“尖兵”“领雁”攻关项目 40 余项，建有“双碳”领域国家重点实验室 5 家；新能源汽车、锂电池、光伏“新三样”产品出口同比增长 11%，成为推动经济高质量发展的重要力量。

《浙江省应对气候变化和低碳发展蓝皮书（2023）》由浙江省经济信息中心牵头编写，旨在总结浙江省应对气候变化和绿色低碳发展实践经验，找寻发展新质生产力、促进经济社会发展全面绿色转型路径，以期助力浙江加快推动能耗双控向碳排放双控转变，在全国范围下好“先手棋”、当好“排头兵”。全书系统梳理了 2023 年浙江全省推动应对气候变化探索实践，对县域低碳高质量发展进行科学评估，发掘了领域、区域绿色低碳发展典型案例；聚焦能耗双控向碳排放双控转变这一重大制度安排，从碳预算管理、项目碳排放评价、产品碳足迹、科技创新和转型金融等方面进行专题研究，同时聚焦“双碳”立法、碳关税、碳定价机制等领域，开展前瞻分析。本书是对浙江应对气候变化和低碳发展的客观记录、系统总结，可为全国其他地区提供有益参考和借鉴。

当前，我国已经进入实现碳达峰目标的关键攻坚期，承担着积极稳妥实现碳达峰历史性任务和为推进碳中和奠定坚实基础的双重任务，也面临着逆全球化趋势下气候问题政治化、经济复苏进程中节能降耗困难加重、生态环境质量实现根本好转的基础仍需稳固等多重挑战，必须加快推动经济社会发展全面绿色转型，统筹塑造绿色发展新优势和控制碳排放。特别是如何加快推进碳排放“双控”制度落地、如何高质量建设新型能源体系、如何更好应对国际碳关税、碳壁垒等一系列关键问题，仍需深入探索、加快突破。在这一进程中，期待浙江更好发挥中国式现代化先行者作用，聚力攻坚克难、先行探索突破，为全国绿色发展贡献更多浙江智慧，也殷切期盼学界同仁共同努力，深化重点、难点问题的专业研究，更好发挥智力支撑作用，为实现“双碳”战略目标作出应有贡献。

中国工程院院士、浙江工业大学校长

2024 年 5 月于杭州

PREFACE

Currently, there is a global consensus on the transition to green and low-carbon development. Countries worldwide are actively developing strategies for green transition, creating plans for low-carbon policies, and formulating green finance initiatives, while continuously guiding and promoting innovation and industrial development in green and low-carbon technologies to secure a leading position in green economy. In February, 2024, Chinese President Xi Jinping, presiding over the 11th group study session of the 20th Political Bureau of the CPC Central Committee, emphasized that "green development is the base color of high-quality development, and new quality productive forces are inherently green". This significant statement highlights that "green" not only characterizes new quality productive forces but also serves as the fundamental direction for such kind of development, representing an inevitable outcome of advancing these forces. Accordingly, we should uphold the essential principles and fundamental direction of green development, integrate green and low-carbon requirements throughout the entire process and all facets of high-quality development, and robustly advocate for measures to peak carbon emissions and achieve carbon neutrality, thus expediting the establishment of a green and low-carbon circular economy system and driving comprehensive green transition of socioeconomic development.

In 2023, Zhejiang Province, as a birthplace and forerunner of President Xi's ecological civilization ideology, steadfastly embraced the ethos that "lucid waters and lush mountains are invaluable assets". The province vigorously promoted the transition to green and low-carbon development across key sectors such as energy, industry, construction, and transportation. It accelerated the innovation and market application of green technologies, launched initiatives for green and low-carbon development, and undertook projects to ensure stable energy supply and prices. Zhejiang led the nation in enacting legislation for green and low-carbon transition, actively exploring dual control over the amount and intensity of carbon emissions, and securing approval as a pilot province for national dual-control experimentation. Hangzhou and Huzhou were among the first batch of cities designated as national pilot cities for peaking carbon emissions, and three projects were included in the inaugural set of national demonstration projects for advanced green and low-carbon technologies. Fueled by robust demand for green transition, Zhejiang's associated industries markedly enhanced their capacity for green innovation and industrial prowess. The province implemented over 40 "Pioneer" and "Leading Goose" R&D programs and established five national key laboratories in carbon peaking and carbon neutrality. Exports of new energy vehicles, lithium-ion batteries, and photovoltaic products, collectively known as the "new three", grew by 11% compared to the previous year, emerging as a key force fostering high-quality economic development.

The *Blue Book For Zhejiang Province's Action on Responding to Climate Change and Low-Carbon Development (2023)* is compiled, led by the Zhejiang Economic & Information Center, to introduce Zhejiang Province's practical experience in addressing climate change and promoting green and low-carbon development. Meanwhile, the book seeks to identify new quality productive forces and facilitate a comprehensive green transition of socioeconomic development, so as to expedite Zhejiang's transition from dual control over the amount and intensity of energy consumption to dual control over the amount and intensity of carbon emissions and establish national leadership in this field. The book offers a systematic review of the exploration and implementation of climate change response throughout the province in 2023. It also presents scientific evaluations of low-carbon and high-quality development at the county level and delves into typical cases of green and low-carbon development across various fields and regions. The focus is on the significant institutional arrangement of transitioning from dual control over the amount and intensity of energy consumption to dual control over the amount and intensity of carbon emissions. This includes specialized studies from diverse perspectives such as carbon budget management, project carbon emission assessment, product carbon footprint, scientific and technological innovation, and transition finance.

Moreover, the book makes forward-looking analysis in areas such as carbon peaking and carbon neutrality legislation, carbon tariffs, and carbon pricing mechanisms. In doing so, it provides an objective record and systematic summary of Zhejiang's actions on responding to climate change and low-carbon development, serving as a valuable reference for other regions across China.

China is currently in a critical phase of reaching the peak carbon emissions goal, as it takes on the historic task of achieving peak carbon emissions actively and steadily while laying a solid foundation for advancing carbon neutrality. The country is also confronted with several challenges, including the politicization of climate issues amid deglobalization, obstacles to energy conservation and consumption reduction during economic recovery, and the essential need to establish a stable foundation for substantial improvements in ecological and environmental quality. It is therefore crucial to expedite the comprehensive green transition of socioeconomic development, coordinate the development of new advantages in green initiatives, and manage carbon emissions. Specifically, there is a need to explore and accelerate breakthroughs in key areas, such as speeding up the implementation of dual control over the amount and intensity of carbon emissions, establishing a high-quality new energy system, and effectively addressing international carbon tariffs and barriers. During this process, it is hoped that Zhejiang will assume a leading role in China's modernization, concentrating efforts on overcoming challenges, pioneering exploration and breakthroughs, and contributing more wisdom to the nation's green development. Moreover, it is anticipated that the academic community will collaborate to deepen professional research on pivotal and complex issues, enhance intellectual support, and make significant contributions towards achieving the carbon peaking and carbon neutrality goals.

Academician of the Chinese Academy of Engineering and
President of Zhejiang University of Technology
May 2024, Hangzhou

目录

CATALOGUE

第一部分 综合评价

第二部分 领域行动

第三部分 区域行动

第四部分 专项创新

第五部分 研究专论

PART ONE

COMPREHENSIVE EVALUATION

PART TWO

SECTOR ACTIONS

PART THREE

REGIONAL ACTIONS

第一部分　综合评价

浙江省应对气候变化和低碳发展战略与实践

2023年，是全面贯彻党的二十大精神的开局之年，是三年新冠疫情防控转段后经济恢复发展的一年。这一年，首个全国生态日主场活动在浙江湖州举行，习近平总书记作出“以‘双碳’工作为引领，推动能耗双控逐步转向碳排放双控，持续推进生产方式和生活方式绿色低碳转型”的重要指示，推动“双碳”工作进入新阶段。浙江也始终以生态文明建设先行示范的发展自觉，积极推进应对气候变化和低碳发展，碳达峰碳中和“1+N+X”政策体系更加完善，产业结构和能源结构得到大幅改善，科技创新能力有效提升，打造了首届碳中和亚运会，成功列入国家碳排放双控先行探索省。本文希望通过总结过去一年浙江在应对气候变化和低碳发展方面的主要进展，分析浙江低碳发展实践经验和有效模式，以期为全国其他省份开展相关工作提供有效借鉴。

一、积极开展减缓气候变化行动

2023年，浙江省持续完善碳达峰碳中和政策体系，全力推动重点领域绿色低碳转型和绿色技术创新，在能源、工业、建筑、交通、碳汇、居民生活等领域实施了一系列减缓温室气体的政策和行动，相关工作取得了积极进展。

（一）能源绿色低碳发展变革提速

1. 大力发展非化石能源

持续推进“风光倍增”工程建设，截至2023年年底，浙江省光伏累计并网装机容量达到3 357万kW，提前两年零五个月实现“十四五”时期“风光倍增”工程目标。抽水蓄能电站加快建设，宁海、缙云等15个在建项目加快推进，庆元、乌溪江、紧水滩和柯城4座抽水蓄能电站完成核准并开工。不断优化电力装机结构，2023 年，浙江第四个核电基地（金七门核电一期工程）获国务院核准，全省可再生能源发电装机首次超越煤电装机。截至 2023 年年底，浙江省可再生能源电力装机超 5 600 万 kW，占比由 2020 年的 39.7% 提升至 2023 年的 43.0%；火电（不含生物质发电）装机占比由 2020 年的 60.3% 下降至 2023 年的 38.5%，在华东“四省一市”中，仅高于福建，低于江苏、安徽和上海（图 1-1-1、图 1-1-2）。

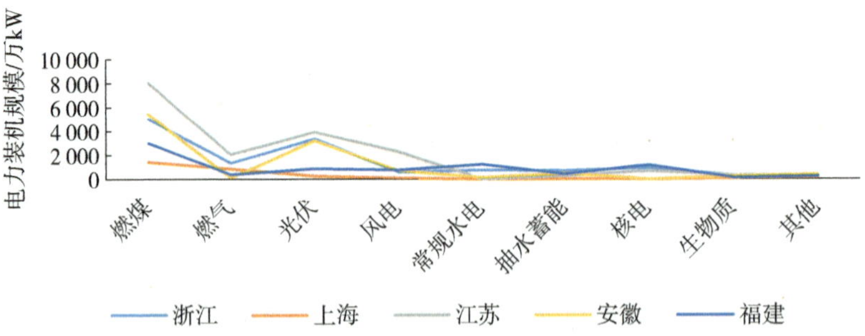

图 1-1-1 2023 年华东“四省一市”电力装机规模

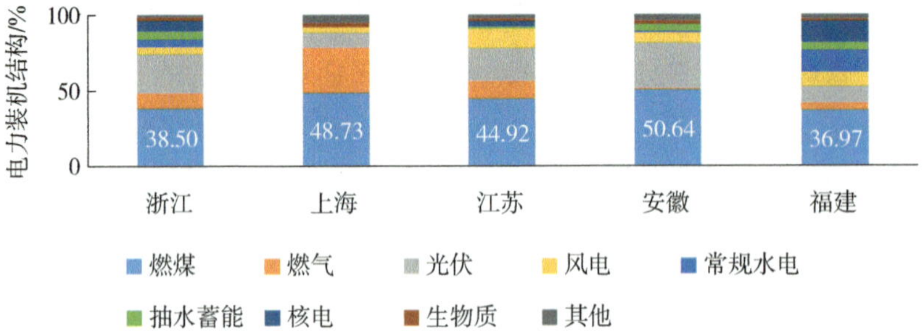

图 1-1-2 2023 年华东“四省一市”电力装机结构

2. 全力提高化石能源清洁利用水平

持续推动煤电行业实施节能降耗改造、灵活性改造和供热改造“三改联动”，累计改造煤电机组 8 台，全部统调机组具备深度调峰能力。加快天然气基础设施支撑能力建设，2023 年，完成西二线诸暨站、川一线湖州站等国家干线下载点改造，国家干线下载能力达新高；温州 LNG 接收站投产运行，全省 LNG 接收能力达 1 600 万 t/a。

3. 着力推进节能降耗和资源优化配置

积极推广节能低碳技术和装备，推动工业、建筑业、交通运输业等领域加强节能管理，探索先行落地绿证抵扣能耗政策，2023 年，扣除原料用能、可再生能源及国家单列项目能耗后，全省能耗强度下降，预计可完成年度目标。聚焦纺织、建材、黑色、有色、化工、造纸、化纤七大重点行业、4 000 余家重点企业，全面推开能效诊断与用能预算化管理，2023 年累计完成 1 127 家能效诊断工作任务，实现高耗能行业千吨以上重点企业用能预算管理全覆盖（图 1–1–3）。

图 1-1-3　2023 年 4 月 12 日浙江省重点行业企业能效诊断工作动员会暨培训会在杭州召开

（二）产业结构优化升级步伐加快

1. 持续推进传统制造业低碳化改造

深入实施“腾笼换鸟、凤凰涅槃”行动，持续深化亩均效益综合评价改革，通过兼并重组、整体腾退等方式，完成 7 545 家高耗低效企业整治提升。大力开展重点项目节能降碳技术改造，完成 98 项省级重点项目节能降碳技改。实施中小企业数字化赋能专项行动，加强数字技术和先进制造技术的融合发展，梯次建设未来工厂 52 家、智能工厂 263 家及数字化车间 338 家。

2. 全面推进绿色低碳新兴产业发展

深入实施数字经济创新提质“一号发展工程”，聚焦“415X”先进制造业集群培育，在全国率先探索“核心区 + 协同区”的产业集群培育创新机制，遴选 35 个核心区和 53 个协同区，杭州数字安防、宁波磁性材料、宁波绿色石化及温州乐清电气入选国家先进制造业集群。持续做优做强集成电路、数字安防和网络通信等特色产业集群，2023 年浙江省数字经济核心产业增加值为 9 867 亿元，较上年同期增长 10.1%。

专栏 1 浙江省“415X”先进制造业集群

“415X”代表“4 个万亿级产业集群、15 个千亿级产业集群、X 个百亿级新星产业集群和三十个未来产业先导区”的梯度产业体系，是“浙江制造”的升级版，是浙江发展新质生产力的主要载体。

“4”是指重点发展新一代信息技术、高端装备、现代消费与健康、绿色石化与新材料等 4 个万亿级世界级先进产业集群。

“15”为数字安防与网络通信、集成电路、智能光伏、高端软件、节能、新能源汽车、零部件等 15 个千亿级特色产业集群。

“X”是指重点聚焦“互联网 +”、生命健康、新材料三大科创高地等前沿领域，重点培育若干高成长性百亿级“新星”产业集群。

3. 加快构建绿色制造体系

浙江印发《浙江省绿色低碳供应链管理企业建设评价导则（2023 版）》，研究制定《浙江省零碳（近零碳）工厂建设评价导则（2023 版）》等政策，加快构建绿色工厂、绿色供应链和绿色工业园区“点线面”培育机制，累计新增国家级绿色工厂 97 家、绿色工业园区 6 个、绿色供应链管理企业 31 家，数量居全国前列；培育省级绿色低碳工厂 100 家、工业园区 10 个，初步建成较为完善的绿色制造培育体系（图 1–1–4）。

图 1-1-4 浙江老板电器“黑灯工厂”

（三）建筑和交通低碳发展全面推进

1. 加快推动建筑绿色高质量发展

将绿色理念贯穿城乡建设全过程，大力发展绿色建筑，全面执行 75% 的低能耗建筑设计标准，持续提升建筑节能低碳水平。2023 年全省新增可再生能源建筑应用面积 2 890 万 m^2，完成既有公共建筑节能改造面积 141 万 m^2，完成超低能耗建筑试点示范建设项目 97 万 m^2。因地制宜推广太阳能光伏建筑一体化等可再生能源技术应用，温州建成首个近零能耗供电所。支持杭州、宁波、绍兴、湖州和台州 5 地开展政府采购支持绿色建材促进建筑品质提升试点，推动绿色建材规模化应用。

2. 全面深化交通绿色低碳转型

积极推广节能低碳交通工具，大力发展多式联运，着力推动运输结构、组织效率、基础设施等交通全方位迭代升级。2023 年，全省集装箱海铁联运、江海联运和海河联运标准箱量均实现两位数的同比增长。加快运输装备低碳升级，高质量推进亚运城市绿色智慧行动，大力促进城市新增和更新的公交车及出租车新能源化，2023 年，全省共新增或更新新能源公交车及出租车数量分别达 2 179 辆、78 217 辆。出台《浙江省港口岸电奖补办法》，加快低碳营运基础设施建设，成为“十四五”时期全国首个港口岸电建设奖补省域全覆盖地区，累计建成港口岸电设施 1 572 套（图 1–1–5）。持续加快低碳服务区和零碳港口建设，累计建成 4 个低碳高速公路服务区和 2 个低碳水上服务区。

图 1-1-5　湖州港口岸电实现市域全覆盖

（四）生态系统碳汇能力稳步提升

1. 持续提升生态系统碳汇能力

实施林业固碳增汇行动，持续加强林地和林木保护管理，巩固森林碳汇能力。2023 年，全省完成造林绿化 25 万亩[1]以上，实施千万亩森林质量提升工程 200 万亩以上。组织开展浙江省区域林业碳汇项目方法学试点，迭代升级“浙林碳汇”项目开发操作指引，完善“浙里种树”应用程序，完成 8 个市和 24 个县（市、区）登记备案林业碳汇项目减排量 34.67 万 t，丽水市和安吉县收储及交易的 4.1 万 t 林业碳汇全部用于亚运会碳中和碳抵消（图 1-1-6）。

图 1-1-6　浙江省首批浙林碳汇项目减排量开发交易仪式

2. 大力推进碳汇试点建设

指导衢州、安吉和丽水加快推进全国首批林草碳汇试点市（县）建设，安吉成功承办国际“以竹代塑”创新大会。扎实推进省级林业固碳增汇试点建设，遴选公布余杭、淳安等 6 个省级林业增汇试点县，建德林场、宁波北仑林场等 24 个林业碳汇先行基地，2023 年，全省试点完成新增造林 3.05 万亩、森林抚育经营 14.8 万亩、竹林经营 115 万亩、湿地修复 8 760 亩。常山县编制全国首个油茶林管理项目方法学，龙泉市发放碳汇权证 1 108 本（6.74 万亩），林业碳汇信用贷款规模达 1.06 亿元。

3. 积极推进海洋蓝碳发展

在全国率先完成全省沿海 5 个市和 28 个县（市、区）蓝碳生态系统基础调

1　1 亩≈666.67 m^2。

查，基本摸清全省蓝碳生态系统现状。印发并实施《浙江省海洋碳汇能力提升指导意见》，提出“巩固、提升、转化”六字方针，系统指导全省海洋碳汇工作。舟山市聚焦“蓝碳经济示范区”建设，围绕海洋碳汇提升、渔业碳汇挖潜等方面，创新发展蓝碳经济。宁波市积极开展蓝碳发展路径和蓝碳相关产业布局研究，多方面协同开展海洋碳汇增效，在象山县完成全国首单海洋碳汇拍卖（图 1–1–7）。

图 1-1-7　2023 年 3 月，象山县完成全国首单蓝碳拍卖，2 340 t 碳汇卖出近 25 万元

（五）绿色低碳生活氛围更加浓厚

1. 积极推进碳普惠体系建设

2023 年，浙江印发并实施《浙江省用于大型活动（会议）碳中和的碳普惠减排量管理办法（试行）》，进一步明确规范省级碳普惠减排量审核、备案和注销流程。开发上线浙江省碳普惠减排量登记备案系统，累计完成 35 个浙林碳汇碳普惠减排项目备案，备案碳普惠减排量 46.5 万 t。持续迭代“浙江碳普惠”应用，联合银联低碳计划、吉利新能源汽车共建 10 余个低碳场景。自 2022 年 3 月上线以来，“浙江碳普惠”应用累计用户已突破 146 万人，产生低碳行为超 8 200 万次，发放碳积分 1.8 亿分。

2. 率先探索重点行业产品碳足迹与认证

加快产品碳足迹核算标准及数据库建设，由浙江省经济信息中心牵头开展新能源汽车、纺织印染、造纸等行业的碳足迹核算标准体系建设，起草《产品碳足迹核算方法》省级地方标准。同时，利用积累数据，探索建立碳足迹速算工具，开展全省碳足迹数据库建设。积极推进产品碳足迹核算应用，在湖州和绍兴开展“双碳”认证、纺织产业“碳足迹标识”认证等省级试点，绍兴发布全国首个纺织产业“碳足迹标识”认证试点实施方案，纺织产品碳足迹认证与粤港澳大湾区（深港）达成互认合作（图 1–1–8）。

图 1-1-8　2023 年 3 月，“碳标签助力浙江省产业绿色低碳发展论坛”在杭州举行

3. 积极引导绿色低碳生活消费

持续推进绿色产品认证扩面提质，2023 年 3 月，获国家认证认可监督管理委员会正式批复开展全国首个“双碳”认证综合试点，累计新增绿色产品获证企业 427 家，证书 700 张，绿色认证规模全国领先。大力开展绿色促销活动，连续举办“家电绿智行”“新能源汽车下乡”等系列绿色促销活动，2023 年，全省新能源汽车销量达 55.4 万辆，同比增长 18.4%。全力抓好垃圾分类及塑料污染治理，探索推行“定时定点”等行之有效的分类模式，印发《浙江省外卖塑料“零废弃”工作方案》（图 1–1–9），在国内率先启动了外卖塑料“零废弃”试点。

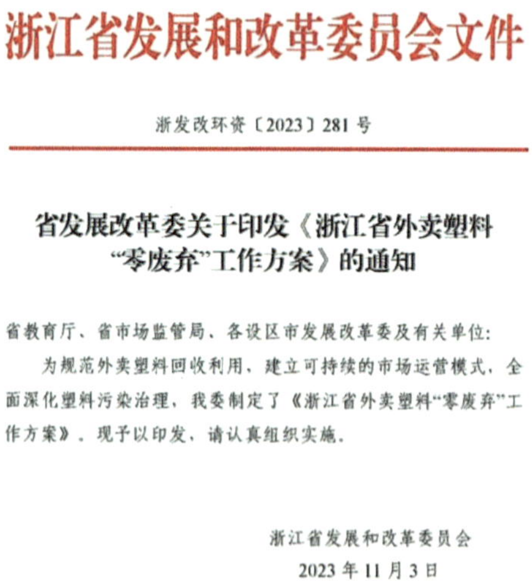
浙江省发展和改革委员会文件

浙发改环资〔2023〕281 号

省发展改革委关于印发《浙江省外卖塑料“零废弃”工作方案》的通知

省教育厅、省市场监管局、各设区市发展改革委及有关单位：

为规范外卖塑料回收利用、建立可持续的市场运营模式，全面深化塑料污染治理，我委制定了《浙江省外卖塑料“零废弃”工作方案》，现予以印发，请认真组织实施。

浙江省发展和改革委员会

2023 年 11 月 3 日

图 1-1-9　浙江印发《浙江省外卖塑料“零废弃”工作方案》

4. 全力打造首届碳中和亚运

印发《杭州亚运会绿色行动方案》，实施亚运会绿色行动。落实碳抵消方式多元化，推动碳中和参与全民化，累计有超过 1.3 亿人次参与亚运会碳中和，

47 家单位参与碳抵消捐赠，捐赠量为 109.94 万 t，超额完成碳中和抵消需求（图 1-1-10）。

图 1-1-10　2023 年 12 月 6 日，杭州亚组委、亚残组委举行亚运会和亚残运会碳中和证书颁发仪式

（六）绿色低碳技术创新亮点纷呈

1.“双碳”领域技术创新体系逐步完善

深入实施“315”科技创新体系工程，加快打造高能级“双碳”创新平台，建成“双碳”领域国家重点实验室 5 家。杭州市建成白马湖实验室等一批高能级实验室，落地全国首个技术转移转化中心。由省碳达峰碳中和科技创新联合体牵头，出版发行《浙江省碳达峰碳中和科技发展蓝皮书》，系统阐述浙江省推进碳达峰碳中和的战略部署和目标任务（图 1-1-11）。

图 1-1-11　浙江省碳达峰碳中和科技发展蓝皮书

2. 关键核心技术攻关加快突破

深入实施“双尖双领”研发攻关计划，聚焦碳捕集利用与封存、海洋固碳调控与增汇、可再生能源、储能、氢能等领域，启动实施研发攻关计划项目 40 余项，形成“近海碳通量动态监测关键技术与示范应用”“煤炭

清洁高效利用关键技术、装备及示范”等一批标志性研究成果。围绕源头减碳、过程降碳和末端固碳三大类，遴选上报 13 个绿色低碳先进技术示范工程，获批 3 项，数量位居全国前列。

3. 绿色技术创新推广提质升级

深入推进国家绿色技术交易中心建设，高规格举办 2023 年绿色技术创新与推广大会，全力打造典型绿色技术推广模式。2023 年，累计促成绿色技术交易 546 项，交易额 17.25 亿元，同比增长 71%。积极推动先进技术转化落地，浙江省能源集团有限公司在兰溪电厂建成国内首个万吨级燃煤电厂 CO_2 捕集与矿化利用全流程耦合示范装置（图 1–1–12）；白马湖实验室联合浙江大学，利用烟气捕集的 CO_2 与可再生能源制取绿氢，成功合成绿色甲醇燃料，在杭州亚运会开幕式主火炬使用（图 1–1–13）。

图 1-1-12　浙能兰溪 CO_2 捕集与矿化利用集成示范项目举行开工仪式

图 1-1-13　零碳甲醇作为杭州“绿色亚运”主火炬塔燃料

二、稳步提升适应气候变化能力

（一）强化基础设施气候适应能力

1. 加强海绵城市建设

以海绵城市建设为牵引，加强城市排水防涝治理，增强城市气候适应性能力，印发并实施《浙江省海绵城市示范性工程建设三年行动方案（2023—2025 年）》《浙江省海绵城市示范性工程评价导则（试行）》，公布八堡排水泵站工程等 105 个 2023 年海绵城市示范性工程名单。

2. 强化水利基础设施建设

2023 年，浙江印发《浙江水网建设规划》，以八大水系为基本脉络，以新安江等重要湖库为枢纽节点，新建浙东、浙中、浙北等一批水资源配置通道和洪涝水分泄通道，构建“三纵八横十枢”的总体格局。深化杭嘉湖平原防洪排涝能力建设，大力推进城杭州西南排工程、杭州西险大塘达标加固和海塘安澜工程建设，防洪标准大幅提升。

3. 推进交通、能源基础设施建设

在内河航运方面，推进京杭运河杭州段二通道建成并通航，新增内河高等级航道 26.4 km，至此京杭运河浙江段三级航道整治工程全线建成，同时加快推进杭申线（嘉兴段）三级航道改造工程、常山江航电枢纽、钱塘江三级航道整治工程等项目建设。在加强能源基础设施气候韧性方面，印发实施《关于提升城市配电设施防涝能力的若干意见》，提出要提高城市新建配电设施防涝建设标准。

（二）提升重点领域和区域气候适应水平

1. 强化农业气候适应能力

大力推广高效节水灌溉技术，农田灌溉和防洪排涝能力持续增强。同时，浙江加大适应气候变化的作物品种选育和推广力度，新修订《浙江省稻和玉米品种审定标准》，突出多抗和优质指标，加快培育突破性优良品种。在新型培育方式方面，组织开展贝类育苗技术推广，已育出蛤蜊类新品种苗种 52 亿颗，推广面积达 1 万亩。

2. 注重林业气候适应能力提升

在保护森林资源方面，浙江经过 5 次区划界定和新增扩面，建设规模较初期增加了 1 600 万亩，有效保护了八大水系源头及其两岸，公路两侧及大中型水库周边等生态区位重要或环境脆弱地区森林资源。通过公益林封育抚育、“千万亩森林质量精准提升”等行动，公益林森林质量及抗风险能力显著提高，阔叶林和针阔混交林比例由建设初期的 30% 增长到 55%。加强松材线虫病防治，截至

2023 年秋季，全省松线虫病疫情发生面积及因病致死松树数量较 2020 年分别下降 41.4% 和 70.4%，实现防控突破。

3. 增强海岸带气候适应水平

全面加强海洋生态保护，2023 年，台州台州湾、温州苍南、舟山嵊泗和台州玉环等国家蓝湾项目通过验收，嘉兴海盐、舟山普陀及温州苍南海洋生态保护和修复项目成功入选 2024 年国家支持项目，争取中央财政资金支持共 9 亿元，资金和项目数与广东省并列全国第一。此外，浙江还十分重视海洋灾害防御能力建设，2023 年发布实施《海洋灾害隐患排查技术导则》（DB33/T 2577—2023）地方标准，进一步规范海洋灾害隐患排查工作，为动态掌握隐患家底和实现科学智治提供了标准依据。

（三）加强气候适应型试点城市建设

在全球气候变暖的背景下，浙西南山区等敏感性区域面临着降水模式变化和自然灾害加剧等发展挑战。为缓解气候影响，降低气候灾害，丽水市在适应气候变化工作方面积极先行探索，取得显著成效。2017 年，丽水市成为首批国家气候适应型城市建设试点，也是浙江唯一的试点城市；2023 年，丽水入选首批联合国“创建韧性城市 2030 行动计划”。

丽水市多年来始终以人与自然和谐共生的理念为导向，坚持高质量绿色发展，全方位提升城市气候适应能力和气候韧性，开展了一系列先行探索实践：制定碳达峰碳中和“6+1”政策体系，逐步建立以碳中和指数和减污降碳协同指数为载体的评价机制，以温室气体清单和碳监测为抓手的考核评价机制，以减污降碳协同治理为核心的协同减排机制，以气候投融资和碳市场为主的市场激励机制等。同时，为提高城市气候韧性，丽水还启动了城市风廊及配套基础设施规划建设，打造贯通城市的绿色风廊和生态廊道，以缓解热岛效应和浊岛效应。

三、创新推进试点示范先行先试

（一）能耗双控逐步转向碳排放双控先行探索

1. 碳排放双控制度的特征

2023 年 7 月，中央全面深化改革委员会第二次会议审议通过了《关于推动能耗双控逐步转向碳排放双控的意见》，成为我国关于能耗双控转向碳排放双控的顶层政策，具有 3 个非常鲜明的特征。在系统性方面，碳排放双控体系既包括考核的指挥棒，也包括地方怎么管、行业怎么搞、企业怎么管、项目怎么控等，还包括它的数据体系和政策体系，以及要素保障等内容，是一项整体性的制度革新。在时代性方面，碳排放双控体系需着力克服能耗双控已经暴露出来的一些问题。此外，当前推动碳排放双控的建立有着更好的基础，如数智治理、技术与金融的支持等，这些因素都将起到重要的促进作用。在渐进性方面，碳排放双控仍将保持稳中求进的工作总基调，坚持先立后破，强调一以贯之和有序推进，有计划并分步骤实施制度转变，科学把握节奏和力度。

2. 碳排放双控制度下的浙江机遇和主要挑战

从政策趋向上分析，碳排放双控成为“双碳”工作变革的重要牵引。2023 年 8 月，习近平总书记在全国首个生态日上对能耗双控逐步转向碳排放双控作出了重要指示，该项制度转变的重要性和紧迫性更加突出。浙江省立足实际并发挥优势，在产品碳足迹、项目碳评等方面积极开展先行探索。这一系列的政策趋向和工作部署，已成为推进“双碳”工作变革的重要牵引。从经济发展上分析，产业高质量发展的能动性将有效激活。在浙江省传统行业碳排放占比较高的背景下，通过拓展利用可再生能源、采用节能技术等手段来有效控碳，能够为高耗能企业的成长与转型赢得更多的时间与空间。对那些顺应低碳发展趋势的企业来说，适应和响应碳排放双控政策，不仅可以在市场竞争中脱颖而出，还有望赢得地方政府的各项政策扶持和激励，这将进一步激发企业挖掘自身低碳发展潜力。从能源发展上分析，全省可再生能源开发利用的潜能将进一步激发。浙江省作为能源生产和消费重要区域，面临着供应与消费需求高度紧平衡状态。制度转变之前的能耗双控制度主要考虑消费侧，对供给侧的能源绿色低碳转型的驱动力相对不足。自提出制度转变的工作要求后，能耗双控政策也在不断调整完善，特别是明确新增可再生能源不纳入考核。各地发展可再生能源的积极性将进一步被激发，在推动能源结构低碳转型的同时，也为经济社会发展提供低碳的能源保障。从创新驱动上分析，双控政策转向将催生新技术和新业态。绿色技术创新将成为经济社会降碳和脱碳的重要驱动力和关键要素，从而有利于进一步推动浙江省加快健全自主创新体系，催生一批绿色低碳新技术。同时，广大企业对于低碳技术、清洁能源等新兴产业的需求将进一步被激发，从而促进市场对低碳产业的投入以及新技术的发展，并带动新业态发展，使之成为新的增长引擎。

3. 浙江应对碳排放双控制度的实践和探索

数据基础扎实全面。浙江省“双碳”数智平台积累了全省、分地区、分领域、分行业碳排放数据，以及重点企业碳账户数据。企业碳排放数据长期积累，拥有自 2014 年以来全省发电、水泥、化工、造纸、纺织等近 2 000 家年综合能耗 5 000 t 以上工业企业的碳排放数据。制度规范创新探索。在国家制度框架下，探索设区市碳排放统计核算方法，率先编制简易能源平衡表，并开展工业生产过程碳排放统计核算研究。同时，从行业和区域两个维度评估碳生产力水平，探索形成项目碳效评价方法学。当前浙江已初步建成涵盖省级标准及行业和团体标准在内的产品碳足迹核算标准体系。实践探索上下并进。浙江省不仅承担了省级地区分行业碳排放核算方法研究等四项国家试点和国家首个“双碳”认证综合试点，还通过省双碳数智平台贯通重点研究任务，指导省内相关地区在项目碳排放评价、产品碳足迹核算应用实践等方面开展探索，先行先试。此外，国家绿色技术交易中心全力推进绿色技术创新转化，截至 2023 年年底，已上架技术 3 266 项、促成交易 943 项、交易额 24.17 亿元。

2023 年，浙江省积极响应碳排放双控制度探索任务，充分利用独特的资源禀赋与先进的数字智能治理手段，紧密联系地区实际情况，并于 2024 年年初印发并实施《浙江省碳排放双控先行探索实施方案》。该实施方案以项目层面的碳排放评价机制建设和产品全生命周期的碳足迹管理体系构建为核心工作内容，同步加速推进碳排放数据统计核算体系的基础性任务和完善相关的配套制度建设，目标是尽快塑造具有浙江特色的碳排放双控管理模式，从而为“十五五”时期在全国范围内实施碳排放双控制度提供有益经验。

（二）国家碳达峰试点城市

为破解城市绿色低碳发展过程中面临的难点和堵点问题，积极探索新路径、新模式和新机制。2023 年 11 月，国家发展改革委办公厅发布了首批碳达峰试点城市名单，其中浙江省杭州市和湖州市上榜。

1. 杭州发挥数字、科技和制度三大优势探索轻量化碳达峰路径

杭州市聚焦全国数智赋能达峰标杆区、科技引领达峰样板区和碳达峰制度创新示范区三大定位，探索产业轻量化城市碳达峰路径。在数智赋能方面，建立了“城市大脑 + 低碳”治理体系，在工业、农业、交通、居民生活等领域拓展了绿色低碳应用场景，实时展示城市能源运行和管理状态。在科技引领方面，杭州拥有浙江大学、白马湖实验室、之江实验室等一批高能级创新平台，光伏薄膜、光热、熔盐储能等技术全国领先。2023 年建立了全国首个技术转移转化中心。在制度创新方面，构建“1+N+X”政策体系，建立区（县、市）政策落实机制。

在国家碳达峰试点城市建设方面，杭州重点在数智赋能、科技创新和制度创新上探索节能降碳路径，为全国产业轻量型城市率先实现碳达峰提供杭州经验。在数智赋能方面，依托城市大脑、省公共数据平台和市信用平台等，努力打造“智慧大脑 + 一批应用场景 + 一套制度标准”的数智治理体系。进一步完善“双

碳”数智治理架构体系，开展企业碳账户应用建设，丰富数智多跨应用场景，探索数智赋能降碳工作路径。在科技创新方面，以创建综合性国家科学中心为契机，着力打造低碳技术研发策源地、科研平台集聚地和成果转化新高地，实施重点攻关项目。建设全国绿色能源概念验证中心，深化与国家绿色技术交易中心的合作，推动重大成果在杭产业化。在制度创新方面，争取市、县两级“碳排放”统计核算试点，建立覆盖市、县碳排放统计核算体系。鼓励各区（县、市）充分挖掘特色亮点，探索形成“一领域一重点、一县一特色”的示范引领效应。

2. 湖州发挥制度创新优势探索资源禀赋条件一般、产业结构偏重型城市碳达峰路径

湖州立足能源资源禀赋和产业结构特点，按照为全国资源禀赋条件一般及产业结构偏重类型城市探索碳达峰“湖州模式”的试点思路，全力打造成为全国绿色低碳创新综合改革策源地和全域转型提质发展示范区、能源绿色低碳转型先行区和绿色低碳城市实践样板区。湖州市推动国家碳达峰城市试点建设基础较为扎实。在转型提质方面，湖州率先实行“碳效论英雄”改革，在全国首创“工业碳效码”“建筑碳效码”，上线“碳达人·惠湖州”数智平台，发布全国首个绿色低碳生活指数，建立覆盖企业、公共机构、个人等碳排放行为主体的碳效评价体系。在能源转型方面，印发全市绿色储能产业发展规划，创新建立迎峰度夏资源池，实施负荷科学调控。在低碳城市实践方面，发布《湖州市绿色建筑专项规划（2022—2030年）》，在全国率先发布建筑“碳效码”，建立既有公共建筑“碳效码”平台；印发《湖州市城市绿色货运配送示范工程创建实施方案》，强化新能源车推广应用，同时建成3个低（零）碳水上服务区。

在国家碳达峰试点城市建设方面，湖州市将碳达峰碳中和纳入经济社会发展和生态文明建设整体布局，探索走出一条“生态优先、绿色低碳”的高质量发展之路。在改革创新方面，探索建立“碳核算+碳预算”管控机制、“碳效+碳评价”控制机制。在转型提质方面，探索推进减污降碳协同机制和碳汇价值转化机制。研究制定分行业能耗和污染排放准入标准。完善碳汇市场化交易机制，探索碳汇产品生态保护补偿机制和创新碳汇全链条金融支持体系。在能源转型方面，加快推进全域光伏“整县推进”建设，因地制宜推动集中式复合地面光伏发展。加强电网配套设施建设，确保光伏全容量保障性并网。在低碳城市实践方面，实施建筑节能示范工程，严格落实道路运输车辆燃料消耗量限值准入制度。

（三）省级低（零）碳试点建设体系

浙江省坚持顶层设计与基层探索相结合，深化拓展低碳试点建设，构建了县

(市、区)、乡镇、村(社区)、园区、工厂等多层级低(零)碳试点建设体系，并取得积极成效。

在低碳试点县方面。截至2023年年底，浙江已先后开展三批共30个低碳试点县创建单位。各试点县建设特色成效汇总见表1-1-1。

表1-1-1 浙江省试点县建设特色成效

试点单位	特色成效
综合类	
吴兴区	创新工业控碳数智平台，开展用能预算化管理。搭建“线上+线下”多元化回收体系
临安区	制定《临安区固定资产投资项目能碳预评价管理细则(试行)》，基于13个指标构建项目准入能碳评价体系
桐庐县	打造快递集运中心，推动快递行业塑料污染治理提质升级，响应县“无废”城市建设工作，2023年通过培训指导建成“无废快递驿站”6个
余姚市	全市网约车新能源率达100%，21个乡镇街道实现公共充电桩“镇镇通”。探索“低(零)碳工厂”示范，研究“零碳工厂”评价指标体系
德清县	创建内河“绿色码头”信用评价。联合上海市崇明区、江苏省东台市成立长三角湿地联盟。开展了全省首笔司法认购湿地碳汇交易
义乌市	重点聚焦交通运输、低碳绿色大市场、循环经济等领域，打造县域综合绿色转型标杆地。以建设国际物流枢纽为载体，构建低碳高效交通运输体系。积极探索光伏电池碳足迹等标准研究，有序应对国际贸易碳壁垒
衢江区	搭建“四省边际枢纽港碳排放管理信息平台”。探索“碳账户”特色应用场景，创新推进个人“点碳成金贷”
常山县	创新绿色低碳绩效与评价机制，园区通过开展“碳源利用”“白水循环+协议纳管”“沼气供热”，在污水处理领域实现了减污降碳协同增效
产业类	
乐清市	深化碳普惠机制建设，积极打造自愿碳市场，创新绿色低碳领域碳普惠方法学，形成相关地标。同时推进碳标签管理及电力电气产品碳标签评价，征集100项产品开展试点工作
嘉善县	深入实施数字企业大培育、数字项目大招引、数字转型大推进、数字基建大升级、数字改革大引领“五大行动”，2023年规模以上工业增加值能耗持续下降6.2%，规模以上数字经济制造业增加值预计突破160亿元大关
海宁市	创新开展固定资产投资项目碳排放评价制度，探索建立光伏产品全生命周期碳足迹核算认证体系
南浔区	制定南浔区固定资产投资项目碳排放评价制度建设试点方案。积极落实“碳标签”试点建设、VER核算应用、优化绿电交易机制、关注产业链长制建设推进等工作，形成具有南浔区特色的工业绿色低碳转型升级新思路
越城区	加快实施未搬化工企业的搬迁提升，腾出用能空间104万t标准煤。出台相关政策，对用地主体在用地期限内利用状况的全过程进行系统化、精细化和动态化管理
上虞区	推进绿色化工行业改造提升3.0版，深化“产业大脑+未来工厂”模式输出。探索减污降碳协同增效数智场景应用，促成危险废物资源化利用7.1万t

续表

试点单位	特色成效
永康市	低碳集聚电子信息、生命健康和新能源三大新兴产业，引进一批强链补链项目，落地一批投资规模大、产业关联度高、带动能力强的固态电池、储能电池等重大产业项目，建设传统产业集聚地区向绿色化和智能化转型的县域标杆城市
产业类	
江山市	全力打造“工业用地全域整治示范地”“新能源材料产业集聚地”“高碳产业低碳转型实践地”“企业轻量智改样板地”“碳账户体系深化应用先行地”5 张金名片
龙游县	造纸产业中枢平台完成“五链融合”一期版本迭代升级，形成“五链”数字化应用功能布局
路桥区	将工业元宇宙作为重塑产业体系的关键切入点，构建培育链路，已在台州市内实施 20 多个项目。打造台州国际再生金属交易中心，交易额突破 200 亿元
能源类	
象山县	建设宁波海洋绿色发展创新中心（蓝碳中心），编制印发《象山县蓝碳经济发展行动计划（2023—2025）》，完成全国首单蓝碳拍卖交易
瑞安市	实施“瑞安 1 号”海上风电场县等一批能源领域标志性项目。创新探索用能预算化管理、碳排放预算化管理等一批低碳能源消费领域制度改革举措。着力构建清洁低碳能源供给体系，建设智慧高效能源消费体系，健全规范有效能源制度体系
苍南县	实施“蓝色海湾”综合整治行动，通过退养还湿、红树林种植修复、红树林湿地海岸统筹整治等手段改造红树林湿地生长环境，成功增植红树林 350 亩
平湖市	率先探索构建企业碳预算管理体系，打造“碳预算弹性管理应用”
普陀区	加快推进中石化天打岩加氢站项目前期工作。启用全市首条氢能公交示范线和首座加氢站，打造首艘氢能示范船舶
嵊泗县	探索“海上风电 + 海洋牧场”融合发展模式。建设大洋山“光伏 + 生态养殖”项目，2023 年 1—7 月项目实现发电 387.2 万 kW · h
玉环市	充分利用建筑屋顶、沿海滩涂等“空地”资源，加快推进全国屋顶分布式光伏开发试点建设。探索亩均、碳均、耗均“三均合一”集成改革机制，整治提升高耗低效企业 318 家，腾出用能 2.28 万 t 标准煤
碳汇类	
淳安县	依托优良的生态资源本底，做好“降碳、增汇、改革”三篇文章。统筹推进山水林田湖草生态保护修复，深入开展国家储备林建设，探索发展林业碳票等林业碳汇金融产品
安吉县	加强政策供给推进竹制品创新应用推广，发布了国内外首个《以竹代塑产品分类分级》（T/AJZCY 001—2023）团体标准。在全降解塑料袋、竹餐具、竹办公桌等方面进行有效推广
磐安县	实施磐安乡村产业升级改造及碳汇产能提升项目，制定磐安县碳汇开发方案，预计年产碳汇 69.6 万 t
景宁县	探索林下经济低碳认证，完成特色产品碳足迹测算，形成全生命周期碳足迹分析评价报告
龙泉市	出台《龙泉市碳汇权登记管理办法（试行）》并发放全省首批碳汇权证。上线“碳汇金融简易评估小程序”“林业碳汇权电子权证小程序”

在低（零）碳乡镇（街道）和村（社区）方面。2023 年，浙江省第三批包括 68 个低（零）碳乡镇（街道）和 549 个村（社区）试点名单确定，展现了浙江省深厚的“双碳”工作基础和实践经验。余杭区径山镇建设径山茶品牌，通过低能耗、低污染、低排放和高碳汇的“三低一高”技术实现径山茶“种植—生产—经营”全生命周期低碳化。临安区湍口镇迎丰村通过屋顶光伏项目、山核桃生态化治理项目等打造零碳乡村，CO_2 年吸收量达 8 036.79 t，CCER 减排量 1 626.79 t，年中和碳汇量 9 663.58 t。平湖市新仓镇秉持“产业减碳、农业固碳、生活低碳”三条建设主线，建设高能级农业“一平台　五中心”，深化农业低碳发展机制，促进循环农业固碳增汇，实现乡镇碳排放强度下降 3.51%，规模以上企业碳强度下降 8.32%。

在绿色低碳工业园区、工厂方面。2023 年，全省新增 10 个省级绿色低碳工业园区、100 家省级绿色低碳工厂，充分发挥以点带面示范作用，引领工业绿色低碳转型。园区层面，杭州钱江经济开发区围绕“环境立区、科技兴区、智造强区”的发展战略，针对园区内金属、纺织等重点行业企业，对标国家能效标杆水平，有效推动工艺装备节能改造、设施配套升级、新能源推广应用和资源循环利用。浙江龙泉经济开发区大力建设分布式光伏发电项目，3 年内碳排放强度下降幅度达 18.3%。工厂层面，“零碳工厂”探索取得初步成效，“西子航空零碳工厂”是西子洁能在“零碳工厂”解决方案上的新尝试。该工厂创新应用了高效单晶硅、钙钛矿幕墙发电等光伏技术，以及熔盐储能等储能技术。项目采用屋顶分布式光伏设计，年发电量 530 万 kW·h，能满足西子航空 500 万 kW·h 的年耗电量，实现全生命周期“零碳排放”。

四、新形势及几点考量

近年来，国际和国内低碳发展形势发生深刻变化，挑战和机遇并存，对浙江今后乃至未来一段时间的应对气候变化和低碳发展工作具有深远影响。从国际层面来看，受乌克兰危机、巴以冲突等多重因素影响，全球能源局势发生深刻变革，各国加大能源安全保障和能源转型力度，促进能源供应本土化和低碳化，围绕新能源产业展开的大国博弈更加激烈。同时欧盟碳边境调节机制等规则实施进入实质性阶段，国际碳规则壁垒效应逐步显现。值得关注的是，随着中美经济脱钩速度加快，全球产业链调整势在必行，这无疑将对外贸大省浙江造成重要挑战。从国内来看，我国生态文明建设已进入以降碳为重点战略方向的关键时期，“双碳”政策体系基本构建，能耗双控逐步转向碳排放双控已成为我国“双碳”

战略实施的一项基础性和前置性的制度变革。同时，新质生产力迎来蓬勃发展的历史机遇期，推动重塑低碳产业格局、能源格局和创新格局，培育发展新质生产力已成为实现碳达峰碳中和目标的关键之一。此外，随着 2030 年前碳达峰目标的临近，推动经济社会全面绿色低碳转型进入了攻坚阶段，碳达峰路径需要进一步细化和聚焦，这些都对浙江高质量推进应对气候变化和低碳发展提出了新的要求。

面对新的形势要求，浙江应全面解析现阶段推进省域低碳发展的主要矛盾和困难，结合国家政策趋向，明确低碳发展路径。总体思路是，全面贯彻习近平总书记在 2023 年考察浙江时作出的重要指示，坚定不移推动发展方式绿色转型，建立完善绿色低碳循环发展的经济体系，深化调整能源结构和产业结构，把经济发展方式转到绿色低碳循环发展的轨道上。同时紧盯国际竞争和国家政策趋向，大力培育低碳导向的新质生产力，并步推动绿色供应链和“双碳”标准体系建设，加快构建完善碳排放双控制度体系，在改革创新中塑造浙江低碳发展新优势并锻造低碳发展新格局，顺利实现 2030 年前碳达峰目标。

（一）聚焦系统变革，建立完善绿色低碳循环发展经济体系

加快建立健全绿色低碳循环发展的经济体系，这是推动发展与减排的关系由对立走向协同的关键。只有在经济发展中促进绿色转型、在绿色转型中实现更大发展，才能保证在经济形势风云变幻的当下推动绿色低碳发展的有效举措落地落实。在具体路径上，要围绕产业结构、能源结构这两条主线，基于浙江作为“资源小省”的发展现实，全面提升资源能源利用水平，大力推动产业结构高度化发展，加快打造“415X”先进制造业集群，构建浙江特色现代化产业体系。要紧抓国家推进大规模设备更新和消费品以旧换新政策的契机，结合浙江能效诊断工作，大力推动重点用能企业生产设备、用能设备等更新和技术改造，通过“一业一策”推进高碳行业减排，以此有效推动我省八大高耗能行业绿色化和低碳化改造。同时，加快能源绿色低碳转型发展，加快构建以清洁低碳能源为主体、传统能源为支撑的清洁低碳能源供应体系，全面提高能源绿色清洁高效开发利用率。特别要注重科技创新对产业结构和能源结构低碳转型的重要驱动作用，深入实施“315”科技创新体系建设工程，走在以科技创新塑造发展新优势的前列。

（二）坚持创新驱动，大力培育低碳导向的新质生产力

新质生产力具有高科技、高效能、高质量的发展特征，其本身就是绿色生产力。围绕“双碳”目标，加快培育低碳导向的新质生产力是推动经济发展方式

转变、经济结构优化和增长动能转换的重要路径，其核心则是要激发绿色低碳科技创新动力，形成市场导向的绿色技术创新体系。要注重以科技创新来引领产业发展，不断强化企业科技创新主体地位，支持绿色低碳技术领域“凤凰”“雄鹰”“雏鹰”行动和科技企业“双倍增”行动。以绿色低碳先进示范工程建设为抓手，加快改造提升高耗能行业企业生产水平，大力推动制造业高端化、智能化和绿色化发展。同时加快培育壮大新兴产业，以深入实施数字经济创新提质“一号工程”为抓手，大力促进数字技术和实体经济深度融合、先进制造业和现代服务业融合发展。此外，要全面加强“三支队伍”（高素质干部队伍、高水平创新型人才和企业家队伍、高素质劳动者队伍）建设，聚焦“双碳”目标，培养复合型绿色低碳人才，加强科技转化和技术服务人才培养。

（三）坚持协同发展，并步推动碳足迹管理体系与绿色低碳供应链建设

针对国际“碳壁垒”的渐行渐近，作为外贸大省的浙江应该进一步加大工作力度，加快构建完善的碳足迹管理体系，同时注重与绿色低碳供应链构建协同发力，以此推动制造业绿色低碳转型和国际贸易企业竞争力的提升。以产品碳足迹“可见、可溯、可认”为目标，加快打造与国际规则相衔接的核算认证体系，建立本土产品碳足迹统计核算标准。推动“415X”先进制造业集群建设与重点产品碳足迹管理相协同，推动企业根据行业发展水平和企业自身实际建立产品碳足迹管理制度，带动上下游企业加强碳足迹管理，推进供应链整体绿色低碳转型。积极鼓励地方主导产业联合供应链上下游企业坚持资源整合、风险共担和利益共享，打造高效协同且共享共赢的绿色供应链生态圈。同时，强化支撑保障体系建设，建立完善碳排放统计核算制度，大力推广应用绿色低碳先进技术，发展绿色能源等新基建，加快实现供应链绿色转型，推动产品减少碳足迹。

（四）坚持改革牵引，推进一批具有前瞻性、引领性、支撑性的制度创新

把握国家双控政策重大转向，强化碳排放双控制度体系探索，从夯实全省碳排放数据基础、固定资产投资项目碳排放评价制度、区域碳预算、企业碳排放精准管理等方面加强先行示范，力争早出经验，加快塑造省域低碳发展新优势。深化数智控碳体系建设，特别要结合碳排放双控制度建设，迭代升级并拓展“双碳”数智平台功能，进一步强化碳排放数据归集及监测预警能力建设，更好发挥新形势下政府治碳、企业减碳和个人低碳的主要需求。有效发挥绿色金融对低碳

发展及转型发展的重要支撑，积极拓展环境权益类抵、质押贷款，绿色债券，绿色基金等多元化产品服务。推动支持符合条件的企业发行碳中和债券、转型债券、可持续发展挂钩债券等创新型债务融资工具，着力推动浙江绿色债券扩面增量。探索开展转型金融改革试点，在制度标准、组织体系、产品服务、数智化服务、国内外合作等方面先行先试。持续加强环境信息披露能力建设，夯实金融机构碳核算相关数据基础和平台支撑，积极争取 ISSB 准则在浙江率先落地。

作者：浙江省经济信息中心著作组

浙江省县域低碳高质量发展评估

实现碳达峰、碳中和，是贯彻新发展理念、构建新发展格局和推动高质量发展的内在要求。习近平总书记强调，要注重处理好发展和减排的关系，在经济发展中促进绿色转型、在绿色转型中实现更大发展。本文围绕碳排放和经济社会两大维度，引入公正转型相关指标，构建涵盖 4 个一级指标层要素和 20 个二级指标层要素的低碳高质量发展评估体系，从碳排放和经济社会两大系统的发展水平和均衡水平，两大系统间均衡水平和县域低碳高质量发展水平等五个维度开展县域对比的实证分析。研究发现浙江省县域在低碳和经济发展中总体兼顾了效率与公平，县域低碳高质量发展水平区域分布异质性特征明显，县域发展中需要更加重视经济社会的公平性。总体来说，宁波市、嘉兴市和湖州市相关县域在评价中表现较好。本评估体系后续可从拓展指标体系、深化分析评价、打造数据产品、扩大应用场景等方面改进完善。

一、引言

习近平总书记强调，减排不是减生产力，也不是不排放，而是要走生态优先、绿色低碳发展道路，在经济发展中促进绿色转型、在绿色转型中实现更大发展。要把“双碳”工作纳入经济社会发展全局，妥善处理好发展和减排的关系。通过开展评估，有助于政府了解碳排放情况，指导制定和调整相应的减排政策和措施；有助于促进经济向着低碳、高效和绿色发展，提高资源利用效率和经济增长质量，增强经济的抗风险能力和可持续性；有助于找到平衡模式较好的县域，形成可推广经验，以期为更好地推进经济社会的绿色低碳转型提供有益借鉴。

县域是我国经济发展的基本单元，是新型城镇化和农业现代化的耦合点。在推进实现碳达峰碳中和的过程中，农业农村的生态功能举足轻重，如何摆脱高碳城镇化的发展模式，实现低碳甚至零碳转型，仍是难题。同时，县域作为微观尺度上观察的对象具有一定现实意义和价值，在推进生态优先和绿色发展的同时，能够起到以县带乡及以乡连村的作用。开展县域低碳高质量发展评估和制定评估体系并开展实证分析，是为了助力县域平衡经济社会发展和碳减排的关系，平衡高质量发展和碳达峰碳中和的关系。虽然目前已开展了一些评估研究（如长三角地区，全国各省、市，包括浙江省的设区市），但主要集中在省级或市级尺度，对于县域尺度的研究较少，县级层面的评估工作仍亟须开展。

本文主要围绕碳排放和经济社会两大维度展开，引入公正转型的相关指标，构建低碳高质量发展评估体系。后续分别介绍评估指标与方法，以及浙江省县域的评估结果及其比较，最后作出结论，给出下一步展望。

二、评估指标体系与方法

（一）已有评估体系述评

1. 现有指标体系及评估工作

目前在理论层面，将碳排放与经济发展相结合进行评估的研究尚不多见，而进一步将公正转型合并评估的研究更加少见，近来有关低碳发展评估相关文献主要可分为三类，详见表 1–2–1。

表 1-2-1　现有指标体系及评估工作

评估指标	典型文献
仅评估碳排放情况，不涉及经济社会发展，较为多见	[1] 胡初枝，黄贤金，钟太洋，等．中国碳排放特征及其动态演进分析 [J]. 中国人口・资源与环境，2008（3）：38–42. [2] 谭丹，黄贤金．我国东、中、西部地区经济发展与碳排放的关联分析及比较 [J]. 中国人口・资源与环境，2008（3）：54–57.
在评估碳排放情况基础上，纳入经济社会评估指标，但不涉及公正转型相关指标，此类研究在快速增加	[1] 石龙宇，孙静．中国城市低碳发展水平评估方法研究 [J]. 生态学报，2018，38（15）：5461–5472. [2] 付允，汪云林，李丁．低碳城市的发展路径研究 [J]. 科学对社会的影响，2008（2）：5–10. [3] 马军，周琳，李薇．城市低碳经济评价指标体系构建——以东部沿海 6 省市低碳发展现状为例 [J]. 科技进步与对策，2010（22）：165–167. [4] 杨德志．基于主成分分析法的低碳城市发展综合评价 [J]. 通化师范学院学报，2011（4）：7–8.

续表

评估指标	典型文献
除了评估经济社会情况，同时评估了其中公正转型相关指标，此类仅零星可见	[1] 刘志华，袁庆禄，李翠，等．“双碳”战略下低碳经济与高质量发展协同效应：以京津冀城市群为例 [J/OL]. 环境科学，1–20[2024-03-21].https://doi.org/10.13227/j.hjkx.2023/2013. [2] 王敏，杨儒浦，李丽平．城市减污降碳协同度评价指标体系构建及应用研究 [J]. 气候变化研究进展，2024，20（2）：242–252.

2. 现有评估方法的相关研究

目前现有的评估方法主要可概括为两类，一类是采用优劣解距离（TOPSIS）法及其改进的相关方法，这是目前较主流的方法，能充分利用原始数据的信息，精确反映各评估方案之间的差距。TOPSIS 法涉及权重的确定，细分为主观赋权法和客观赋权法，其中主观赋权法较多采用层次分析法，主要依赖于专家对背景知识的了解；客观赋权法较多采用熵权法、变异系数法等，主要依赖于数据本身的情况；也有一些学者结合主观赋权法和客观赋权法进行权重确定。另一类是采用其他方法，这些方法相对略显分化，主要有耦合协调度模型、Dagum 基尼系数及其分解 –Kernel 密度估计 – 二次指派程序相结合的方法、模糊评价方法、简单加权方法、动态综合测度模型与区域差异法相结合的方法等。评价方法的相关研究如表 1-2-2 所示。

表 1-2-2　现有评估方法的相关研究

评价方法	分类		典型文献
TOPSIS	主观赋权法	层次分析法	[1] 范成杰．临汾市低碳城市发展水平评价研究 [C]// 中国环境科学学会．中国环境科学学会 2022 年科学技术年会论文集（一）.《中国学术期刊（光盘版）》电子杂志社有限公司，2022：7.
	客观赋权法	熵权法	[1] 孙艳丽，曾庆东．基于改进 TOPSIS 法的低碳城市评价指标体系研究——以沈阳市为例 [J]. 沈阳建筑大学学报（社会科学版），2023，25（6）：575–582. [2] 王磊，周亚楠，张宇．基于熵权—TOPSIS 法的低碳城市发展水平评价及障碍度分析——以天津市为例 [J]. 科技管理研究，2017，37（17）：239–245. [3] 孙奇，吴巧生，李思瑶，等．中国城市低碳发展绩效指数测算 [J]. 统计与决策，2021，37（17）：75–79.
		变异系数法	[1] 张雯婷．长江经济带中心城市低碳经济综合评价研究 [D]. 武汉：武汉理工大学，2014.

续表

<table>
<tr><th>评价方法</th><th colspan="2">分类</th><th>典型文献</th></tr>
<tr><td rowspan="3">TOPSIS</td><td>客观赋权法</td><td>OWA 算子赋权法</td><td>[1] 徐胜，杨娟 . 碳排放经济效率的 TOPSIS 评价分析——基于山东省 17 地市的面板数据 [J]. 经济与管理评论，2013，29（1）：145–150.
[2] 周跃云，赵先超，丁梦 . 基于 OWA–TOPIS 模型的湖南省能源碳排放经济效率聚类分析 [J]. 湖南工业大学学报（社会科学版），2014，19（3）：1–4.</td></tr>
<tr><td colspan="2">主观赋权法和客观赋权法结合</td><td>[1] 张福祥 . 辽宁省区域碳排放—经济发展—环境保护耦合协调分析 [D]. 大连：辽宁师范大学，2018.
[2] 李咏华，高欣芸，姚松，等 . 长三角城市群核心地区碳平衡压力与新型城镇化脱钩关系 [J]. 经济地理，2022，42（12）：72–81.</td></tr>
<tr><td colspan="2">TOPSIS 与灰色关联投影法相结合</td><td>[1] 何燕子，王妍 . 基于 TOPSIS 和灰色关联投影法的区域碳效率动态综合评价——以泛珠三角为例 [J]. 湖南工业大学学报，2023，37（6）：61–68.
[2] 余鹏，马珩，周福礼 . 基于级差最大化组合赋权 TOPSIS 灰关联投影法的区域碳效率动态评价 [J]. 运筹与管理，2019，28（12）：170–177.</td></tr>
<tr><td rowspan="4">其他方法</td><td colspan="2">耦合协调度模型</td><td>[1] 庞庆华，杨田田，李涵 . 城市碳排放、产业结构和区域创新的空间联系——基于江苏省 13 个地级市的数据分析 [J]. 华东经济管理，2018，32（12）：20–26.
[2] 周茂春，曹夏夏 . 区域物流与低碳经济协同研究——以辽宁省为例 [J]. 辽宁工程技术大学学报（社会科学版），2017，19（3）：272–281.
[3] 刘志华，袁庆禄，李翠，等 ."双碳"战略下低碳经济与高质量发展协同效应：以京津冀城市群为例 [J/OL]. 环境科学，1–20[2024–03–21].https://doi.org/10.13227/j.hjkx.2023/2013.
[4] Hui C E，Wu Y，Deng L，et al. Analysis on coupling relationship of urban scale and intensive use of land in China[J].Cities，2015，4263–4269.</td></tr>
<tr><td colspan="2">Dagum 基尼系数及其分解 –Kernel 密度估计 –二次指派程序相结合</td><td>[1] 刘康，袁敏，申社芳 . 我国区域碳排放效率测度与地区差异分析——基于三阶段 Super–SBM–DEA 方法 [J]. 兰州财经大学学报，2022，38（2）：44–59.</td></tr>
<tr><td colspan="2">模糊评价方法</td><td>[1] 娄营利 . 过程引导与结果评价集成视角的低碳城市指标体系研究 [D]. 重庆：重庆大学，2021.</td></tr>
<tr><td colspan="2">简单加权方法</td><td>[1] 杨艳芳，李慧凤 . 北京市低碳城市发展评价指标体系研究 [J]. 科技管理研究，2012，32（15）：88–90.
[2] 陈伟 . 贵州省低碳经济综合评价 [D]. 贵阳：贵州财经大学，2020.</td></tr>
</table>

续表

评价方法	分类	典型文献
其他方法	动态综合测度模型与区域差异法相结合（DEA 模型）	[1] 张雪花，韩成吉，刘文莹，等. 基于 DEA-VRS 的区域“全碳效率”评价——以我国其中 30 个省域为例 [J]. 数学的实践与认识，2017，47（20）：313-320. [2] 王飞. 基于 DEA 方法的长三角地区区域碳排放效率及影响因素分析 [D]. 合肥：合肥工业大学，2016.
	投影追踪法	[1] 索瑞霞，马嘉敏. 基于投影寻踪法的中国城市低碳发展水平评价 [J]. 调研世界，2023（4）：73-82.
	DPSIR 模型	[1] 李艳芳，卢奕成. 基于 SEM 的低碳城市评价指标体系构建研究 [J]. 河南科技，2023，42（22）：143-147. [2] 张丽君，李宁，秦耀辰，等. 基于 DPSIR 模型的中国城市低碳发展水平评价及空间分异 [J]. 世界地理研究，2019，28（3）：85-94. [3] 段锦. 基于 DPSIR 模型的山西低碳城市建设战略研究 [J]. 科技创新与生产力，2022（5）：33-37.

（二）评估指标体系

综合考虑评估需要具有全面性、科学性、系统性、可操作性和可比性，本指标体系涵盖碳排放和经济社会两大准则层要素，以及 4 个一级指标层要素和 20 个二级指标层要素。本指标体系与现有的大部分指标体系相比，主要有两方面不同：一是考虑该评估体系是衡量县域低碳高质量发展水平，需降低不同县域之间资源禀赋属性带来的差距，同时浙江省的低碳能源禀赋相对薄弱，因此本文去掉相关的维度，将重点放在碳排放和经济社会发展方面，并考虑到浙江省的科技发展水平，增加了战略性新兴产业、R&D 投入等指标；二是在两大维度中都增加了公正转型相关指标，以期更好地评估平等发展、共同富裕等方面的水平。

评估方法方面，本文采用 TOPSIS 法，基本过程为基于归一化后的原始数据矩阵，采用余弦法找出有限方案中的最优方案和最劣方案，然后分别计算各评价对象与最优方案和最劣方案之间的距离，获得各评价对象与最优方案的相对接近程度，以此作为评价优劣的依据。该方法对数据分布及样本含量没有严格限制，数据计算简单易行，是一种常用的组内综合评价方法。依靠对背景知识的充分了解，本文运用主观赋权法的层次分析法进行权重设定，分别对准则层、一级指标层、二级指标层等各层要素进行相对重要性的两两比较评分，比较同一层次的各指标相对上一层次的重要性，构造判断矩阵，最终得到各指标权重。

具体的评估指标体系如表 1–2–3 所示，下面对指标分别进行论述。

表 1-2-3　县域低碳高质量发展水平评估指标体系

目标层	准则层	一级指标层	二级指标层	方向	权重
县域低碳高质量发展水平	碳排放（0.486 4）	效率（0.274 1）	单位 GDP 碳排放	负	0.034 0
			单位 GDP 碳排放下降率	正	0.035 2
			单位能源碳排放	负	0.032 1
			工业碳排放占比	负	0.020 5
			电力消费碳排放占比	正	0.032 3
			煤炭消费碳排放占比	负	0.026 8
			单位 GDP 能耗下降率	正	0.020 5
			单位工业增加值能源活动 CO_2 排放变化率	负	0.015 1
			可再生能源发电量占比	正	0.022 6
			电力净调入量占全社会电力消费量比例	负	0.035 0
		公正（0.194 3）	人均碳排放	负	0.059 4
			单位可支配收入碳排放	负	0.134 9
	经济社会（0.531 6）	效率（0.309 8）	人均 GDP	正	0.050 1
			人均 GDP 增长率	正	0.058 1
			第三产业增加值占比	正	0.064 1
			战略性新兴产业增加值占比	正	0.077 0
			R&D 投入强度	正	0.060 4
		公正（0.221 8）	人均可支配收入	正	0.101 0
			消费者物价指数（CPI）	正	0.075 6
			$PM_{2.5}$	负	0.045 3

1. 碳排放

碳排放维度主要包括 2 个一级指标和 12 个二级指标。

（1）效率，主要包括单位 GDP 碳排放、单位 GDP 碳排放下降率、单位能源碳排放、工业碳排放占比、电力消费碳排放占比、煤炭消费碳排放占比、单位 GDP 能耗下降率、单位工业增加值能源活动 CO_2 排放变化率、可再生能源发电量占比和电力净调入量占全社会电力消费量比例 10 个二级指标。

单位 GDP 碳排放，采用地区的碳排放量 /GDP 测度，主要体现碳生产力，即产生单位碳排放所支撑的 GDP 产出。

单位 GDP 碳排放下降率，即单位 GDP 碳排放的同比下降率，主要体现碳生产力的变化情况。单位 GDP 碳排放下降率越高，在同等经济产出下碳排放减少越多，表明地区碳生产力提升越明显。

单位能源碳排放，采用地区的碳排放量 / 能源消费量测度，主要体现能源系统的低碳化程度。

工业碳排放占比，采用地区工业领域碳排放量 / 地区碳排放量测度，主要体现碳排放的产业结构。经济越发达且居民生活水平越高的地区，通常需要协同发展服务业，因而工业碳排放占比倾向于降低。

电力消费碳排放占比，采用地区的电力消费碳排放 / 碳排放量测度，主要体现碳排放的能源结构低碳化程度。电力作为清洁且越来越低碳的能源，提高其消费占比有助于降低化石能源直接消费的碳排放占比。

煤炭消费碳排放占比，采用地区的终端煤炭消费碳排放 / 碳排放量测度，主要体现碳排放的能源结构高碳化程度。与本文采用消费端测算碳排放的方法一致，此处也只考虑终端消费用煤的占比。

单位 GDP 能耗下降率，即单位 GDP 消耗能源的同比下降率，主要体现能源利用效率。单位 GDP 能耗下降率越高，经济活动对能源的利用效率越高。

单位工业增加值能源活动 CO_2 排放变化率，体现单位工业增加值的能源消耗对应碳排放量的变化情况。若此数值为负，则表示工业领域，通过技术升级、管理优化等方式降低了二氧化碳排放强度。

可再生能源发电量占比，采用非水可再生能源发电量 / 总发电量测度，主要体现能源结构的低碳化程度。可再生能源发电量占比较高的地区，能源结构更加低碳和可持续。

电力净调入量占全社会电力消费量比例，采用（外部输入的电力总量 – 输出给其他区域的电力总量）/ 全社会电力消费量测度，主要体现区域内电力可以自我保供的程度。电力净调入量占全社会电力消费量比例较大的地区，电力自给率较低，有影响能源安全的可能性。

（2）公正，包括人均碳排放和单位可支配收入碳排放 2 个二级指标。

人均碳排放，采用地区总碳排放量 / 常住人口总量测度，主要体现居民生活质量和低碳化水平。

单位可支配收入碳排放，采用地区总碳排放量 / 人均可支配收入总额测度，主要体现碳排放和收入的关系，衡量居民获得收入的低碳化程度。

2. 经济社会

经济社会维度主要包括 2 个一级指标和 8 个二级指标。

（1）效率

包括人均 GDP、人均 GDP 增长率、第三产业增加值占比、战略性新兴产业增加值占比和 R&D 投入强度 5 个二级指标。

人均 GDP，采用国内生产总值 / 常住人口总量测度，主要体现经济发展程度。

人均 GDP 增长率，即人均 GDP 的同比增长率，主要体现经济增长速度。

第三产业增加值占比，主要体现产业结构的低碳化程度。第三产业相较于第二产业通常具有更高的碳生产力，规模的扩大将带动地区单位 GDP 碳排放下降。

战略性新兴产业增加值占比，主要体现工业结构的低碳化程度。战略性新兴产业相较于其他工业行业通常具有更高的碳生产力，规模扩大将带动工业部门单位增加值碳排放下降。

R&D 投入强度，即 R&D 经费与 GDP 的比值。主要体现地区在科技创新方面投入程度。科技创新是推动实现碳达峰、碳中和的关键变量。要确保科技创新的产出，需要有力的科技创新投入。

（2）公正

包括人均可支配收入、消费者物价指数（CPI）和 $PM_{2.5}$ 3 个二级指标。

人均可支配收入，可支配收入包括工资性收入、经营性收入、财产性收入和转移性收入。主要体现居民的收入水平，这与其生活水平直接关联。

消费者物价指数（CPI），即居民家庭购买的消费品和服务项目价格水平变动情况，主要体现居民收入的购买力情况，与人均可支配收入共同关联其生活水平。

$PM_{2.5}$，主要衡量大气污染程度，体现居民遭受大气污染影响身体健康的程度。

各项指标权重采用基于相关政策与现实状况了解的主观赋权法确定。

（三）评估方法

结合 TOPSIS 法和耦合协调度模型，综合评估县域的低碳高质量发展水平。具体评估方法如下：

1. 评估方法

（1）碳排放系统的发展水平

运用 TOPSIS 法，按照权重设定，横向比较不同县域碳排放维度的发展情况。

（2）碳排放系统的均衡水平

运用耦合协调度模型，按照权重设定，分别计算不同县域碳排放系统中效率和公正的协同情况。

（3）经济社会系统的发展水平

运用 TOPSIS 法，按照权重设定，横向比较不同县域经济社会维度的发展情况。

（4）经济社会系统的均衡水平

运用耦合协调度模型，按照权重设定，分别计算不同县域经济社会系统中效率和公正的协同情况。

（5）碳排放系统与经济社会系统的均衡水平

运用耦合协调度模型，按照权重设定，分别计算不同县域碳排放系统发展水平与经济社会系统发展水平的协同情况。

（6）县域低碳高质量指数

运用 TOPSIS 法，按照权重设定，横向比较不同县域碳排放系统的发展水平、经济社会系统的发展水平和碳排放系统与经济社会系统的协同度三个方面的综合情况。

2. TOPSIS 主要计算步骤

用 i 表示指标序号，用 j 表示评估单元序号，TOPSIS 法的主要计算步骤如下：

（1）标准化

对于正向指标，
$$x_{ij}=\frac{X_{ij}-\min_j\left(X_{ij}\right)}{\max_j\left(X_{ij}\right)-\min_j\left(X_{ij}\right)} \quad (1\text{-}2\text{-}1)$$

对于负向指标，
$$x_{ij}=\frac{\max_j\left(X_{ij}\right)-X_{ij}}{\max_j\left(X_{ij}\right)-\min_j\left(X_{ij}\right)} \quad (1\text{-}2\text{-}2)$$

（2）选取理想解、负理想解

理想解 $Z^+=\left(x_1^+,\cdots,x_n^+\right)$，其中 $x_i^+=\max_j\left(x_{ij}\right)$　（1-2-3）

负理想解 $Z^-=\left(x_1^-,\cdots,x_n^-\right)$，其中 $x_i^-=\min_j\left(x_{ij}\right)$　（1-2-4）

（3）计算各单元到理想解、负理想解的距离

到理想解的距离为
$$d_j^+=\sqrt{\sum_i w_i\left(x_{ij}-x_i^+\right)^2} \quad (1\text{-}2\text{-}5)$$

到负理想解的距离为 $$d_j^- = \sqrt{\sum_i w_i \left(x_{ij} - x_i^-\right)^2} \quad (1\text{–}2\text{–}6)$$

（4）计算各评估单元的相对接近度

各评估单元的相对接近度为 $$s_j = \frac{d_j^-}{d_j^- + d_j^+} \quad (1\text{–}2\text{–}7)$$

注意到 $$d_j^+、d_j^- > 0, \forall j$$

因此有 $$\frac{0}{d_j^- + d_j^+} \leqslant s_j = \frac{d_j^-}{d_j^- + d_j^+} \leqslant \frac{d_j^-}{d_j^- + 0} \quad (1\text{–}2\text{–}8)$$

也即有$0 \leqslant s_j \leqslant 1$。当取 0 时，评估单元与负理想解重合，即其在所有维度均为最差值；当取 1 时，评估单元与理想解重合，即其在所有维度均为最优值。

3. 耦合协调度模型主要计算步骤

用f、g 表示待评估的两个系统，耦合协调度模型的主要计算步骤如下：

（1）计算耦合度

$$C = \frac{f \times g}{\left(\dfrac{f+g}{2}\right)^2} \quad (1\text{–}2\text{–}9)$$

（2）计算综合评估指数

$$R = w_1 f + w_2 g \quad (1\text{–}2\text{–}10)$$

（3）计算耦合协调度

$$D = \sqrt{C \times R} = \sqrt{\frac{f \times g}{\left(\dfrac{f+g}{2}\right)^2} \times \left(w_1 f + w_2 g\right)} \quad (1\text{–}2\text{–}11)$$

耦合协调度$D \in (0,1)$，一般可将耦合协调度分为勉强耦合协调（0.20～0.39）、初级耦合协调（0.40～0.49）、中级耦合协调（0.50～0.69）、良好耦合协调（0.70～0.89）和优质耦合协调（0.90～1.00）。

（四）数据来源

开展县域低碳高质量发展评估，如何运用好公开数据，计算获取碳排放相关指标数据是一个难点。关于县域碳排放数据来源，目前主要有三种思路，每种思路的原理和优、缺点见表 1–2–4。

表 1-2-4　县域碳排放数据获取思路

思路	主要原理	常见做法	优点	缺点	改进方向
基于灯光亮度拟合碳排放量	用一个地区夜间灯光亮度的数据（采用多个卫星数据反演得出），去拟合该地区的碳排放量	先通过省级能源平衡表得出各省面板数据的碳排放量，以其为因变量，以各省的夜间灯光亮度数据为自变量，同时设立控制变量，作线性回归或二次型拟合，再以拟合的方程根据县级的灯光亮度数据，测算得出县级的碳排放量	所需数据量较少，可以快速计算	只能估计碳排放总量，无法给出分部门和分品种的碳排放结构	灯光数据本质上是用电，而县级的分部门用电数据可在统计年鉴中查得，可以将前述做法中的灯光亮度数据替换为用电量，同时将总量拟合拆解为分部门的拟合
自下而上分部门测算碳排放量	在确定基数的情况下推算分品种用能增速，从而确定碳排放	在限定范围内，按照该地区分行业、分部门的数据，核算碳排放量，最后进行加和	数据结合了行业和部门的具体指标，计算结果比较精准，能够更好地反映出不同单位碳排放量，有助于指导降碳工作	对规模以上工业的分品种能耗，几乎全部区县不选择公开，这部分碳排放如也基于推算，则准确性会受到较明显影响	如何确定基数年的碳排放，在并无额外补充数据的前提下，计算任意一年碳排放数据的难度本质上是一样的，但经济普查可提供相关数据
以点源数据为基础的网格化碳排放量	基于污染物重点调查企业的经纬度坐标及分品种能耗数据，映射至行政区划地图上，从而得到县域范围内这部分企业的碳排放量及其结构	中国高分辨率排放数据库（CHRED），融合了超过 1 万家企业点源数据的情况，以国家污染源普查和定期污染报告系统数据为基础	污染物重点调查企业与碳排放的主要企业存在高度重合，且主要分布在工业，可较好估算县域内的工业企业碳排放总量及其结构	点源数据需要单独向企业收集，不仅工作量大，也有企业数据泄露的风险	如可运用该数据库数据，将可实现对县级工业领域碳排放的良好测算。城市“双碳”指数评价即采用的该类数据

考虑实际可行性，碳排放相关数据考虑基于历史年度温室气体清单能源活动领域数据，进行生产端到消费端算法的转变后，构建分部门碳排放量与其电力消费的关系，再基于评估年度的分部门电力消费量，计算得出分部门的碳排放量。其他数据主要通过相关区域的统计年鉴、统计公报等公开途径获得。最终，共采集到浙江省各市 66 个县（市、区）（占比 71.74%，其他未采集数据主要为城市建成区，其电力消费数据被合并，无法拆分）2021 年的各指标数据。注意，本文不披露县域温室气体清单中的任何碳排放数据。

三、县域评估及比较

（一）评估结果总览

县域低碳高质量发展评估总览结果如表 1-2-5 所示。

表 1-2-5　县域低碳高质量发展评估总览结果

序号	设区市	县（市、区）	碳排放		经济社会		两大系统的均衡水平	综合评估
			发展水平	均衡水平	发展水平	均衡水平		
1	杭州市	余杭区	0.70	0.82	0.61	0.53	0.81	0.68
2		富阳区	0.35	0.69	0.51	0.50	0.66	0.40
3		临安区	0.45	0.72	0.51	0.47	0.69	0.46
4		建德市	0.27	0.57	0.20	0.46	0.48	0.13
5		桐庐市	0.38	0.71	0.42	0.48	0.63	0.36
6		淳安县	0.42	0.74	0.09	0.45	0.43	0.13
7	宁波市	海曙区	0.83	0.84	0.65	0.68	0.85	0.78
8		江北区	0.86	0.84	0.90	0.69	0.94	0.93
9		北仑区	0.29	0.56	0.64	0.67	0.66	0.43
10		镇海区	0.54	0.71	0.81	0.69	0.82	0.66
11		鄞州区	0.78	0.85	0.68	0.67	0.85	0.78
12		余姚市	0.68	0.79	0.69	0.59	0.83	0.71
13		慈溪市	0.71	0.82	0.48	0.60	0.76	0.60
14		象山县	0.75	0.83	0.56	0.66	0.80	0.68
15		宁海县	0.62	0.81	0.51	0.63	0.75	0.57
16	温州市	龙湾区	0.68	0.81	0.54	0.59	0.78	0.62
17		洞头区	0.95	0.86	0.29	0.51	0.71	0.59
18		瑞安市	0.85	0.85	0.40	0.56	0.75	0.62
19		乐清市	0.75	0.83	0.58	0.56	0.81	0.70
20		永嘉县	0.86	0.85	0.14	0.46	0.58	0.46
21		文成县	0.76	0.84	0.11	0.44	0.53	0.39

续表

序号	设区市	县（市、区）	碳排放		经济社会		两大系统的均衡水平	综合评估
			发展水平	均衡水平	发展水平	均衡水平		
22	嘉兴市	南湖区	0.47	0.74	0.59	0.56	0.73	0.51
23		海宁市	0.38	0.71	0.52	0.56	0.67	0.42
24		平湖市	0.70	0.82	0.67	0.60	0.83	0.72
25		桐乡市	0.34	0.68	0.55	0.55	0.66	0.41
26		嘉善县	0.64	0.78	0.73	0.58	0.83	0.70
27	湖州市	吴兴区	0.74	0.81	0.60	0.62	0.81	0.70
28		南浔区	0.43	0.74	0.54	0.58	0.70	0.46
29		德清县	0.57	0.76	0.71	0.60	0.80	0.64
30		长兴县	0.43	0.71	0.63	0.59	0.73	0.51
31		安吉县	0.60	0.79	0.66	0.59	0.79	0.64
32	绍兴市	越城区	0.67	0.80	0.55	0.54	0.78	0.62
33		柯桥区	0.57	0.76	0.61	0.57	0.77	0.59
34		上虞区	0.69	0.80	0.62	0.56	0.81	0.68
35		诸暨市	0.65	0.80	0.47	0.55	0.74	0.56
36		嵊州市	0.76	0.83	0.29	0.51	0.68	0.51
37		新昌县	0.80	0.83	0.62	0.52	0.84	0.75
38	金华市	兰溪市	0.44	0.72	0.15	0.42	0.50	0.19
39		义乌市	0.79	0.83	0.58	0.61	0.82	0.72
40		浦江县	0.68	0.81	0.16	0.45	0.57	0.37
41	衢州市	柯城区	0.34	0.70	0.31	0.48	0.57	0.26
42		衢江区	0.31	0.66	0.29	0.40	0.55	0.23
43		江山市	0.39	0.70	0.06	0.42	0.39	0.10
44		常山县	0.50	0.73	0.17	0.40	0.53	0.25
45	衢州市	开化县	0.54	0.77	0.15	0.45	0.52	0.27
46		龙游县	0.36	0.69	0.21	0.41	0.52	0.19
47	舟山市	定海区	0.63	0.79	0.33	0.54	0.67	0.46
48		普陀区	0.57	0.75	0.20	0.51	0.58	0.33
49		岱山县	0.48	0.35	0.52	0.50	0.71	0.48
50		嵊泗县	0.83	0.82	0.19	0.50	0.62	0.48
51	台州市	椒江区	0.58	0.80	0.53	0.61	0.74	0.55
52		黄岩区	0.82	0.83	0.37	0.58	0.73	0.59
53		路桥区	0.68	0.82	0.42	0.60	0.73	0.55
54		温岭市	0.53	0.79	0.43	0.60	0.69	0.45

续表

序号	设区市	县（市、区）	碳排放		经济社会		两大系统的均衡水平	综合评估
			发展水平	均衡水平	发展水平	均衡水平		
55	台州市	临海市	0.82	0.83	0.49	0.54	0.79	0.67
56		玉环市	0.64	0.80	0.52	0.64	0.76	0.59
57		三门县	0.73	0.81	0.38	0.52	0.72	0.55
58		仙居县	0.62	0.81	0.25	0.48	0.62	0.39
59	丽水市	莲都区	0.76	0.82	0.45	0.56	0.76	0.61
60		龙泉市	0.88	0.85	0.28	0.53	0.69	0.56
61		青田县	0.91	0.86	0.22	0.52	0.66	0.53
62		缙云县	0.86	0.83	0.30	0.50	0.70	0.56
63		遂昌县	0.85	0.83	0.34	0.54	0.73	0.58
64		松阳县	0.70	0.81	0.19	0.51	0.60	0.40
65		云和县	0.71	0.77	0.20	0.50	0.60	0.41
66		景宁畲族自治县	0.76	0.85	0.26	0.53	0.65	0.48

（二）碳排放系统评估

以碳排放系统发展水平和均衡水平作为对象，使用 SPSS 软件进行聚类分析。将 66 个县域分为四类，按由高到低的顺序，分别是第一类 23 个（占比约 34.85%），第二类 25 个（占比约 37.88%），第三类 17 个（占比约 25.76%），第四类 1 个（占比约 1.52%）。以碳排放系统发展水平为横坐标轴，均衡水平为纵坐标轴，展示 66 个县域的碳排放系统的整体水平。具体结果如图 1–2–1 所示。

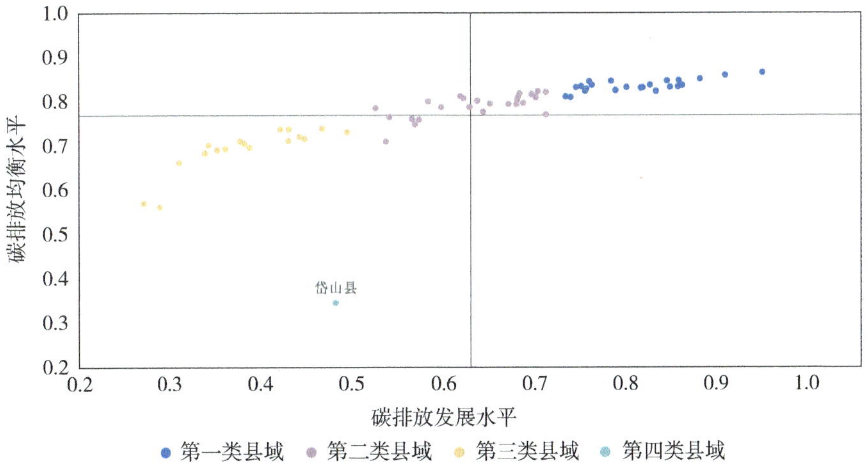

（a）四类县域碳排放系统评估图

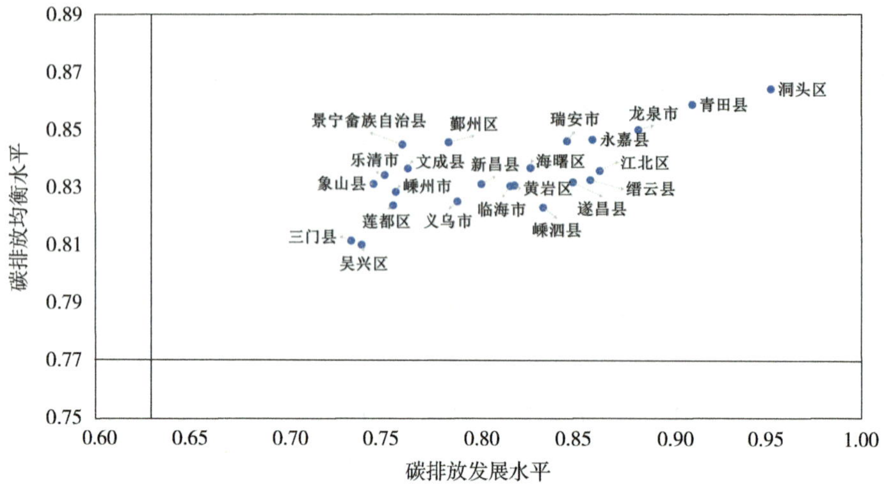

（b）第一类县域碳排放系统评估图

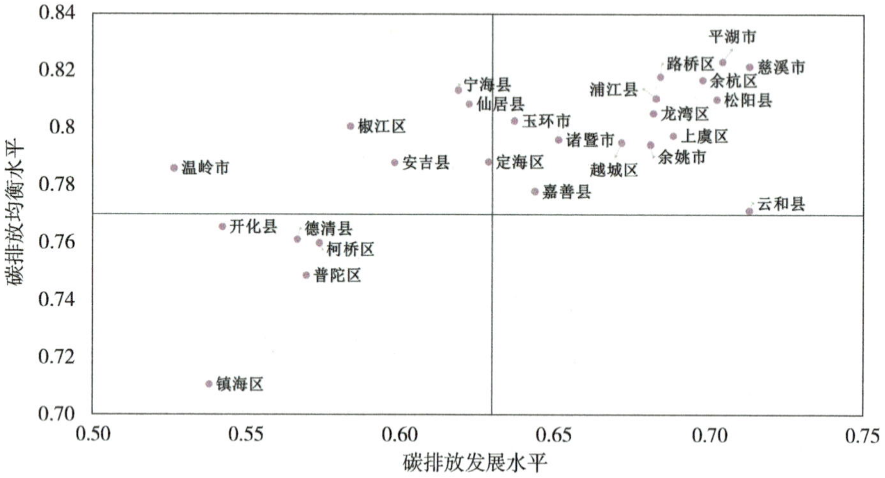

（c）第二类县域碳排放系统评估图

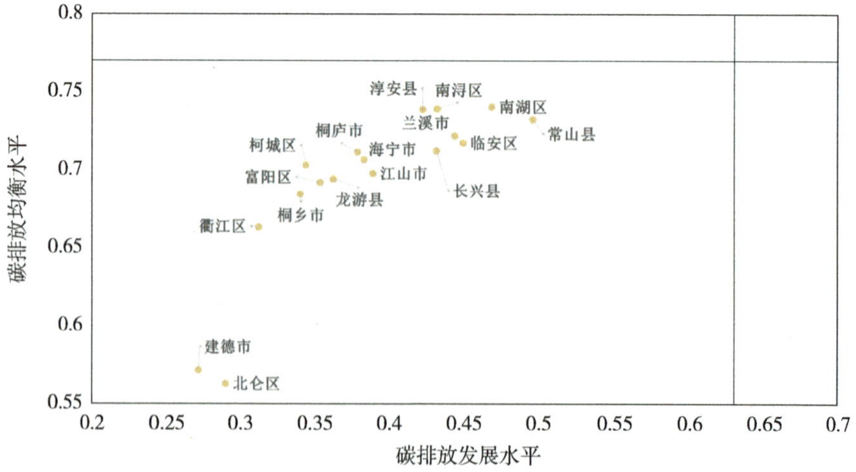

（d）第三类县域碳排放系统评估图

图 1-2-1　县域碳排放系统评估图

蓝色为第一类县域：宁波市海曙区、江北区、鄞州区和象山县；温州市洞头区、瑞安市、乐清市、永嘉县和文成县；湖州市吴兴区；绍兴市嵊州市和新昌县；金华市义乌市；舟山市嵊泗县；台州市黄岩区、临海市和三门县；丽水市莲都区、龙泉市、青田县、缙云县、遂昌县和景宁畲族自治县。

紫色为第二类县域：杭州市余杭区；宁波市镇海区、余姚市、慈溪市和宁海县；温州市龙湾区；嘉兴市平湖市和嘉善县；湖州市德清县和安吉县；绍兴市越城区、柯桥区、上虞区和诸暨市；金华市浦江县；衢州市开化县；舟山市定海区和普陀区；台州市椒江区、路桥区、温岭市、玉环市和仙居县；丽水市松阳县和云和县。

黄色为第三类县域：杭州市富阳区、临安区、建德市、桐庐市和淳安县；宁波市北仑区；嘉兴市南湖区、海宁市和桐乡市；湖州市南浔区和长兴县；金华市兰溪市；衢州市柯城区、衢江区、江山市、常山县和龙游县。

绿色为第四类县域：舟山市岱山县。

总体来看，除舟山市岱山县外，65 个县域的碳排放均衡水平相差不大，分类主要是根据碳排放发展水平的差异。考虑县域数量较多，且大部分的整体水平较为接近，仅选取水平较好的温州市洞头区、宁波市江北区和丽水市景宁畲族自治县，以及水平较差的杭州市建德市、宁波市北仑区和舟山市岱山县举例分析。

洞头区和江北区在碳排放系统评估中结果较好，两区的单位 GDP 碳排放较低，同时两区均大力推广可再生能源的使用，有效降低了碳排放量。景宁县是浙江省山区 26 县之一，生态环境质量稳居全国前五及全省第三，而且县内的水力资源极为丰富，在单位 GDP 碳排放、可再生能源发电量占比等指标中得分优秀。建德市和北仑区的碳排放发展水平较低，建德市的单位 GDP 碳排放指标评分较高，电力消费碳排放占比较低；而北仑区的可再生能源使用较差。舟山市岱山县是整体评价中最低的县，岱山县工业碳排放占比指标、人均碳排放指标和单位可支配收入碳排放指标的表现均较差。

（三）经济社会系统评估

以经济社会系统发展水平和均衡水平为对象，使用 SPSS 软件进行聚类分析。将 66 个县域分为四类，按由高到低的顺序，分别是第一类 2 个（占比约 3.03%），第二类 33 个（占比约 50%），第三类 15 个（占比约 22.73%），第四类 16 个（占比约 24.24%）。以经济社会系统发展水平为横坐标轴，均衡水平为纵坐标轴，展示 66 个县域的经济社会系统的整体水平。具体结果如图 1-2-2 所示。

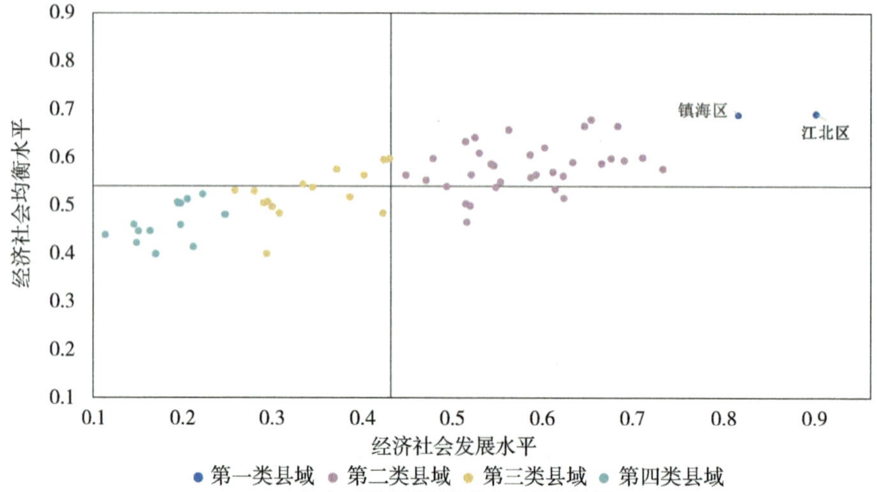

（a）四类县域经济社会系统评估图

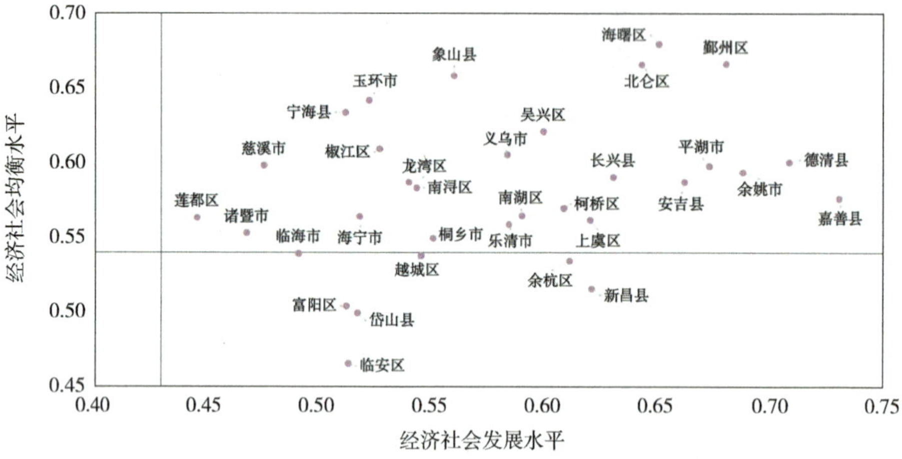

（b）第二类县域经济社会系统评估图

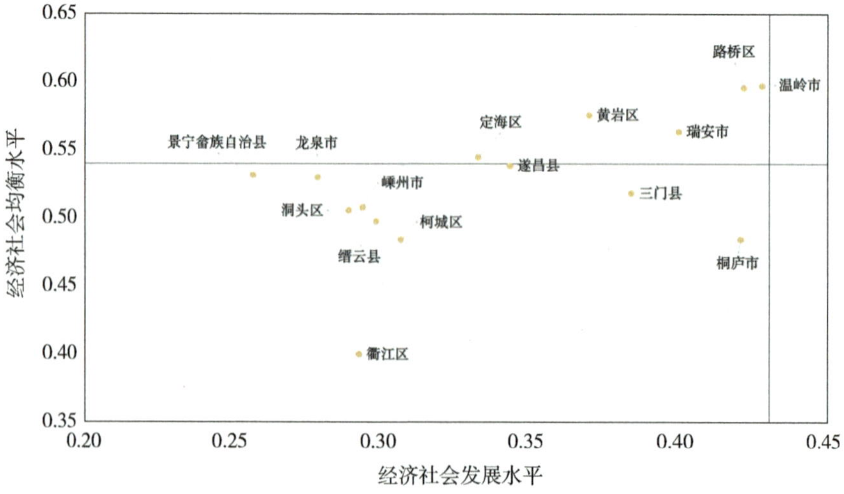

（c）第三类县域经济社会系统评估图

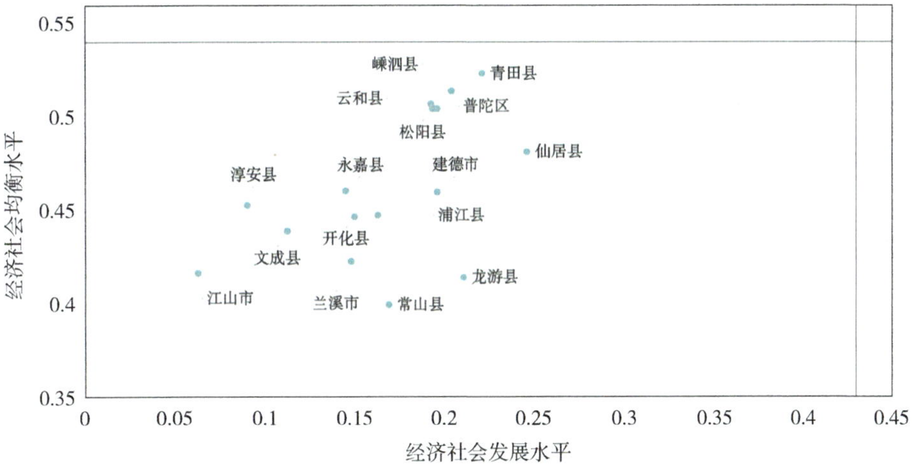

（d）第四类县域经济社会系统评估图

图 1-2-2　县域经济社会系统评估图

蓝色为第一类县域：宁波市江北区和镇海区；

紫色为第二类县域：杭州市余杭区、富阳区和临安区；宁波市海曙区、北仑区、鄞州区、余姚市、慈溪市、象山县和宁海县；温州市龙湾区和乐清市；嘉兴市南湖区、海宁市、平湖市、桐乡市和嘉善县；湖州吴兴区、南浔区、德清县、长兴县和安吉县；绍兴市越城区、柯桥区、上虞区、诸暨市和新昌县；金华市义乌市；舟山市岱山县；台州市椒江区、临海市和玉环市；丽水市莲都区。

黄色为第三类县域：杭州市桐庐市；温州市洞头区和瑞安市；绍兴市嵊州市；衢州市柯城区和衢江区；舟山市定海区；台州市黄岩区、路桥区、温岭市和三门县；丽水市龙泉市、缙云县、遂昌县和景宁畲族自治县。

绿色为第四类县域：杭州市建德市、淳安县；温州市永嘉县和文成县；金华市兰溪市、浦江县；衢州市江山市、常山县、开化县和龙游县；舟山市普陀区和嵊泗县；台州市仙居县；丽水市青田县、松阳县和云和县。

总体来看，在社会经济系统评估中，66 个县的经济社会均衡水平和上述碳排放均衡水平类似，总体差距不大，主要还是根据经济社会发展水平进行分类。其中宁波市江北区和镇海区为第一梯队，总体表现优异，镇海区的人均 GDP 在 66 个县中排名第一；江北区的第三产业增加值占比指标、人均可支配收入指标表现优异。宁海县和象山县在 66 个县中处于中间水平，两县各项指标的变现均较为平衡。淳安县和江山市的经济社会发展水平分值较差，淳安县主要是由于人均 GDP、战略性新兴产业增加值占比和人均可支配收入三项指标的表现较差；而江山市是战略性新兴产业增加值占比和 $PM_{2.5}$ 两项指标的表现，在 66 个县中属于相对落后地位。

（四）碳排放和经济社会均衡水平评估

按照碳排放系统发展水平和经济社会系统发展水平的协调耦合度，将 66 个县域分为五类，按由高到低的顺序，第一类为优质耦合协调 1 个（耦合协调度 0.90～1.00，占比约 1.52%），第二类为良好耦合协调 36 个（耦合协调度 0.70～0.89，占比约 54.54%），第三类为中级耦合协调 26 个（耦合协调度 0.50～0.69，占比约 39.39%），第四类为初级耦合协调 2 个（耦合协调度 0.40～0.49，占比约 3.03%），第五类为勉强耦合协调 1 个（耦合协调度 0.20～0.39，占比约 1.52%）。分别以碳排放系统发展水平和经济社会系统发展水平的平均值作为横坐标轴与纵坐标轴，展示 66 个县域的碳排放系统和经济社会系统的整体水平。具体结果如图 1-2-3 所示。

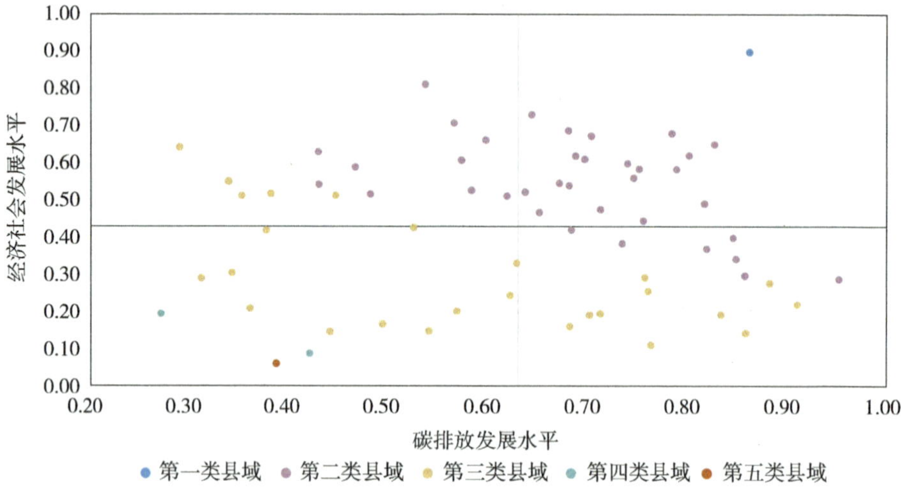

（a）五类县域碳排放和经济社会系统发展水平协调耦合度评估图

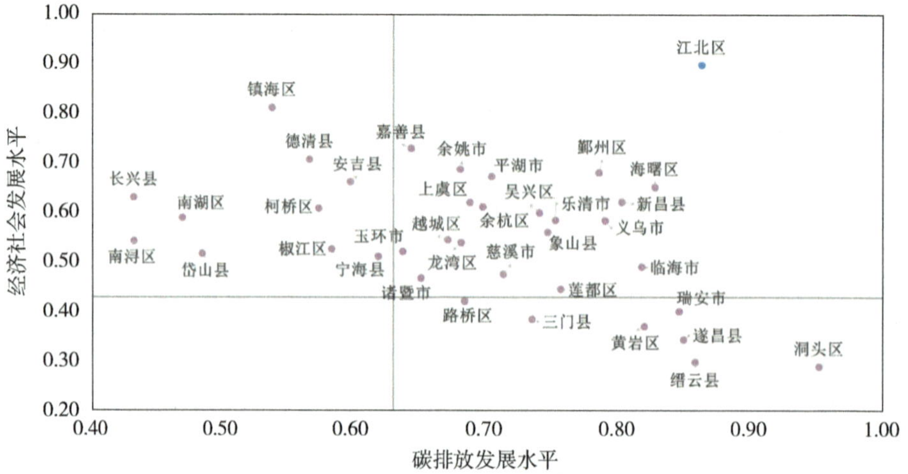

（b）第一类和第二类县域碳排放和经济社会系统发展水平协调耦合度评估图

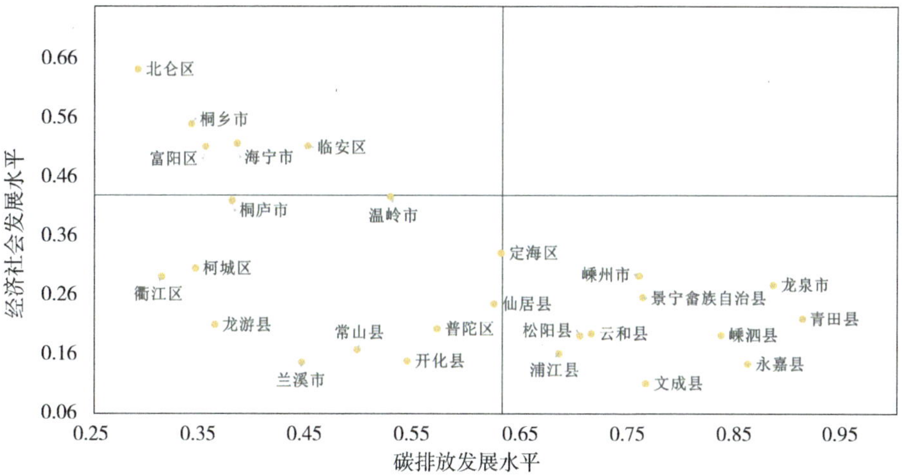

（c）第三类县域碳排放和经济社会系统发展水平协调耦合度评估图

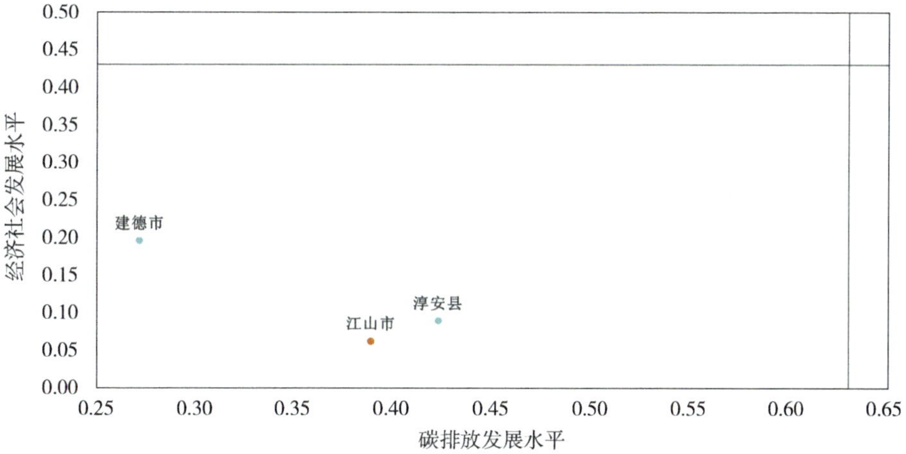

（d）第四类和第五类县域碳排放和经济社会系统发展水平协调耦合度评估图

图 1-2-3　县域碳排放和经济社会系统发展水平协调耦合度评估

蓝色为第一类县域：宁波市江北区。

紫色为第二类县域：杭州市余杭区；宁波市海曙区、鄞州区、余姚市、镇海区、象山县、慈溪市和宁海县；温州市乐清市、龙湾区、瑞安市和洞头区；嘉兴市嘉善县、平湖市和南湖区；湖州市吴兴区、德清县、安吉县、长兴县和南浔区；绍兴市新昌县、上虞区、越城区、柯桥区和诸暨市；金华市义乌市；舟山市岱山县；台州市临海市、玉环市、椒江区、黄岩区、路桥区和三门县；丽水市莲都区、遂昌县和缙云县。

黄色为第三类县域：杭州市临安区、富阳区和桐庐市；宁波市北仑区；温州市永嘉县和文成县；嘉兴市海宁市和桐乡市；绍兴市嵊州市；金华市浦江县和兰溪市；衢州市柯城区、衢江区、常山县、开化县和龙游县；舟山市定海区、嵊泗县和普陀区；台州市温岭市和仙居县；丽水市龙泉市、青田县、景宁畲族自治县、云和县和松阳县。

绿色为第四类县域：杭州市建德市和淳安县。

红色为第五类县域：衢州市江山市。

总体而言，经济社会发展水平高的地区耦合协调度显著高于经济社会发展水平低的地区，两项指标呈显著正相关性；而碳排放发展水平与耦合协调度则无该规律。两项发展水平指标均高于均值地区的耦合协调度均为第二梯队及以上水平，经济与低碳发展协调水平较高；两项发展水平指标均低于均值地区的耦合协调度均为第三梯队及以下水平，经济与低碳发展协调发展水平较低。

例如，宁波市江北区为优质耦合协调，其经济社会发展水平位列第一，碳排放发展水平也名列前茅，经济和低碳实现协调高效发展态势。衢州市江山市为勉强耦合协调，与其经济社会发展水平相对较差有较大关联。温州市洞头区虽然经济社会发展水平一般，但可再生能源资源丰富、产业结构低碳，碳排放发展水平位列第一，因此耦合协调度良好，经济与低碳发展协调水平较高。

（五）综合分析

以碳排放系统发展水平、经济社会系统发展水平和两大系统发展水平的耦合协同度作为对象，运用 TOPSIS 法，得到 66 个县域的低碳高质量指数，并使用 SPSS 软件进行聚类分析，将 66 个县域分为四类，按由高到低的顺序，分别是第一类 15 个（占比约 22.73%），第二类 23 个（占比约 34.85%），第三类 19 个（占比约 28.79%），第四类 9 个（占比约 13.63%）。以低碳高质量指数作为纵坐标轴，展示 66 个县域的低碳高质量发展水平。具体结果如图 1-2-4 所示。

总体来看，县域低碳高质量发展水平高的地区，两大系统发展水平的耦合协同度也较高，两项指标呈显著正相关性。在 11 个设区市中，县域低碳高质量发展水平区域分布特征明显。宁波市县域低碳高质量发展水平总体较好，6 个县域位列第一梯队，尤其是江北区在各项评估中均表现突出，经济和低碳实现高质量平衡发展。衢州市县域低碳高质量发展水平总体较为落后，6 个县域位列第四梯队。

选取低碳高质量发展水平较高的 3 个县域——宁波市江北区、宁波市海曙区和宁波市鄞州区，以及水平较低的 3 个县域——衢州市江山市、杭州市建德市和杭州市淳安县，对碳排放效率、碳排放公正、经济社会效率和经济社会公正四项一级指标进行进一步分析，结果如图 1-2-5 所示。

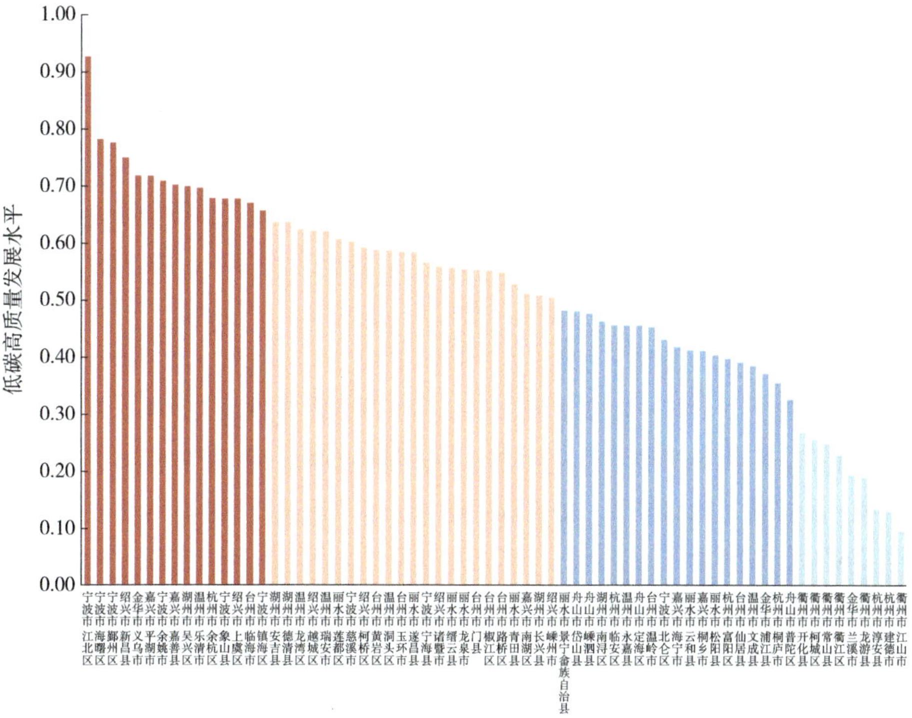

图 1-2-4　县域低碳高质量发展水平评估

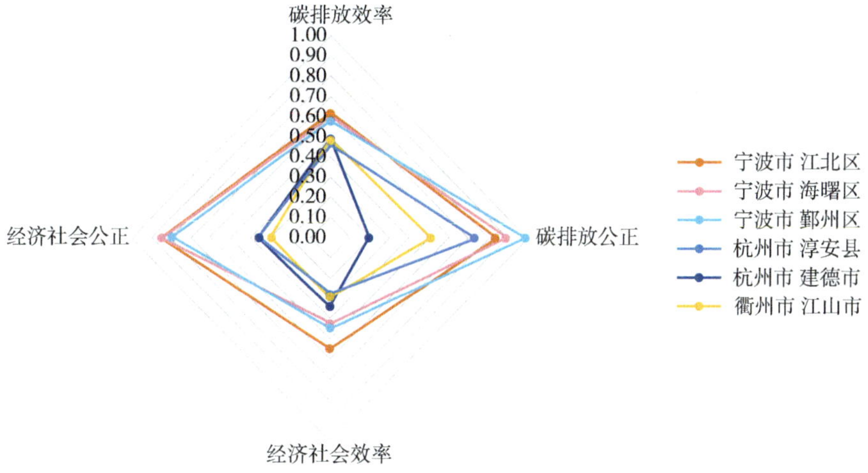

图 1-2-5　6 个地区四项一级指标得分对比

可以看出，这些地区经济社会效率和碳排放效率指标差异性较小，经济社会公正指标差异性较大。除碳排放公正指标外，前三名和后三名的指标得分都较为集中。杭州市建德市的碳排放公正指标与其他地区差距较大，单位可支配收入碳排放指标的表现较差。

为了更明确这些县域的差异，将 66 个县域按低碳高质量发展水平分为四类，对四个一级指标，即碳排放效率、碳排放公正、经济社会效率和经济社会公正进行差异分析，结果如图 1-2-6 所示。结果表明，四类县域在这四个指标上都有一定的差异，第三类和第四类在每项指标均有差异。总体来看，差异最明显的是经济社会公正指标，说明在县域发展过程中需要更加关注经济社会的公平性，进一步缩小地区差距，加快推进共同富裕示范区建设。经济社会效率指标仅次于经济社会公正，目前各地经济发展水平仍存在较大差距，需要大力发展新质生产力，充分发挥创新的主导作用，激发和塑造经济发展新动能。碳排放效率指标差异也较为明显，说明部分地区由于资源禀赋、产业结构等原因碳排放效率低下，一定程度上制约了高质量发展。对于资源禀赋较好的地区，要合理开发利用可再生能源，提高能源清洁性；对于产业结构偏重的地区，要积极推进产业低碳化转型，积极推进降碳增效，提高碳生产力。相较于其他指标，碳排放公正指标差异不明显，说明浙江省各地区在碳排放公平性方面没有明显差距，碳排放基本与人口数量和收入相匹配。

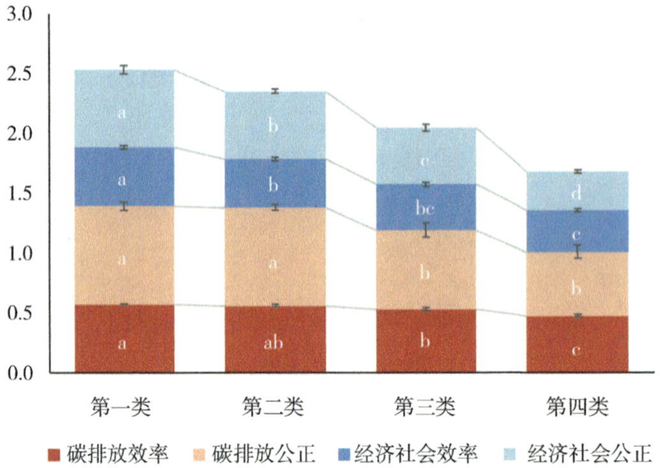

图 1-2-6　各一级指标差异分析

四、主要结论及展望

本文围绕碳排放和经济社会两大维度，构建低碳高质量发展评估体系（包含 4 个一级指标层要素和 20 个二级指标层要素），并开展县域对比的实证分析，主要结论如下：

从全省总体来看，浙江省碳排放均衡水平和经济社会均衡水平无明显差距，在县域低碳和经济的发展中总体兼顾了效率与公平的平衡。浙江省县域两大系统发展水平及其耦合协同度均存在较大差异性，导致县域低碳高质量发展水平的差异性。其中，需要更加关注经济社会公平性，进一步缩小收入差距和地区差距。

从县域情况来看，县域低碳高质量发展水平区域分布特征明显。宁波市县域低碳高质量发展水平总体较好，尤其是江北区在各项评估中均表现突出。衢州市县域低碳高质量发展水平总体较为落后，江山市在各项评估中表现均较差。

由于县域数据获取难度较大，对指标的设定带来很大程度上的限制，后续可以考虑调整和完善指标体系，使其更符合县域的数据情况。对于公正指标，本文虽然已尝试引入部分指标，但仍需要进一步拓展，如从就业人口相关的指标入手，更科学准确地评估公正转型的结果；另外可以考虑增加潜力相关指标，更准确地评估发展进程和趋势。后续也可以结合各个县域的具体情况进行深入分析，同时可以开展分部门的数据收集和分析，从能源、工业、建筑、交通、农业、居民生活等领域进一步分析，从而给出具体的平衡发展路径及政策建议。也可以进一步考虑打造通用的数据产品，从而在时间和空间尺度上扩大评估的范围，使研究成果能进一步运用到其他地区。

作者：浙江省经济信息中心著作组

参考文献

[1] 胡初枝，黄贤金，钟太洋，等．中国碳排放特征及其动态演进分析 [J]. 中国人口・资源与环境，2008（3）：38–42.

[2] 谭丹，黄贤金．我国东、中、西部地区经济发展与碳排放的关联分析及比较 [J]. 中国人口・资源与环境，2008（3）：54–57.

[3] 石龙宇，孙静．中国城市低碳发展水平评估方法研究 [J]. 生态学报，2018，38（15）：5461–5472.

[4] 付允，汪云林，李丁．低碳城市的发展路径研究 [J]. 科学对社会的影响，2008（2）：5–10.

[5] 马军，周琳，李薇．城市低碳经济评价指标体系构建——以东部沿海 6 省市低碳发展现状为例 [J]. 科技进步与对策，2010（22）：165–167.

[6] 杨德志．基于主成分分析法的低碳城市发展综合评价 [J]. 通化师范学院学报，2011（4）：7–8.

[7] 刘志华，袁庆禄，李翠，等．“双碳”战略下低碳经济与高质量发展协

同效应：以京津冀城市群为例 [J/OL]. 环境科学，1–20[2024–03–21]. https://doi.org/10.13227/j.hjkx.2023/2013.

[8] 王敏，杨儒浦，李丽平 . 城市减污降碳协同度评价指标体系构建及应用研究 [J]. 气候变化研究进展，2024，20（2）：242–252.

[9] 范成杰 . 临汾市低碳城市发展水平评价研究 [C]// 中国环境科学学会 . 中国环境科学学会 2022 年科学技术年会论文集（一）. 北京：《中国学术期刊（光盘版）》电子杂志社，2022：7.

[10] 孙艳丽，曾庆东 . 基于改进 TOPSIS 法的低碳城市评价指标体系研究——以沈阳市为例 [J]. 沈阳建筑大学学报（社会科学版），2023，25（6）：575–582.

[11] 王磊，周亚楠，张宇 . 基于熵权—TOPSIS 法的低碳城市发展水平评价及障碍度分析——以天津市为例 [J]. 科技管理研究，2017，37（17）：239–245.

[12] 孙奇，吴巧生，李思瑶，等 . 中国城市低碳发展绩效指数测算 [J]. 统计与决策，2021，37（17）：75–79.

[13] 张雯婷 . 长江经济带中心城市低碳经济综合评价研究 [D]. 武汉：武汉理工大学，2014.

[14] 徐胜，杨娟 . 碳排放经济效率的 TOPSIS 评价分析——基于山东省 17 地市的面板数据 [J]. 经济与管理评论，2013，29（1）：145–150.

[15] 周跃云，赵先超，丁梦 . 基于 OWA–TOPIS 模型的湖南省能源碳排放经济效率聚类分析 [J]. 湖南工业大学学报（社会科学版），2014，19（3）：1–4.

[16] 张福祥 . 辽宁省区域碳排放—经济发展—环境保护耦合协调分析 [D]. 大连：辽宁师范大学，2018.

[17] 李咏华，高欣芸，姚松，等 . 长三角城市群核心地区碳平衡压力与新型城镇化脱钩关系 [J]. 经济地理，2022，42（12）：72–81.

[18] 何燕子，王妍 . 基于 TOPSIS 和灰色关联投影法的区域碳效率动态综合评价——以泛珠三角为例 [J]. 湖南工业大学学报，2023，37（6）：61–68.

[19] 余鹏，马珩，周福礼 . 基于级差最大化组合赋权 TOPSIS 灰关联投影法的区域碳效率动态评价 [J]. 运筹与管理，2019，28（12）：170–177.

[20] 庞庆华，杨田田，李涵 . 城市碳排放、产业结构和区域创新的空间联系——基于江苏省 13 个地级市的数据分析 [J]. 华东经济管理，2018，32（12）：20–26.

[21] 周茂春，曹夏夏 . 区域物流与低碳经济协同研究——以辽宁省为例 [J]. 辽宁工程技术大学学报（社会科学版），2017，19（3）：272–281.

[22] 刘康，袁敏，申社芳 . 我国区域碳排放效率测度与地区差异分析——基于

三阶段 Super-SBM-DEA 方法 [J]. 兰州财经大学学报，2022，38（2）：44-59.
[23] 娄营利 . 过程引导与结果评价集成视角的低碳城市指标体系研究 [D]. 重庆：重庆大学，2021.
[24] 杨艳芳，李慧凤 . 北京市低碳城市发展评价指标体系研究 [J]. 科技管理研究，2012，32（15）：88-90.
[25] 陈伟 . 贵州省低碳经济综合评价 [D]. 贵阳：贵州财经大学，2020.
[26] 张雪花，韩成吉，刘文莹，等 . 基于 DEA-VRS 的区域“全碳效率”评价——以我国其中 30 个省域为例 [J]. 数学的实践与认识，2017，47（20）：313-320.
[27] 王飞 . 基于 DEA 方法的长三角地区区域碳排放效率及影响因素分析 [D]. 合肥：合肥工业大学，2016.
[28] 索瑞霞，马嘉敏 . 基于投影寻踪法的中国城市低碳发展水平评价 [J]. 调研世界，2023（4）：73-82.
[29] 李艳芳，卢奕成 . 基于 SEM 的低碳城市评价指标体系构建研究 [J]. 河南科技，2023，42（22）：143-147.
[30] 张丽君，李宁，秦耀辰，等 . 基于 DPSIR 模型的中国城市低碳发展水平评价及空间分异 [J]. 世界地理研究，2019，28（3）：85-94.
[31] 段锦 . 基于 DPSIR 模型的山西低碳城市建设战略研究 [J]. 科技创新与生产力，2022（5）：33-37.

第二部分　领域行动

2023 年，浙江省持续推进重点领域绿色低碳转型。能源领域重点关注清洁能源高效利用、提高储能与消纳能力、打造低能耗数据中心；工业领域重点关注实施节能技术改造、推进数字化赋能、建立碳足迹管理体系、加强资源循环利用；建筑领域重点关注提升绿色低碳标准、推行绿色建造方式、推广可再生能源应用；交通领域重点关注推进运输装备新能源化、创建低碳交通枢纽；农业领域重点关注发展绿色生态农业、推进碳汇价值转化。各领域均形成了一批可复制、可借鉴的“浙江做法”。

能源领域：扩大绿色能源开发利用，提升能源生产力水平

一、清洁能源高效利用

当前，浙江省能源结构仍以煤炭为主，发展新型清洁能源并高效利用是实现能源转型的必由之路。浙江省在氢能源的利用上进行探索尝试，形成了镇海炼化（ZRCC）等一批典型案例。

1. 主要做法与成效

集成建设，打造“航母级”加氢站。镇海炼化通过打造“航母级”加氢站，配有氢储能发电和屋顶光伏发电设施，集“光伏发电—氢气加注—氢气充装—氢储能发电”于一体，围绕企业内外部的物流需求，实现“制—输—储—加—用”一体化氢电耦合综合应用。目前正在进行三期项目建设，建成后可达到 2 500 kg/12 h 加氢能力和 4 000 kg/d 充装能力，成为浙江省最大加氢站，加氢能力可覆盖环杭州湾及周边地区。

资源整合，率先发挥副产氢资源优势。镇海炼化全面发挥探路引航精神，提前布局制氢示范工程，通过对油制氢、煤制氢、乙烯氢、重整氢、PSA（变压吸附法）回收氢等不同工艺全生命周期的碳排放研究，并按照质量、能量及价值等分配方式对现有氢气资源的碳排放分别进行计算，最终通过装置原料优化、操作调整等方式，实现了碳排放最低、杂质含量最少、生产成本最低的燃料电池氢加

工路线，不新建提纯装置、不新增能耗即可生产符合燃料电池氢指标的氢气。

“微网”输氢，助力实现降本降碳。氢气的储运是降低销售成本和实现市场布局的关键环节，目前常规加氢站采用长管拖车输送氢气，运输成本约 10 元 /kg。镇海炼化结合公司丰富的氢气管线管理经验和区位优势，创新打造加氢站“微网”示范项目，通过敷设氢气管道，将 4#PSA 装置生产的燃料电池氢直接输送至加氢示范站，降低运输成本及碳排放量。参照中国石化相关氢气管线测算情况，与采用长管拖车往返运输氢气相比，成本可由 10 元 /kg 降至 1 元 /kg，还可降低碳排放约 18.4 t/a。

示范引领，不断拓展应用场景。镇海炼化充分利用“环杭州湾”“义甬舟”氢走廊沿线唯一交会优势，不断扩大应用场景。两辆氢能通勤车目前已累计运行超 6 万 km，吸引公众参观加氢示范站累计超 3 000 人次。同时，与当地政府合作推动新材料、新能源技术、物联网等相关产业发展，初步形成“以加氢站为核心节点、以氢电耦合和氢能交通为纽带、上下游产业协同发展”的格局。

2. 亮点与启示

拓展氢能场景，累积形成产业链优势。镇海炼化正充分发挥本地“产学研用”合作优势，实现“制—输—储—加—用”氢能一体化工业场景应用。另外，镇海炼化积极推动氢能客运、氢能重卡、氢能冷链运输的规模化应用，带动长三角地区氢能制备、氢能储运、氢燃料电池生产、加氢站以及氢能源车等氢能产业链五大领域不断完善。

氢能利用提档，加速形成镇海经验。近年来，从中央到地方，各级人民政府都非常重视对氢能产业的布局谋划。镇海区位优势明显、科创资源丰富、产业链条完善，发展氢能产业前景广阔、潜力巨大。镇海区以氢产业为核心推动人才、技术、资金融合集聚，加速形成氢能场景“镇海经验”，为氢能产业发展提供更多可落地的宝贵经验。

二、提高储能与消纳能力

浙江省持续推动构建新型电力系统，提升清洁能源消纳和存储能力。在新型光储、混合储能和多能消纳等方面形成了杭州市临平区西子洁能光储一体低碳工厂、物产中大多能耦合智慧低碳供能和景宁县域级长时段绿电自平衡微网群等一批“浙江做法”。

1. 主要做法与成效

新型光储方面，创新液流储能技术实现节能降碳增效。临平区西子洁能光储一体低碳工厂采用新型全钒液流储能技术和磷酸铁锂储能技术，建设光储充一体化电站及智慧控制系统。项目充分利用工厂屋顶面积近6万m^2建设分布式光伏，年光伏发电量约410万kW·h。采用自主研发新型液流电池技术，建设全钒液流储能电站，可存储4 000 kW·h的电解液。配建磷酸铁锂储能电站，充电时作为负荷，并可按需自动切换至放电模式作为电源。光伏与储能系统可节约6 851 t标准煤，减少CO_2排放量18 285 t、SO_2排放量139 t、NO_x排放量47 t。

混合储能方面，大规模工业多能耦合智慧低碳供能。物产中大集团和浙江物产环保能源股份有限公司研发基于“熔盐储热 + 电化学储电”大规模工业混合储能的低碳电力 / 热力高效灵活供应技术及装备，重点突破兼具低成本、性能高、可实施性的熔盐储罐、换热器、高电压等级熔盐电加热器的研发，建立混合储能系统协同出力策略。项目年消纳谷电2.362亿kW·h，年供应蒸汽25.4万t，年上网电量0.228 1亿kW·h，实现年减排CO_2 3.3万t，年替代节约标准煤1.7万t，预计可推动超过千亿级的储热产业规模。

多能消纳方面，构建县域级长时段绿电自平衡微网群。浙江丽水景宁依托当地丰富的源网荷储可调资源，构建多层级、多形态微电网，纵向分层分级平衡管理、横向源网荷储协同优化，通过灵活资源聚合调控、能源数据融会贯通、数智能量管理高效，实现微网群间互联互济、群内自治平衡，打造长时间绿电自平衡的县域级微网群。减排降碳上，年增加绿电消纳110.86 MW·h，年绿电供应率提高至78.7%，减少碳排放约20万t。价值创造上，提升绿电消纳能力超10万kW，节约电网投资约0.6亿元，减少网损0.5个百分点。供电保障上，线路级微网可实现小水电“一键黑启动”，响应速度缩短至5 min，最长离网运行可达24 h，电网故障生存能力大增。

2. 亮点与启示

推动储能技术创新，契合新型储能规模化安全发展需求。西子洁能光储一体低碳工厂入选浙江省“十四五”新型储能示范项目。项目采用新型光储一体技术，通过能量存储和优化配置，促进能源生产与用能负荷动态平衡，降低用能成本，为迎峰度夏削峰填谷提供用能保障，多种储能技术的创新应用契合了碳达峰背景下工业园区和企业新型储能规模化安全发展需求。

推动储能工艺创新，带动大规模工业混合储能发展。物产中大多能耦合智慧低碳供能项目充分消纳谷电时段的绿色电力及低谷电力，全时段提供绿色低碳蒸汽，并在高峰时段顶峰发电，为园区清洁低碳综合供能提供有力保障，为我国构建新型能源体系提供典型案例。

推行消纳模式创新，构建分层分区自治平衡消纳示范。景宁县域级平衡微网致力于打造现代智慧配电网可复制样板，实现电网运行状态实时感知、运行方式灵活匹配、电网故障智能“自愈”；配电网自上而下单向管理向分层分级协同优化；清洁能源“看得清，接得进，控得住，用得好”。该做法是偏远山区供电可靠性的一条重要创新路径。

三、打造低能耗数据中心

伴随数据中心的快速发展，高能耗的问题显得尤为突出。浙江省从技术角度创新打造了低能耗数据中心，形成了云和县紧水滩水冷式绿色数据中心等典型案例。

1. 主要做法与成效

创新冷却模式，最大化实现水资源价值。紧水滩水库库容约 14 亿 m^3，水质优越，年径流量 32 亿 m^3，水库高程 125 m，水温常年保持在 14℃以下，是天然的冷却水水源。云和县紧水滩水冷式绿色数据中心项目采用液冷技术，利用水库深层低温湖水替代传统电制冷，弥补了空气换热效率、热流密度低等缺点，有效缓解了传统数据中心能耗高、噪声大、设备密度低等问题。数据中心换热站建于水库死水位线以下，首创利用水库高水位势能实现重力自流取水，节省冷却水输送能耗。利用数据中心换热站与下游河道间 52 m 的水头落差，在数据中心下方装设 4 台小型箱式发电机组，通过尾水发电将剩余水头回收利用，实现水资源利用的最大效益。据测算，近期尾水发电电量约为 170 万 kW・h/a，远期约为 510 万 kW・h/a。

综合能源利用，全方位挖掘节能潜力。利用紧水滩水库深层冷水提供制冷，库区高水位势能实现重力引流，冷却水势能回收用于发电，同时配套水源热泵空调系统回收机房余热为电池室供暖、规划建设光伏建筑一体化的光伏直供电系统，实现大幅节能降耗。据测算，浙江紧水滩水冷式绿色数据中心项目年运行 PUE 值（能效比）1.13，相较 PUE 值 1.5 的传统数据中心，远期每年可节省用电量 9 335 万 kW・h，减少碳排放约 6 万 t。该项目还将结合人工智能应用、新型末端、高温型服务器和市电直供等技术，进一步优化 PUE 至 1.089，将成为全国节能数据中心标杆。

绿色经济并行，高质量保障可持续发展。该项目充分挖掘国家电网电力保障优势，采用 3 路 35 kV 市电替代柴油发电机组，每年减少柴油消耗 30 t 以上，减少 CO_2 排放约 79 t，节约 2 000 m^2 建筑面积及 2 500 万元投资额，实现绿色性与经济性并行。此外，项目将极大增强国网浙江电力内部自用信息和数据处理承接能力，满足信息大规模数字化储备需求，进一步保障大数据安全。同时，还将采用市场化运营模式，为我国华东地区工业互联网、智能制造、智慧城市等新兴业态领域建设提供基础算力保证。

2. 亮点与启示

推动技术创新，源头解决数据中心高能耗问题。我国的数据中心总量已超过40万个，年耗电量超过全社会用电量的1.5%。数据中心需24 h“连轴转”，是高能耗单元。紧水滩水冷式绿色数据中心采用水库深层低温湖水提供自然冷源、高水位势能重力自流取水、尾水发电、综合能源利用等技术，整体方案在数据中心行业为全球首创。

推动降碳协同，创新价值转化解决可持续问题。项目在节能降碳的同时具备良好的运营效果，可持续性佳。紧水滩水冷式绿色技术中心立足于现有技术，在建设和运维各环节没有明显的制约因素，通过创新应用实现水资源价值的最大化。利用电网的可靠性优势，实现市电电源价值转化。在追求数据中心绿色化的前提下，项目建设和运营经济性均表现较好，保证了项目的可持续发展，为我国传统水电转型发展提供示范样本。

作者：浙江省经济信息中心著作组

工业领域：积极运用新技术新模式，挖掘更多降碳空间

一、实施节能技术改造

浙江省全力推进工业领域节能降碳技术改造，建设绿色制造体系和服务体系，持续挖掘工业节能潜力，在用能产品设备升级与绿色技术开发应用方面，形成了宁波日星铸业有限公司、舟山绿色石化基地、义乌市水处理公司等一批典型案例。

1. 主要做法与成效

推进用能设备改造，助力系统性节能降碳改造升级。宁波日星铸业有限公司持续推进节能技术改造，打造国家级绿色工厂。对空压机站进行设备升级改造，定制 6 kg 节能型空压机组，并通过集中供气、恒压控制、智能管控等方式合理利用空压机。年节约电耗 741 万 kW・h，相当于减少约 4 226 t CO_2 排放。此外，通过增加冲天炉助燃风中氧气含量，减少焦炭燃烧过程中热损失，实现年节约焦炭约 2 200 t。

强化技术创新应用，提升能源资源高效利用水平。舟山绿色石化基地 4 000 万 t/a 炼化一体化项目建设有 4 套 380 万 t/a 重整装置，单套规模为目前全球最大。积极探索实施节能优化改造，对连续重整装置设置重整生成油选择性加氢脱烯烃设施，满足下游芳烃抽提等装置对进料的质量要求，大幅降低下游装置白土耗量；采用纳米陶瓷复合板作为传热元件，解决装置耐腐蚀性能差、占地面积大的问题，提高热效率达 95%；可实现节约能耗 2 万 t 标准煤 /a，CO_2 减排约 2.9 万 t/a，每年增加经济效益约 5 700 万元。

水处理技术升级，开启水处理减污降碳新篇章。义乌市水处理公司通过推广水源热泵，使用可再生能源供热制冷，为水厂办公区和生产区域夏季制冷和冬季

供暖，预计全年供冷量 22.8 MW，减少碳排放 2 167 t/a；供热量 33.3 MW，减少碳排放 116 440.5 t/a。推广化学储能项目平衡能源供需，在后宅污水厂建设功率 464 kW、充电容量 932 kW·h 化学储能设备。推广再生水回用及人工生态湿地，可生产再生水 24.5 万 t/d，用于工业用水、河道补水等，生态环境效益显著。

2. 亮点与启示

龙头企业引领产业链低碳协作。日星铸业以创建绿色工厂、开发绿色产品和构建绿色供应链为牵引，积极推进节能降碳、清洁生产改造升级。同时充分发挥行业龙头企业的引导力，引领产业链上下游共同研究产业间低碳协作及实施路径。

工艺创新挖掘企业降碳潜力。舟山绿色石化基地推动基地核心企业实施一体化集约设计，利用富产 CO_2 资源，实现节能减污降碳和 CO_2 高价值利用协同增效。舟山绿色石化基地激发市场经济创新活力，对接国家产业布局，推动产业集约发展，打造规模化、一体化、集群化的升级示范，维护产业链供应链安全稳定，是以“绿色浙江”打造基地建设“舟山模式”的典型案例。

技术升级助力水处理降碳。义乌市水处理公司积极推广水源热泵，利用热泵技术对污水中所蕴含的热能进行回收利用，有效降低燃料、电力等能源的消耗，在节省运行成本的同时大幅减少温室气体排放，是污水处理厂实现减污降碳协同增效的重要手段之一。

二、推进数字化赋能

数字化是改造传统制造业并使其实现低碳转型的重要手段。浙江省在数字化改造与智治平台建设上均形成了一批可借鉴的做法，形成了领克汽车余姚工厂、嵊州市“厨电产业大脑”、龙游县“造纸产业大脑”、宁波市能源大数据管理中心、杭州湾上虞经济技术开发区、衢江区个人碳账户等一批典型案例。

1. 主要做法与成效

智能制造设备升级助力汽车工厂数字化改造。领克汽车余姚工厂深入汽车产业实践，创新采用制造端、供应端、使用端三端协同一体化的降碳链路组合模式。制造端引入智能制造设备，实现了多个车间的 100% 自动化。如在全自动化焊装车间采用激光焊接、阿普拉斯焊接等先进技术，实现 100% 机器人自动焊接。供应端利用工厂屋顶建设光伏发电站并配备了容量 2.1 MW·h 的储能电站，通过数字化手段与光伏电站有效联动，年发电量约 2 000 万 kW·h，减少 CO_2 排放 12 000 余 t。使用端在汽车双电机智能混动系统、智能电混系统交直流转换、高阶智能驾驶系统等方面加强绿色低碳先进技术研发。

“厨电产业大脑”引领厨具产业浙江智造新名片。嵊州市持续推进“厨电产业大脑”建设，深化推广“产业大脑＋未来工厂”新模式，建成投用智能“厨电产业大脑”，打造供应链集采、数字金融等应用场景，迭代升级“N+X”新智造应用模块。智能“厨电产业大脑”获评省第二批工业领域行业产业大脑试点，通过线上服务和线下轻量化功能应用覆盖，标准化、高质量、低成本快速赋能中小企业数字化改造，全面推动制造业企业数字化转型。此外，嵊州市全力建设厨电消费数据中心，推动亿田等龙头企业联合阿里巴巴、京东等平台企业，探索构建集消费数据分析、流程优化、品质监控等功能的厨电消费数据中心，完善质量安全追溯平台、精益制造管理系统等功能模块。

“造纸产业大脑”助力造纸产业数字化转型之路。龙游县“造纸产业大脑”依托衢州数字经济（智慧产业）产业创新服务综合体建设的东南工业互联网平台为技术底座，以造纸行业“新智造”应用及产业生态应用为核心场景，构建数据采集、数据建模算法、数据质量管理和安全保障、数据应用体系，解决大型企业信息孤岛、中小企业能耗成本高、设备运维难等行业共性重点问题。目前已为维达纸业等累计 82 家包括龙游县在内的浙江省造纸企业提供数字化服务 1 175 次，打造省级标杆示范项目近 10 家，实现工厂接入 10 余家，产线接入数十条，设备数据采集点万级规模。

三网联动数字赋能城市低碳转型。宁波市成立了市能源大数据管理中心，在全市范围开展“能、光、车”三个维度能源数据归集和管理工作，在数字赋能城市低碳转型上进行了有效探索和实践。智慧能源管理模块重点汇聚能源产供储运、能源消费和其他多跨数据等多类能源利用数据，实现全市能源煤电油气热各品种、产供储销运各环节的动态监测、一屏感知、一网研判，目前已实现三千多家年能耗 1 000 t 标准煤以上的重点用能企业能源消费数据的实时动态监测。可再生能源管理模块重点聚焦光伏、风电、水电、生物质等发电类型，对全市可再生能源开发利用进行全面掌控，实现了对项目备案、接入申请、竣工验收、发电监测的全生命周期管理。

截至 2023 年 11 月，宁波市可再生能源年内新增装机同比增长 35%。市级充电设施公共数据采集与监测管理模块汇集了全市公（专）用充电设施运营数据，实现充电站桩监测、订单实时获取、一键充电寻址、奖补申报及审核等功能，2023 年 1—11 月，新增接入充电枪同比增长 149.6%。

以数字改革为牵引探索协同增效新方法。杭州湾上虞经济技术开发区坚持以问题需求为导向，深入企业一线调研，以建设减污降碳协同增效数智场景为重点，以数字化改革思维，探索推进减污降碳协同增效，形成了“1 个平台 +2 项制度 +N 项技术”的创新应用成果，走出了一条减污降碳协同新路径。构建一张感知网，纵向贯通省减污降碳在线等平台，横向融合智慧环保监管等数据，新装能耗监控装置 82 套，全覆盖加密污染源在线监控设备 186 台，形成可实时感知、及时预警的感知系统。创设一套评价指数，归集 9 个部门 19 类数据，确定 8 个维度评价指标，构建园区和企业减污降碳协同指数。绘制一张关联图，建立园区产品、原辅料、危险废物等信息库，开发自动匹配模型，生成供应链协同关系图谱。建立一个周转池，按照“政府主导、政策激励、形式多样、市场配置”运行机制，政府建立节余排污权周转池，对指标一年一核。减污降碳协同增效数字化平台入选省数字政府系统优秀应用案例集。主要污染物排放量同比下降 7.8%，$PM_{2.5}$ 浓度下降 14.3%，碳排放强度下降 13.3%。

以数据集成探索个人碳减排可量化新路径。衢江区围绕金融领域信用体系建设，充分发挥农商银行绿色金融改革创新优势，探索“绿色 + 普惠”新路径，在全国首创“个人碳账户”应用，引导消费端碳减排。开发“衢江个人碳账户”小程序，构建绿色支付、绿色生活、绿色出行等三大低碳场景，囊括线上转账、理财、贷款、移动支付等 15 个子项；涵盖各类费用代扣、代缴；集成 ETC 通行、公交乘车码等信息。通过大数据综合折算个人绿色金融行为碳减排量，以成本倒算法量化为碳积分。“个人碳账户”自动采集、分析、核算低碳行为生成碳征信评价指数，按照个人碳积分给予不同等级的贴标，并将碳征信评价机制运用于信贷融资准入，创新推出“点碳成金贷”，客户最高可享受 30 万元的信用贷款和 300 万元的综合授信贷款。截至 2023 年年底，全区已建立银行个人碳账户 40.82 万户，产生碳积分 4.63 亿分，累计碳减排约 46.3 t。建立个人碳账户浅绿 10.02 万个、中绿 18.6 万个、深绿 12.2 万个，优惠放贷 15 593 笔、27.41 亿元，同比增贷 5.6 亿元、同期减息约 670 万元。

2. 亮点与启示

特色领域打造了数字化智能制造金色品牌。传统产业的绿色低碳转型已成为当务之急，数字技术作为现代社会的重要支柱，正发挥着关键的作用，同时也进一步推进了数字技术与经济发展深度融合，探索数字技术赋能产业绿色转型发展路径，助力“双碳”目标的实现。例如，领克汽车余姚工厂和嵊州市智能厨电产业大脑分别在特色领域打造了数字化智能制造的金色品牌。

产业数字化转型造就区域品牌的影响力。嵊州市智能厨电产业大脑通过赋能嵊州乃至全省智能厨电行业企业数字化转型、精准化治理、特色化服务，加速了浙江智能厨电行业集群再造和高质量发展。“集成灶、嵊州造”区域品牌的影响力在不断扩大，产业集中度不断增强。

数字化赋能平台助力造纸产业高质量发展。龙游县“造纸产业大脑”解决了造纸产业协同资源配置效率低、企业数字化转型升级难、数字产业能级提升难等痛点、难点问题。政府侧迭代升级龙游县特种纸产业中枢平台，打造产业链监控、分析和提升联动的产品功能体系，全面掌握全国造纸产业发展动态。企业侧开发龙游县造纸工业互联网平台，实现产品全生命周期数字化管理。

能源大数据赋能助力城市低碳转型。能源大数据对于助力经济增长、产业结构调整和发展方式转变具有不可替代的作用。通过宁波市能源大数据管理中心，构建各方协同、信息集成、数据驱动、多能联动的智慧能源管理体系，实现城市能源数据、电力负荷数据和社会经济数据多跨融合，探索能源消费总量与强度控制的模式创新，可以有效促进宁波市能源利用与经济、环境的协调发展。对于提高城市社会建设管理服务水平、加快转变经济发展方式、促进城市能源双控目标实现起到重要作用。

数字孪生助力探索减污降碳协同增效。浙江杭州湾上虞经济技术开发区是全球最大的分散染料研发及生产基地，以数字化改革为牵引，探索协同推进减污降碳，形成“1 个平台 +2 项制度 +N 项技术”的创新应用成果。减污降碳协同增效数字化平台入选浙江省数字政府系统优秀应用案例集，初步走出一条减污降碳协同创新路径。

数字赋能个人碳账户实践范本。衢州市首创个人碳账户体系，指导辖区银行机构运用金融科技手段，综合折算个人碳减排量，计算碳积分，推动银行个人碳账户的场景应用，实现个人碳账户在金融场景应用领域的创新。将银行个人碳账户迭代升级为个人碳账户，数据来源从单一的银行数据扩展到线上服务、交通出行、循环利用和节水节能四大场景，建成了集数据层、管理层和应用层为一体的个人碳账户系统，创设了“个人碳报告”，并建立了以“个人碳报告”为载体的碳效评价机制。

三、建立碳足迹管理体系

建立碳足迹管理体系，确立降低产品碳足迹的导向，有助于生产企业系统掌握各环节能源资源消耗和原材料碳排放水平，进而有针对性地开展节能降碳改造，提高生产工艺和技术装备绿色化水平，持续降低产品碳足迹。浙江省在企业侧进行了探索尝试，形成了日星铸业风机铸铁件碳标签标准、菲达环保碳排放数据管理系统等一批典型案例。

1. 主要做法与成效

制定首个风机铸铁件碳标签标准。日星铸业联合中国电子节能技术协会，与供应链上下游企业、政府和第三方核查团队合作，组建了专业的碳标签标准制定团队。团队从风机铸件切入，参考《温室气体—产品碳足迹—量化要求及指南》（ISO 14067：2018）、《环境管理 生命周期评价 要求与指南》（GB/T 24044—2008）等国际和国内标准，经过数据搜集、模型模拟和专家论证，编制行业内首个《风力发电机球墨铸铁件碳标签评价技术规范》，量化分析风机关键铸造件的碳排放及其主要影响因素，明确碳足迹水平和碳减排潜力。

建设工业碳排放数据管理系统。菲达环保协同高等院校和知名企业组成碳足迹碳标签创新联合体，完成了工业品碳足迹评估方法学研究。对于电力行业，目前，已完成垃圾焚烧发电产品和燃煤电厂产品碳足迹评价方法的开发和研究，正在开展光伏发电、热电联产、绿氢等产品碳足迹研究。对于其他工业品，如铜锻压及机加工和铜铬电触头产品也进行了碳足迹方法学的开发和研究，并发布相关碳足迹标准。同时，开发了钢铁等行业的 LCA 设计数据库和模型库建模。

2. 亮点与启示

企业参与碳标签标准制定拥有行业话语权。日星铸业在碳标签标准制定方面的先行先试，解决了风机铸件领域碳标签相关标准缺失的问题，填补了风机铸件产品碳足迹核算技术空白，有助于推动形成与国际标准互认、行业内统一的风机铸铁件产品碳足迹评价方法学，塑造了绿色贸易壁垒下铸件产品的出口竞争优势。

企业制定碳足迹碳标签提高行业专业度。菲达环保碳足迹碳标签项目致力于构建多场景、多领域 LCA 基础数据库，开发高精度 LCA 碳足迹标准化评估技术，构建全生命周期碳足迹、碳标签标准体系及标准化平台，建成典型行业产品碳足迹评估示范与园区级碳标签综合评估管理平台。

四、加强资源循环利用

浙江省从加强管理、技术创新、机制创新维度，多措并举强化资源循环利用，形成了天台县多功能活性炭再生中心、舟山石化二氧化碳回收利用产业链打造、宁波久丰热电有限公司碳捕集联产氮肥、安吉县“以竹代塑”、台州湾经开区医化园区循环化改造等一批典型案例。

1. 主要做法与成效

加强平台企业管理，着力构建“以废治废”闭环产业链。天台县组建多功能活性炭再生中心。在技术上，通过市场化组建区域活性炭再生中心，成功突破废活性炭内热式回转炉再生技术。在规范上，通过活性炭吸附箱、工业废气全密闭收集工艺、活性炭吸附管理服务、活性炭填装换料流程、活性炭品质规格标准“五统一”，避免传统处置模式带来的扬尘与危险废物泄漏等环境污染风险，同时构建“以废治废”闭环产业链。在信息共享上，建立废炭资源信息政企共享机制，推动全省医化行业废炭的资源化再生利用。在数据集成上，摸排全县涉 VOCs 治理企业情况，形成活性炭用量、更新频次等 VOCs 治理信息数据库。在治理设施上，引导橡胶、汽修行业开展低效 VOCs 治理设施升级改造。全县相关产废企业环保管理费用由 5 万元 /a 下降至 2 万元 /a，活性炭使用及处置成本由 16 000 元 /t 下降至 9 000 元 /t，预计将为全县 500 余家涉 VOCs 企业节约成本 1 500 余万元 /a。

加大技术研发创新，打造二氧化碳回收利用产业链。舟山绿色石化基地聚焦关键技术创新，坚持上下游产业链一体化、工艺技术选择与循环降碳相结合，开展基于大型石化基地规模化循环经济产业链碳减排实践探索。国内首创上下游一体的“CO_2–EC–DMC–DPC–PC 工程塑料”产业链工艺，以环氧乙烷 / 乙二醇装置副产的高浓度 CO_2 废气为原料，生产碳酸乙烯酯（EC）、碳酸二甲酯（DMC），进而利用非光气法生产聚碳酸酯（PC）。目前已建成投运 12 万 t/a CO_2 利用绿色节能加工产业链装置，实现用地节省 30%、投资节省 40% 以上、能耗降低 20% 以上，实现年销售收入 31.8 亿元，创造利润 5.5 亿元。

加大技术研发创新，创新碳捕集联产示范装置。宁波久丰热电有限公司基于江苏新世纪江南环保股份有限公司自主开发的碳捕集联产氮肥技术，建设工业化示范装置捕集燃煤锅炉烟气中的 CO_2，联产农业用碳酸氢铵化肥。项目用脱硫酸性液洗涤碳捕集后的氨逃逸，解决了氨逃逸的重大技术难题；用常压法脱碳并联产碳酸氢铵化肥，解决了脱碳过程投资和运行成本高的技术难题；用热泵和先进制冷技术，解决了碳捕集高能耗的问题；创新使用了化肥结晶过程中的粒径增大技术，提高了碳酸氢铵的品质。项目通过采用园区副产氨捕集燃煤锅炉脱硫后烟气中的 CO_2，每年可捕集 2 000 t CO_2，联产碳酸氢铵化肥约 3 700 t/a。

加大机制创新力度，创新赋能“以竹代塑”产业发展。安吉县在全国率先落实全球发展高层对话会“以竹代塑”倡议，通过创新机制、创新赋能、创新场景，为全省乃至全国提供“塑料污染治理 + 传统产业振兴”的“安吉方案”。每年安排 2 000 万元专项支持“代塑”竹制品产业发展，每年安排 300 万元专项支持“代塑”竹制品采购奖补，系列支撑制度为全域“以竹代塑”应用推广打下了坚实基础。同时推进林权改革，加快毛竹林规模化、集约化经营，流转毛竹林

84 万亩，组建股份制毛竹专业合作社 119 家。大力培育“代塑”竹制品企业，不断完善竹产业“原料—加工—产品—营销”上、中、下游产业链，全县拥有“以竹代塑”生产企业 100 余家，行业占比 30% 左右。

加大机制创新力度，创新提升园区能源资源利用效率。台州湾经开区医化园区开展循环化改造，实施工业余压余热、废水废气废液等的资源化利用。围绕废溶剂回收，建设集中溶剂回收车间 18 个，企业废溶剂套用 30 万 t，节约成本 10.3 亿元，减少废水排放量 9.2 万 t。围绕余压余热资源化利用，建成废气处理 RTO 余热锅炉 5 台，实现每年回用蒸汽 10 万 t。围绕废物综合利用，实施企业联产副产项目 16 个，产量达 65 840 t，实现“变废为宝”，促进减污降碳。推动企业变压器等重点用能设备能效提升，降低无功损耗，实施后节约电量 318 万 kW・h/a，产生经济效益 222 万元 /a。同时，引进推广酶催化、微通道、管式反应等低碳、低污染技术工艺，每吨产品蒸汽消耗减少 30%，电力消耗量降低 17%，有机溶剂消耗量减少 40%，已完成 23 个医化产品工艺应用。多举措开展医化行业减污降碳示范，实现污染物排放减少约 1.2 万 t，降低 CO_2 排放约 32 万 t，取得经济效益 23.6 亿元，成功入选国家首批减污降碳协同创新试点。

2. 亮点与启示

加强平台管理，形成综合利用闭环。天台县多功能活性炭再生中心以数据库建设为基础，形成全过程智治与多端协同的精细化绿色管理模式。同时坚持政府服务增值化，创造政企之间、企业之间合作机会，提升废碳资源汇聚能力与资源配置效率。

创新技术研发源头，提高再生利用率。舟山绿色石化基地以技术创新提升 CO_2 利用绿色节能加工能效。瞄准资源循环开发、能源清洁利用中的关键技术，开展技术攻关。在存量上，对已有设施开展节能改造；在增量上，推进新工艺研发与装置开发。碳捕集联产氮肥技术基于宁波久丰热电工业化示范装置的成功经验，可在全国复制推广。

创新机制改革，加快绿色低碳共富发展。安吉县始终牢记习近平总书记的谆谆嘱托，始终把竹林资源作为安吉最大的生态资源，把竹产业作为安吉最重要的富民产业，不断探索竹林生态产品价值实现机制，加速竹产业二次振兴，创新推出了竹林碳汇、“以竹代塑”等系列举措，竹产业发展实现了从卖原竹到进原竹、从用竹竿到用全竹、从物理利用到生化利用、从初级加工到链式经营、从技术突破到制度创新的 5 次跨越式发展。为全国“以竹代塑”提供经验和示范，为安吉竹产业二次振兴提供新思路、新途径。

创新减污降碳协调路径，助力园区绿色发展。台州湾经开区医化园区构建医化行业全流程减污降碳路径。梳理并形成了医化行业全链条减污降碳路径，总结了医化行业在车间推倒重建、装备水平提升、绿色合成工艺应用、废物资源化利用、CO_2 捕集等方面的经验做法和典型案例，为医药化工行业开展减污降碳建设提供重要参考和借鉴。

作者：浙江省经济信息中心著作组

建筑领域：建造绿色建筑，促进低碳生活

一、提升绿色低碳标准

浙江省积极推动建筑绿色发展、低碳转型，以“零碳”公共机构为试点，构建“公共机构零碳管理与评价规范”认证标准体系，形成了一批“零碳”公共机构试点做法。

1. 主要做法与成效

创新“零碳”公共机构认证评价模式。根据提高公共机构绿色低碳发展水平的目标要求，在浙江省机关事务管理局等主管部门的指导下，浙江省编制《“零碳”公共机构认证实施规则》，明确相关技术要求，引入公共机构碳排放核查机制。鼓励公共机构以自愿申报方式参与“零碳”公共机构创建，依据《公共机构“零碳”管理评分细则》，以节能优先为基本原则，强化可再生能源替代工程，通过绿色电力导入等方式最终达到创建目标。

构建公共机构“零碳”管理与评价规范认证标准体系。根据《公共机构“零碳”管理与评价规范》（DB33/T 2515—2022）要求，借鉴国内外“零碳”建筑建设和运行先进经验，引入“零碳”公共机构分级认证理念，突出“零碳”公共机构碳排放强度指标和可再生能源及绿色电力利用占比指标要求，通过在一定时期内逐步减少排放源（减排）和增加吸收汇（增汇），从公共机构的基础设施、管理体系、能源与资源的利用、绩效管理（碳排放评价指标）、“零碳”排放实现路径 5 方面着手，达到公共机构的“零碳”管理与运行要求，研究形成国内先进水平的“零碳”公共机构认证标准体系。

可示范、可推广、可复制的“零碳”公共机构经验。浙江省机关事务管理局、浙江省发展和改革委员会、浙江省市场监督管理局等七部门联合发布《关于开展“零碳”公共机构服务认证工作的通知》，标志着浙江省构建了以市场主导

和政府推动相结合的“零碳”公共机构服务认证体系。以全省各级党政机关、学校、医院、场馆等为先导，建成一批可示范、可推广、可复制的“零碳”公共机构。截至 2023 年 12 月，已开展 83 家“零碳”公共机构服务认证试点，平均可再生能源利用率由 3.7% 提升至 7.9%，实现年光伏发电量 1 550 万 kW · h，减少 CO_2 排放当量 10 905 t。其中，浦江县南苑小学、中共松阳县委党校两家公共机构获得三星评级，可再生能源利用率达 100%。

2. 亮点与启示

实践“零碳”公共机构服务认证。浙江省借鉴国内外“零碳”建筑建设和运行先进经验，发布地方标准《公共机构“零碳”管理与评价规范》（DB33/T 2515—2022），成为全国公共机构领域首个可量化、可操作、可评价的“零碳”创建标准与评价细则，推进公共机构事业发展绿色转型，并充分发挥公共机构的示范引领作用，可为全国公共机构低碳化提供可借鉴的案例参考。

落实坚持系统谋划加强顶层设计。浙江省不断深化用能改革，严格目标考核，细化管理举措，公共机构节能各项工作持续走在全国前列。省机关事务管理局升级公共机构绿色数据中心的省级地方标准，将其上升为长三角区域统一标准，指导推进全省 143 家数据中心完成绿色数据中心服务认证。

坚持数字赋能构建在线监测系统。浙江积极推进全省公共机构节能在线监测“一张网”建设，加快推动省公共机构能源资源消费统计信息系统与国家机关事务管理局系统数据对接，实现数据纵向直报，同时利用大数据、云计算、区块链、人工智能等技术推进智慧节能。

二、推行绿色建造方式

以推行绿色建造方式为抓手，多措并举，深入开展绿色建筑节能减排，是实现碳达峰、碳中和目标的有效途径之一。浙江省以技术创新和低碳理念共同助力绿色建筑发展，形成了包括德清县打造基于碳利用（C-USE）技术的混凝土绿色固碳新模式、杭州大悦城多措并举打造城市综合体低碳新样本为代表的案例做法。

1. 主要做法与成效

创新碳利用技术助力建造发展绿色建筑。德清县打造基于 C-USE 技术的混凝土绿色固碳新模式。联合高水平创新主体开展合作研发，实现固碳技术突破。浙江省建材集团建筑产业化有限公司与能源清洁利用国家重点实验室（浙江大学）联合研发，形成国内首创 C-USE 技术，在固封 CO_2 的同时生产固碳混凝土。C-USE 技术封存消纳的 CO_2 会被永久矿化固定，即使建筑物拆除粉化，其中的碳也不会逃逸到大气环境中。与普通混凝土相比，该固碳混凝土可提高强度5%～10%，减少水泥用量10%～15%，降低并固化碳排放量约60 kg/m^3，能效处于世界先进水平。

综合节能优化打造商业综合体低碳模式。杭州大悦城多措并举打造城市综合体低碳新样本，在原有空调设备的基础上加装一套先进的能源管理控制平台系统，并以此为核心指挥调度，打通各个系统的通信链路；在照度不降低的情况下将地库照明由原来15～18 W的LED灯全部更换成三种高效能高功率因数灯，改造数量为3 285只；通过增加一套智能控制系统，减少租户厨房排风对公区空调的吸取及排放。改造后实现年节电量约210万kW·h，节气量约29.9万m^3，年节省标准煤约1 082 t，年减少碳排放约2 697 t二氧化碳当量，综合节能率达35.8%。

2. 亮点与启示

以科技创新推动建筑方式负碳化。德清县基于创新碳利用技术，是国内首个混凝土行业全方位绿色化、智能化、全流程自动化的固碳混凝土生产制造项目，依托“双尖双领”科技计划项目申报，联合多元创新主体，开展CO_2封存等关键技术研发，并推动创新成果以项目形式落地。

以模式创新推动综合体低碳化。杭州大悦城根据项目自身情况分析既有问题，找出建筑各类型能源消耗情况，以此为切入点，有针对性地进行节能方案对比论证，精准找到问题所在，从而实现针对性的节能改造，达到节能降碳目标。

三、推广可再生能源应用

将绿色能源作为能量供给源大量引入建筑用能领域，是实现低碳、“零碳”建筑的重要途径。对建筑用能实现多能互补，将传统能源和清洁能源统一调控，逐步减少使用传统能源，增加绿色能源使用的占比，可有效解决建筑能源供给的安全及减排问题。浙江省积极探索形成了嘉善县竹小汇“零碳”科创聚落、网易集团开源社区等一批典型案例。

1. 主要做法与成效

以“零碳”聚落为引领，打造“零碳”模式新样板。嘉善县竹小汇通过开发风能、地热能、太阳能、生物质能、氢能等可再生能源，进行多能互补，实现碳平衡。项目一期全部使用电能，建筑年总耗电118万kW·h，屋顶光伏发电量每年达120万kW·h，用能100%“零碳”化。竹小汇聚焦生产生活多维度，以板式、瓦式的光伏板，进行太阳能采集，同时保障白墙灰瓦的江南水乡风貌。以地源热泵进行地热能采集，提供冷热源；采用发电风车等技术进行微循环能源补充；采用先进技术实现污废水 100% 处理后回用、再排放，生活垃圾 100% 分类收集处理、回用；实时采集显示碳汇、碳平衡数据，实现整个聚落负碳运行。

以技术创新为引领，建立开源社区新载体。网易集团积极响应国家“30·60”双碳目标，以天工节能减碳开源社区为核心，积极发挥企业物联网平台技术优势，将园区低碳化深度嵌入前期设计、软硬产品、安装施工、运营运维等全过程，形成了“技术应用转化”和“市场化成本驱动”的双通道低碳生态共建模式。智慧照明、暖通变频、节能控制等创新低碳技术已应用在网易杭州自有园区中，2023 年减少碳排放 8 000 余 t，同时对外提供新的节能减碳解决方案，在降低成本门槛的同时，带动国内相关绿色制造产业链发展，推进科技创新与产业创新的深度融合，加快发展新质生产力，促进科技成果转化应用，以创新为产业发展赋能。

2. 亮点与启示

适用技术集成输出形成嘉善经验。嘉善县竹小汇科创聚落项目是长三角生态绿色一体化发展示范区嘉善片区三周年二十大项目之一，全域实行农田降碳、建筑“零碳”、生态固碳，建成“中国竹小汇”低碳创新高地，推动成为长三角生态绿色一体化发展示范区碳中和最佳实践，打造成为“零碳”示范“中国样板”。以“零碳、无废、生长”为目标，搭配一个数字智慧化管理运营系统，成功打造“3 大聚落 +1 个系统”的“零碳”聚落模式。通过竹小汇实验，以适用技术集成输出，为中国持续性提供可复制、可推广的竹小汇“零碳”模式，为低碳社区、低碳园区、低碳城区积累经验，展示低碳战略的嘉善创新之举。

多领域赋能打造开源社区新模板。以杭州网易园区低碳生态共建模式为基础，自有园区中已经涵盖了办公、酒店、培训中心、IDC 等多种业态。同时对外已经在制造业工厂、住宅公区等多个领域赋能，以经济性、高附加值驱动市场化推广。

作者：浙江省经济信息中心著作组

交通领域：探索氢能新路线，打造低碳新载体

一、推进运输装备新能源化

运输装备作为运输的重要载体，其新能源化是低碳发展的重要方向，能有效助力绿色低碳交通的发展，也是绿色交通发展的必选路径。浙江省积极探索形成了嘉善县交通氢能源全产业链应用与推广等一批典型案例。

1. 主要做法与成效

政府助力，政策扶持促发展。嘉善县出台《关于加快推进氢能产业发展的若干政策意见》，构建车辆购置、供能设施、加氢供能等氢能源汽车发展全链条扶持政策。依托综合交通和国土空间规划，统筹布局加氢基础设施建设，有效探索氢油、氢电合建等综合供能模式。全县共有氢能源公交车 135 辆，分布在全县 30 余条公交线路上，总行驶里程超 900 万 km，是全省首个开通氢能源公交示范线路的县级行政区。

市场给力，业务拓展增效益。嘉善县依托氢燃料电池生产企业爱德曼氢能源装备有限公司等本土龙头企业，吸引法国液化空气、汉臣科技、浙江石油、中国石化等一批项目纷纷落户本地，筑就以“链”为基、协同发展的“氢生态”。组建氢能源物流运输公司，以嘉善为中心，积极拓展以单边 400 km、双边 200 km 为半径的江浙沪皖地区物流业务。在良好的市场环境和产业生态带动下，本土龙头企业通过技术创新，实现了燃料电池系统装备和八大核心零部件 100% 国产化，氢燃料电池功率提升了 666.6%，制造成本降低了 83.3%，综合考虑购车使用成本补贴和续航补能效率等方面的优势，在推广应用领域与纯电动车辆相比具有了良好的竞争基础。

部门聚力，协同护航促发展。嘉善县瞄准氢燃料电池电堆、动力系统集成等核心关键技术，精准绘制氢能产业招商地图，构建“氢”车产业链上下贯通、蓬

勃奋进的业内新生态。成立嘉善氢能产业创新联盟，推动氢能产业实现跨行业、跨部门、跨地区协同创新、资源共享、推广应用。加强氢能源车辆运输企业和氢气储能、运输等全链条监管，制定应急处置预案，有效防范日常运营过程中产生的各类安全风险。出台氢能源货车市区行驶路通政策，便利车辆加氢和市区配送。率先推出全省首批氢能源货车，全县拥有氢能源物流车 80 辆，完成行驶里程 52 万 km 以上，累计减少 CO_2 排放 260 t，是全省氢能源物流车首个办证运营示范的县级行政区。

2. 亮点与启示

“产学研用”以氢赋能运输装备新能源化。嘉善县大力推进能源革命和产业绿色转型发展、稳妥有序迈好碳达峰、碳中和步伐。推动能源绿色转型。嘉善县以氢能产业开发建设和氢能综合利用为代表，助推工业、建筑、交通等领域清洁能源低碳转型、绿色发展。

产业融合以氢赋能引领生活低碳化。嘉善县促进绿色交通与氢能产业融合发展，拓展氢能示范应用，推动氢燃料电池在公交车、物流车、观光车、智能网联车、叉车、环卫车、渣土车等领域的示范应用，引领市民绿色出行风尚，打造低碳运输“嘉善样板”。

二、创建低碳交通枢纽

为加快实现交通运输工作与绿色低碳发展的有机融合，浙江省积极创建低碳交通枢纽，使绿色交通发展成为交通强省建设中最亮丽的底色。浙江省形成了宁波梅山低碳码头等一批典型案例。

1. 主要做法与成效

低碳码头引领绿色港口建设新突破。宁波梅山低碳码头建设规模 5 台 6.25 MW 风机，投资规模约 1.67 亿元。采用“自发自用、余电上网”模式，分布式光伏子项目，采用 BIPV（光伏建筑一体化）敷设面积约 1.4 万 m^2，光伏项目装机容量 1.72 MWp。储能子系统建设容量 1 MW/2 MWh，作为风、光系统配套，保障风、光平稳输出，增强电网调峰、调频互动。港口岸电子系统方面，在梅山港建设 3 套岸电系统，至此宁波供电公司累计建成投运 13 套高压岸电系统，共计容量 55.4 MVA，实现宁波港域内北仑、穿山、梅山和大榭四大集装箱港区高压岸电全覆盖。

综合管理提升绿色码头管理新台阶。能源管理系统聚合新能源发电、储能、港区负荷等，实现港区“源—网—荷—储”的协同运行优化，提升港区电网消纳新能源发电的能力。项目建成后年清洁能源发电量约 5 917 万 kW·h，可实现梅山港区年清洁用电 3 614 万 kW·h，节省能耗费用约 520 万元，减排 CO_2 约 2.26 万 t。

2. 亮点与启示

风光储一体打造绿色低碳港口样板。梅山低碳码头示范工程风光储一体化项目是全省首个港口分散式风电、光伏、储能、微网一体化示范项目，也是“海港携手电力”推动港口能源多元供给、综合利用、协调互动和技术创新的一次重要实践。

政策赋能推广梅山低碳港口模式。梅山低碳码头示范工程项目被列为《宁波市碳达峰碳中和 2022 年工作要点》，并被列入《宁波市能源局关于 2023 年风电项目开发建设有关事项》和《浙江省能源局关于 2023 年风电项目开发建设有关事项》文件。目前，推进的浙江海港集团绿能规划研究工作共涉及港口 30 个，将梅山低碳港口模式复制推广至全省。

作者：浙江省经济信息中心著作组

农业领域：增强降碳增汇，促进提质增效

一、发展绿色生态农业

浙江省一直以创新驱动为支撑，转变农业发展方式。通过数字化智能管理创新方法和生态循环农业创新模式，持续推动农业绿色化转型，形成了嘉善稻田甲烷减排的规模化种植实验、余杭蓝天农业绿色零碳智慧化能源中心、秸秆一步法转化制备乳酸等经验做法。

1. 主要做法与成效

探索节水抗旱稻甲烷减排，创新低碳农业发展新模式。嘉善县通过调整灌溉模式，通过水稻好氧灌溉技术改变水稻根际氧环境来实现稻田甲烷减排。稻种经催芽后可利用无人机飞播、播种机旱直播，在出苗、分蘖、孕穗灌浆三个阶段各进行一次“跑马水”灌溉，全程旱管降低直接碳排放；过程肥料按照一次基肥、两次追肥施加，并通过秸秆还田处理替代部分化肥，控制间接碳排放。采用人工静态箱、便携式温室气体监测仪、地面无人值守监测设备及无人机四种农田长期定位试验监测方式，对包括水稻根部及冠层上方的温室气体空间排放数据进行采集。采集的数据用激光光谱法、离轴积分腔输出光谱以及气相色谱法三种方式同步校准监测数据。在同样的种植管理措施下，节水抗旱稻田的增产、减排、固碳效果明显。实验田节水抗旱稻亩产最高达 650 kg，比对照田的当地水稻产量高约 40%、节水 89%。相较常规水稻生长过程，甲烷排放量降低 30%～60%，甲烷排放降低幅度最大达 96%，净温室气体减排量 71%。

绿色零碳智慧化能源中心，创新零碳农业发展新模式。余杭蓝天农业绿色零碳智慧化能源中心承担浙江省罗氏沼虾育苗任务，多措并举打造零碳园区。利用养殖专用热泵机组的技术理念，对现有的高耗能设备及用能环节进行综合分析，提出改进方案，实现对产能形式的彻底革新，达到综合节能零碳排放的目的。对

现有的大排大放用能形式进行工艺分析，应用高效余热回收热泵机组的技术理念，实现废热源回收循环利用，达到高效利用能源的目的。利用先进的物联网智能软硬件，实现苗种场能源中心无人值守化与设备互联，达到现代农业4.0信息化建设标准。该项目作为零碳节能和环境污染治理示范项目，其最直接、最显著的效益是环境效益，项目实施后每年可直接减少1 200 t重油燃烧，彻底解决污染排放问题。

探索秸秆变废为宝技术，创新农林废弃物价值化新模式。杭州德泓科技有限公司研发的“秸秆一步法转化制备乳酸”技术可高值化利用秸秆等农林废弃物，有效地解决生物基材料“与人争粮”的粮食安全问题，实现低成本、可降解、可持续的石油基塑料替代。以秸秆、甘蔗渣等非粮生物质为原料，利用全球独有的极端嗜热厌氧菌自带的两套生物酶系统，同步进行糖化和发酵。该乳酸制备技术所得的生物塑料PLA（聚乳酸）价格可与化石基塑料相竞争。从原料端来看，国内每年9亿t农业废弃物，根据秸秆乳酸制备聚乳酸产线标准，每万吨聚乳酸可消耗秸秆6万t、固碳9万t。从应用端来看，2022年全球塑料年产量超4.3亿t，以5%替代率计，聚乳酸市场需求为2 000万t。每万吨生物基与生物基高分子材料的推广应用，可节约石油27万t，减少CO_2排放132万t。

2. 亮点与启示

管理创新赋能现代农业。嘉善县探索节水抗旱稻甲烷减排的低碳农业新模式，通过节水抗旱稻种植和优化水分管理，实现节水、降碳、增产多目标协同的低碳农业，可为我国水稻产区缓解农业用水压力提供范式，同时为缺水地区种植水稻提供可能性。探索出长三角传统稻作区农业碳达峰的创新路径，同时为现代农耕文化注入了新的低碳内核，丰富了浙江省的未来乡村建设内涵。

能源中心赋能低碳农业。蓝天农业绿色零碳智慧化能源中心是国内首个基于高效热泵系统的智慧化“零碳”能源中心，包括苗种场全天候恒温系统与全热回收循环加热系统。项目平稳运行一个生产周期的节能率高达85%，率先实现了苗种行业零碳排放、全域绿色、过程智慧、高效节能的生产能源保障。

中外联合赋能绿色农业。通过中德生物经济领域的政府平台——德中卫生组织/德国健康联盟引入了“以秸秆等木质纤维素制备乳酸”项目，投产全球首条秸秆乳酸示范线及万吨级聚乳酸生产线，为全球提供绿色低碳解决方案。

二、推进碳汇价值转化

浙江省积极探索生态碳汇绿色金融新模式、数字化综合管理模式，着力解决生态产品价值转化难题，形成椒江区“海洋蓝碳”试点、龙泉市创新“林业碳汇权证质押 + 保险贷款”模式等一批可落地的经验做法。

1. 主要做法与成效

创新“海洋蓝碳”核算与交易体系，探索绿色金融新模式。椒江区充分发挥大陈岛自然条件优势，开展大陈岛“海洋蓝碳”（滨海地区碳核算与交易体系）试点建设。聘请吴丰昌院士团队联合清华大学、中国科学院、上海海洋大学等国内权威机构，在碳汇测量、统计、交易等环节提供技术支撑和全过程服务。经过前期大量的基础调查和检测分析，岛上每年能源活动碳排放约 4 713 t、农业活动碳排放约 178 t、废弃物碳排放约 365 t，陆地生态系统可固碳 1 683 t、海洋生态系统可固碳 3 611 t、渔业活动可固碳 1 869 t，综合评估碳收支额为每年 –1 907 t。通过建设“海洋蓝碳”项目双碳大陈数字化展厅以及搭建数字化平台，将碳汇监测、核算评估、交易、预测、视频融合和碳惠大陈等 6 个模块整合，实现岛上碳源碳汇数据的实时监测和精准核算。通过线上拍卖形式，竞拍大陈岛贻贝养殖固碳项目碳资产，促进岛民增收；贻贝养殖固碳项目的碳资产以 2 223 t 贝类碳汇，折合 45.2 元 /t，实现浙江省首笔“海洋蓝碳”交易。

创新“林业碳汇权证质押 + 保险贷款”模式，探索碳汇金融新模式。龙泉市在全省首创碳汇权登记，制定出台《龙泉市碳汇权登记管理办法（试行）》，碳汇项目开发主体可以登记经核证的林业碳汇项目减排量。同时，依据龙泉市碳储量计算方法，为林农登记所属林地的碳储量。龙泉市林业局与中国人民银行龙泉市支行、农商行联合制定《龙泉市“林业碳汇权”贷款管理办法（试行）》。碳汇权持有人以其拥有的碳汇权为担保物，由银行业金融机构向符合条件的市场主体发放林业碳汇信用贷款等 4 种林业碳汇贷款产品。创新“林业碳汇权证质押 + 保险贷款”模式，降低信贷风险。此外，创新数字化电子权证，开发“碳汇金融简易评估”“林业碳汇权电子权证”两个小程序并在浙里办端上线，实现每户碳储量自动测算生成，评估授信额度。发放全省首批林业碳汇权证以来，共计发放林业碳汇权证 1 108 本，登记林地 6.74 万亩，碳储量 57.9 万 t。2023 年开发“碳汇金融简易评估”“林业碳汇权电子权证”两个小程序，在“益林共富”应用浙里办端上线，实现每户碳储量自动测算、生成，以碳汇权证为依据，发放“林业碳汇权”贷款 1 075 户，林业碳汇授信 8 494.62 万元。

2. 亮点与启示

专家赋能打造“零碳岛”。椒江区“双碳大陈数字化平台”由专业团队领衔，采用先进技术，利用多种手段和方法建设而成，成为大陈岛的“双碳大脑”，为大陈岛打造“零碳岛”提供最前沿的双碳技术支撑。依托数字化平台碳汇数据，完成首笔“海洋蓝碳”（贝类）交易。探索绿色低碳高质量发展新模式，不断深化拓展海岛生态产品价值实现通道。

生态赋能盘活林业资源价值。龙泉森林覆盖率高达 84.4%，立足这一优势，龙泉农商银行根据相关政策文件指引，积极探索林业碳汇生态产品价值实现，在全国率先推出林业碳汇银保联动金融业务。率先开展生态经济体制创新改革试验，积极建设林业碳汇项目，实现生态惠民、生态利民、生态为民、生态富民。创新盘活资源。通过“林业碳汇权”贷款等绿色金融创新，打通生态资源和金融资本间的梗阻，建立政府引导、市场运作、社会参与的生态资源资产运营服务体系，有效盘活自然资源产权价值。

作者：浙江省经济信息中心著作组

第三部分　区域行动

湖州市深化绿色金融改革创新　助推“双碳”目标实现

2021 年 4 月 30 日，习近平总书记在十九届中央政治局第二十九次集体学习时指出，要发展绿色金融，支持绿色技术创新。湖州站在“绿水青山就是金山银山”理念诞生地的政治高度，紧紧抓住入选首批国家绿色金融改革创新试验区的有利契机，推出了一系列绿色金融产品服务，出台了一系列政策措施，取得了非常好的改革成果，相关做法作为典型案例被写入《2022 年 G20 可持续金融报告》，已在全国部分城市复制推广，并形成了绿色金融改革的“湖州经验”，正努力把“试验区”打造成“示范区”。

一、引言

作为“绿水青山就是金山银山”理念的诞生地和首批国家绿色金融改革创新试验区，湖州绿色金融改革始终坚持以绿色发展理念为引领，围绕全市经济社会高质量发展的主线，聚焦绿色金融服务主体认定难、信息不对称等难点、堵点，紧盯标准、产品、政策、流程等核心要素，积极探索“生态 +”与“金融 +”融合发展的新路径，以制度标准为引领，以产融结合为路径，以数字化改革为支撑，不断创新绿色金融服务方式、模式和工具，加快推动金融资源配置绿色化、低碳化和实体化。聚焦高碳领域低碳转型，推进转型金融改革，构建转型金融标准体系，创新低碳转型金融服务。聚焦生态产品价值实现，推进“碳汇”金融创新，创新“碳效贷”“碳汇贷”等 180 余款绿色金融产品和服务，引导全市金融机构围绕市场主体低碳转型需求。聚焦数智金融改革赋能，应用金融科技，建设绿色金融综合服务平台，丰富低碳应用场景，构建全国首个区域性融资主体 ESG 评价模型，在全省率先构建“数智绿金”体系，建立碳排放数据智能核算体系，实现绿色金融服务质量变革、效率变革和动力变革。

二、主要做法与成效

（一）聚焦高碳领域低碳转型，推进转型金融改革

针对高碳高效行业企业向低碳转型的融资需求，率先开展转型金融改革实践，促进能源、工业、建筑、交通等领域绿色低碳转型。在全国率先出台转型金融实施意见，构建了转型金融支持目录、转型企业评价标准、公正转型评估指引等一系列制度标准体系。建立“转型目录＋项目清单”“转型标准＋企业清单”转型金融服务机制，累计推动金融机构支持转型项目161个，预计减少碳排放76.1万t。相关做法作为典型案例被写入《2022年G20可持续金融报告》。创新低碳转型金融服务，引导金融机构定制转型金融服务方案，在信贷准入、授信审批、利率定价等方面给予专项支持，有序推进转型金融发展。截至目前，全市金融机构累计开发与低碳转型挂钩的金融产品21个，累计发放贷款216.53亿元。市交通集团成功发行2023年度中国首单交通企业可持续发展挂钩债券，募集资金10亿元。积极推进“碳中和”银行试点建设，在全国率先编制《银行业“28·58”碳达峰与碳中和远景规划》和《区域性碳中和银行建设指南》，制定《“碳中和”银行机构建设与管理规范》，建立碳盘查、碳信息披露等机制，打造“碳中和”银行网点，引导银行推进自身运营和投融资业务碳中和。安吉农商银行建成全国地方法人金融机构首家自身运营碳中和支行，成为全省首家签署联合国《负责任银行原则》的法人银行。目前，湖州已有8家银行开展碳中和银行试点。

（二）聚焦生态产品价值实现，推进“碳汇”金融创新

建立绿色金融产品创新激励机制，引导全市金融机构围绕市场主体低碳转型需求，创新“碳效贷”“碳汇贷”等180余款绿色金融产品和服务。颁布实施《湖州市绿色金融促进条例》等多个生态环境领域地方专项法规，编制《金融支持生物多样性保护的实施意见》。围绕废弃矿山生态修复，开发“绿色矿山贷”“矿地综合利用采矿权质押贷”等绿色金融产品，累计提供绿色融资38.6亿元，支持“龙之梦”超大旅游综合体项目、长兴“金钉子”国家级自然保护区等废弃矿山修复382座、复绿2.5万亩和复垦耕地3.1万亩，成为国家级绿色矿业发展示范区。建立碳汇金融支持体系，在湖金融机构积极创新绿色金融产品服务，为生态友好型项目提供绿色信贷支持。例如，安吉县基于国家认可的竹林经营碳汇项目方法学，依托竹林碳汇交易平台，搭建竹林碳汇“林地流转—碳汇收储—基地经营—平台交易—收益反哺”全链条绿色金融精准支持体系，创

新推出竹林碳汇系列信贷产品，促进生态价值实现。目前，竹林经营碳汇提升项目贷已完成授信 105 亿元，发放贷款 55.95 亿元，18 万亩抛荒的毛竹林从碳源变成碳汇，竹林植物物种已达到 70 余个。探索农业碳效实施路径，与国家级智库对接合作农业领域碳捕捉和碳核算技术，开展银行机构农业领域客户“碳汇碳源”压力测试，为林业碳汇优质主体和重点项目开辟绿色通道。加大对土地非粮化、土地流转、农业标准地等领域绿色金融支持力度，已发放全域土地整治项目贷款 4.25 亿元、林权抵押贷款 799.8 万元、全省首笔农业“标准地”抵押贷款 2 500 万元和农业设施抵押贷款 9 笔共 1 800 万元。

（三）聚焦数智金融改革赋能，丰富低碳应用场景

一体推进绿色金融改革与数字化改革，建设绿色金融综合服务平台，实现绿色金融服务质量变革、效率变革和动力变革。构建全国首个区域性融资主体 ESG 评价模型，首次将企业碳排放、关注弱势群体等指标纳入 ESG 评价模型，引导企业关注气候变化并履行社会责任。针对 ESG 模型落地难和取数难问题，依托金融科技，开发 ESG 评价数字化系统，实现融资主体 ESG 评价自动化和全量化，目前已评价 1.95 万家企业，中国银行总行、中国建设银行总行等 8 家总部银行机构在企业 ESG 评价领域与湖州开展深度合作。在全省率先构建“数智绿金”体系，迭代升级“绿贷通”平台，变革传统的银企对接模式，从企业绿色项目备案、能源消耗、销售收入、贸易订单等维度开发 20 多个模型算法，精准感知企业融资需求，并智能派单给匹配的银行，实现绿色投融资的高效对接。“绿贷通”上线以来，累计帮助 3.7 万家企业获得银行授信超 3 800 亿元，推动银企对接平均响应时间由原来的 2.7 天下降至 1.4 天，获评工业和信息化部“全国十大地方产融合作平台”称号。针对碳核算成本高、效率低、取数难等痛点、堵点，发布《湖州市银行信贷碳排放计量方法指南》，制定分层分类的碳核算方法体系，应用人工智能和数字技术，贯通政府部门数据资源，批量采集电、气、煤等能源数据，智能运算碳核算方法，一键生成企业碳账户。目前，已归集全市 4 011 家规模以上工业企业（基本实现规模以上工业企业全覆盖）、1.7 万家规模以下企业碳排放信息，基本实现重点行业和重点企业全覆盖。

三、经验启示

（一）绿色金融支持“双碳”目标，要突出标准先行

湖州成为首批国家绿色金融改革创新试验区以来，已累计获得 40 多项“首

创”或“率先”成果：全国地市级首部绿色金融促进条例、全国率先全域银行业机构环境信息披露、全国首个区域性碳中和银行体系、全国首个外汇服务绿色金融和首个金融支持工业碳效改革实施意见等，多个“规范”“要求”“指南”为湖州市的绿色低碳企业和项目划定了清晰的界限。

（二）绿色金融支持“双碳”目标，要立足地方实际

作为“绿水青山就是金山银山”理念诞生地，湖州众多水泥、建材和纺织行业的绿色低碳转型需求比较大，立足高碳高效行业实际，湖州在绿色金融领域实施政策集成，系统规划区域性转型金融发展路径，构建碳密集行业与低碳转型目标挂钩的产品创新机制，破解了高碳行业融资局限。

（三）绿色金融支持“双碳”目标，要凝聚低碳共识

碳达峰、碳中和目标仅依靠行政力量是难以实现的，必须有效发挥各级政府的作用，同时又要注重政府和市场的有机结合。湖州推进改革的经验之一，是让各级政府、金融机构、工业企业和社会各界形成合力，凝聚各方绿色低碳共识，共同推进，系统集成，真正实现“政府有为、市场有效、企业有利”。

作者：浙江省经济信息中心著作组

绍兴市低碳货运一“码”当先

习近平主席在第二届联合国全球可持续交通大会开幕式讲话中指出，要加快形成绿色低碳交通运输方式，鼓励引导绿色出行。绍兴市深入学习贯彻习近平主席重要讲话精神，坚决落实“双碳”战略部署，率先出台《绍兴市交通领域碳达峰实施方案》，以数字化改革为牵引，创新推进重载货车领域低碳发展，建设“重货碳效码应用”特色场景，构建起“一指数一赋码四闭环”的工作体系，取得阶段性成效。

一、引言

交通是碳达峰“6+1”重点领域之一，占全社会碳排放总量的9%，但目前重载货车领域减排难度较大，从机制上无法形成统一且精确的碳排放数据体系，从管理上无法低成本采集碳排放数据，从政策上无法精准指引企业推进运输装备低碳化升级。对此，绍兴市积极承接全省交通领域碳达峰数字化改革试点工程，围绕碳排放总量、能耗总量、碳排放强度和能耗强度“4个值”，精准服务管理部门、运输企业和社会公众“3类对象”，全省率先建成重货碳效码应用平台，全省交通运输领域首批碳效码落地绍兴，通过搭建“一个平台”、出台“一批政策”和发布“一套指数”，实现“一企一赋码”“一车一补助”“一年一评价”，推动重载货车领域绿色低碳发展。

二、主要做法与成效

（一）谋定总体框架，搭建“一个平台”、实现“一企一赋码”

按照“1+3+X”的总体业务框架，一是搭建1个重货碳效码核算数据分仓，在《浙江省规上道路货物运输企业碳效码分类分级办法》基础上，在全省率先探索出

《规下企业碳效码数据采集方法》，按照危货运输、专线运输、综合运输和普货运输分门别类推进企业周转量数据采集，并向总仓进行数据推送，目前已累计归集 895 家企业、3 869 辆车辆的运单数据 11 万条；同时创新优化基于非现称重数据和卫星定位数据的周转量智能算法，提高数据采集的准确性。二是搭建 3 个服务子平台，面向政府部门新建政府治理平台，逐步实现车辆信息管理、运单管理、金融产品管理等功能；面向企业和车主新建碳应用操作平台，用于碳减排申报、确认核实碳核算结果、碳减排政策兑现等；面向社会公众新建碳减排核算平台，用于测算和展现政策兑现后的减排成效。三是搭建“X”个应用子场景，为货车通行证申领、保险费率优惠等预留迭代升级空间。目前，全市已有 902 家道路货运企业入驻重货碳效码应用平台，涉及经营车辆 4 795 辆，根据全省统一赋码规则试算赋码企业 900 家，其中绿码企业 359 家，预计到 2025 年全市货运企业碳效码申领率达到 60% 以上。

（二）用好管理工具，出台“一批政策”、实现“一车一补助”

坚持将维护企业利益作为工作的努力方向，利用重货碳效码应用平台精准出台一批管用实用的扶持政策，推动重货行业碳达峰工作形成管理闭环。一方面，借助碳效码工具推动运输装备升级，在全面完成老旧国三营运货车淘汰的基础上，研究制定《绍兴市国四老旧营运货车提前淘汰补助办法》，利用平台上线的货车淘汰补助在线申请场景，可为绿码企业按照轻型车 500 元 / 辆、中型车 1 000 元 / 辆和重型车 1 500 元 / 辆的标准申请额外奖励，力争到 2023 年年底在全省率先完成 60% 的国四柴油货车淘汰。另一方面，借助碳效码工具推动运输效能提质，拟定《绍兴市区中型及以上高排放柴油货车限行区域划定方案》，推行国三及以下排放标准柴油货车禁行和国四货车限行措施，优化通行证申领规则，对绿码企业优先审批。支持规模以上企业发展，对首次认定为规模以上企业的一次性给予 10 万元补助。规范网络货运平台发展，集约整合和科学调度车辆、站场、货源等物流资源，推动网络货运业务数据计入赋码规则。同时，借助碳效码工具加大金融政策扶持，出台《关于金融支持绿色交通促进低碳循环发展的指导意见》，加大绿色交通领域资金投放力度，实施碳效码结果差别化信贷支持，依托平台上线的银行贷款在线申请场景，已累计为绿码企业提供银行授信 1 800 万元和低息贷款 784 万元。鼓励保险机构建立与碳效码挂钩的差别化车险优惠政策，对绿码企业给予赔偿限额提高、费率降低等差别化政策。

（三）聚焦四个维度，发布“一套指标”、实现“一车一评价”

围绕“装备升级、结构优化、运输提效、规范通行”四个维度，利用德尔菲法确定影响重货减碳的 13 个核心指标，形成“绍兴市重货领域碳效能指数”，用于对区、县（市）重货减碳工作效能进行量化评价，并纳入《绍兴市交通碳达峰补助资金管理办法》。动态发布县级“重货领域碳效能指数”，综合研判发展规律和趋势，及时发现工作推进中的薄弱环节、现存问题和潜在风险，为管理部门提供决策依据和参考。开展年度评价，每年联合多部门对碳达峰工作完成情况、政策落实情况、资金补助情况等进行综合评价，构建晾晒清单，建立赛比机制。并根据评价指数排名，挂钩奖补政策，对排名第一的一次性补助 12 万元、第二的一次性补助 10 万元和第三的一次性补助 8 万元，对综合评价较差的取消下一年度奖补资金。目前已落实重货领域碳效能指数专项奖补资金 80 万元。

三、经验启示

（一）政策引导与技术创新相结合，驱动重货碳效码应用实践创新

绍兴市在推进重货碳效码应用的过程中，通过制定《绍兴市国四老旧营运货车提前淘汰补助办法》等政策措施，鼓励和引导企业及个人主动淘汰高排放老旧车辆，实现运输装备的绿色升级，这体现了政策层面对于低碳转型的有力推动作用。同时，建设重货碳效码应用平台，利用数字化技术手段量化评估碳排放效能，为行业绿色发展提供了科学和精准的管理工具。

（二）金融工具创新赋能，推动交通领域绿色低碳转型

绍兴市在实施过程中，实行碳效码结果差别化信贷支持，落实货运企业贷款支持 2.8 亿元，开发的绿色保险产品惠及 60% 以上的企业，扎扎实实保通保畅。项目紧扣营商环境优化提升主题，落实绿码企业相关补助 1 700 多万元，实施政府收费减免 0.83 亿元，以经济激励的方式引导企业提升节能减排意识，加大对绿色交通领域的资金投入，这种做法揭示了金融手段在促进产业低碳转型中的重要作用。

（三）绩效评价与政策联动，推动交通领域碳达峰进程

绍兴市构建了重货领域碳效能指数，并以此对各区和县（市）重货减碳工作效能进行量化评价，评价结果直接关联到奖补政策的分配，形成了明确的激励约束机制。这一举措表明，建立完善的评价体系并与具体政策执行效果挂钩，能够有效调动各方积极性，共同推动区域内的交通运输业实现绿色和低碳发展。

作者：浙江省经济信息中心著作组

丽水“碳”索气候投融资　助力绿色低碳发展

位于我国东部的浙江省丽水市，以其显著的生态优势和坚定不移的绿色发展战略，成功把握了气候投融资这一新兴领域的发展机遇。2022 年 8 月，丽水市被选定为全国首批气候投融资试点地区之一，标志着其在探索可持续金融支持低碳转型方面取得了重要突破。在此背景下，丽水市政府着重强化金融监管的导向作用，积极引导各类金融机构，包括银行和保险公司，探寻服务国家碳达峰碳中和目标的创新金融解决方案，力求构建起一套既能满足经济发展需求又能有力推动全社会范围内的全面绿色转型的金融服务体系。

一、引言

气候投融资是指为实现国家自主贡献目标和绿色低碳发展目标，引导和促进更多资金投向应对气候变化领域的投资和融资活动，是绿色金融的重要组成部分。丽水市以绿色低碳优势为基础，将气候投融资与地方发展紧密结合。试点以来，丽水聚焦能源、工业、建筑等“6+1”重点领域，围绕气候投融资“八大任务”，着力打造“三大体系”探索绿色金融服务碳达峰碳中和有效路径，引导和促进更多资金投向应对气候变化领域。截至 2023 年 9 月末，全市气候投融资余额达 607.82 亿元，绿色信贷余额 701.93 亿元，同比增长 60.73%，不良贷款率仅 0.21%；绿色保险提供风险保障 1 802.74 亿元。试点工作获生态环境部和国家金融监督管理总局肯定，并在国际生物多样性论坛暨城市韧性与气候适应主题研讨会等重要会议作经验交流。

二、主要做法与成效

（一）上下联动聚力政策协同

争取省级部门出台全国首个省域促进应对气候变化投融资的指导意见等两个

专项政策，建立气候投融资省、市两级工作联动机制、气候投融资统计监测体系、气候投融资考核激励体系和气候投融资联合创新实验室 4 项保障机制，系统谋划推进气候投融资差别化支持模式、创新气候投融资模式和工具等 8 项重点任务。同时，强化监管监测评价和考核，建立丽水银行业保险业气候投融资试点重点工作“揭榜挂帅 + 晾晒比拼”机制，初步构建丽水市气候投融资试点金融服务指数体系，并推动将气候投融资工作情况纳入市级金融机构支持地方经济发展业绩考评体系并单列考核，确保气候投融资试点稳健运行。此外，丽水市还将气候投融资政策与本地经济、产业、金融、环保等政策相结合，目前已累计出台 15 项气候投融资相关政策，聚焦省“十百千”低（零）碳试点示范体系培育气候投融资项目，用好碳减排金融支持工具、EOD 项目模式等金融政策，有关国家气候投融资项目获 60.95 亿元优惠信贷支持。

（二）构建项目库推进清单管理

对标国家气候投融资项目库，出台《浙江省丽水市气候投融资项目入库指南》，明确规定气候投融资项目入库的一般工作流程和气候投融资项目的范围和评价标准。在此基础上，建立气候投融资项目金融服务清单管理机制，引导金融机构按照市场化原则对入库项目提供更加优惠的金融服务，截至 2023 年 9 月末，对纳入国家气候投融资项目库的 5 个项目提供 41.2 亿元信贷支持。同时，落实碳减排金融支持工具，重点支持清洁能源、节能环保和碳减排技术等具有显著碳减排效应的重点领域发展，截至 2023 年 9 月末，碳减排金融支持工具支持有关气候投融资项目 10 余个并涉及贷款 19.4 亿元，带动碳减排量超 8 万 t。

（三）创新驱动丰富金融模式

成立丽水银行业保险业气候投融资专业委员会，以实现资产端、运营端碳中和为目标，设立绿色支行、人才科技支行等气候友好型金融机构（网点）43 家，实现全市 9 县（市、区）服务全覆盖。结合当地林业碳汇资源优势，在全国范围内首次将林业碳汇交易引入“零碳”金融网点建设，建成“零碳”金融网点 6 家，涉及购买林业碳汇合计 302.85 t，实现装修建设及日常运营“零碳”。首创气候投融资联合创新实验室，围绕“生产降碳”“生态固碳”“生活低碳”三篇文章，推进金融产品和服务创新 30 余项。创新推出林业碳汇权、碳排放权等环境权益融资业务，以及浙丽碳效贷等碳属性信贷产品。目前，丽水市已发放浙丽碳效贷 16.89 亿元，绿色信贷余额 463.1 亿元，同比增长 77.11%，高于全省 25.79 个百分点。其中，气候融资余额 397.17 亿元，占绿色信贷余额的 85.76%，不良贷款率仅 0.31%。

（四）数字赋能提升服务质效

丽水依托浙江省金融综合服务平台，上线丽水气候投融资数智服务平台，推进气候投融资项目、气候友好型企业、碳金融产品等数据信息共享，便利气候投融资项目和企业精准获取融资促进气候投融资金融业务线上办理“最多跑一次”，优化提升营商环境。平台对纳入气候投融资项目库管理的项目和企业，从生态环境、经信等部门归集碳排放权、企业碳效码、绿色低碳工厂等企业涉碳数据，建立企业碳资产池数据模型并绘制企业碳画像，为银行保险机构实施差别化绿色金融政策提供支撑。在全国首创“碳普惠 + 生态信用”机制，结合“绿谷分”创新推出“两山贷”信用贷款产品，将碳信用积分转化为融资增信。首创企业碳效分类等级融资情况“可视化驾驶舱”，对全市 1 090 家规模以上工业企业气候融资实现全覆盖监测，可视化展示融资对接、风险状况等情况，为政府部门和金融机构开展气候投融资工作提供参考，助力精准服务碳达峰碳中和“6+1”重点领域。平台已累计撮合银企融资 1.36 万笔，共计 644.61 亿元。

三、经验启示

（一）政策导向与资源整合

丽水市气候投融资精准服务于能源结构优化、产业结构升级、节能建筑改造、低碳交通构建等领域，制定全面的工作体系，体现了政府在引导社会资本流向低碳经济领域的决心和执行力，通过制度创新将气候目标与地方经济发展深度融合。项目清单式管理有助于规范和引导气候友好型项目的筛选和落地，确保资金投放到最能产生气候效益的项目上。

（二）金融工具与市场机制创新

开创性地将环境权益纳入融资范畴，通过开发林业碳汇权、碳排放权等环境权益融资业务，激活了自然资源的价值，实现了生态保护与经济效益的良性循环，鼓励企业减少碳排放的同时获得新的融资渠道。推出具有碳属性的信贷产品，如浙丽碳效贷，这不仅丰富了绿色金融产品种类，还通过金融手段激励企业提高能效并降低碳强度，助力企业转型升级。

（三）数字化服务与信息共享

运用大数据、云计算等先进技术手段，实现气候投融资项目、气候友好型企业及碳金融产品的数据信息共享，提高了气候投融资的透明度和效率。数字化平台的应用有利于金融机构进行风险评估和项目筛选，同时有利于政府部门对气候投融资效果进行实时监测和科学评估，从而形成有效的闭环管理和决策支持体系。

作者：浙江省经济信息中心著作组

乐清聚焦电力电气产品降碳增绿　打造“碳排身份证”

面对国际碳关税形势以及国网绿色供应链发展趋势，乐清市充分发挥千亿级电气产业集群特色优势，率先为电力电气企业开展产品碳足迹核查和碳标签评价，打造产品“碳排身份证”标识，创新碳足迹数字化应用，建设生命周期碳标签碳链管理平台，并将碳排核查结果应用于低碳采购、绿色供应商评价、碳互惠交易服务、低碳金融等项目，通过政府层面政策引导与市场层面自主行为激励的良性互动，加强完善供给侧与消费侧碳链拓扑关系，带动产业链上下游低碳化迭代发展，共同推进节能降碳，逐步实现碳中和。

一、引言

在国际上，欧盟于 2023 年 4 月通过碳边境调节税（碳关税），同年 10 月起生效，2026 年正式征收；在国内，国家电网有限公司（SGCC）已将提供产品碳足迹报告作为企业入网资质的必备条件，未来绿色供应链对产品的要求将逐步从产品碳足迹披露向产品碳中和趋势发展。对企业而言，实现产品端碳消耗单位的可量化和标准化至关重要，碳足迹核查和碳标签评价是关键核心。乐清作为全省低碳示范县和全国电气之都，电气产业逐步向绿色低碳转型。提前谋划，面向国际，开展碳足迹和碳标签研究，探索电气行业碳足迹标准，抢占产业低碳化发展制高点具有重大意义。

二、主要做法及成效

（一）“碳”路导航，构建绿色低碳新标准

乐清市依据本地电力电气的产业集群效应和产品生产特点，广泛参照国际碳

足迹评估标准和方法，联合中国标准化研究院、国家电网有限公司、中国南方电网有限责任公司、中国电力企业联合会、浙江大学、清华大学等行业单位及专家共同编制《电力电气产品碳标签评价技术通则》全国团体标准，用标准制定推动相关行业和组织先进技术集成应用，为低碳指标提供规范化指导，建立有利于促进科技转化的绩效考核评价标准体系，并作为相关单位及人员评价、低碳认证、碳标签授权、国家试点示范评价及政策支持的重要内容和依据，不仅填补了国内电力电气行业碳标签认证标准的空白，也为电力电气产品碳标签工作提供了有力指导。

（二）“碳”智大脑，建设低碳数字化平台

在电力电气产品碳足迹核查及碳标签评价基础上，通过相关流程及技术的标准化建设，围绕“双碳”数智化应用，开发上线集碳标签监测、碳链管理、标准在线和减碳服务四大功能于一体的“乐清市生命周期碳标签碳链管理平台”，构建“企业碳排放核查—碳标签—碳链管理—减碳增效—产业升级”管理模式，细化企业在线“碳”管理。搭建组合型电力电气产品碳足迹计算模型，开展产品从“摇篮”到“坟墓”的碳排监测，建立“碳画像”，帮助企业掌握产品各环节碳排水平。建立对企业节能减碳的绿色低碳供应链数字化管理机制，实现电力数据在产品碳标签“认证核算，事后监管”的具体应用，同时充分挖掘数据价值，对不同类别的电气产品分别构建碳标签数字化模型，提出企业节能降碳有关方案，推动企业精准优化供应链结构，实现降碳排放。通过碳链管理平台体系化的搭建，从标准（解决了核算标准和依据）和碳足迹与碳标签（家底摸清）到应用（协调减碳增效）再到问题解决方案和技术，构建了一整套包括数据采集、核算、等级评价和结果应用的评价体系。

（三）“碳”效共振，打造低碳转型共同体

乐清市制定出台《乐清市电力电气产品碳足迹评价试点工作实施方案》，鼓励电力电气行业企业率先开展产品碳足迹评价试点，对前 100 个产品碳足迹核查报告，每个补助 1 万元，每家企业补助不超过 5 万元。通过政企院校资源聚合，由乐清市政府、中国电子节能技术协会、华电电力科学研究院有限公司及相关 10 余家知名企业联合共建碳标签专业性技术创新中心，面向世界低碳前沿及乐清市电力电气发展主战场，开展电力电气碳标签前沿技术研究，开发建设数字碳标签和碳足迹溯源码。创新体制机制建设，将碳足迹评价结果纳入政府的企业管理评价体系，辅助政府科学决策；根据行业类

别和生产特性，为企业量身定制节能评估等“碳标签＋能效服务”产品，拓展光伏安装等应用场景；在国网物资采购环节推动低碳评价体系应用，加快绿色供应链建设；将碳标签等级与碳金融贷款挂钩，帮助企业获取更多金融支持。

乐清市通过开展电气产品碳标签建设，不仅激发企业转型新动能，赋予其品牌“金钥匙”，顺利参与 SGCC 部分网省的物资招标采购，积极应对国际贸易碳关税新门槛新壁垒。同时，产品碳标签能大幅提高产品的品牌形象，提升品牌附加值，有力引导消费者的绿色环保理念，提高产品在更大市场范围的流通能力。2022 年，乐清市已有 11 家龙头电气产品开展碳标签认证，认证产品的年销售额度超 1.2 亿元。

三、经验启示

乐清市以省级低碳试点县创建为契机，开展千亿级电气产业集群低碳转型，创新碳足迹核查和碳标签数字化认证重要举措机制，编制电力电气产品碳标签评价通则，开展碳标签认证，搭建碳标公共服务平台，为企业提供进入绿色数字供应链的通行证，促进产业绿色低碳转型，助力实现碳达峰碳中和。

（一）立足资源禀赋，抢赛道、抓先机

乐清单位 GDP 能耗远低于全省平均水平，规模以上工业增加值能耗只有全省平均的 39.7%，电气产业总体是低碳经济，在“30・60”双碳目标倡导低碳、零碳经济的大趋势下，为企业实现跨越式发展和弯道超车提供了机会。此外，乐清以打造世界级电气产业集群为目标，加快推进电气产业向全球价值链中高端发展，在“双碳”市场上抢赛道、抓先机。

（二）抓住小切口，体现大作用

先从地方特色主导产业产品级微观层面探索碳中和模式，以产品碳足迹定量核查和排名水平定性分析，创新应用碳标签标识，项目契合国际碳关税大环境形势，符合国内绿色供应链建设需求。从电力电气行业成功应用，再逐步横向推广至其他行业，纵向应用至产业链上下游，最终实现“30・60”双碳目标。

（三）多方共赢，保持可持续发展

碳足迹核查覆盖的产品面极广，孕育着巨大的市场商机，是数字经济领域大

有可为的新市场。乐清发挥政府的主导作用、企业的主体作用和电力的枢纽作用，以市场凝聚资源，以标准树立规范，做大生态圈，通过多方合力，打造地方碳链平台和认证基地的高站位运作模式，在积极履行“30·60”双碳目标中体现责任担当。

作者：浙江省经济信息中心著作组

平湖市创新打造面向碳双控的精准治碳数智管理体系

平湖是接轨上海的前沿高地，地理区位优势较为显著。区位优势带来产业发展优势，产业集群特色更加鲜明，形成了“1212”的现代产业体系（数字经济 + 先进装备制造、新材料 + 时尚产业 + 生命健康和新能源）。碳达峰、碳中和背景下，平湖市聚焦碳达峰目标要求和本市重点行业工业企业低碳转型工作需求，以及政府部门服务引导和精准管理推动企业低碳发展的需要，创新开展企业碳预算弹性管理机制建设，打造企业碳预算弹性管理应用，推动构建绿色低碳产业格局，加快经济社会绿色低碳高质量发展。

一、引言

碳预算制度是落实中共中央部署的推进能耗双控向碳排放总量和强度双控转变的必要创新性制度，碳预算管理是预算制度在碳排放管理上的应用。平湖市探索构建重点企业碳排放弹性预算管理体系，通过数字赋能和管理提效，着力解决企业低碳转型过程中的方向不明、路径不清、动力不足等问题，有效引导和控制企业碳排放和碳减排等活动，实现企业碳减排目标，助推企业高质量践行低碳化和绿色化发展模式，助力政府形成高效的碳排放管理机制，落实区域双碳政策目标。

二、主要做法及成效

（一）做实基础端，构建企业碳预算弹性管理体系

深化能源领域改革创新，开展用能权确权研究，扩大预算化用能范围，研

究制定了重点用能企业预算化管理办法，并在2022年制定了年用能1 000～5 000 t用能企业用能预算化核定办法。同时加强数据归集体系建设，创新打造了“感智汇”全域智治感知融合服务平台，接入各类传感设备2.4万路，归集感知及政务数据5.8亿条，能够有效助力碳预算试点的数据归集工作。此外，着重深化已有的能源数字化应用，如张江长三角科技城平湖园能源数据治理实验室，目前已接入园内84家规模以上企业95万余条数据，其中电力数据49万余条，为平湖市碳预算管理应用提供有力支撑。

（二）做优方法端，打造科学弹性碳预算目标体系

速算体系是碳预算的关键性基础，通过快速核算全市分部门和分领域的碳排放总量及强度，支撑碳预算管理机制有效运行的目标，同时为其他减碳政策工具的实施提供数据支持。平湖市速算体系采取“抓大放小”、用好现有数据原则开展速算方法学构建，将全市碳排放总量按部门分为农业、工业、建筑业、交通运输业、其他服务业和居民生活6个，构建了数据归集机制，明确每个部门的能源品种、基础数据和数据来源，提出以季度为主并兼顾月度的区域碳排放速算体系，并已通过浙江省级能耗统计数据对平湖市的碳排放速算体系进行了准确性验证。同时建立企业碳预算目标分解方法学，科学、公正和合理推动预算管理。提出了企业碳预算目标制定原则，即企业的目标制定应与平湖全市高质量碳达峰目标相协调，目标分解应体现责任、能力与潜力的统一，目标弹性调整应关注区域总目标的弹性以及分解给企业目标的弹性，以企业碳排放的精准预算控制来实现区域碳排放目标。围绕区域碳排放目标、行业碳效水平、企业碳生产力等关键要素，通过明确企业基准碳排放量、企业可调节碳排放量和企业碳生产力系数、碳排放趋势系数等形成机制，提出了一套重点企业碳预算量确定方法，为开展企业碳预算提供基础支撑。

（三）做强数字赋能，推进碳预算管理体系走深走实

创新打造碳预算弹性管理应用，聚焦能源消费总量、碳排放量、能耗强度和碳排放强度4个核心指标，打通电力和统计两大数据底座，构建碳排放统计核算体系；通过挖掘分析该市区域、领域、主要行业和重点企业的能耗及碳排放相关数据的特征和趋势，摸清碳排放家底，同时嵌入覆盖目标制定、目标分解、监测跟踪、应对决策、目标弹性调整等全周期的企业碳排放预算管理流程。当前平台基于该市一体化智能化公共数据平台归集各类能耗数据和经济数据，通过碳排放统计核算模型和预算目标分解模型，支撑建设了三大应用场景，分别为面向用户

的治理端驾驶舱、面向企业的服务端预算系统和面向政府的管理端管理系统。平台的核心为治理端驾驶舱，主要包含区域高频监测、领域达峰跟踪、行业结构分析、企业预算管理等模块，实现区域碳排放的精准智控。同时，高频监测区域碳排放数据，重点实现碳排放快速测算、高频监测、科学预警及智能处置的闭环管理。更重要的是，管理应用平台基于碳预算管理弹性机制，可以为企业精准描绘碳画像，支持企业根据自身的生产经营状况进行月度预算量分解。同时，政府管理端通过推送金融、技改等多维度政策服务，引导企业加快产品和生产线的迭代升级和创新。

三、经验启示

（一）助力工业企业有效完善碳监测、碳核算工作体系

企业碳预算管理需要清晰的碳排放现状和趋势分析，特别是在低碳经济发展背景下，通过构建完善碳监测和碳核算体系，有助于企业进一步摸清碳排放家底，全面掌握生产过程中的主要碳排放源，为下一步节能技术改造、生产线提升以及构建产品碳足迹体系打下坚实的基础。

（二）促进县（市）工业企业加快低碳高质量转型发展

构建企业碳预算弹性制度可以同时覆盖能效提升和能源结构优化两个层面，有利于企业通过多样化举措达成新上项目节能减碳要求。此外还能够有效引导企业加快推动发展需求旺盛、产能利用效率高、盈利空间较大和低碳技术应用更先进的产品和生产线的迭代升级和创新，从而灵活助推企业加快低碳高质量发展的转型升级。

作者：浙江省经济信息中心著作组

安吉践行“以竹代塑”，引领绿色生活

为进一步探索塑料污染源头治理新路径，推动传统竹产业发展二次振兴，引领公众践行绿色低碳生产生活方式，安吉县在全国率先落实全球发展高层对话会“以竹代塑”倡议，通过创新机制、创新赋能和创新场景，为全省乃至全国提供了“塑料污染治理 + 传统产业振兴”的“安吉方案”，在国内外形成了良好的示范引领效应。2023 年 8 月 24 日，国家发展改革委办公厅批复支持浙江安吉建设“以竹代塑”应用推广基地。

一、引言

塑料污染问题已成为仅次于气候变化的全球第二大环境焦点问题，给全球可持续发展带来极大挑战，开发安全、环保和可再生的代塑产品势在必行。而竹子作为绿色、低碳、速生、可再生和可降解的生物质材料，在包装、建材等多个领域可直接替代部分不可生物降解的塑料制品，“以竹代塑”是从源头减少塑料使用、减轻塑料污染的有效途径。安吉作为“绿水青山就是金山银山”理念诞生地，是著名的“中国竹乡”，有竹林 101.1 万亩，竹产业在全球具有重要的地位和影响力，全县竹产业总产值近 200 亿元，竹材广泛用于建筑、装饰、家具、包装、纺织和一次性使用产品等领域，积极推广“以竹代塑”。

二、主要做法与成效

（一）创新机制，系统构建“以竹代塑”政策体系

研究制定系列政策制度，出台《安吉县“以竹代塑”应用推广基地实施方案（2023—2025 年）》《安吉县“以竹代塑”应用推广奖补办法（2023 年修订）》等面上工作方案，出台外卖餐饮领域“竹四小件”、酒店民宿领域“竹六小件”、

“以竹代塑”村、绿色农贸市场等具体领域应用推广支持政策。同时，每年安排2 000万元专项支持“代塑”竹制品产业发展，每年安排400万元专项支持“代塑”竹制品采购奖补，其中竹餐具（竹茶具）100万元，系列支撑制度为全域“以竹代塑”应用推广打下了坚实基础。

（二）创新赋能，全力推进“以竹代塑”产业发展

为保障毛竹林规模化和集约化经营，安吉县建立合法、合规和合理的竹林资源资产量化流转机制，遵循入社自愿和退社自由原则，在原有承包方式和产权不变的基础上，推进林权改革，加快毛竹林规模化和集约化经营，流转毛竹林84万亩，组建股份制毛竹专业合作社119家。大力培育“代塑”竹制品企业，从减少资源消耗、保护生态环境的角度出发，积极将竹材应用于建筑、家具、包装和一次性使用产品等领域，推动产品开发，保障“代塑”市场占比，出台了《加快推动安吉县竹产业振兴发展的实施意见》，每年安排财政资金2 000万元予以专项支持。不断完善竹产业“原料—加工—产品—营销”上、中、下游产业链，全县拥有“以竹代塑”生产企业100余家，行业占比30%左右，其中竹产业规模以上企业达37家，竹产业总产值近200亿元，成功吸引一批国内竹产业龙头企业落户安吉，形成竹质装材、竹日用品、竹质生物用品、竹笋食品等八大系列3 000余种竹产品品类格局，2022年销售总额达12.5亿元。同时，依托中国林业科学研究院在竹产业研究开发方面的科研资源，搭建国内竹产业全链式、立体化和前沿性的紧密合作平台，搭建“政府—研究机构—企业”合作新桥梁，重点攻克竹连续化生产设备改造、竹废弃物循环利用等关键领域难题，实现科技人才赋能产业发展，为推动竹产业“产学研”一体化奠定基础。

（三）创新场景，持续扩大“以竹代塑”应用领域

安吉积极探索“代塑”竹制品替代场景，在优化政策机制支持的基础上，鼓励竹产品向“微笑曲线”的两端延伸，如竹筷向竹餐包转型及竹凉席向竹布凉席转型。同时，加强跨界合作赋能产业，鼓励头部企业强化工业设计理念，探索传统竹材在化工能源、生物医药、能源开发、装配式建筑等领域的应用，既抢占行业话语权，又优化产品耐久性和抗疲劳性。2023年以来，安吉已从日用领域的竹制全降解塑料袋、竹餐具（竹包装）扩面至外卖领域“竹四小件”、民宿酒店“竹六小件”等其他用品，在探索中持续优化设计更加管用、实用、好用的“代塑”竹制品。截至目前，在“竹六小件”“竹四小件”领域，分别推广20万套、3万套，推广竹桌牌近万个，竹餐具6 000余套，覆盖酒店民宿近300家。

同时，在重点行业率先示范，开展寄递行业“以竹代塑”试点工作，协同电子商务、家居制造等前端产业，以“重点客户试用”“产用直联互动”“专用型号定制”等方式，推动县内十大快递品牌和68个快递网点用上“全生物降解竹膜袋”，在全国率先实现全县域快递网点“以竹代塑”全覆盖。“以竹代塑”做法在联合国贸易和发展会议（UNCTAD）初级商品与发展问题多年期专家会议第十四届会议和海南“推进以竹代塑 促进绿色消费”论坛上获推广，在国内外具有较好的应用推广影响力。

（四）聚焦宣传引导，全面推进社会共同参与

浓厚全县联动和全民参与氛围，开展竹制品进景区、进民宿、进酒店、进馆所、进商超和进街区“六进工程”及“共富竹市”“全国竹产业技术创新发展高峰论坛”“‘两山杯’国际竹产品创意设计大赛”等多场次竹文化活动，其中“共富竹市”吸引70余家竹制品商家参与，累计达成协议200余万元，设计大赛上9款竹包装设计成果成功转化。相关经验做法先后获人民日报、央视新闻直播间、央视财经频道等媒体报道，并在海南“推进以竹代塑 促进绿色消费”论坛上作主题交流。2023年8月15日，安吉竹制品用于首个全国生态日主场活动，受到参会领导充分肯定。2023年8月16日，举办首届国际（安吉）“以竹代塑”创新大会，发布国内外首个《以竹代塑产品分类分级》（T/AJZCY 001—2023）团体标准。

三、经验启示

安吉积极响应“以竹代塑”倡议，以竹林碳汇综合改革为契机，以竹产业转型升级为主导，创新提出“党政统领、行业主体、市场参与、全民推广”的绿色低碳新思路，形成了竹产业振兴与治理塑料污染的“双赢”局面。

（一）政策引导与财政激励并举

安吉县通过出台“以竹代塑”相关政策和专项奖补办法，为本地企业和个人采购竹制品提供经济上的激励，有助于降低“代塑”产品的市场进入门槛，调动各方积极性，快速推动竹制品在日常生活和商业场景中的广泛应用。

（二）全产业链协同创新升级

安吉县政府在实施“以竹代塑”战略时，注重培育和发展竹产业链的完整

性，这种系统性布局既促进了竹资源的有效利用，又确保了竹制品具有竞争力和可持续供应能力，从而为替代塑料制品提供了坚实的基础。

（三）多元化应用场景拓展与示范推广

安吉县积极挖掘竹制品在不同领域的替代可能性，这一系列举措不仅体现了竹制品的环保和实用性，还引领了消费观念的转变，推动了社会绿色发展模式的构建，为全国乃至全球的塑料污染治理提供了有益借鉴。

作者：浙江省经济信息中心著作组

椒江区全力打造海洋塑料污染治理“蓝色循环”新模式

海洋塑料污染治理作为解决塑料废物问题和减少碳排放的重要领域之一，是碳达峰、碳中和行动的重要内容。针对海洋塑料垃圾收集难、高值利用难、长效治理难等问题，椒江区以数字化改革为引领，创新运用物联网、区块链等新技术，在浙江省数字化改革推动下，以多元共治破解海洋塑料垃圾收集难和高值利用难治理痛点，形成海洋污染物收集、运输、再生和高值利用的可循环价值链，成功打造海洋塑料废弃物回收与高值利用“蓝色循环”治理新模式。

一、引言

习近平总书记高度重视海洋生态文明建设，先后提出建设海洋强国战略任务和建设海洋命运共同体重要倡议。为应对全球海洋塑料污染，国家发展和改革委员会、生态环境部联合印发《关于进一步加强塑料污染治理的意见》和《“十四五”塑料污染治理行动方案》，明确提出加强塑料污染全链条治理，推动源头减量和规范回收。生态环境部等六部门联合印发《“十四五”海洋生态环境保护规划》，强调以海洋生态环境持续改善为核心，强化精准治污，建设美丽海湾。为了促进海洋污染物治理体系和治理能力现代化，椒江区按照减量化、资源化和无害化目标，运用数字化手段和市场化机制，构建了“政府主导、陆海统筹、多元参与、社会协同”的“蓝色循环”海洋污染物数字化治理应用，对海洋污染物进行源头监管、全类治理和综合利用，为海洋污染物长效防治提供特色方案。

二、主要做法与成效

（一）坚持闭环治理，剑指海洋垃圾“顽疾”

创新使用“陆防、闸截、滩净、船收”立体收集模式，动员渔船和民众在自家小院或码头小店建垃圾分拣暂存点“小蓝之家”，鼓励他们利用空闲时间，对入海闸口与边滩垃圾、海漂垃圾、船舶污染物与海底垃圾实施陆源防控、入海河口（溪闸）拦截、岸滩及海域保洁和船舶垃圾回收，现已与其他 5 个沿海县（市、区）共同成立 15 个“小蓝之家”，有 237 家产业链企业、1.02 万艘船舶加入“蓝色循环”，参与人数达到 6.18 万。以物联网技术将收集人员、设备和场地连接到数字化治理平台，平台根据各类海洋废弃物实时位置、体态、重量等数据，利用智能算法合理规划收集路线，高效运送至“海洋云仓”内进行减容减量处理。此操作全程无人化，垃圾容重减少达 90%，由此提高 70% 运输效率，降低运输和处置的环节碳排放 30% 以上。构建起海洋塑料垃圾收集、运输、处置和再生全流程可视化的闭环治理体系，实现海洋废弃物收集处理 1.09 万 t，其中塑料废弃物 2 254 t，减少碳排放 2 930 t。

（二）打造增值平台，打通高值利用“门路”

椒江区联合国际环保组织、涉海科研院校以及塑料头部企业，共同制定海洋塑料碳减排、碳足迹认证等方法工具的行业标准，建立海洋塑料（碳）交易增值体系，助力塑料相关产业绿色低碳转型。创新应用区块链去中心化认证和可视化技术，对海洋塑料进行碳足迹数字化认证，实现海洋塑料“产生—收集—运输—处置—加工—交易”全过程可视化溯源，回收生产的海洋塑料获国际权威机构德国 TÜV 莱茵认证，使得塑料出口企业的环保竞争力得到大幅提升。经“蓝色循环”回收处理的废塑料等可再生垃圾，按标准化集中制成塑料粒子，价格可以升值 300%，产业链价值整体提升 105% 以上。同时，通过 Verra 的塑料计划，将回收再生的海洋塑料废弃物开发成可交易的塑料信用，为再生塑料提供额外增值空间。当前，已联合国际权威机构德国 TÜV 莱茵认证、塑料再生巨头法国威立雅、237 家国内产业链企业与可口可乐、耐克等 20 多家国际消费品牌达成海洋塑料认证—加工—销售交易，再生的 10 余种高品质海洋塑料在全球纺织服装、日化包装等领域得到高值应用。

（三）构建再分配体系，打造生态共富“样板”

利用区块链智能合约技术进行利润二次分配，提取部分再生塑料制品销售利润用于支付前端回收人员的报酬、大病医保和子女教育基金等，参与收集的群众平均每月人均增收约 1 800 元，通过组织公益活动，为渔民免费置换矿泉水 15.3 万瓶。一线收集人员岗位重点吸纳沿海镇村困难群众，同时，联合国内产业链企业和品牌商、认证机构、环保组织等组建了“蓝色联盟”公益组织，提取海洋塑料高值利用溢价的 20%，设立“蓝色共富基金”，为低收入群体提供基本保障。目前，已设立初始 300 万元“生态共富基金”，为首批 217 名收集人员缴纳基本社会保险。此外，还开发了渔业系统信用评价体系，以“安全”和“环保”为主要考核指标，为参与收集的渔船赋分。评分高的渔船可以在采购柴油等必需品时得到折扣优惠，并能享受优惠利率的贷款，以此调动渔船参与积极性。目前，渔业信用评价体系已累计为渔民发放低息绿色金融贷款 1.232 亿元。

三、经验启示

从“海洋云仓 1.0”升级到“海洋云仓 2.0”再到“蓝色循环”，椒江区积极贯彻“海洋强国”战略和“海洋命运共同体”重要理念，运用数字化手段、市场化机制，重塑海洋污染治理、海洋生态保护、海洋生态价值（蓝碳）转换和收益反哺社会体系，激发保护与发展的内生动力，成功打造了海洋生态环境治理领域数字治理、促进全域“无废城市”建设的样板。

（一）多方共治是关键，构建“企业主体 + 市场运作”的海洋生态协同治理体系，推动“单线治理”向“多方共治”转变

“蓝色循环”重塑了海洋塑料污染治理体系，用“高收益”解决了“无人收”的问题，用“高信用”解决了“价值低”的问题，用“高回馈”解决了“可持续”的问题，一举改变了以往政府担当治理主体和财政提供资金的治理模式，在新模式中，政府从治理者变成服务者与监管者，渔民渔船从污染者变成生态保护者，社会公众从消费者变成环保参与者，形成了多元主体参与和市场链接产业的治理格局。

（二）高值利用是动力，打通“数字技术 + 产业协同”的海洋塑料价值转化渠道，推动“海洋垃圾”向“海洋宝藏”转变

创新应用“物联网 + 区块链”技术，实现海洋塑料“从海到货架”全流程数据溯源，有效验证了塑料来源海洋的真实性。经权威认证机构认证的海洋塑料，价值可大幅提升，对赋能塑料产业绿色低碳转型具有积极作用。

（三）生态共富是根本，打造“社会参与 + 公益帮扶”的海洋产业收益分配模式，推动“治理困境”向“共富红利”转变

采用共享共建理念，通过利益共享和价值再分配重塑价值链，将溢价反哺给各参与环节，激发社会参与度。再分配过程重点反哺前端，支持渔民福利改善，保障低收入群体的生活，通过对弱势群体的帮扶，实现在环境保护和产业发展中保障和改善民生。

作者：浙江省经济信息中心著作组

象山县实施蓝碳行动计划　发布全国首个跨省共建蓝碳生态碳账户

在应对气候变化等全球性挑战中，中国作出“力争2030年前实现碳达峰，2060年前实现碳中和”承诺；而“蓝碳”是指利用海洋活动及海洋生物吸收大气中的CO_2，并将其固定、储存在海洋中的过程、活动和机制；向海洋挖掘固碳潜力由此“风生水起”。拥有丰富海洋资源的象山，全力打造以非化石能源为主体的绿色能源基地，以健全碳汇产品价值实现机制为导向，通过实施蓝碳行动计划和打通蓝碳富民通道，激活发展海洋经济，努力为践行“双碳”战略、探索共同富裕实现路径并拓宽“绿水青山就是金山银山”转化通道提供“象山样本”。

一、引言

海洋蓝碳在全球碳循环中发挥着关键作用。象山县结合当地山海资源禀赋优势，深入实施蓝碳经济发展行动计划，聚焦蓝碳基础能力提升、交易制度保障和价值转化模式创新，开展象山蓝碳家底核算，健全蓝碳产权制度，建立蓝碳交易服务平台，拓宽蓝碳价值转化通道，着力解决蓝碳底数不清、权属不明、价值转化不足等问题，实现了全国首单蓝碳拍卖、全省首笔蓝碳抵押、全国首笔蓝碳资产保险和跨省蓝碳生态碳账户的创新突破，为全国蓝碳发展提供了“象山经验”。

二、主要做法与成效

（一）摸清蓝碳资源家底

在宁波海洋经济绿色发展创新中心基础上组建全省首个蓝碳研究中心，挂牌大目洋蓝碳研究中心，负责海洋碳汇数字智能管理平台搭建和日常维护，重点攻关海洋碳汇资源生态价值转换，摸清并落地资源变资产和资产变资本的转换路径。针对盐沼、淤泥质潮滩、海域水体、贝藻养殖、贝藻天然生长场等典型蓝碳生态系统，开展象山蓝碳资源分布调查，估算各生态系统的年固碳量，搭建全省首个蓝碳典型生态系统数据库。针对象山典型出口农产品浒苔率先开展碳足迹核算，厘清"从摇篮到坟墓"全生命周期碳排放，为后续认证奠定基础。

（二）筑牢蓝碳交易基石

健全蓝碳资源产权制度，探索养殖用海"三权分置、二级经营、一证到底"开发利用模式，确立海域所有权国有、海域使用权通过公开招拍形式到政府所属企业、海域养殖经营权到村集体或企业与个人的三权并行格局，为蓝碳交易提供了清晰的产权边界。聚焦蓝碳交易的规范化，筹备组建宁波市蓝碳绿色交易中心，建设区域蓝碳交易平台，为后续蓝碳常态化交易夯实基础。同时，针对碳汇核算服务费高、交易匹配难、全流程监管难等问题，建立"蓝碳合伙人"服务平台，实现碳汇量自动核算、蓝碳等级评价、多方交易对接等功能。平台荣获大数据开发利用大赛宁波市二等奖及全省低碳赛道第一名。

（三）构建跨省蓝碳生态碳账户

依托甬厦两地产权交易中心战略合作伙伴关系，2024 年 3 月 11 日，象山县联合厦门产权交易中心共建全国首个跨省联合共建的蓝碳生态碳账户，完成全省首个"蓝碳 + 产权 + 司法"交易，高效整合两地海洋碳汇市场供需资源，让生态产品开发、登记、交易、核销和应用闭环管理。"象山县蓝碳生态碳账户"除司法生态补偿类交易之外，还将针对外向型企业、上市公司、工厂园区、金融机构、大型活动等嵌入多元化双碳应用场景，开发碳普惠项目、海洋产品碳足迹、蓝碳数据产品等生态产品价值实现模式，让海洋碳汇"软资产"转化为海洋经济的"硬效益"，向海图强，激发经济高质量发展的"蓝色引擎"，为蓝碳等绿色要素在象山实现全国统一大市场建设提供可参与、可借鉴的样板。同时还发布全国首个工程超额碳排放损失保险条款和全国首个碳账户综合保险。

（四）打造蓝碳价值转化新模式

象山县率先采用拍卖方式，开启蓝碳价值转化的新渠道。全国首单蓝碳拍卖交易于 2023 年 2 月 28 日在象山县落槌，实现了西沪港渔业一年约 2 340.1 t 碳汇量的交易。蓝碳拍卖开辟了我国海洋碳汇拍卖交易的先例，对后续市场探索、交易模式创新等方面都有重要影响，也为推动海洋经济高质量发展提供了新动力。同时，落地全国首单蓝碳保险，人保财险宁波象山支公司为浒苔养殖碳汇量提供风险保障。农行象山县支行为企业提供了全省首笔“蓝碳”质押贷款24.8万元，率先开辟了金融支持海洋碳汇生态产品价值实现的新路径。此外，联合法院、检察院及太平洋保险，共同开发司法碳账户，实现蓝碳资源收储、违法者购买碳指标的交易闭环，联动生态破坏惩戒，盘活蓝碳交易市场。

三、经验启示

（一）政策创新与机制建设

象山县与宁波、厦门等地联合创建全国首个跨省共建的蓝碳生态碳账户，这一模式打破了地域界限，促进了不同行政区之间在海洋生态资源管理与交易方面的协同合作，有利于形成蓝碳资源的规模化、集约化管理和利用，为其他地区提供了借鉴经验。蓝碳产权制度明确了蓝碳资源的所有权、使用权以及收益权，为蓝碳资产的市场化交易奠定了法律基础，有助于激励各类主体积极参与蓝碳资源的保护和恢复工作。

（二）市场化路径探索与价值转化

蓝碳交易服务平台推动蓝碳成为可交易的商品，将无形的生态价值转化为有形的经济价值，这不仅有助于生态补偿机制的实施，还能引导社会资本投入蓝碳项目的开发和保护，从而实现生态环境保护与经济效益的“双赢”。蓝碳拍卖交易也开创了环境损害赔偿和生态修复的新途径，将环境违法行为与购买蓝碳生态产品相结合，为司法领域内的生态环境治理提供了新的解决方案。

作者：浙江省经济信息中心著作组

第四部分　专项创新

能耗双控向碳排放双控转变的总体路线图

一、能耗双控向碳排放双控转变的必要性

（一）统筹发展和减排的必要制度

应对气候变化和减少温室气体排放已是全球共识，如何坚持绿色低碳转型的方向，更好统筹发展和减排已成为一个重要议题。“十四五”时期以来，我国碳强度下降情况总体未达预期，在发展作为第一要务的形势下，更需要在稳增长、稳就业和稳物价要求中把牢绿色发展方向不偏航、不失速。在党的二十大报告中明确指出，要注重统筹协调和增强系统观念，完善能源消耗总量和强度调控，逐步转向碳排放总量和强度双控制度。2023 年 7 月，中央全面深化改革委员会第二次会议审议通过《关于推动能耗双控逐步转向碳排放双控的意见》，明确双控制度转变的工作安排和实施路径，为下一步工作推进指明了方向。同年 8 月，习近平总书记在全国首个生态日上作出重要指示，要求“以‘双碳’工作为引领，推动能耗双控逐步转向碳排放双控”，该项制度转变的重要性和紧迫性更加突出。这一政策的核心是通过对碳排放实施更精细与弹性的管理，从而更精准和科学地推动绿色低碳转型，以进一步实现经济发展、碳排放、能源安全等多目标平衡，统筹好发展和减排的关系。

（二）解决能耗双控制度不足的现实需求

能耗双控制度是实现碳达峰、碳中和的重要举措。自实施以来，我国总体发展情况发生了较大变化，粗犷的能源利用方式得到了改变，能效水平取得较大提升，产业结构也不断优化，尤其是空气质量得到极大改善。但“十四五”时期以来，受到内外部形势变化，能耗双控制度不断打“补丁”，存在的问题日益突出。一是存在指标联动性差的问题，受外部影响较大。在特殊情况下，如在经济发展

迟缓的阶段，企业生产受到影响，将会影响整体用能效率，也会带来能耗强度的不降反升。二是存在政策不连贯的情况，执行缺少持续性。国家层面能耗双控政策多次进行调整，政策执行缺少稳定性。而地方政府在处理能耗双控与经济发展的关系时，存在能耗控制过紧或“两高”项目审批过松等情况。三是市场化机制缺位的现象较为严重，导致企业转型动力不足。近年来，国家层面正在逐步探索建立能耗双控的市场化机制，但截至目前，全国层面的市场化机制建设工作推进进度滞后。例如，用能权交易制度，浙江省作为全国四个试点之一，在增量交易中取得了一定成效，但是目前交易主要是在企业和政府间发生，尚未实现真正的市场化。能耗双控工作更多停留在政府推进的层面，企业、社会机构、民众等主体参与度较低。

（三）实现“双碳”目标的必由之路

当前我国正处于经济恢复和产业升级的关键期，沿着资源依赖和投资驱动路径发展，用能刚需增长与能源消费控制的矛盾将进一步凸显。作为碳达峰、碳中和目标实现的重要举措，能耗双控制度总体来说已不能适应当前发展的需要，无法满足经济社会绿色发展的现实需求。因此加快推动能耗双控向碳双控的转变，成为实现“双碳”目标的必由之路。一是有利于发展绿色低碳产业，绿色低碳项目和产业将直接受益于更低的碳排放水平，可更大范围和更加超前地主动布局。二是有利于优化能源要素配置水平，资源偏高的碳排放水平的项目将被进一步控制，而强链补链项目可通过非化石能源的补充确保上马，避免能耗的长期锁定效应。三是扩大可再生能源开发利用的规模，摆脱可再生能源开发利用的规模限制，为经济发展和社会转型提供更多的能源与资源要素保障。

二、碳排放控制经验

（一）国际碳排放控制经验

1. 目标明确，路径清晰

气候变化问题是人类社会共同面临的重大挑战，关系到人类生存和各国利益。目前，全球已有超过 130 个国家和地区提出了“零碳”或碳中和的气候目标。其中，有 30 多个国家通过立法、政策宣示、领导人承诺等方式确定了碳中和目标。欧盟整体于 1990 年实现碳达峰，此后制定和完善了一系列碳减排目标，明确提出到 2030 年减碳目标和到 2050 年气候中和目标，发布了《欧盟绿色协议》，从能源、工业、建筑、交通、粮食、生态环境等领域规划了长期减排战略，明确重点领域和重点减排任务[1]。同时，各成员国根据整体政策和本国国情制定相应执行方案。美国于 1993 年发布《气候变化行动计划》[2]，首次提出到 2001 年的明确减排目标；之后在哥本哈根大会提出到 2020 年碳排放减少 17% 和到 2050 年碳排放减少 83% 的目标；拜登政府提出“35·50”目标[3]，即到 2035 年通过可再生能源实现无碳发电，到 2050 年实现碳中和。从各国公布的实施路径来看，绝大多数国家都将能源系统的绿色低碳转型作为长期减排战略重点，特别是推动能源消费终端部门电气化和电力行业脱碳化，以及在难以电气化的行业推广氢能等替代能源。在控制能源消费总量方面，主要通过提升各行业能效、发展工业循环经济模式、能源需求侧管理等方式。

2. 管理严格，制度完善

美国、欧盟等国家、地区将温室气体排放量具体下降目标写进法律，通过立法的手段，明确碳排放总量控制目标，并根据本国经济社会及能源发展情况出台不同方向和领域的相关政策措施。例如，美国出台了《国家环境政策法》《美国气候安全法》《清洁能源与安全法》《清洁未来法案》《清洁能源标准法案》等系列减排政策法案[4]，这些政策法案在内容上以提高能源效率、发展新能源和创新温室气体减排技术为主，在形式上以税收、财政补贴和碳交易为主，从各部门减排入手，加强政企合作，调动企业积极性以形成自愿减排模式，对美国国内碳减排工作产生了积极的作用。另一大能源消费主体欧盟，早在 20 世纪 70 年代初开始了低碳经济实践，在能源、气候和环境等方面陆续制定了一系列的低碳发展规划、政策和法律。进入 21 世纪以来，欧盟持续制定和完善了一系列具有深远影响的低碳经济政策，制定了一系列极具针对性的政策和规划，如 2020 年，欧盟发布《欧盟氢能战略》及《能源系统一体化战略》，进一步突出氢能等可再生能源的发展计划，制定相应的目标[5]。

3. 市场主体活跃，公众参与积极

碳市场是全球应对气候变化的主要政策工具。目前，40 多个国家和 25 个地区的政府通过排放交易系统对碳排放进行定价，覆盖全球超 22% 的温室气体排放。2005 年欧盟建立了碳排放交易体系（EU-ETS），也是世界首个跨国界的碳排放交易市场，占当时国际碳交易总量的 3/4 以上。目前，欧盟通过“碳排放总量限制 + 贸易”方式，利用自身发达的碳金融市场和绿色金融体系为低碳转型所需的资金缺口进行融资，为绿色转型技术研发和应用提供资金支持[6]。此外，低碳转型是一个长期逐步改变的过程，仅依靠政府的推动力是远远不够的，还需要全民积极参与，共建低碳社会。欧盟一直以来极为重视培养社会公众的环保意识，政府层面积极推行数字政府建设，践行绿色无纸化办公，在各个城市推行绿色低碳生活理念，落实绿色消费政策。在公正转型方面，欧盟还建立了相应的机制和基金，针对绿色转型过程中受到影响与损害的企业和民众进行扶持，降低转型的负面影响。

（二）国内碳排放控制实践

1. 国家探索的实践经验

目前我国在国家层面开展的碳排放控制工作，主要以省级人民政府控制温室气体排放目标责任考核为代表，以控制强度为主，将“单位 GDP 二氧化碳排放下降率”列为五年规划的约束性指标。与“能耗双控”相似，国家也会根据五年规划中碳排放强度的下降目标，主要依据发展阶段、资源禀赋、战略定位、生态环保等因素，分类确定各省份的碳排放强度下降幅度。

在制度体系建设方面，“30·60”目标提出以来，我国为推动实现“双碳”目标，先后发布《关于完整准确全面贯彻新发展理念做好碳达峰碳中和工作的意见》和《2030 年前碳达峰行动方案》，配套的工业、建筑等重点领域的实施方案，以及财税、金融等保障措施，形成碳达峰和碳中和“1+N”政策体系，明确时间表、路线图和施工图。2023 年中央全面深化改革委员会第二次会议上，审议通过了《关于推动能耗双控逐步转向碳排放双控的意见》，“双碳”工作由此转向以建立碳排放双控制度为特色的新阶段。

在市场化推进方面，2011 年我国开始探索建立碳排放交易市场，可以分为 3 个阶段：一是地方试点启动阶段（2011—2013 年）。深圳、北京、上海、天津、重庆、湖北及福建 8 个地区开展碳市场交易试点建设。二是全国统一市场准备及启动阶段（2014—2019 年）。先后发布了《碳排放权交易管理暂行方法》《全国碳排放权交易市场建设方案（发电行业）》等顶层文件，标志着以发电行业配额交易为主的全国统一碳市场进入重要的模拟运行阶段。三是全国统一碳市场发展逐步成熟阶段（2020 年以来）。正式施行《碳排放权交易管理办法（试行）》，以电力行业为对象的全国统一碳市场于 2021 年 7 月正式上线，后续将逐步扩大行业覆盖范围，如钢铁、石化、化工、航空等重点行业。

2.“十四五”以来浙江省的实践经验

浙江省作为中国东部沿海经济发达省份，在积极响应国家“双碳”目标——碳达峰、碳中和战略部署中，积累了丰富的实践经验。一是构建“6+1”碳达峰工作体系。印发全省碳达峰、碳中和考核办法，明确各省级部门的相关工作职责和考核内容，并开展全省双碳工作督查，形成了良好的工作分工推进模式。承担省级地区分行业碳排放核算方法研究等四项国家统计工作方面的试点，推动将浙江经验上升为国家制度。承担国家首个“双碳”认证综合试点，着力构建系统科学、接轨国际和立足浙江产业特色的“双碳”认证体系。二是建立碳排放统计核算制度。开展设区市碳排放统计核算方法研究，指导编制设区市简易能源平衡表，明确数据来源及提供职责。结合浙江产业特色，对全省水泥、钢铁、石化等行业的工业生产过程碳排放开展调查研究，提出相应的统计核算方法及统计报表制度建议。三是以数字化为抓手强化浙江省“双碳”工作保障，搭建浙江省“双碳”数智平台，强化碳排放数据归集和整合，探索建设了“项目碳账户”应用，以开展节能审查为筛选条件，覆盖全省 4 800 余个拟投产建设项目，归集基本信息、分品种能耗数据和碳排放数据。

（三）小结

能耗双控制度作为我国特有的一项制度，在法律、统计、考核、标准、市场等方面都建立了相对完善的制度体系，可以较好地支撑能耗双控工作的开展，也为能耗双控向碳排放双控转变奠定了良好的基础。国际碳排放控制的成功经验和先进模式为浙江省乃至全国的能耗双控转向碳排放双控提供了宝贵的参考和借鉴。总体来看，浙江省在现阶段能耗双控转碳排放双控的政策背景下，在碳排放双控工作的制度建设实践中，坚持创新驱动、市场导向和法治保障的原则，既注重顶层设计与规划引领，又兼顾具体措施落地执行，形成了一个多层次和宽领域的制度体系，为实现“双碳”目标奠定了坚实基础。

三、浙江能耗双控向碳排放双控转变面临的挑战

（一）能耗双控向碳排放双控转变路线不明确

在国际上，全球各国都面临气候变化的严峻挑战，国际社会关于减碳目标的认知相对一致。就国际经验而言，欧盟、英国等国家和地区采用了碳预算管理等方法减少温室气体排放。能耗双控制度作为我国特有的一项制度，更多的定位是特殊时期的过渡性政策。开展能耗双控向碳排放双控的转变，虽然有利于与国际各国统一“话语体系”，但这样的转变路线在国际上没有先例可以参考。

在国内，由于能耗双控工作本身的行政属性，执行过程中存在层层加码，甚至“一刀切”的情况，一定程度上影响了企业生产和经济发展。由于能耗双控引起的“拉闸限电”情况在过去几年也多次发生，尤其是 2021 年国家发展和改革委员会对部分省区能耗强度及消费总量发出“红灯”预警后，部分地方为完成

能耗双控指标，出现了“一刀切”式的停产限产等政策措施，进而导致出现了一系列经济社会问题。2021 年年底开始，国家多次提出要推动能耗双控向碳排放双控转变，并且在 2023 年印发的《关于推动能耗双控逐步转向碳排放双控的意见》中对下阶段能耗双控转碳排放双控的目标和主要任务作出部署。但关于如何转变，尚未开展系统性分析。因此，有必要对能耗双控向碳排放双控转变的路线图进行研究，为国家后续开展该项工作提供借鉴和参考。

（二）能耗双控和碳排放双控协同制度不健全

能耗双控向碳排放双控转变，一方面意味着对企业用能约束的“解绑”，但是在“十四五”及“十五五”时期，能耗双控和碳排放双控制度需要并行一段时间，两种考核机制约束下，企业面临如何由能效提升导向转向碳效水平提升导向以及自身如何低碳转型的风险。另一方面，碳排放双控实施后，针对高碳行业如何逐步转型并有序退出需要开展系统研究，对高碳行业退出后可能存在的就业减少、上游产业链外移导致成本上升等问题需要充分评估。

从配套制度看，以碳生产力为导向的生产要素分配机制亟须健全。首先，浙江省虽已建立“1+N+X”的“双碳”政策体系，但具体到碳生产力为导向的机制，尤其是在企业和项目的实操层面，仍缺少上位法的支持。其次，由于数据基础和管理体系的不健全，碳排放在项目引进落地、产能淘汰退出等方面上，尚未成为“长牙齿”的硬指标。最后，绿色金融、绿色技术、土地等要素和碳排放指标的协同明显不足，资源错配成为普遍现象。

从转变本身看，过渡时期两种机制的有效协同亟须强化。首先，两种机制的目标不协同，能耗双控政策具有碳排放双控不具备的重大项目单列机制，导致碳强度下降目标的完成难度明显高于能耗强度目标。其次，两种机制的工作不协同，能耗双控考核由节能主管部门牵头，碳强度考核由生态环境部门牵头，两部门各自下目标、管进度和作考核。最后，两种机制并行期间，相关企业同时面临能耗强度、碳排放强度的双约束，推高实施成本，容易引发社会舆情。

（三）碳排放双控未实现全生命周期的管理

从目标制定和分解的角度，碳排放目标制定和分解通常以地区为主，以区域历史的经济发展情况和能耗目标为基础，将五年规划目标平均分摊到每个年度进行考核，企业碳账户也仅限于部分地方试点，项目和产品级的管理尚未启动。在目标完成上缺乏有效弹性，既不考虑经济形势和外部环境趋紧导致的供应链和产业链变化，也不考虑地方无法消化的国家布局重大项目碳排放增量。

从管理政策角度，当前碳排放双控制度缺乏明确差异化管理措施，相关的准入与淘汰标准、评估与考核方法、奖惩制度等有待完善，难以充分调动企业、个人等减排主体的积极性。同时，碳排放管理主要通过考核地区碳排放强度目标完成情况来落地，缺乏事前和事中管理，考核结果仅限于通报、约谈等，不闭环特点突出。

从统计监测角度，虽然浙江省温室气体清单、重点企业碳报告、区域碳排放统计核算等都走在全国前列，但仍难满足“双碳”工作的数据时效性要求。首先，尚未建成面向区域、行业等维度的高频碳排放监测体系，无法及时掌握、评估和反馈碳排放双控进展。其次，作为碳排放的基本单元和主要来源的建设项目和工业产品，浙江省尚未开展实质性的数据体系建设，碳排放数据颗粒度还不够细。最后，以上覆盖区域、企业、项目和产品的碳排放数据，仍普遍存在就碳算碳和论碳的现象，未能结合经济发展联动考虑。

从考核反馈角度，以往碳考核结果对应对气候变化工作的指导性有待加强，反馈结果对未来精准施策的支撑作用有限，缺乏对新项目等关键变量在布局和时序安排上的动态调控，难以在区域碳承载力的基础上发挥最大经济价值。

四、浙江能耗双控向碳排放双控转变路线图研究

（一）总体设计思路

能耗双控和碳排放双控的目的都是引导和促进经济社会全面绿色转型，两者的出发点和政策逻辑一脉相承，推动能耗双控逐步转向碳排放双控。一是要确保有序过渡，深刻认识能耗双控与碳排放双控两者目标的一致性和差异性，根据碳达峰碳中和工作要求，有计划、分步骤实施制度转变，科学把握节奏和力度，确保过渡顺畅。二是要坚持先立后破，碳排放双控制度是一项创新性强的工作，实施后将对经济社会发展产生深远影响，需要制定一系列配套制度作为保障，为实施碳排放双控制度积极创造条件。三是要科学开展评价考核，当前能耗双控中存在的问题，很多是目标设定、考核等问题带来的，要对能耗双控的目标设定和考核进行全面反思，综合考虑碳排放双控的特点，做好碳排放总量控制与碳排放权交易市场重点行业配额的衔接，在降碳的同时切实保障能源安全、经济发展和居民生活质量。

（二）路线图设计

1. 设计流程

在能耗双控转碳排放双控路线图的研究中，按照“问题导向”的原则，确定浙江省开展该项工作的主要目标，接下来研究提出主要任务，最后根据浙江省的实际情况和工作基础，确定任务排期。

流程一：确定目标

浙江省作为绿色低碳发展前沿阵地，在应对变化和低碳发展领域开展了卓有成效的工作，积累了10余年碳排放数据。面对新的形势，还需要进一步强化目标意识，在能耗双控向碳排放双控转变中为国家提供可供参考的经验和模式。根据当前开展能耗双控和碳强度考核等工作中存在的指标刚性、考核行政化、结果应用程度低等问题，确定浙江省开展能耗双控向碳排放双控转变的目标为指标层面联动、管理方式弹性和结果服务发展，分别解决数据统计核算相关的问题、管理缺少弹性的问题和考核结果缺少应用的问题，切实将碳双控工作与经济发展、能源安全等统筹起来，实现多目标的协同。

流程二：确定任务

根据《关于推动能耗双控逐步转向碳排放双控的意见》的主要内容，明确国家对各省的要求，对国家意见内容进行全面梳理，明确国家对“十四五”和“十五五”时期的工作要求和任务。对任务的分解主要根据是属于指标层面、管理层面还是应用层面，指标层面主要解决数据统计基础和核算等问题；管理层面主要解决碳双控如何管理的问题；应用层面主要解决经济发展和绿色低碳转型协同的问题。根据浙江省的工作基础，按照工作可分解和可落地的思路，按照面向对象的不同，将任务分解的维度设定为区域、企业（行业）、项目和产品，以此进行分层级的任务梳理。

流程三：确定排期

完整性原则。排期任务充分考虑国家总体要求，根据国家《关于推动能耗双控逐步转向碳排放双控的意见》的具体内容进行设置；

个性化原则。根据浙江省能耗双控和“双碳”领域工作基础和特点，在目标分解、项目碳评价、产品碳足迹等方面主动作为，为国家提供“浙江经验”；

市场化原则。企业是开展碳双控的基础和主体，浙江省推进碳双控工作需要充分调动企业积极性，并充分借助绿色金融等手段，实现资金的撬动作用，依托碳普惠等机制，实现节能降碳的良性循环。

根据排期原则，通过对任务索引的拆解，形成条目式任务清单，进而构建路线图，并按照区域、企业、项目和产品 4 个维度进行展示。

2. 设计内容

（1）区域层面

对区域来说，重点开展制度建设，并做好碳双控目标的管控路径设计，为企业、项目、产品等实施碳双控确定总体规划和要求。以优化指标联动为例，在“十四五”时期重点做好基础能力建设，确保数据监测和计量器具使用的规范性，并初步形成数据统计和报送制度；“十五五”时期，全方位开展能源平衡表、弹性目标制定和分解，形成碳排放双控的统计核算基础，搭建覆盖工业、建筑和交通全领域的碳排放监测体系（图 4–1–1）。

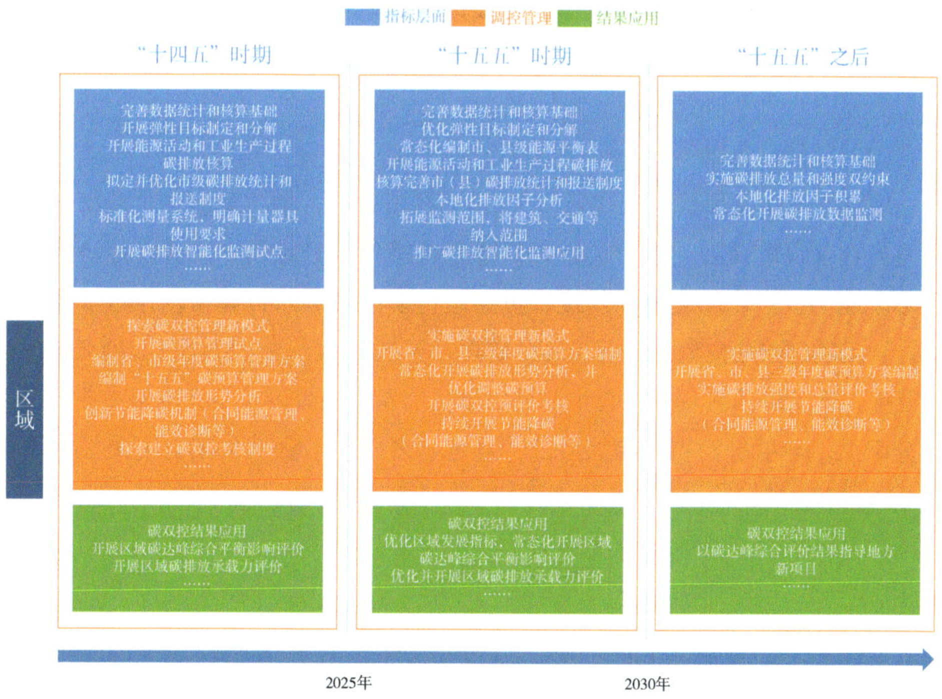

图 4-1-1 区域层面转变路线

（2）企业层面

对企业来说，面对碳双控制度，需要重点做好碳管理体系建设，尤其是构建企业碳账户体系，并进行碳效评价，将碳效评价的结果应用于分类施策中。以调控管理为例，在“十四五”时期，重点是确定企业碳效评价制度，开展常态化的用能预算管理，并探索开展企业碳预算管理试点。进入“十五五”时期，继续优化碳效评价方法，开展企业碳预算管理，不断创新重点碳排放单位的节能降碳管理。“十五五”之后，逐步完善碳效评价标准，形成完善的碳预算管理制度（图 4–1–2）。

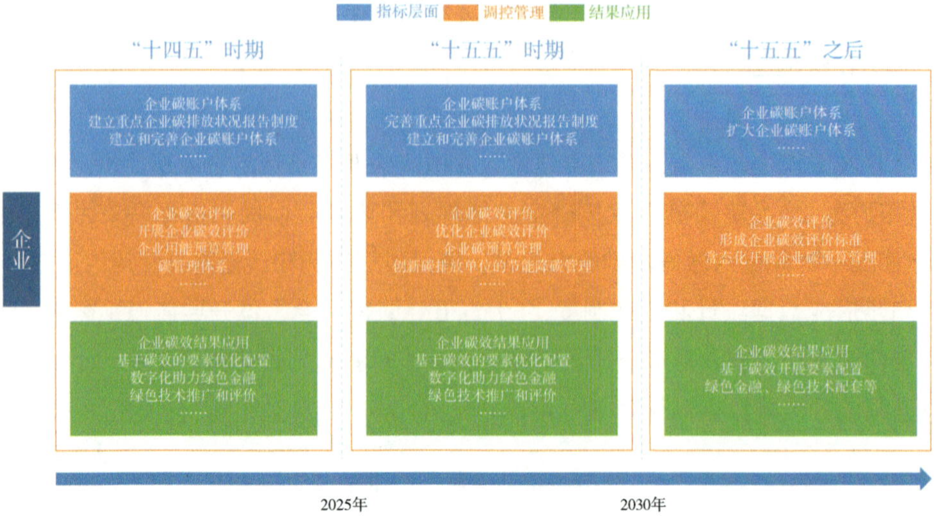

图 4-1-2　企业层面转变路线

（3）项目层面

项目是稳定发展的“压舱石”，为推动经济发展，地方政府和企业都有继续上马产业项目的需要，项目的审批需要坚持绿色低碳导向，协调好经济发展和低碳发展的关系。从企业的维度，重点是构建项目碳账户体系，在碳双控制度下，利用项目碳账户信息开展碳评价管理，并在“十五五”时期形成项目碳评价的制度，逐步应用在项目审批中。更为重要的是将碳效评价结果应用在要素资源的分配上，与项目招引和淘汰等工作结合，形成基于碳效的项目要素配置体系（图 4–1–3）。

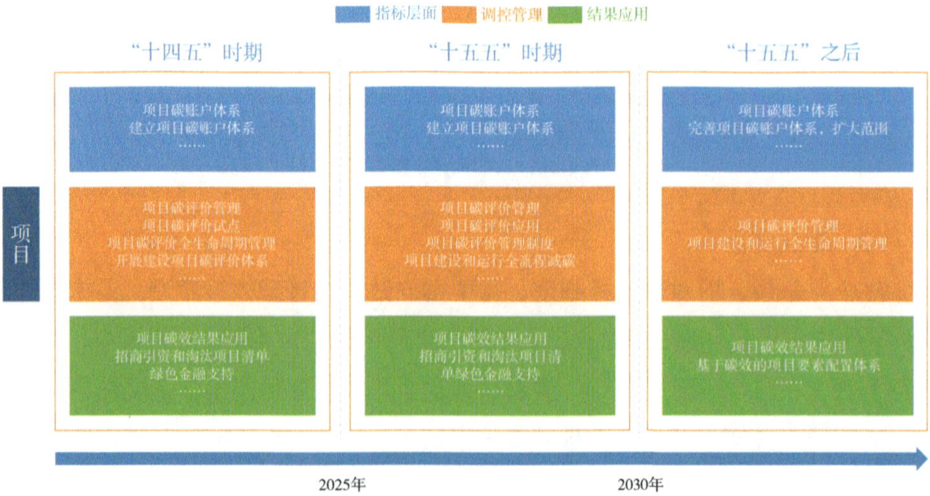

图 4-1-3　项目层面转变路线

（4）产品层面

随着欧盟推出新电池法等法规及政策，碳标签逐渐成为影响国际贸易准入和市场竞争力的要素之一，碳标签制度建设仍存在缺少国际认可的方法学、缺少本地化碳足迹数据库等问题，在碳双控制度下，需要关注产品的碳排放控制。从产品维度，主要是建立产品碳足迹和碳标签制度，逐步建立产品的碳效标准，并在“十五五”时期进一步开展碳标签认证，推动形成绿色消费的氛围，提供我国主要产品的出口竞争力（图 4–1–4）。

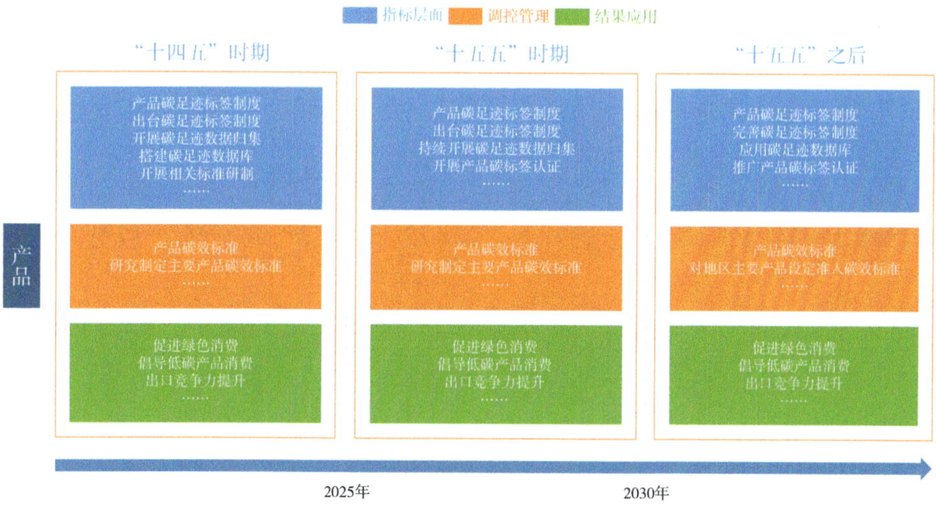

图 4-1-4　产品层面转变路线

作者：浙江省经济信息中心著作组

参考文献

[1] 李秀婷，王建，曹晋丽 . 欧盟低碳经济发展实践经验及对中国的启示 [J]. 国际贸易，2023（9）：62–74.

[2] 江清云，杨洁 . 美欧气候治理的路径差异、弥合趋势及其影响 [J/OL]. 国际经济评论，2024，1–22.

[3] 刘建国，戢时雨，崔成，等 . 拜登政府气候新政内容及其影响 [J]. 国际经济评论，2021（6）：161–176.

[4] 郑军，刘婷 . 主要发达国家碳达峰碳中和的实践经验及对中国的启示 [J]. 中国

环境管理，2023，15（4）：18–25.
[5] 吕晓蓓，陈婷，丁洁芳. 欧洲国家绿色低碳政策机制对我国的启示 [J]. 城市规划学刊，2022（S1）：272–278.
[6] 王科，吕晨. 中国碳市场建设成效与展望（2024）[J]. 北京理工大学学报（社会科学版），2024，26（2）：16–27.

区域碳预算管理

一、国内外区域碳预算管理相关经验和探索

（一）区域碳预算管理的内涵

碳预算最早用于生态学中表示特定对象的碳排放或碳汇量，自《京都议定书》之后，碳预算管理的概念被引入应对气候变化领域。《京都议定书》要求“在相关时并在可能范围内制定符合成本效益的国家方案，以及在适当情况下的区域方案，以改进可反映每一缔约方社会经济状况的地方排放因素、活动数据和/或模式的质量，用以编制和定期更新温室气体排放清单”。由此建立的温室气体估算体系和编制与更新的国家清单被认为是碳预算制度的雏形。政府间气候变化专门委员会（IPCC）在发布的第五次评估报告中首次采用了这一概念。现有的区域碳预算概念是以“全球碳预算”为前置，并自上而下逐级展开，尝试通过方法学论证量化各个地区对温室气体排放的责任，继而确定每个地区的排放份额，达到不同地区人均排放量的趋同，是最终实现气候公平的一个路径和手段。

（二）国外对碳预算管理的实践经验

区域碳预算制度的实施范围和“自上而下”的目标分解模式，决定了该制度必须依靠政府部门来推动，并做好法律法规的强力保障，具有目标层面实现的稳定性与可预见性。但是碳预算管理存在显著的动态管理特征，兼具前置性管理与过程管理的双重制度属性。

英国主要通过立法的方式实施碳预算管理，英国于2008年通过了世界上首部《气候变化法》，并明确提出通过碳预算来周期性地制定并执行温室气体控制计划。英国碳预算是在预算日期开始前的十二年制定，给政府制定政策和企业投资转型预留出足够长的时间。2021年，英国政府公布了第六期碳预算目标，即

2033—2037 年的碳预总量为 9.65 亿 t 二氧化碳当量。这一时期碳预算以净零碳目标为导向，控制范围涵盖所有温室气体种类，以及国际航空和航运业。同时为取得实质减排效果，不允许购买国际碳抵消凭证来完成碳预算，必须依靠国内减排达到目标。整体上第六期碳预算定位三大目标：一是推动落实巴黎协定，增强英国在应对气候变化中的领导力；二是旨在促进低碳经济发展，实现经济复苏；三是创造更多就业机会，带来健康、福利等多维度的收益。在 2023 年 3 月，英国还公布了碳预算履行计划，将温室气体控制总量目标分解到农业、建筑、交通、燃料供应、工业、能源供应、废弃物和含氟气体、国际航空和航运等领域，并配套了大量机制和政策手段。

德国主要实施的是部门碳预算，通过立法将总量控制目标进行了部门分解。2019 年 11 月，德国联邦议院通过《联邦气候保护法》（Federal Climate Change Act，FCCA），首次以法律形式确定德国中长期温室气体减排目标，提出德国 2030 年温室气体排放量应在 1990 年的基础上降低 55%，且到 2050 年要实现净零排放，并且气候目标只能提高，不能降低。2021 年 7 月，德国正式公布经过批准的 FCCA 修订案，提出了更严格的减排目标，将 2030 年减排目标由 55% 提高至 65%，将碳中和的目标年份提前至 2045 年，以及提出 2050 年后要实现负排放等。与英国周期制碳预算不同，德国直接规定了至 2040 年的逐年碳预算目标，并提出了主要时间节点的净吸收量的增长目标。德国 FCCA 修订案除规定了温室气体总量减排目标，还以碳预算的形式确定了能源、工业、建筑、交通、农业和废弃物管理 6 个部门 2020—2030 年的预算量，并将温室气体清单中不同排放源与 6 个部门进行了匹配，实现了目标的部分分解。

（三）国内政策倾向

近年来，我国“双碳”政策体系、碳排放核算、碳市场建设等工作持续推进，总体上已具备建立碳预算机制的基础和条件，但碳预算管理制度顶层设计尚未建立，各级政府缺乏明确分工和工作指引，与能耗双控等其他制度之间的衔接有待深化研究。为此，我国亟须建立健全涵盖目标总量设定、目标分解、跟踪评估、动态调整和监督管理在内的全过程碳预算管理机制顶层框架。

2023 年 9 月，我国正式印发《关于推动能耗双控逐步转向碳排放双控的意见》，其中明确提出要开展碳预算管理，探索区域编制碳预算方案，以碳预算管理摸索碳排放总量有效控制路径。2023 年 12 月，内蒙古自治区印发《内蒙古自治区能耗双控向碳排放双控转变先行先试工作方案》，其中明确提出要建立区域碳排放预算管理制度，通过构建自治区、盟市两级碳排放预算管理体系，结合各地区产业结构、能源结构、重大项目布局、节能降碳目标、潜力等因素，编制五年规划期和年度地区碳排放预算管理方案，并实行“碳排放强度刚性平衡＋碳排放总量弹性平衡”，考虑新建项目的影响，确保不同地区碳排放预算与碳双控目标相衔接。这也是全国首个省级能耗双控向碳排放双控转变的政策文件。

二、浙江省开展区域碳预算管理现状分析

（一）浙江省基础和优势

1. 数字化平台筑牢碳排放数据质量基石

浙江省历来重视碳排放统计核算和数据积累工作。一是重视企业碳排放数据长期积累。早在2014年，浙江省就建成了全国首个应对气候变化领域的省级碳排放管理平台——浙江省气候变化研究交流平台。该平台覆盖省、市、县三级和重点企业，实现了碳排放数据全流程在线采集、编制、审核、管理、分析和研判，形成了全省统一的应对气候变化基础信息数据库。该数据库拥有自2014年以来全省发电、水泥、化工、造纸、纺织等近2 000家年综合能耗5 000 t以上工业企业大门到大门的碳排放数据，其中约400家企业数据可细分到设施级别。二是数字化平台有力支撑。浙江省一直将数字化平台作为碳达峰碳中和的关键性和系统性举措，打造了具备智能监测、动态核算、预测预警、评估考核、精准服务等功能的全国首个“双碳”平台，多位国家部委领导给予浙江省“双碳”数智平台肯定性批示。浙江省“双碳”数智平台已经基本建成碳账户、碳统计核算及预测预警、节能降碳e本账、碳金融、碳普惠等10余个重大应用场景，积累了全省、分地区、分领域和分行业碳排放数据，以及重点企业碳账户数据。尤其是建设了“项目碳账户”应用，以开展节能审查为筛选条件，覆盖全省4 800余个拟投产建设项目，归集基本信息、分品种能耗数据、碳排放数据。浙江省投资项目在线审批监管平台经过三轮迭代，归集全省审批、核准和备案类投资项目的全生命周期信息和数据，通过内嵌算法核算项目碳排放情况。因此，浙江省在数据归集、管理、应用等方面都具有较好的基础，为开展碳排放控制提供有力数据支撑。

2. 上下“一盘棋”，低碳试点“全面开花”

“十四五”以来，浙江认真贯彻党中央和国务院碳达峰、碳中和决策部署，构建“6+1”碳达峰工作体系，坚持以“双碳”工作为引领，推动各项碳排放控制工作。各地区深入学习贯彻省委、省政府“双碳”工作部署，按照浙江省总体思路，完善政策机制，全社会推进绿色低碳发展的共识和行动显著增强，“双碳”

工作取得积极成效。其中，杭州和湖州成功入选国家首批碳达峰试点城市，为全国提供可操作、可复制和可推广的经验做法，助力实现碳达峰、碳中和目标。另外，一直以来浙江省积极鼓励市县探索创新实践，鼓励基层首创精神，点线面结合，探索多领域、多层级和多样化低碳零碳化发展模式，推动高质量发展建设共同富裕示范区。截至 2023 年，浙江省聚焦产业低碳转型、低碳能源发展、碳汇能力提升和综合四大类，先后遴选了 30 个低碳试点县。各地方探索开展绿色低碳发展的先行先试，临安、常山等地开展项目碳排放评价等相关探索；萧山、乐清、柯桥、松阳等地聚焦纺织、新能源电池等典型产品，开展产品碳足迹核算应用实践；平湖、吴兴等地聚焦重点工业企业，开展企业碳预算管理。通过试点不断探索与实践，形成了一批浙江特色的“双碳”工作的模式，为浙江省下一步实施碳排放双控工作奠定扎实的实践基础。

（二）面临挑战

1. 经济发展与减排目标双重压力矛盾突出

碳达峰、碳中和目标的提出，对我国经济社会转型和能源结构转型提出了更高的要求。一方面，浙江省不断深化供给侧结构性改革，以数字经济为代表的新兴产业蓬勃发展，新旧动能的加速转换成为浙江经济高质量发展的强大引擎。另一方面，“十四五”能耗双控、煤炭消费等考核目标进展滞后。从能耗双控考核形势来看，国家能耗双控制度不断完善，增加了可再生能源、原料用能抵扣政策，并明确了重大项目单列，为浙江省完成能耗双控考核目标提供了更多路径，但完成国家考核目标仍然难度较大。从煤炭考核形势来看，当前减煤的内在动因和外在形势都发生了较大变化。首先，煤炭在能源消费结构仍占有较大比重，也是大气污染物和碳排放的主要来源，在大气污染防治和碳达峰的双重政策压力下，煤炭消费的进一步削减势在必行。其次，受多重因素影响，浙江省要立足以煤为主的国情，同时作为能源和资源小省，以煤电为主体的电力保供压力骤增，减煤形势不容乐观。上述事实意味着，从短期来看，浙江省亟须破解减排与经济快速发展之间的矛盾，如何统筹好发展与减排的关系，是浙江省面临的巨大挑战。

2. 碳排放强度进展滞后

碳排放双控是碳排放总量和强度双控。碳排放总量即一定时期区域内所产生的二氧化碳总量，碳排放强度即单位生产总值所产生的二氧化碳排放。我国从“十二五”开始实施碳排放控制，主要以控制强度为主。“十四五”国家下达给浙江省碳排放强度下降率的考核指标为 20.5%，但暂无碳排放总量的考核指标。“十四五”以来，浙江省重大产业项目产能持续释放，用能和碳排放保持增长趋势。例如，碳排放强度考核没有项目单列政策，而“十三五”末、“十四五”时期是浙江省重大石化项目产能释放、下游高附加值新材料等产业链布局的特殊时期，将对碳排放强度产生较大影响。同时，近年来浙江省能源需求尤其是电力需求增长较快，电力保供处于紧平衡状态，“十四五”期间尤其是前三年更将面临电力和电量保供“双短缺”困境。长期以来，浙江省电力、化工、有色、钢铁等行业的煤炭消费量占 95% 以上，这些产业能源消耗大且排放多，给生态环境造成了巨大压力。

碳达峰、碳中和目标提出以来，合理控制碳排放成为当前和今后很长一段时期的重要工作内容。以往的碳强度目标制定和分解往往以区域历史的经济发展情况和能耗目标为基础，将五年规划目标平均分摊到每个年度来进行考核，这种传统模式限制了区域自我调整、自我选择和适应经济环境变化的余地，并不利于平衡好发展和减排的关系。考虑无论是国家层面还是地方层面都缺乏碳双控实践经验，浙江省又是资源小省，亟须破解发展与减排的矛盾，有必要开展碳预算管理研究，并分析碳强度目标制定和分解的方法，寻求有利于浙江省发展的路径。

三、对浙江省建立区域碳预算管理机制的思考与建议

（一）总体思考

区别于碳排放目标分解是将刚性的减排任务自上而下细化分解下达到各层级，区域碳预算综合考虑刚性的强度约束和弹性的总量控制，由地方政府自主编制、执行和调整，是实现碳排放目标的必要管理工具，侧重于从全局视角明确中长期内各行业和部门的排放上限，为系统开展项目规划、政策制定和碳排放调控提供依据。通过区域碳预算，地方政府可以更针对性地进行碳排放的精细化管理，在碳预算框架下科学推动项目落地，引导产业绿色低碳转型，最终实现碳生产力的整体提升。

浙江省作为“绿水青山就是金山银山”理念发源地、国家生态文明试验区和高质量发展建设共同富裕示范区，肩负为全国探路绿色低碳转型发展的重大责任，率先开展了碳排放统计核算、项目碳效评估等一系列创新实践，为制定更为精细的减排策略奠定了扎实基础。在国家碳排放双控政策新要求下，在浙江省探索逐步建立省、市、县三级的区域碳预算管理恰逢其时，总体考虑分四步。一是谋载体。选取碳排放管理基础较好、底数清晰和需求迫切的设区市，锚定 2030 年碳达峰目标，以五年为规划周期，率先开展市、县两级区域碳预算的先行探索。二是定预算。结合“十四五”发展现状和“十五五”规划目标，科学设

定市、县两级碳排放上限，组织各县（市、区）间磋商协调，在确保区域经济社会发展的前提下，保障市、县两级目标的顺利实现。三是抓实施。充分考量不同领域的减排潜力及路径差异，将确定的预算目标按领域、部门和行业分解，转化为可执行和可量化的具体细分目标，并配套相应的政策规划和监测机制，制定具有一定弹性的分年度目标表，评估每年完成情况并适当调整。四是强推广。根据试点区域碳预算实施情况，总结提炼成功经验和优化思路，将区域碳预算工作推广至全省范围，实现从宏观碳双控目标到微观执行层面的有效衔接，为全国开展区域碳排放管理提供可落地、可借鉴的“浙江经验”。

（二）几条建议

1. 坚持发展导向。在设定区域碳预算时，要紧密结合对经济周期性变化的前瞻分析和项目的落地实施计划，充分考虑地区经济发展水平、产业布局和资源禀赋，编制与地区发展规划衔接的五年预算方案和年度目标表。地方政府要将控排任务压实到具体行业企业，以区域碳预算为契机，保障优先发展的生产力，引导产业结构向绿色低碳高效转型，指导企业开展碳管理并提高碳生产力，避免简单的“一刀切”造成经济增长受阻。

2. 突出弹性空间。考虑到碳排放形势变化、国际碳市场波动、碳排放核算方法更新等因素的影响，区域碳预算的制定和执行应具备一定的灵活性，允许根据实际发展状况进行微调，确保其既能满足宏观政策导向，又能适应微观执行层面的复杂性。构建对区域碳排放预算管理控制目标年度评估和动态调整机制，针对上一年度目标完成情况开展系统评估，对未达成目标或超额完成目标的区域和领域，分析具体原因并适时适度调整后续年度目标，以保障五年周期内总体目标的顺利实现。

3. 挂钩重大项目。产业项目是区域碳排放增量的主要来源，区域碳预算的制定和执行需充分考虑重大项目的谋划与实施。对于五年规划周期内落地且碳排放量较大的特定项目，必要时予以单独核算和优先保障。具体来说有两类，一是地方重点发展的主导产业和在产业链供应链上具有关键地位的重大产业项目，二是受国家和省级调度，地方调度能力有限的项目。另外，非化石能源发电项目可以从供给侧减少碳排放，具有直接的减碳作用，且释放进度总体上可预期，因而可在分解年度碳排放控制目标时，对其予以提前扣减。

4. 落实共同但有区别的责任。区域碳预算体系的构建和执行是一个涉及多维度、多层次决策的复杂过程，地方政府需要制定更精细化、差异化的政策和目标引导各领域、地区和主体共同参与。从区域层面来看，要充分顾及地区发展差异性和减排公平性。对“十四五”期间减排成效显著及产业结构转型任务完成较好的地区，应客观评估其实际降碳潜力，科学设定切实可行的区域碳预算目标，防止对先进地区过度施压；对产业结构偏重和能源利用效率较低的地区，适当加压，倒逼其经济向低能耗、低排放产业转型升级。从领域层面来看，需考虑各领域降碳难度和空间差异性，尤其对于居民生活等直接关系民生福祉的领域，要注重低碳习惯的长期养成，避免短期内过于激进的减排措施对居民生活质量造成影响。针对具有较大减碳潜力但减碳难度高的领域，应结合财税手段引导低碳技术创新，实现各领域减排进程均衡推进。

作者：浙江省经济信息中心著作组

参考文献

[1] 潘晓滨 . 碳中和背景下国家碳预算的理论同构与立法路径 [J]. 湖南大学学报（社会科学版），2024，38（1）：112–118.

[2] 杨姗姗，郭豪，杨秀，等 .“双碳”目标下建立碳排放总量控制制度的思考与展望 [J]. 气候变化研究进展，2023，19（2）：191–202.

开展企业碳预算管理的思考与建议

一、企业精细化碳排放管理的概念与国内外实践

（一）企业精细化碳排放管理的概念

企业精细化碳排放管理是指企业通过精准核算自身碳排放量，采取必要的措施来监督、控制和减少其碳排放活动的一种管理体系，它涵盖了企业碳排放的监测、报告、分析、管理和改进等多个方面。一般来说，企业实施精细化碳排放管理手段有企业内部碳定价、企业碳资产运营、企业碳预算管理等多种方式，其中企业碳预算管理是一种比较常见的方式。企业碳预算管理是指企业围绕自身碳排放量所进行的规划、核算、控制及评价的系列活动。在当下以“双碳”为目标的低碳经济发展背景下，实施碳预算管理已成为不少企业践行低碳发展战略和实现碳约束的重要推动力。

（二）国内外企业精细化碳排放管理主要实践经验

目前国内外真正使用“碳预算”概念进行精细化碳排放管理的企业并不多，大多数企业还是主要以能源管理、生产管理等源头把控，辅以末端治理的方式对自身的碳排放进行约束。

道达尔能源是为数不多在其业务报告书中公布了碳中和计划目标的在华外企，通过提升自有设施效率、推动零甲烷排放、自有设施内部碳排放的捕集与封存、投资碳汇等方式在 2050 年前实现净零碳排放。道达尔能源对自身能源产品平均碳强度及自有设施排放效率进行了监控，计划在 2030 年前通过使用脱碳电力与投资减排项目实现自有设施的零常规能源燃烧，进一步推进内部设施排放二氧化碳捕集与封存的建设与开发碳汇项目来完成剩余项目排放的抵消。值得一提的是，由于产品是能源类产品，道达尔能源不仅对自身生产过程排放进行了监

控，也对客户在使用产品时产生的间接排放进行了核算，同时在进行内部设施排放二氧化碳捕集与封存时，也会为客户提供相关的 CCUS 服务。

中国石化印发《中国石化 2030 年前碳达峰行动方案》，制定实施“碳达峰八大行动”，不断加强温室气体排放管理，持续推进二氧化碳减排。所谓“八大行动”主要从企业生产的能源使用、工艺转型、资源循环利用、污染物与二氧化碳协同减排、科技支撑、尾气排放捕集与封存等八个维度出发，从生产到工艺，从管理到制度，从绿色行为到科技支撑等方面，通过把企业边界内的碳排放模块化，采取针对性的行动进行模块化碳减排。此外，作为我国的碳交易纳入企业，中石化统筹下属控排企业配额盈缺情况，编制集团碳交易计划，组建专职碳交易团队，开展碳交易集中管理，通过市场手段获取绿色资金反补减排行为。值得一提的是，中国石化还根据自身的碳管理经验印发《加油站碳中和实施及核算指南》《采油井场碳中和实施指南》，用于指引同行业企业开展针对性的碳管理和绿色转型，为石化行业碳管理和绿色转型提供了宝贵的先行先试经验。

无论是国内还是国外企业在进行自身碳排放管理时都十分注重系统性、精准性和针对性。系统性体现在对企业边界内所有碳排放行为的系统摸排，对每一个排放源进行切割和系统性的管理。精准性体现在对于自身碳排放量的精准核算与把握，通过对产品单位能耗和摊牌的监控精准定位自身的碳生产力和碳效。针对性体现在降碳的路径上，能够根据自身所处的行业和生产行为提出符合自身发展战略的绿色转型路径，同时能够提供较好的示范意义。

二、浙江省开展企业碳预算管理的优势与挑战

（一）基本形势

2023 年 7 月，中央全面深化改革委员会第二次会议通过《关于推动能耗双控逐步转向碳排放双控的意见》，提出要推动建立碳预算管理制度，采取科学有效的调控手段，促进本地区产业、能源结构优化升级等。同年 8 月 15 日，在浙江省湖州市举行的首个全国生态日主场活动上，习近平总书记作出重要指示，要求以“双碳”工作为引领，推动能耗双控逐步转向碳排放双控，持续推进生产方式和生活方式绿色低碳转型。双控制度的重大政策转向将是未来一段时期内推动“双碳”工作的重要牵引，引发一系列政策和制度创新，探索碳预算管理体系将成为推动生产方式绿色低碳转型的有效政策工具之一。

同时，随着达峰目标的临近，加快生产方式绿色低碳转型已成为产业发展的必由路径，特别是现阶段企业已由“要我减碳”向“我要减碳”转变，绿色低碳正

在成为企业发展的核心竞争力。而碳预算制度的探索实施，以及相关激励政策的完善，能够进一步催动企业通过设备更新、绿色低碳先进技术应用、清洁能源利用、产品迭代等多种方式实现绿色低碳转型。此外，对企业所在的区域而言，运用碳预算管理体系能够有效优化碳排放指标分配模式，从区域产业链及产业结构高端化发展需求出发，支持引导发展需求旺盛、产能利用效率高、盈利空间较大和低碳技术应用更先进的行业和企业，从而实现产业发展能级提升的低碳转型升级。

特别值得关注的是，近年来绿色贸易壁垒大有盛行趋势。欧盟碳关税已正式迈入过渡期，美国、日本、加拿大等国家也已经出台了一些隐形“碳壁垒”措施，这对浙江众多外贸企业造成不小影响，出口企业未来必将在减碳生产、合规数据提供等方面面临更多的要求。加快探索建立企业碳预算制度，可有力促进企业加强内部碳排放核算及生产标准等管理工作，推动形成真实且有效的碳定价机制，进而从产品低碳竞争力提升、碳成本证明等层面助力出口企业更好应对碳关税问题，避免受制于欧盟等国家或地区制定的碳排放标准，更好把握外贸出口的主动性。

（二）主要优势分析

浙江省作为东部经济大省，现代化产业体系建设成效显著，广大企业高质量发展的意识较为强烈，特别近年来随着数字经济创新提质“一号发展工程”的深入推进，企业创新模式和数字赋能得到大幅跃升。特别是在浙江占据一定比重的高耗能行业企业，也是未来推行碳预算管理的重点对象，通过推进数字化改造，企业能源统计管理体系，信息化程度得到大幅提升，有效实现对企业内生产设备及配套设施的能源数据的采集，对企业能耗状态进行监测、分析、预测等，为未来试行碳预算打下较好的管理和数据基础。

特别是随着“双碳”工作的深入推进，浙江大力推进工业领域节能降碳，涌现出工业企业碳账户、工业碳效码等创新管理模式，以及用能预算管理、能效诊断等实践亮点。为探索推进企业碳预算打下良好基础。

首先，在工业企业碳账户方面，通过依托浙江省“双碳”数智平台，以企业碳排放量、碳排放强度等数据为基础，结合年度企业碳排放核查体系，建立全省企业碳账户应用场景，累计创建 4.7 万余个企业、5 600 余个项目碳账户信息，涵盖发电、钢铁、石化、造纸、建材、印染、化工、化纤等高碳行业，实现碳排放信息有效记录、分析与评价。同时，浙江大力推广湖州试点的工业碳效码管理模式，在浙江省“双碳”数智平台上建立工业碳效智能对标应用场景，已覆盖全省 4 万多家规模以上企业，能够提供工业碳效智能对标数据服务。

其次，浙江省从 2022 年以来，已分两批开展 11 个地市重点行业企业用能预算管理试点工作，涉及近 4 000 家浙江省重点行业企业，建立起“省—市—县—企业”的用能预算分级管理机制和“准入—监测—预警—评价—服务”的工作闭环机制。同时，用能预算管理工作初步形成数据来源渠道和核心业务实施载体。通过“节能降碳 e 本账”中“用能预算管理”子应用，实现全流程信息化、数字化和智慧化管理。建立了完善的企业用能数字化管理系统，如全省节能降碳 e 本账、能源在线监测等数字化平台，各重点用能企业的能耗数据大部分通过平台可以自动获取，为下一步开展企业碳预算管理奠定了良好的数据优势。值得一提的是，浙江为深挖高耗能行业节能增效潜力，提出完成全省 4 000 家重点行业企业能效诊断的工作目标，重点行业能效诊断覆盖率 100%。2023 年，全省统一部署对 1 142 家企业开展能效诊断工作，主要集中于纺织业、非金属矿物制品等行业，为企业推进节能增效提供了针对性的意见建议，也为未来探索开展企业碳预算管理的目标制定提供一定的工作基础。

最后，自“十二五”以来，浙江每年组织近 450 家碳交易纳入企业和近 1 300 家非碳交易纳入企业开展碳报告报送工作，委托 10 余家第三方核（复）查机构分批开展核（复）查工作，基本建立完善全省监测、报告和核查（MRV）体系，在企业碳排放相关数据归集方面具有扎实的基础。

（三）主要挑战分析

当前，我国生态文明建设已进入以降碳为重点战略方向，推动减污降碳协同增效，促进经济社会发展全面绿色低碳转型的关键阶段。但从经济发展方面来看，我国正处于经济恢复和转型升级的关键时期，面临着经济结构调整压力、有效需求不足等问题，以及中美“脱钩”进程加速带来的影响，稳经济促发展成为当前工作的重中之重。在此背景下，面对不稳定的市场环境，企业更关注的是如何生存和发展，对于节能降碳的投入并未形成强而有力的直接需求。因此，如何平衡好发展和减排，推动节能减排与经济发展协同增效，如何通过碳预算管理让企业自主自愿地推进绿色低碳转型已成为当前的重要挑战。

同时，随着浙江营商环境优化提升“一号改革工程”的大力推进，减轻企业负担并助力企业降本增效成为涉企政策的重要导向。如何构建一种科学、高效和有序的碳预算管理机制成为亟须探索解决的问题和挑战，特别是如何完善企业层面的碳排放核算、报告与核查体系，实现企业碳排放数据的高频监测，夯实碳预算制度的数据基础，而不额外增加企业负担，需要在现有的 MRV 工作机制上进一步加强研究。

此外，碳预算管理机制落到实处的关键在于挖潜企业减碳空间，明确减碳路径和落实减碳举措，如此才能形成企业碳预算管理的闭环机制。虽然当前绿色低碳正成为企业的核心竞争力，减碳意识也正在逐步从外压转为企业内生动力，但企业在挖潜减碳空间时仍然面临不少挑战，如减碳方向不明，部分企业陷入急于求成的误区，以抵消代替自身减碳，不具可持续性。同时创新资源不足，没有足够的绿色低碳先进技术支撑落地，特别是由于不少企业无法准确地预估和量化投资回报，担心减碳的投资回报不及预期，制约了节能减碳工作的推进，成为未来探索碳预算管理的末端挑战。

三、思考与建议

（一）总体思考

企业是碳排放的重要主体和主要来源，构建企业碳排放预算管理体系既是地方政府完善碳排放控制体系的切实需求，也是企业加快低碳转型、优化碳资产管理的诉求。当下国内经济社会发展面临“爬坡过坎”，无论是面临发展压力的地方政府部门还是面临生存压力的企业，都必须平衡好发展和减排的关系。考虑到现在国内绿色技术和绿色资金对企业层面的低碳发展转型的作用还相当有限，企业碳预算管理的实施应先由政府部门促进部分重点排放企业先行实施，通过重点排放企业的试点示范既可以寻找实践中的最有效路径，也能在兼顾企业生存的情况下，把握住碳排放总量控制的大头。后续经济形势、配套政策等环境适配情形下，再逐步通过宣介、推广等方式转向鼓励全社会企业自主开展企业碳预算管理。

另外，企业碳预算管理也是能耗双控向碳排放双控转变趋势下推动企业低碳高质量发展的重要抓手，更是做好区域碳排放精准管理的有效路径。在做重点企业碳预算管理时，重点要以促进低碳高质量发展为基调，科学制定企业碳预算目标，通过奖优勉劣和企业碳排放的精准预算控制来实现区域碳排放目标的实现。应坚持以服务企业为导向的基本原则，通过形成企业碳预算执行情况建立相关激励机制，寻找企业碳排放预算管理的最佳应用路径，激发企业做好碳减排有关工作的内驱动力，从而带动整体区域发展走向绿色低碳之路。

（二）几条建议

1. 政府和企业双向发力

主管部门需要进一步夯实碳预算管理所需的碳排放数据基础，完善企业端碳排放统计核算标准和方法学，梳理企业碳预算工作开展所需的指标体系。在全面摸底、准确核算地区碳排放水平的基础上，综合不同行业企业发展水平、经济增长规律、发展定位、能源结构特征、节能降碳空间等实际要素，科学制定企业碳预算目标控制方案，把地区控排任务适当向下传导到企业端。企业可配合主管部门如实做好能耗和碳排放数据报送，积极参加主管部门组织开展的碳预算能力建设，主动对标先进探索适合自身发展的精细化碳排放管理手段，以先减碳带动后减碳实现共同低碳。

2. 规范数据、方法学和流程

现在研究较多的碳预算概念还是基于嵌入企业财务全面预算化管理的碳排放预算管理，对于项目层面的减碳和绿色转型帮助有限。要以项目为抓手全面实施绿色低碳转型，应明确总体思路，重点目标及监管方式，构建覆盖目标制定、目标分解、监测跟踪、应对决策和目标弹性调整全周期的企业碳排放预算管理体系方法学。该方法学应充分考虑如何准确和公平地确定有的基准排放量，可基于已有的能耗数据归集手段或已开展的能效确诊断工作展开，同时适当考虑行业及企业的发展趋势、新项目的可能性以及适当的弹性空间。在计算预算目标时应对同一基准下不同碳效的企业进行差异化的排放系数设置，确保预算尺度松紧合适，既不影响预算主体的正常生产经营，也可起到倒逼作用促减排。

3. 注重挖掘企业碳减排空间

深挖减排潜力，主管部门通过建立企业碳预算监测和管理应用一体化数字化平台，对预算内企业的碳排放状况实现快速监测，进一步对同类型的企业进行水平横向比较，发现碳效相对较低的企业，并引导实施更为约束的碳预算管理目标。从企业自发挖掘碳减排空间的角度上看，一方面，可通过委托第三方机构核查，利用社会力量对自身开展能效、碳效诊断，寻找碳效较低的点位以便针对性减碳；另一方面，可充分利用好数字化手段建立企业端能耗、碳排放数据监控，建立健全能源利用、三级计量器具管理与使用体系，确保自身碳排放数据准确可用可查，以便针对性寻找减碳空间。

4. 构建配套的企业碳减排服务体系

当下企业绿色低碳发展转型主要受限于技术和资金两大要素。从技术角度出发，主管部门应加快绿色低碳技术升级，通过专项政策、激励机制等手段提升绿色技术的研发和更新迭代。同时，做好成果转化和推广，通过构建绿色技术分类评价体系以及成果转化平台的支持，推动真正“又快又好”的绿色技术直达需求端。一方面，从资金角度出发，在企业端现有碳减排边际成本远大于边际收益的情况下，企业面临平衡发展和减排的难题，主管部门可通过绿色金融、转型金融等政策提升绿色资金在企业减排中的作用。另一方面，引导金融机构加大对企业绿色转型的信贷投入，同时建立绿色技术库，定期公布绿色技术清单，将绿色技术相关信息快速推送给各金融机构。此外，也可对应用绿色技术的企业进行奖补，对使用绿色贷款进行绿色低碳转型的企业通过贴息等方式降低其融资成本，激发企业主动使用绿色技术的主观能动性。

5. 主动融合碳排放双控其他制度

推进企业碳预算管理与碳排放权交易市场的深层次融合，使企业碳预算成为碳交易市场配额总量设定的基准和指引，联动碳市场的供求关系影响碳预算的设定和调整。推进企业碳预算管理与区域碳预算管理机制融合，将区域碳预算管理目标向下分解到具体的项目或企业层面，通过以点带面促进区域碳排放总量控制目标的实现。推动企业碳预算管理向下延伸至产品碳足迹管理，将碳排放精细管理的机制贯通到产品生产全生命周期管理中。

作者：浙江省经济信息中心著作组

开展项目碳排放评价的思考与建议

一、项目碳排放评价的概念及国内实践

（一）项目碳排放评价的概念

1. 项目碳排放评价的含义

碳排放评价是一种评估和衡量机构、工作场所、项目或政策措施对大气中 CO_2 和其他温室气体的排放量及其潜在影响的过程。项目碳排放评价旨在量化项目在全生命周期内排放的温室气体对所在行业和区域碳排放控制目标的影响。通常是对项目全生命周期的碳排放进行测算和分析，以确定主要的排放来源、评估碳减排潜力和识别减排措施，并制定减少碳排放的策略和措施。

2. 开展项目碳排放评价的重要性

进行项目碳排放评价是符合我国“双碳”目标政策的需要。固定资产投资项目在拉动投资、促进经济发展方面起到了重要作用，但同时也是碳排放增长的主要来源，特别是那些高能耗和高碳排放的项目[1]。国家发布的《2030 年前碳达峰行动方案》中已明确提出，强化固定资产投资项目节能审查，对项目用能和碳排放情况进行综合评价，从源头推进节能降碳。

开展项目碳排放评价是实现我国“双碳”目标的关键途径之一。碳达峰碳中和国家战略的提出，有助于促进传统的生产和消费模式向更高质量、更高效率、更公平、更可持续和更安全的发展模式转型。在这一转变过程中，项目碳排放评价起到了重要作用，通过识别高碳排放环节、开展源头预防、优化调整产业布局，以及推动产业技术升级等措施，可有效推动生产力向绿色低碳转型。

（二）国家层面开展项目碳排放评价的要求

项目碳排放评价的政策演进与我国碳排放控制制度的演进密切相关。

在“十一五”时期，我国确立单位 GDP 能耗降低作为约束性指标，并在《中

国应对气候变化国家方案》中明确提出与温室气体减排相关的政策目标。根据该方案，到2010年，我国计划实现单位GDP能源消耗较2005年降低20%左右，以减缓CO_2排放速度。为确保目标实现，修订的《中华人民共和国节约能源法》进一步完善了节能监管制度，包括制定强制性用能产品（设备）能效标准和规定高耗能产品单位能耗限额标准，并新增了固定资产投资项目节能评估和审查制度。

在“十二五”“十三五”时期，我国正式确立相对清晰的碳减排目标：到2020年，单位GDP中CO_2排放较2005年下降40%～45%。同时，在这两个时期的发展规划中都将碳排放强度指标设定为约束性指标。国家发展和改革委员会也自2010年开始，逐步开展了一系列低碳省（区）、低碳城市、低碳工业园区、低碳社区和低碳城（镇）等试点项目的探索，其中就将“探索实施固定资产投资项目CO_2排放评价制度”作为重要内容之一。

2020年9月22日，习近平主席在第七十五届联合国大会一般性辩论上宣布，我国二氧化碳排放力争于2030年前达到峰值，努力争取2060年前实现碳中和。自2021年起，国家针对“双碳”目标作出一系列部署，包括“创造条件尽早实现能耗双控向碳排放总量和强度双控转变”“完善能源消耗总量和强度调控，重点控制化石能源消费，逐步转向碳排放总量和强度双控制度”，以及“以双控工作为引领，推动能耗双控逐步转向碳排放双控，持续推进生产方式和生活方式绿色低碳转型”等。随后，生态环境部印发了一系列文件，如《关于加强高耗能、高排放项目生态环境源头防控的指导意见》和《关于开展重点行业建设项目碳排放环境影响评价试点的通知》等。

2023年国家发展和改革委员会发布的《政府投资项目可行性研究报告编写通用大纲（2023年版）》《企业投资项目可行性研究报告编写参考大纲（2023年版）》增加了项目“碳达峰、碳中和分析”影响效果分析章节，要求对于高耗能和高排放项目，在项目能源资源利用分析的基础上，预测并核算项目年度碳排放总量及主要产品碳排放强度，提出项目碳排放控制方案，明确拟采取减少碳排放的路径与方式，分析项目对所在地区碳达峰、碳中和目标实现的影响。

综上所述，我国从“十一五”时期开始，就对碳排放的控制开展了一系列的部署，并实现了单位GDP中CO_2排放持续下降的目标。同时，对于开展项目碳排放的政策也逐步明确，系强调要将项目碳排放评价作为源头防控的关键手段，这为实际开展项目碳排放评价奠定了重要基础。

（三）项目碳排放评价已经开展的实践

在“双碳”目标提出前，以国家发展和改革委员会低碳试点体系和地方碳市场启动运行为契机，我国已经开始对项目碳排放评价进行各种多元化的探索，具体情况如表 4–4–1 所示[2]。

表 4-4-1　各省（市）碳排放评价模式和制度探索

主要模式	开展地区	发布的政策	主要内容和做法
服务于碳交易的项目碳排放评价模式	广东省	《广东省碳排放管理试行办法》	企业购买有偿配额时，将项目碳排放评价结果作为依据。新建项目在申请购买有偿配额时，需要提交节能评估报告、节能审查意见以及预计年碳排放量等相关资料。地级以上的碳交易主管部门将审核企业提交的资料，并将审核结果报送省级碳交易主管部门进行核定，以确定新建项目企业应购买的有偿配额数量。同时，主管部门也将直接对新建项目的碳排放进行评估
	福建省	《福建省碳排放权交易管理暂行办法》	
附属于节能评估的项目碳排放评价模式	北京市	《北京市固定资产投资项目节能评估和审查管理办法（试行）》《北京市固定资产投资项目节能评估和审查工作指南（2013 年版）》	将项目碳排放评价纳入节能评价中，在现有的能评框架中增添相关内容。固定资产投资项目企业在编制节能评估文件（节能专篇或节能登记表）时，需新增碳排放测算、评价以及控制措施等内容；而节能审查机关在进行节能审查时，将加入针对碳排放的相关意见，结合项目的碳排放水平，出具相应的审查意见；节能监察机构在监督固定资产投资项目落实节能评估和审查措施的过程中，将增加对碳排放控制措施实施情况的监督检查
	武汉市	《在武汉市固定资产投资项目节能评估和审查中增加碳排放指标评估的通知》《武汉市固定资产投资项目碳排放指标评估指南》	
	石家庄市	《石家庄市低碳发展促进条例》	
独立型项目碳评制度	镇江市	《镇江市固定资产投资项目碳排放影响评估暂行办法》	在已有的能评和环评等预评估基础上，实施独立的项目碳排放评价。项目碳排放评估从资源利用、经济贡献、环境效益和社会效益 4 个方面建立指标体系，对固定资产投资项目进行综合评估，分析项目的低碳发展水平。项目碳排放评估由碳排放行政主管部门委托第三方机构进行，其结论将成为项目审批（核准并备案）的必要条件，也是开工建设和竣工验收的重要依据。未按规定进行项目碳排放评估，或者评估未通过的项目，投资主管部门将不得进行审批（核准并备案），并且该项目不得开工建设
	南昌市	《南昌市低碳发展促进条例》	

在“双碳”目标提出后，生态环境部明确表示，将碳排放影响评价纳入环境影响评价体系。特别是对于以“两高”行业为主导产业的园区规划环评，应加强对碳排放情况与减排潜力的分析，以推动园区向绿色低碳方向发展。此外，积极推进“两高”项目环评的试点工作，综合考虑污染物和碳排放的源项识别、源强核算和减污降碳措施的可行性论证及方案比选，提出协同控制最优方案。生态环境部还发布了《关于开展重点行业建设项目碳排放环境影响评价试点的通知》，鼓励各地尝试在钢铁、石化、电力、建材、化工、有色、造纸、印染等重点行业中，将项目碳评纳入环评体系。截至 2023 年，河北省、广东省、海南省、江苏省、山东省、陕西省、重庆市、福州市、上海市等地已开始探索这一试点工作，并发布了相应的政策文件。

综上，已经开展项目碳排放评价的试点都有几个特点：一是要有明确开展试点工作的管理办法或评价指南等制度文件；二是要有明确的工作开展流程和评价范围；三是项目碳排放结果要有实际的应用场景。

二、浙江省开展项目碳排放评价的机遇与挑战

（一）浙江省开展项目碳排放评价的工作基础

1. 政策制度框架初步探索

浙江省及部分设区市结合本地实际，形成了省（市、县）多层级相关政策制度框架，为项目碳排放评价的开展提供良好的政策基础。省级层面，《浙江省委省政府关于完整准确全面贯彻新发展理念做好碳达峰碳中和工作的实施意见》中明确指出将碳排放强度纳入“亩均论英雄”“标准地”指标体系，开展建设项目碳排放评价试点；《浙江省建设项目碳排放评价编制指南（试行）》明确在钢铁、火电等九大重点行业的环境影响评价中开展项目碳排放评价。地方层面，湖州市南浔区印发《南浔区固定资产投资项目碳评价试点方案（试行）》《南浔区固定资产投资项目碳评价指南》等文件，用于指导项目碳排放评价工作的开展。

2. 数智管理体系基础扎实

浙江省投资项目在线审批监管平台是全省投资项目唯一申报及唯一审批的管理服务系统，为开展项目碳排放评价准备了充分的实施条件。投资项目在线审批监管平台经过三轮迭代，归集全省审批、核准和备案类投资项目的全生命周期信息、数据，实现了全流程在线审批。其中，依托能评环节的项目用能数据，可通过内嵌算法自动核算项目碳排放情况。尤其是省双碳数智平台上的“项目碳账

户”应用，通过联通投资项目在线审批监管平台，以开展节能审查为筛选条件，已积累全省 4 800 余个拟投产项目数据，包括基本信息、分品种能耗数据、碳排放数据等，为开展项目碳排放评价提供了扎实的数据基础。

3. 绿色金融与技术优势突出

浙江省在绿色金融与绿色技术方面的先行探索，为开展项目碳排放评价提供了潜在落地的应用场景。绿色金融方面，依托省“双碳”数智平台建设的碳金融应用，可联通全省需要支持的绿色低碳企业、项目和提供金融产品的机构，实现更精准而有效的绿色金融服务。地方层面，湖州市探索推出基于转型金融标准框架的“转型贷”“小微碳效贷”等金融产品；衢州市探索以碳账户为基础，对企业进行碳排放状况贴标，便利金融企业提供分类分级的绿色金融服务。绿色技术方面，国家绿色技术交易中心作为全国唯一的市场化绿色技术交易国家平台，全力推进绿色技术创新转化，已累计促成绿色技术交易近千项，撬动数百亿绿色产业投资。

（二）目前存在的问题

1. 缺少项目碳评价基础材料、数据体系，制约了项目碳排放评价做实、做细

一是缺少完善的碳排放数据收集体系。虽然浙江省建立的数据平台已经归集了部分项目的用能数据和碳排放数据，但是仅限于开展了节能审查的项目，且仅限于能源活动领域的碳排放，与全部体量项目相比占比仍然很小。绝大部分项目仍难以获取能耗与碳排放数据信息，更不用说工业生产过程碳排放的相关信息。

二是缺少项目碳排放评价的参考值。由于项目细分行业复杂，在没有获取足够分行业数据的基础上，项目在行业中的先进性无法准确判断。同理，延伸到区域上，目前区域的碳排放强度并非公开数据，项目建设对于区域碳排放强度的影响和对区域达峰进程的影响也无法直接定量严格判断。

2. 缺少政策支持和应用场景，碳排放评价存在局限性且缺乏约束力

项目碳排放评价需要顶层设计的支持，但是目前在项目立项和审批的过程中，碳排放评价的定位和作用暂未明确。尽管政策上要求开展，但缺少实际的对应应用场景。从前期情况看，若在能评报告中嵌入碳排放核算，在一定程度上造成将节能与降碳措施混用；若在环评报告中嵌入碳排放评价，仅仅是自我声明式地计算了项目碳排放情况。在缺乏政策约束力的前提下，如何将项目碳排放评价做到有用处，尤其是在促进生产力的绿色低碳高质量布局上，是一个值得解决的问题。

三、对浙江省开展项目碳排放评价的思考与建议

项目类型繁多、行业众多，不同行业和类型的项目碳排放各有特点，异质性较为明显。为构建一个可推广、可操作且准确度高的碳排放评价体系，需首先确定适宜开展碳评的项目范围，在此基础上形成完备的碳排放评价方法，建立合理、规范的碳排放评价流程，以进一步探索其应用方向。

（一）项目碳排放评价的开展范围

从合理和可行的角度出发，主要考虑三个维度：一是低碳发展有需要。高碳排放和高耗能的项目对浙江省碳达峰、碳中和目标实现影响较大，需要尽快开展碳排放评价，寻求科学降碳路径。二是政策规章有要求。国家发展和改革委员会在《政府和企业投资项目可行性研究报告编写大纲》中要求，“双高”项目增加项目碳排放评价内容。浙江省生态环境厅明确在钢铁、火电等九大重点行业的环境影响评价中需纳入项目碳排放评价。三是工作开展有基础。浙江省已有参与碳排放环境影响评价试点的行业，在这些行业中推进项目碳排放评价的阻力较小，行业内有足够多核算数据或有条件获取数据的项目，优先考虑。

（二）项目碳排放评价的主要内容

为准确反映项目碳排放情况及其对区域达峰目标的影响，需要一套规范的方法对项目进行碳排放评价。从对所在行业和区域的影响，以及碳定价机制的潜在冲击来看，建议在项目碳生产力、项目对区域碳达峰的影响和碳排放负外部性 3 个方面具体开展项目碳排放评价。项目碳生产力可主要考虑项目的是项目经济效益和碳排放量之间的关系，反映项目自身的低碳化水平，以及在项目所属行业中的低碳化程度。项目对区域碳达峰的影响评价可重点分析项目建成后，对所在地的碳排放控制目标的影响程度。项目碳排放负外部性评价主要是将项目的碳排放负外部性货币化后作为成本或收益，纳入项目财务分析或者国民经济分析，并评估其对于重要经济指标的影响程度。

（三）项目碳排放评价的工作流程

为顺利推进碳排放评价工作，应全面考虑项目碳排放所牵涉的相关内容，以整合发展成为架构完整和流程闭环的评价体系。一是明确评价流程。开展项目碳排放评价需要一套完整和清晰的流程，以规范参评项目单位并确保评价工作的

准确性和可信度，总体考虑可分为数据获取、数据复核、报告编写与认可和结果运用四个阶段。二是出台规范性文件。主要是明确项目碳排放评价的编写大纲和技术导则。编写大纲应明确碳评开展范围和所需报送数据，并给出可参考的降碳措施。技术导则需规范项目碳排放评价的内容与格式，确定相应指标核算的方法学，并在参数和因子的选取上给予指导。三是完善政策和技术支持。主要是加强顶层设计，政府在制定相关制度文件时应考虑碳排放评价的实际操作，提供体系化指导意见。同时，推动相关数据的跨平台共享，以便主管部门全面了解项目的实际情况，促进碳排放评价工作的开展及中后期跟进。

（四）项目碳排放评价应用场景

在当前政策侧缺乏约束力的情形下，可主要从要素和市场角度考虑项目碳排放评价的应用场景，重点关注对优质项目的保障。一是发现降碳空间，提供绿色金融和技术支持。对于碳生产力低于行业均值的项目，可从技术、管理等角度挖掘内部降碳潜力。通过贴标、赋码等方式，政府可向金融机构提供项目的碳生产力情况，引导差异化金融供给。对于具有技术降碳改造空间的项目，政府可反馈至相关科研机构，引入绿色低碳技术支持，促进市场导向。二是评估经济影响，研判项目内外部风险。通过碳排放负外部性嵌入经济分析，定量计算碳定价带来的经济影响，评估碳定价的冲击，提前规划应对举措以增强项目生存能力与收益水平，预防项目资产搁浅，并提前谋划应对举措。三是判断项目匹配程度，助力区域碳达峰进程。项目碳排放对所在区域的碳排放强度与碳达峰、碳中和目标实现具有显著不利作用时，应提前落实相关对冲举措，或者将项目转向安排至其他更适宜的地区。

作者：浙江省经济信息中心著作组

参考文献

[1] 吴亚平 . 建立投资项目“碳评”制度 [J]. 中国投资（中英文），2021（7）：70–71.

[2] 王社坤 . 论我国碳评价制度的构建 [J]. 北方法学，2022，16（2）：27–36.

以服务企业为导向的产品碳足迹管理体系构建思路与建议

应对气候变化、加速绿色低碳转型已成为全球共识，产品碳足迹作为新型绿色贸易壁垒，日益成为各国关注焦点。本文通过分析产品碳足迹国内外实践经验，探究企业开展碳足迹管理存在的突出问题，提出了以服务企业为导向、以本地产品碳足迹数据库为载体、以标准规范为支持、以碳标识场景为应用的产品碳足迹管理体系总体框架，以期为建立具有浙江省特色的产品碳足迹管理体系提供思路。

一、产品碳足迹管理体系国内外实践

随着全球化的快速发展和国内外对生态环境保护的日益重视，推广和使用碳足迹碳标识成为新趋势。伴随国际形势的演进，利用不平衡的资源要素禀赋、不同的经济发展阶段以及不平等的国际产业链工序分工，发达国家通过产品碳足迹构建的绿色贸易壁垒已成为国际贸易中的新技术壁垒形式。

很多国家已开展以碳足迹管理促进低碳转型的实践。2007 年，英国率先推出一批包括食品、日用品在内的碳标识产品，成为全球最早实行产品碳标识制度的国家。次年，英国标准协会发布了《商品和服务在生命周期内的温室气体排放评价规范》（PAS 2050：2008）。此标准是全球首个产品碳足迹方法标准。随后，日本、美国、加拿大、韩国等 12 个国家及地区也制定了适用本国的碳足迹碳标识制度及相关标准规范。2018 年，国际标准化组织（International Organization for Standardization，ISO）为统一产品碳足迹评价标准规范，发布了《温室气体—产品碳足迹—量化要求及指南》（ISO 14067：2018），是国际公认用于量化产品碳足迹的 ISO 标准。2021 年，法国国民议会通过了在产品上添加“碳排放分数”标签的修正法案，成为首个将产品碳标识写入法律文本的国家。同年，欧盟委员会发布“生态设计指令”（Eco-Design）法规，成为最早将碳标识应用于跨国贸易的国际组织。2023年4月，欧盟委员会通过碳边境调节机制的协议，提出针对部分进口商品的碳排放量征收相关税费。这些政策的实施对我国出口企业造成一定的压力，提升了出口企业的经营成本，降低了出口产品的竞争力，压缩了出口企业的生存空间，倒逼出口企业必须进行绿色低碳转型，以应对国际上通过碳关税构建的绿色贸易壁垒。

进行产品碳足迹管理是企业实现绿色低碳转型的重要手段。在国际碳贸易壁垒和国内“双碳”战略目标双重压力下，企业不得不重视产品碳足迹管理，加快低碳转型升级步伐，从而为自己争取到健康的生长环境、长足的竞争优势和可持续的发展潜力。在助推企业绿色低碳转型、引导企业开展碳足迹管理方面，国家已开展多项工作部署。2021年9月，《中共中央 国务院关于完整准确全面贯彻新发展理念做好碳达峰碳中和工作的意见》指出，要制定重点行业和产品温室气体排放标准，完善低碳产品标准标识制度。同年10月，国务院印发的《2030年前碳达峰行动方案》进一步要求，要探索建立重点产品全生命周期碳足迹标准。2023年11月，国家发展和改革委员会等部门联合印发《关于加快建立产品碳足迹管理体系的意见》，明确构建产品碳足迹管理体系的总体要求、重点任务、保障措施和组织实施要求等，提出了碳足迹管理体系建设路线，回应了市场对于建立产品碳足迹管理体系的迫切需求。通过制定和完善产品碳足迹管理体系，可有效推动产业升级，促进绿色消费。同时，将明显提升外贸产品竞争力，为绿色低碳企业带来巨大市场机遇，绿色低碳产品及相关企业也将迎来更广阔的市场需求和资金支持，支撑企业走向绿色高质量发展之路。

作为外向型经济体的浙江，受国际绿色贸易壁垒的影响程度较深。浙江省外贸企业众多，产品出口需求较大，一旦西方开始设立绿色贸易壁垒，本省的产品在出口贸易时将受到明显的影响。2021年12月，《中共浙江省委 浙江省人民政府关于完整准确全面贯彻新发展理念做好碳达峰碳中和工作的实施意见》提出，要加快完善“碳标签”“碳足迹”等制度，推广碳积分等碳普惠产品。2022年9月，省碳达峰、碳中和工作领导小组办公室、省全面实施标准化战略领导小组办公室《关于印发浙江省碳达峰碳中和工作标准体系实施方案的通知》，明确提出要研究制定碳足迹、碳标签相关标准，推动产品设计、采购、生产、销售、回收和循环利用全过程低碳化。同年10月，衢州市上线工业品碳足迹应用，首批90家企业完成建模、核算，有效降低企业碳足迹核算及第三方认证费用。2023年3月，绍兴市发布《纺织产业“碳足迹标识”认证试点实施方案》，提出采用市、区联动的方式，在标准、检测、认证等方面开展先行先试探索，助力企业应对国际绿色贸易壁垒，引导消费者进行绿色消费。2023 年 8 月，浙江省经济信息中心等单位联合起草了《产品碳足迹核算方法（征求意见稿）》地方标准，制定了符合浙江省实情的产品碳足迹核算标准规范。同时，对于浙江省比较重要的纺织印染、新能源汽车、造纸等行业产品，各行业协会也在稳步推进相关的团体标准研究制定工作。这些关于碳足迹前瞻性工作的部署和开展，为浙江省构建产品碳足迹管理体系、探索实现产品全链条碳排放管理奠定了较好的基础。

二、开展产品碳足迹管理的机遇与挑战

（一）企业开展产品碳足迹管理的驱动力

应对绿色贸易壁垒需要。当前国际形势下，利用碳关税构建的新型绿色贸易壁垒，逐步成为新一轮国际贸易趋势。2021 年 8 月，加拿大政府表示将对从中国进口的、使用煤电生产的产品征收碳关税。2022 年 6 月，美国提交的《清洁竞争法案》，提出对碳减排力度不足的国家出口到美国的商品按照相应碳排放量征税。2023 年 2 月，欧盟通过碳边境调节机制的协议，将对钢铁、水泥等进口工业产品的碳排放量征收税费。这些政策的实施将直接影响企业出口竞争力，倒逼企业构建和完善自身产品碳足迹管理体系，以满足国内外环保法规的合规性要求，避免因碳排放超标而面临法律风险和经济处罚。

满足产业链客户需求。一方面，对于推动建立产品碳足迹碳标识制度的重要性，全球已逐步形成共识。各大跨国公司也对自身产品与供应商提出碳足迹认证、加贴碳标识的要求，这促使企业必须建立相应的碳足迹管理体系以满足下游客户的绿色采购需求。另一方面，随着行业龙头企业以及链主企业实施更为激进的碳中和目标，将低碳环保的压力层层传导到全产业链，对供应商以及合作伙伴提供的产品提出了更为严格的环保标准，要求提供碳足迹数据，倒逼供应链企业开展碳足迹认证、披露碳排放信息，以推动实现整个供应链节能降碳。在此情况下，如果这方面工作没有做好，企业可能会失去客户和市场。

实现低碳转型需要。“双碳”战略目标下，企业自身必须进行绿色低碳转型才能为自己赢得生存空间。企业低碳转型是新的发展机遇，也是新的竞争。在政府愈加严格的气候政策压力下，企业如果不积极应对、制定相关减排措施，极有可能被市场淘汰。同时，企业自身开展碳足迹管理，可充分发掘生产环节降碳潜力，助力进行针对性节能改造，以提高企业绿色化水平，降低产品碳足迹。此外，企业还可通过披露碳足迹，向消费者和合作伙伴展示社会责任和绿色技术水

平，树立可持续发展形象，提升企业自身产品竞争力。

来自消费者的压力。在促进绿色消费政策的支持下以及绿色消费理念的宣导下，消费者对绿色环保产品的认知度和接受度日益提高，更有意愿购买有披露产品碳足迹数据的低碳产品，践行绿色低碳生活。近年来，我国也多次提出推广绿色消费，积极发展绿色低碳消费市场，健全绿色低碳产品生产和推广机制。在这种形势下，企业应认真考虑进行绿色低碳生产，提升绿色创新水平，扩大绿色产品供给，增强自身产品在市场中的长远竞争力。这就要求企业开展产品碳足迹管理，进行碳标识认证，直观、正面地展示绿色低碳形象。

（二）企业开展产品碳足迹管理面临的挑战

企业自身动力不足。从主观认识和意识角度来看，企业往往更关注经济效益，对于气候变化和低碳转型的重要性以及碳关税等国际绿色贸易壁垒造成的影响缺乏深刻的认识，从而不愿或者不主动开展碳排放管理。从企业投入产出角度来看，企业开展碳足迹管理往往也意味着要投入更多的人力、物力和财力等，不可避免地带来生产成本、经营成本的提升，短期内可能会给企业带来一定的经济压力。从企业自身能力方面来看，开展碳足迹管理、挖掘产品减碳潜力以实现企业低碳转型，往往需要技术创新。由于自身技术创新根基薄弱，专业技术人员缺乏，导致企业在碳足迹管理方面有心无力。此外，市场对绿色消费正向引导不足、相关的激励机制未建立健全等因素，导致企业即使提供了绿色产品也很难短期内被市场优先认可，这也直接影响了企业开展碳足迹管理、推进绿色转型动力。

数据获取难度较大。准确核算产品碳足迹需要从原材料获取、生产、分销存储、产品使用及生命末期阶段的废弃进行全生命周期跟踪，并精确量化各个阶段的碳排放，对数据的完整性、准确性、可溯源性提出了更高的要求。当前，企业由于普遍缺乏碳排放管理相关制度，涉碳实景数据存在获取困难、不准确等问题，尤其是涉及上游的产品碳排放数据更是难以溯源，这给产品碳足迹核算带来巨大挑战。同时，由于相关实景数据的缺失，不可避免地需要使用背景数据库，而国内缺乏权威的背景数据库数据，导致企业往往采用了国际上较为通用的Gabi、Ecoevent 等数据库，碳足迹核算结果缺乏本地性且容易被高估，也带来了极大的不确定性，这无疑增加了产品碳足迹的核算难度。

核算缺乏标准规范指导。产品碳足迹领域目前广泛采用的标准均来自国际，如 ISO 14067、PAS 2050 等。国内碳足迹相关方法学的研究起步较晚，近年来，国家、行业、地方和团体虽均有发布碳足迹相关标准，但总体上还存在产品碳足迹标准数量少、不完善、应用少、碳足迹评价工作不成熟等问题，致使企业在进行产品碳足迹核算时，依然会面临核算边界不清、方法不科学、数据质量要求不明确等问题。在这样的背景下，企业核算的碳足迹结果也难以得到国际认可，从而不得不依赖国外相关机构以及对方设定的碳排放因子高限值，造成排放量明显高于实际值，进一步增加碳关税负担。因此，如何制定与国际衔接互认、科学统一的标准规范，是目前企业开展碳足迹核算面临的重要挑战。

政策保障未建立健全。虽然国家和浙江省碳足迹管理相关文件均提出要在财政、金融、市场等方面出台碳足迹碳标识推广的相关政策，激励企业开展产品碳足迹碳标识工作。但目前相关机制尚在积极推进建立中，还需要时间落实，制度保障方面还有一定的缺失。另外，由于未建立健全碳标识认证和应用相关政策制度，导致企业在开展产品碳足迹认证时缺乏统一指导，核算认证后的碳标识也难以得到国际认可并应用。此外，尽管政府近年来注意对公众绿色消费的引导，但市场消费者对绿色产品的认识和绿色消费的意识还不足，对绿色低碳产品的消费意愿不高。即便开展碳足迹管理、进行碳标识认证，在市场上的影响力和竞争力提升依然有限，使得企业开展碳足迹管理主观意愿不强。

三、对于产品碳足迹管理的思考与展望

构建符合省情、衔接国家、接轨国际的碳足迹管理体系需要企业、政府共同努力。企业需加强自身行动，提高碳排放管理水平。政府要加强指导，提供技术支持和激励措施。对浙江省建立产品碳足迹管理体系，有以下几点思考和建议：

企业需加强自身行动，提高碳排放管理水平。企业应加强自身行动，积极推进碳排放管理，加快推进绿色低碳转型。首先，建立专门的碳排放管理部门，规范处置涉碳相关问题和流程，及时跟踪国内外碳足迹领域前沿动态和具体要求。其次，招引专业技术人员，对涉碳数据进行管理，以保障数据质量，为开展产品碳足迹管理夯实数据基础。再次，探索建立企业级标准规范，规范数据采集、数据计量和数据分配等问题，解决由于标准不健全、计量不准确导致的数据采集难、质量差等问题。最后，开展碳足迹管理，加强产品生产各环节的碳排放量监测，持续降低产品碳排放，为企业赢得可持续发展的竞争优势。

政府要强化能力供给，引导构建碳足迹碳标识标准体系。政府可从系统化、全局化角度出发，结合浙江省实际情况，搭建与国际及国家标准相协调的碳足迹标准体系。可采用“通则 + 行业 + 产品”的模式进行产品碳足迹标准设计，标准要覆盖核算、评价、认证等多个方面。在标准体系构建的顺序上，可优先围绕

受绿色贸易壁垒影响较大的出口产品以及国际、国内市场重点关注产品，并主动吸纳行业协会、企业、科研院所、技术机构等多方力量，开展碳足迹相关标准的研制，持续做好相关标准的评审、发布和组织实施。同时，适时组织研讨会议，选取一些技术领先、成熟度高的团体标准和地方标准，逐步上升转化为行业标准和国家标准。

政府要夯实数据基础，牵头建设产品碳足迹数据库。在保障方法科学统一、数据准确可信的基础上，谋划建设公开通用、服务企业的产品碳足迹数据库，为企业开展产品碳足迹核算、碳标识认证提供能力基础。在建设模式上，可采用“政府规范指导、市场自主实践”模式，指导行业、企业依法合规地开展全省重点产品实景数据归集，以支撑建设碳足迹背景数据库。在功能设计上，应围绕企业和政府两方需求，开展相关的功能模块设计。在企业服务端，建议提供核算、评价、认证等全流程公共服务，支持企业向上追溯供应链的实景数据、开展碳足迹自我声明。在政府管理端，可聚焦重点产品，研发统计分析功能，为开展产业优化、要素支持等工作提供决策支撑。同时，依照国际数据质量评价原则，构建碳足迹数据质量评价体系，持续提升数据质量。

政府要规范碳标识认证，积极推行碳标识应用。政府应加快研究制定浙江省产品碳标识管理办法，明确适用范围、标识式样、认证流程、管理要求等，规范碳标识认证流程。同时，研究制定相关的激励措施和政策文件，鼓励企业按照市场化原则自愿开展产品碳标识实践，引导其在产品或包装物、广告等位置标注和使用碳标识。鼓励大型商超、电商采销碳标识产品，畅通碳标识产品销售渠道。此外，在消费领域，加强绿色消费政策支持和绿色消费理念宣导，以电子产品、家用电器、新能源汽车等大型消费品为重点方向，有序推进碳标识在消费品领域的推广应用。后续可探索将碳足迹管理相关要求纳入政府采购需求标准，加大对碳足迹贴标产品的采购力度，为碳标签推广应用扩大市场范围。

政府要完善资金支持，加大绿色金融服务支持力度。政府应建立健全多元投入资金保障机制，加大财政资金支持力度。对于开展碳足迹碳标识管理的企业和相关机构，完善相关激励措施和资金政策，缓解企业在开展产品碳足迹管理过程中可能面临的经济压力。同时，积极引导银行等金融机构持续推出和产品碳足迹相挂钩的绿色金融产品，为开展碳足迹管理企业提供更优惠的融资渠道，探索将碳足迹核算结果作为绿色金融、转型金融的重要采信依据，为生产、销售、购买碳标识产品的企业和个人提供金融支持。

政府要加强区域互认，推动与国际衔接。在国内可积极推动与长三角、粤港澳等区域互认，推动建立常态化的沟通机制，加强政策互通、学术交流、人才培养等活动，建立健全产品碳足迹管理体系。同时，可推动浙江省碳足迹数据库与长三角、粤港澳等区域的碳足迹数据互认共享，为建立国内互认、数据共享的碳足迹数据库开展先行先试探索。在此基础上，也应积极推动与国际方法学研究、标准规范研制、数据库建设等方面的沟通对接，推动核算规则、认证结果等的衔接互认。

作者：浙江省经济信息中心著作组

第五部分　研究专论

绿色低碳先进技术发展正当时

绿色低碳先进技术是推动经济社会全面绿色低碳转型的关键动力。“十四五”时期，我国生态文明建设进入以降碳为重点战略方向的关键期，绿色低碳技术的研发、推广与应用，对绿色转型和生态环境质量改善具有关键支撑作用。党的二十大报告明确指出要积极稳妥推进碳达峰碳中和，强调发展绿色低碳产业，加快节能降碳技术研发应用。2023 年，国家发展和改革委员会等十部门联合印发《绿色低碳先进技术示范工程实施方案》，进一步明确了示范工程方向、保障措施及组织实施方式，为加快技术产业化、完善支持绿色低碳新产业发展模式化、推动产业竞争高质量化提供了有力政策支撑，绿色低碳产业将迎来产业发展的黄金期、蜕变期。

一、绿色低碳先进技术对“双碳”目标实现至关重要

在全球应对气候变化、推动绿色发展的大背景下，各国相继设定碳减排目标，制定绿色低碳转型战略，全球绿色低碳技术迎来空前活跃的发展期。这些技术不仅关乎气候变化减缓成效，更是经济社会可持续发展的重要支撑。新一轮科技革命和产业变革正深刻影响着全球创新格局和经济结构，重塑着国际竞争与合作的新态势。

技术的跨越式发展是实现绿色低碳转型的必要条件。从中国的发展阶段看，总体仍处于工业化、城镇化中期，经济发展与能源消耗、碳排放存在强耦合关系。要兼顾经济社会可持续发展与碳中和目标实现的双重目标，实现高质量发展和高水平环境保护的双重目标，必须依靠科技创新，解耦经济发展与碳排放之间的紧密关系。在能源领域，既要加快低碳零碳能源生产技术的迭代升级，支持化石能源的清洁高效利用，又要同时大力培育先进电网、高效储能、氢能等新兴产业。在工业领域，应推动钢铁、建材、有色、石化等重点行业实施节能降碳技术改造，有序发展清洁燃料和负排放技术。在建筑领域，应推广光伏建筑一体化以

及其他超低能耗建筑、近零能耗建筑技术。在交通领域，既要注重低碳（近零碳）机场、港口码头、港区等交通枢纽的建设，也要发展绿色低碳的车辆、船舶、航空器等。此外，还应瞄准城市、园区等具体应用场景，发展能量系统优化和资源循环型耦合技术，实现系统减排。这些技术相辅相成、互为补充，共同支撑绿色低碳转型目标的实现。

绿色低碳先进技术是全球绿色转型的核心动力。近年来，各国纷纷出台政策，通过直接补贴、优惠贷款等产业扶持措施，推动本国绿色低碳产业的发展。绿色低碳技术与人工智能、5G 通信、量子信息科学、半导体及生物技术等领域并驾齐驱，共同构成了全球新一轮科技竞争的核心领域。在美国，拜登政府通过签署《应对国内外气候危机的行政命令》，全面加强清洁技术的研发与推广。美国能源部及众议院能源与商业委员会相继推出《OPEN 2021 计划》和《清洁未来法案》，分别投入 1 亿美元和 1 000 亿美元，支持低碳能源技术的研发，并推动各州、城市、社区及企业向清洁能源经济转型。法国马克龙总统发布《法国 2030 投资计划》，加大在核能、绿色氢能、可再生能源及低碳交通等领域的研发投入，旨在重塑法国工业格局，实现绿色低碳转型。在英国，商业、能源和工业战略部设立“净零创新投资组合”基金，共计投入 13 亿英镑，加速包括能源、建筑和工业等多个关键绿色低碳技术领域的研发与商业化进程，助力英国实现 2050 年净零排放目标。此外，韩国文在寅政府推出的“绿色新政”计划，以及日本内阁通过的《GX 绿色转型实现基本方针》，均显示出两国在绿色低碳技术领域的坚定决心和巨大投入。这不仅有助于各国实现自身的绿色发展目标，更为全球绿色低碳技术和产业的竞争与合作奠定了坚实基础。

绿色低碳先进技术是全球绿色转型的关键所在，也是中国实现高质量发展和高水平环境保护的必由之路。作为全球新一轮科技竞争的主要赛道，占据全球绿色低碳技术和产业的制高点对未来国际贸易和地缘政治经济格局具有至关重要的意义。

二、工程示范是推广绿色低碳先进技术的有效手段

面对技术发展涉及面广、头绪众多的挑战，把握关键、找准重点、以点带面形成突破变得尤为关键。从实践层面来看，技术的发展往往经历技术研发、示范引领、规模化推广 3 个阶段。其中，“走出实验室”至“市场化”的中间环节尤为薄弱，缺乏足够的支持力度，成为制约技术落地应用的关键难题。由于先进绿色低碳技术研发成本高、周期长、风险大，技术落地应用的门槛相应提高，社会资本往往对此持谨慎态度。尤其是在成果转化的概念验证阶段，项目不确定性较

大、市场认可度不高使得技术难以获得投资市场的青睐。此外，尽管支持类政策体系已初步建立，但政策衔接度、执行力、前瞻性、针对性较弱，土地、用能等资源环境要素保障不齐全，亟须加强支持和引导。

因此，通过布局一批技术水平领先、减排效果突出、示范效应明显、减污降碳协同的绿色低碳技术的示范项目，有利于先进适用技术应用推广，能够有效弥补技术研发与市场化应用之间的薄弱环节，缩短商业化的进程。在升级迭代的过程中，示范工程将进一步优化改进技术、促进技术成熟、推动技术的商业化应用推广，充分展示绿色低碳先进技术的实际效果和潜在价值，从而提高这些技术在市场中的接受程度和抗风险能力。我国在其他高新技术领域（如光伏发电、半导体照明、北斗导航系统、高速铁路等）的成功实践经验也表明，通过产业化新型技术对加速技术升级迭代和提高市场接受度具有重要意义。这种经过实践证明的、行之有效的新技术应用推广模式，对于全面加速技术产业化进程、培育形成新的绿色低碳经济增长点具有重要作用。

同时，示范工程有利于完善支持绿色低碳新产业、新业态发展的商业模式和政策环境。科技成果转化是产业升级和经济提升的关键，特别是重大颠覆性技术，往往会引发新兴产业快速崛起，并对人类生活、工业生产、商业消费模式带来革命性变化。国际对重点技术的产业化已进行长远布局，确立研发战略并提供资金支持。示范工程通过实施创新项目，不仅展示了先进技术的实际应用效果，还为商业模式的创新提供了实践基础。政府支持示范工程建设，提供政策保障和资金，引导市场资源合理配置。市场则通过示范工程的成功实践，积极反馈并推动技术商业化应用，激发市场活力与创新动力。这种政府引导与市场主导的良性互动格局，不仅加速了绿色低碳新产业新业态的发展步伐，也为整个社会的绿色转型和可持续发展奠定了坚实基础。

从我国改革开放四十多年的经验来看，示范工程在推动先进技术发展转化方面扮演了至关重要的角色。它不仅是促进先进技术应用推广的有效手段，更是形成绿色低碳产业竞争优势的关键举措。通过加强绿色低碳领域先进技术示范工程的建设与管理，可以充分发挥其在绿色转型和可持续发展中的积极作用，为我国的绿色经济发展提供有力支撑。

三、准确把握当前绿色低碳先进技术的主攻方向

绿色低碳技术发展需要坚持全面的工作原则和支持方向。在领域方面，发展要聚焦能源、工业、建筑、交通等重点领域，全链条推进源头减碳、过程降碳、

末端固碳先进适用技术示范应用。在创新链方面，发展要以技术基本成熟但尚未商业化推广的先进适用技术为重点，加快科技成果转化和产业化推广。从这两个原则出发，当前可将绿色低碳先进技术按照源头减碳、过程降碳、末端固碳分为三大类。

（1）源头减碳类

源头减碳类主要集中在能源生产领域，侧重于通过能源供应的绿色低碳转型实现经济社会的全面降碳。其中既包括高效光伏组件、大容量太阳能热发电、高效大容量风电、浅层地热能供冷供热利用等非化石能源先进示范项目，也支持清洁高效煤电与新能源发电综合调节、煤电快速启停及深度调峰、低碳（近零碳）油气田示范等化石能源清洁高效开发利用示范项目，还有与下一阶段能源供应系统匹配性更强的先进电网、储能和绿氢示范项目。

（2）过程降碳类

过程降碳类主要是重点行业、重要场景的减排项目，侧重于提高生产方式的绿色化程度。例如，零碳钢铁冶炼示范、有色金属低碳冶炼、先进低碳石油化工、现代煤化工、数字化绿色化协同降碳、绿色（零碳/近零碳）数据中心等工业领域示范项目。建筑领域部署了超低能耗建筑、近零能耗建筑先进示范等建筑整体的示范工程，也包括新型胶凝材料、低碳混凝土、先进生物基建材等低碳零碳新型建材研发生产。交通领域综合交通枢纽场站绿色化改造示范、智能交通系统建设，绿色交通工具及绿色燃料生产供应等。

（3）末端固碳类

末端固碳类主要是二氧化碳捕集利用和封存类项目，侧重于在生产环节末端减少或者固定二氧化碳排放。考虑该类项目涉及行业多、工艺路线多元，细分为全流程、先进捕集和资源化利用三类项目。全流程项目以石化、煤化工、煤电、钢铁、有色、建材、石油开采等行业为重点，支持捕集、运输、利用和封存一体化的全流程项目，并对封存和利用量提出了要求；先进捕集项目旨在采用新工艺、新设备、新型溶剂或材料，实现低浓度二氧化碳高效低成本捕集；资源化利用项目主要是将二氧化碳通过化学反应转化为其他产品。

通过以上技术方向，源头减碳、过程降碳、末端固碳 3 个方面构成完整闭环，形成了全生命周期控碳降碳的合力。

四、建立完善绿色低碳技术示范工程的支撑体系

推动绿色低碳技术应用落地体系建设应进一步加强政府引导，建立完善的保

障措施和激励机制。在应对新产业新业态发展进程中涌现的诸多不确定性时，强化各类要素的保障工作，有助于提供强有力的支撑和高度针对性的策略，有效提振商业市场和政策环境的信心。

一是完善财政资金激励机制。对属于固定资产投资项目的示范项目，需要统筹利用现有中央预算内的投资渠道，积极支持符合条件的示范项目，将符合条件的绿色低碳先进技术示范工程基础设施建设项目纳入地方政府专项债券支持范围。同时，鼓励有条件的地方财政通过预算内投资及其他资金渠道，加强对相关项目建设的支持。

二是加强金融政策支持红利。坚决贯彻有效市场和有为政府相结合的理念，在积极发挥碳减排支持工具作用的同时，引导金融机构为符合条件的项目提供资金支持，加大气候投融资等绿色金融和转型金融产品对示范项目的支持力度。这是将碳减排支持工具、绿色金融、转型金融、气候投融资等金融工具与市场项目进行有机结合，缓解了“资金找不到项目、项目找不到资金”的问题。此外，落实国家首台（套）重大技术装备等保险补偿机制，将有效降低项目的技术风险和市场风险。

三是加强资源环境要素保障红利。在技术落地推广阶段，加强重点项目用能、用地等方面的要素保障将切实减轻项目实施的诸多疑虑。特别是提出通过合理测算项目全生命周期能源消耗和碳排放，将碳减排效果作为节能审查的重点考量因素，加强用能要素保障；通过鼓励地方探索弹性年期出让、长期租赁、先租后让、租让结合等灵活的土地供应方式，加强用地要素保障。

四是加强政策协同红利。科技成果转化涉及资金、技术、人才、信息等多方面要素，对应着若干个政府部门，各主体之间能否协调配合好，各要素资源能否有效配置，决定了科技成果转化能否顺利地稳步推进。为加强相关参与主体的协同联动效应，应将技术项目清单一齐推送至各地区、各有关部门和金融机构，并且督促各单位依据同一张清单进行政策支持，这将极大地提升政策效能。

五是加强经验推广红利。加大对示范效果突出、商业潜力较大的绿色低碳技术的宣传推广力度，适时将有关技术和产业纳入产业结构调整目录、绿色产业指导目录、绿色技术推广目录等，对好的经验做法予以复制推广。这对于刚从实验室走向市场的新兴技术而言，无疑是加速市场化进程、提振市场信心的“绿色通道”。

五、总结

在实现生态环境质量改善由量变到质变的关键时期，绿色低碳先进技术作为驱动全球经济社会绿色低碳转型的核心引擎，在优化经济结构、引领科技革命和产业变革方面展现出的重要作用日益显现，对未来国际贸易和地缘政治经济格局也产生深远影响。在推进其发展的道路上，过往实践充分证明，示范工程是技术产业化的关键抓手，可有效推动先进适用技术的广泛应用，并促进政府引导与市场主导的良性互动模式。为全面加速技术产业化进程，实现经济社会全面降碳的宏伟目标，需坚守细致入微的工作原则，明确清晰的支持方向，构建稳固可靠的要素保障体系。这些举措将共同促进绿色低碳先进技术的蓬勃发展，在落实“双碳”目标任务中打造新的竞争优势，为国家实现碳达峰、碳中和目标提供坚实支撑，同时注入绿色新动能，推动经济社会迈向高质量发展的新征程。

作者：木其坚[1]，李浩铭[2]

1 木其坚，中国国际工程咨询有限公司资环部气候应对处处长，管理学博士，副研究员。

2 李浩铭，中国国际工程咨询有限公司资环部气候应对处高级工程师。

转型金融的浙江实践与思考

推动高碳行业低碳转型是实现“双碳”目标的重要抓手和必经之路，转型金融可以为碳密集和高环境影响的企业减污降碳提供必要的金融服务，在服务对象上具有更大的灵活性以及更好的适应性，是绿色金融体系的重要补充。作为绿色金融改革发展的先行区，浙江充分发挥湖州和衢州绿色金融改革试点的先发优势，省市联动、点面结合探索转型金融创新实践，着力推动绿色金融与转型金融有序有效衔接，为下一步构建省域转型金融体系和强化高碳行业低碳转型金融支持奠定坚实基础。

一、发展转型金融具有重要意义

2020 年 9 月 22 日，习近平主席在第七十五届联合国大会上庄严承诺，我国二氧化碳排放力争于 2030 年前达到峰值，努力争取 2060 年前实现碳中和。党的二十大报告指出，推动经济社会发展绿色化、低碳化是实现高质量发展的关键环节。从国际上看，结构调整和产业升级是碳达峰、碳中和的关键。如美英日等发达国家在碳达峰时，工业增加值的占比在 25% 左右，服务业增加值占比在 70% 左右。2022 年，我国工业增加值占比为 33.2%，服务业增加值占比为 52.8%。我国要顺利实现“30・60 目标”，就要坚决贯彻落实党中央和国务院《关于完整准确全面贯彻新发展理念　做好碳达峰碳中和的意见》，大力推动产业结构转型升级。

与绿色金融主要支持“纯绿”或“深绿”经济活动不同，转型金融对市场主体、经济活动和资产项目向低碳和零碳排放转型提供金融支持，尤其是针对传统的碳密集和高环境影响领域，中国人民银行高度重视转型金融工作。2022 年 11 月，中国人民银行牵头制定了《G20 转型金融框架》确立了转型活动和转型投资的界定标准、信息披露、开发转型金融工具、制定激励政策和公正转型的转型金融五大支柱，为下一阶段各地推动转型金融创新发展指明了方向。作为“绿水青山就是金山银山”理念发源地，浙江历来重视低碳发展，特别是碳达峰、碳中和目标提出以来，浙江低碳转型的步伐进一步加快。2021 年 12 月，浙江省委、省政府制定出台《关于完整准确全面贯彻新发展理念　做好碳达峰碳中和工作的实施意见》，提出加快构建“6+1”领域碳达峰体系，到 2030 年单位 GDP 二氧化碳排放较 2005 年下降 65% 以上。碳达峰、碳中和工作的全面部署，意味着低碳转型领域面临着空前广阔的发展前景，尤其是工业、能源、建筑、交通、农业等减碳降碳的重点领域，转型发展的资金需求巨大，亟须转型金融的有力支持。

二、浙江转型金融的探索实践

2021 年以来，浙江充分发挥湖州和衢州绿色金融改革创新试验区的先发优势，按照“试点先行、逐步推开”的工作思路，围绕转型金融政策框架、标准规范、产品创新、信息披露、激励约束等重点领域，积极开展有益探索和创新实践，着力推动转型金融与绿色金融有序有效衔接。

（一）积极构建转型金融政策框架体系

省级层面，2021 年 5 月，中国人民银行浙江省分行等五家机构联合印发《关于金融支持碳达峰碳中和的指导意见》，明确提出“支持高碳企业低碳化转型”的目标任务。同时，推动省内各地市因地制宜开展转型金融落地实践“五个一”行动，即确立一个试点行业、制定一套行业转型金融支持目录、创新一款转型金融产品、出台一项配套支持政策、建立一套转型金融信息披露机制。湖州市出台《深化建设绿色金融改革创新试验区探索建设转型金融体系的实施意见》，以碳密集行业低碳转型、高碳高效企业发展、低碳转型技术应用的金融需求为重点，确定制度标准、激励政策、产品服务、风险防控等多项重点工作。衢州市出台《关于深化基于碳账户的转型金融工作实施意见》，明确提出通过实施转型金融强基、激励、创新、数字智治、产研合作五大工程，引导金融体系支持重点行业有序转型。

（二）探索建立转型金融标准体系

湖州市围绕全市“8+1”类重点高碳行业[1]，采用“白名单”与“技术中立”

1　8 大传统重点行业：纺织业、造纸和纸制品业、化学原料和化学制品制造业、化学纤维制造业、非金属矿物制品业、黑色金属冶炼和压延加工业、有色金属冶炼及压延加工业、电力热力生产和供应和 1 个中类行业电线电缆。

方法，制定《湖州市转型金融支持活动目录（2023 年版）》，明确转型金融支持的 37 项细分行业和 106 项低碳转型技术路径，既为企业指明未来技术变革方向，又降低企业和金融机构使用目录的难度；同时，配套制定《重点行业转型目标规划指南》《融资主体转型方案编制大纲》等转型金融地方规范。衢州市研制形成工业、农业、建筑、交通、能源五大领域碳账户建设地方规范，为转型金融发展提供碳信息支撑；同时制定化工、造纸等行业转型金融支持目录，通过选取全部规上化工、造纸行业的碳账户数据，设立行业碳排放基准，指导行业内企业设立转型目标和路径。在地方试点基础上，2024 年年初，浙江省金融学会发布《纺织行业转型金融支持经济活动目录》（T/ZJFS 011—2024）、《银行业金融机构转型贷款实施规范》（T/ZJFS 010—2024）等多项转型金融省级团体标准，为全省金融机构开展转型金融实践和推动转型金融省域推广提供了重要的规范指引。

（三）深化转型金融产品与服务创新

在转型贷款方面，湖州和衢州积极探索基于碳信息的信贷产品创新。湖州市探索推出“碳效贷”“碳价贷”“碳惠贷”等系列碳金融产品，加大对减碳、降碳等技改项目的金融支持；同时，引导金融机构制定转型企业金融服务方案，例如，中国银行湖州市分行推出“绿色转型升级贷”产品，已支持 40 余户小微企业开展绿色低碳转型升级，合计授信 3.16 亿元；长兴农商银行推出“纺织转型贷”，截至 2023 年年末已累计发放“纺织转型贷”22 户，金额共计 3.29 亿元。衢州市基于碳账户开发“碳融通”“减碳贷”等碳账户信贷产品 30 余款，截至 2023 年年末，全市基于碳账户的转型金融贷款余额 656.37 亿元，同比增长 71.01%，发放贷款的平均利率 3.99%，低于全部企业贷款利率 19 个利率基点，正向激励传统产业的低碳转型。在债券融资方面，浙江鼓励并支持企业发行可持续挂钩债券、转型债券等转型金融产品，2021 年以来已累计发行可持续发展挂钩债券 13 只，实现融资 92.7 亿元。

（四）开展碳核算与转型金融信息披露

在省级层面，2022 年，中国人民银行浙江省分行依托长三角绿色金融信息管理系统建设上线“环境信息披露”模块，支持金融机构模块化填报披露内容并自动生成披露报告，针对定性指标提供参考示例，针对部分定量指标（如绿色信贷余额）实现系统自动抓取数据，有效提升金融机构环境信息披露效率，为转型金融信息披露提供支撑。在地市层面，湖州市设立碳核算数据中心，与金融机构业务系统贯通，目前已涵盖近两万家企业碳排放数据；依托碳核算数据中心，开发上线转型金融数字系统，实现逐笔转型信贷业务碳核算，为金融机构开发转型金融产品、开展信息披露和防控转型风险提供便利。衢州市依托衢融通平台实现碳排放“采集—核算—披露”全流程线上化，贯通六大领域碳账户平台和27家金融机构核心业务系统。目前，碳核算主体已覆盖工业、能源、农业、建筑和交通领域近4 000家企业和239万居民。

（五）强化转型金融政策支撑与正向激励

湖州和衢州充分发挥试点优势，探索构建转型金融政策支撑体系。湖州市推动财政、货币和监管政策协同发力，激发转型金融内生动力。研究制定绿色金融2.0政策，拟对纳入转型金融支持企业名单和转型目标达到时序进度的企业给予0.5%的贷款贴息补助，对开展转型信息披露和实现公正转型的企业，补助金额上浮10%。对在“碳中和”银行建设、转型金融投放等方面成效显著的金融机构，分别给予30万元的政策补助。进一步健全考核激励和跟踪评价机制，将金融服务转型活动情况纳入金融机构年度绿色金融改革工作考核。衢州市从信贷、财政和金融监管三个层面出台低碳转型激励政策。出台《金融支持碳账户体系建设的指导意见》等信贷指导意见，引导金融机构通过利率优惠等信贷政策支持转型。设立财政低碳转型专项资金，通过贴息、担保等手段，增强企业低碳转型意愿。实施低碳转型金融监管政策，将碳账户金融工作纳入金融机构综合评价、央行机构评级和金融机构绿色金融评价。

三、推进转型金融发展面临的难点与挑战

当前，国内转型金融发展正处于起步探索阶段，对于转型金融如何支持高碳行业低碳转型尚未形成有效的路径和模式。作为绿色金融改革先行区，浙江在推动绿色金融与转型金融有效衔接方面有一定基础优势，具备发展转型金融的良好条件，但结合实践来看，转型金融在转型活动界定、产品创新、信息披露、激励保障等方面仍存在诸多难点与挑战。

（一）转型金融标准的科学性有待提升

大部分行业现行的管理制度未包含碳排放的要求，转型金融标准中采用的技术路径所实现碳减排的难以量化。而且，金融部门缺乏相关领域前沿知识，对行业转型路径缺乏专业判断，可能导致标准编制缺乏实践性。依据产业部门相关政

策文件梳理形成的标准可能未包含最新的先进技术，也无法对已不适用的技术进行筛选，从而导致因减碳技术落后或效果有限产生“碳锁定”。此外，自下而上地方实践编制的转型标准是否具有普适性、如何推广也是需要进一步关注的问题。

（二）金融机构识别认定转型企业存在难度

转型企业认定的两大核心要素是转型技术路径与转型目标。对于转型技术路径，大型企业具有较明确的技术研发规划，但中小企业更多的是设备的更新换代，如通过设备更新使原来度电产值增加，从单耗来看是降耗，但总能耗并未下降，因此从微观层面较难鉴定。对于转型目标，转型企业需制定到 2025 年、2030 年的短中期转型目标，与到 2060 年前的长期碳中和目标，但大多数企业对碳排放强度认识不足且缺乏长远规划。

（三）企业转型目标持续跟踪评估缺乏有效手段

转型具有长期性，转型资金需求与效果达成存在期限错配。企业转型资金需求在购买机器设备、技术研发等环节，但转型效果显现在项目投产运行后。如企业在制定转型方案时，预设 2025 年和 2030 年碳强度下降的目标，此时贷款有可能已全部归还。在贷款存续期内，金融机构可对企业阶段性转型绩效与目标的实现情况进行核验，及时调整信贷条件，但对已结束信贷的客户开展长期追踪和动态评价的成本与难度都大幅提升，若企业未达成最终转型目标，也缺乏手段对转型金融优惠追偿。

（四）当前经济形势下企业转型动力和意愿不足

转型契合了大部分大企业压降成本和彰显社会责任的需要，但中小企业对低碳转型这类外部性较强的活动关注较少，缺乏足够的转型动力。一方面，在较短的生命周期内，获得较大的盈利仍为中小企业第一要务，特别是目前经济仍处于逐步复苏阶段；另一方面，转型所需的技术和资金也是中小企业经营发展中普遍面临的难点。同时，转型企业也面临转型成本与收益不平衡问题。转型具有较大外部性，需技术和资金大量投入，但短期可见的转型效果有限，如减少的碳排放量按照国内碳配额价格折算远低于转型付出的成本。

（五）转型金融激励约束及相关配套机制尚未健全

转型金融发展初期，投资收益与风险不完全匹配，市场投资者往往采取观望和怀疑态度，需要政策性资金发挥基础引导和风险分担职能。目前，针对转型金融的贴息奖补、风险分担等财政激励政策较少，市场主体参与转型金融投融资活动的积极性不足。同时，政府层面转型风险应对机制尚未建立。对于转型风险集中的企业、行业和区域，尚未建立有效的风险识别机制；对于可能因转型造成的企业破产、工人失业以及经济冲击等问题，尚未建立实质性补偿制度和风险应对机制。

四、深化浙江省转型金融发展的思考和建议

（一）强化区域转型金融发展顶层设计

一是研究制订省级层面转型金融发展规划。结合浙江碳达峰实施方案和金融业发展规划，研究制订转型金融发展的具体规划，明确短期和中长期发展的具体思路、总体目标和重点任务。适时出台省级层面转型金融发展的指导意见，细化工作举措、保障机制和职责分工，强化产业部门与金融部门联动，合力共建与浙江省产业特征、低碳转型路径等相匹配的转型金融体系。

二是开展多层次和多元化的转型金融试点。针对性地选择部分重点行业、重点地区和一些基础较好的金融机构，开展转型金融先行试点，实现重点突破。例如，选择部分重点地区和行业，探索开展转型金融与重点行业低碳转型协同发展试点。选择部分国有、股份制分行和省内主要法人银行率先探索转型金融服务模式和业务创新机制，落地一批转型金融服务示范项目，力争形成可复制、可借鉴的转型金融业务管理和服务模式。

（二）探索区域转型金融标准体系

一是探索建立重点行业转型金融支持目录。在国家层面转型金融目录还没有出台，可积极探索建立符合浙江产业特征的转型金融支持目录。建议由省级产业部门牵头与金融部门协同制定碳密集细分行业转型金融支持目录，明确转型金融支持的重点领域和经济活动范围，引导金融资源精准支持高碳行业低碳转型。

二是动态编制转型项目清单。探索建立全省统一、可量化和可操作的转型金融项目评价规范，推动建立省、市两级转型金融项目库，促进转型金融项目投融资精准对接。具体推进过程中，可充分借助专业第三方机构、行业协会等专业力量，在标准研制、项目认定、项目转型效益持续跟踪评估等方面给予技术支撑。

（三）深化转型金融制度和产品创新

一是推动金融机构转型金融服务模式创新。鼓励金融机构制订转型金融业务

发展战略规划，明确转型金融实施路径、转型金融发展目标、相关风险、应对措施等。同时，建议由省级金融管理部门制定出台转型信贷授信指导意见或操作指引，引导金融机构积极探索转型信贷业务模式，探索建立高碳行业的贷款准入、授信审批、利率定价等机制。

二是加大转型金融产品创新和推广力度。支持符合条件的高碳企业发行可持续发展挂钩债券，募集中长期低碳转型资金。探索开展转型债券创新试点工作，支持民营企业等各类企业注册发行转型债券。探索转型金融相关的股权类融资工具、保险以及其他风险缓释工具、证券化等创新产品，鼓励社会资本以市场化方式设立低碳转型产业投资基金。

（四）完善数字化平台转型金融服务功能

一是构建完善以省双碳数智平台为核心的企业碳核算与碳信息共享机制。加快建立全省统一的企业碳核算方法，先易后难和由大到小分步构建全省统一的企业碳核算和碳账户体系。进一步完善省“双碳”数智平台碳数据归集与回流功能，推动碳账户信息在金融领域的充分共享和创新应用。

二是依托现有金融数字平台构建转型金融应用场景。推动现有绿色金融服务平台与省“双碳”数智平台、“6+1”领域大数据平台等贯通，升级打造转型金融数字化服务平台，通过数字赋能，实现银企对接线上化和减碳核算精准化，同时满足转型金融管理体系的数字化监管。

（五）健全转型金融激励约束机制

一是强化金融政策对于转型金融的引导和激励。一方面，梳理总结省级金融管理部门支持绿色金融的各项政策举措，针对转型金融构建相应的政策支持体系。同时，加强与“6+1”各领域碳达峰行动方案的协同配合，放大政策叠加效应；另一方面，强化评价激励。探索建立转型金融统计监测制度，将金融机构转型金融发展情况作为央行政策工具运用、央行评级、银保监监管评价和全省金融工作评先评优、政策激励等的重要参考依据。

二是充分发挥财税政策的杠杆效应。建议省级财税部门牵头建立转型金融贴息补助、风险补偿、税收减免等激励机制，如对转型贷款、可持续挂钩债券等给予财政贴息；对积极主动转型的高碳行业企业，可考虑将碳排放强度下降指标纳入财政补偿范围，也可考虑允许对固定资产加速折旧；对转型融资投资者提供税收减免。同时，探索设立省一级的转型基金，引导更多社会资本支持浙江省高碳行业向低碳转型。

（六）构筑转型金融风险防范体系

一是探索建立转型金融信息披露机制。稳步推进全省金融机构环境信息披露，在目前环境信息披露框架下，探索增加转型金融披露内容。推动湖州和衢州率先开展转型金融环境信息披露，及时提炼总结相关经验做法，适时推广至全省金融机构。引导金融机构特别是中小银行加强自身能力建设，加强对转型金融业务的监督与评估，建立针对转型金融项目的行业风险监测和跟踪机制，并运用金融科技手段不断提升风险管理能力。

二是加强高碳行业转型风险评估和研判。一方面，建议相关省级部门明确规范高碳行业企业，尤其是有转型融资需求的企业信息披露情况，包括企业转型路径、企业减排情况、转型目标实现情况、环境和社会效益情况、风险因素等。另一方面，定期开展高碳行业转型风险评估，加强定量分析和压力测试，提升转型风险排查和预警能力，并建立相应的配套应对机制和措施。

作者：项燕彪[1]

1　项燕彪，理学博士，就职于中国人民银行浙江省分行，长期从事绿色金融、科创金融等区域金融改革研究工作，参与制定多项省级绿色金融领域政策文件，并在《经济研究》《金融研究》等核心期刊发表多篇学术论文。

从英国气候立法看浙江绿色转型的立法实践

一、英国应对气候变化立法的特点

英国《气候变化法案》于 2008 年 11 月 26 日正式出台，成为世界上第一部专门为应对气候变化而制定的国家层面立法。英国通过《气候变化法案》及相关配套法规政策的构建，在加强英国应对气候变化能力和减排政策有效性方面取得了显著成效，其中最具里程碑意义的便是实现了经济增长与减排进程的共存。本文将从立法框架、目标设定、政策措施和实施路径等方面分析英国应对气候变化立法的特点，以期为我国探索构建应对气候变化法律机制提供借鉴和参考。

首先，英国应对气候变化的立法框架具有高度体系化的特点。英国政府在《气候变化法案》的基础上，制定了一系列与气候变化相关的法规和政策，如《能源法》《低碳转型计划》《绿色金融战略》《可持续性投资路线图》等，构建了一个完整的气候治理体系。其中，《气候变化法案》作为核心，共设六个章节 101 条，包含了碳目标和预算、气候变化委员会、交易计划、气候变化的影响和适应、其他规定、一般性补充规定等内容，为英国的气候行动提供了具有法律约束力的排放目标和基本制度。

其次，英国通过气候变化立法设定了具有法律约束力的长期目标，为政府气候政策的制定提供了清晰的指导。基于英国 2016 年签署《巴黎协定》并承诺在 2050 年前实现净零目标，在英国气候委员会的建议下，英国议会于 2019 年对《气候变化法案》的碳目标进行了一次修订，将“2050 年前较 1990 年基准线减少 80% 温室气体排放量”修改为“2050 年前较 1990 年基准线减少 100% 温室气体排放量”。此外，碳预算制度为英国政府设定了具有法律约束力的每五年一轮的温室气体排放上限，作为实现 2050 年排放目标的分期子目标。这种明确且具体的目标设定方式，不仅为政府制定政策提供了可预期性和规划空间，也有助于增强各方的责任感和紧迫感，推动各方积极参与到应对气候变化行动中来。

再次，为了实现碳预算的顺利交付，英国政府制定出台了“一揽子”涵盖能源、电力、交通运输等领域的配套政策。例如，在清洁能源方面，大力推广风能、太阳能等可再生能源，通过提供税收优惠、资金支持等方式鼓励企业投资清洁能源项目；在能源效率提升方面，制定了严格的能效标准，推广节能技术和产品，降低能源消耗和碳排放；在低碳交通领域，推广电动汽车和公共交通，减少私人汽车的使用。同时，在对《2019 年英国绿色金融战略》进行评估并吸收《可持续性投资路线图》的基础上，《2023 年英国绿色金融战略》于 2023 年 3 月正式发布，一方面通过英国政府提供的绿色金融标准与工具为私人资本流向净零领域打造投资环境，包括制定绿色金融分类标准、转型计划框架、推出创新性绿色债券等；另一方面，则强调英国政府为私人资本流向净零领域提供投资路线，包括为碳捕捉、储存与利用技术提供支持资金、发布净零投资路线、推进国际绿色金融投资与合作等。

同时，英国通过加强监管、鼓励公众参与等多种方式，建立高度的社会共识，确保应对气候变化政策得到有效实施。英国政府建立了完善的监管体系，对企业和个人的减排行为进行监督和管理，积极推广绿色文化，提高公众的环保意识和参与度，形成了全社会共同应对气候变化的良好氛围，也为碳预算中更高约束性排放目标的设立提供了有利条件。截至 2023 年 10 月，已有 44% 的英国企业制订了控制碳足迹和气候影响的计划，为英国实现各阶段的碳预算目标打下坚实基础。

最后，国际合作也是英国推进应对气候变化法律体系建设的重要因素。英国政府一方面通过与其他国家签订气候合作协议、参与国际气候谈判等方式，积极推动全球气候治理的进程；另一方面，积极开展国际合作项目，与其他国家共同研发和推广清洁能源技术的创新和应用，促进全球绿色转型。

二、国内促进发展方式绿色转型立法现状

近年来，随着全球气候变化问题日益严峻，我国对于绿色发展和低碳经济的重视程度不断提升，绿色转型已成为国家发展的重要战略方向。习近平总书记在党的二十大报告中指出：“必须牢固树立和践行绿水青山就是金山银山的理念，站在人与自然和谐共生的高度谋划发展”，并明确了加快发展方式绿色转型的主要任务。2021 年 3 月，全国人大公布《中华人民共和国国民经济和社会发展第十四个五年规划和 2035 年远景目标纲要》专设“加快发展方式绿色转型”

一章，明确要坚持生态优先、绿色发展，推进资源总量管理、科学配置、全面节约、循环利用，协同推进经济高质量发展和生态环境高水平保护。在这一背景下，国内促进发展方式绿色转型的立法工作呈现出积极的发展态势，政策法规不断完善，制度体系逐步健全，地方立法积极探索，为绿色转型提供了有力的法治保障。

一是构建了碳达峰碳中和重大制度政策体系。中共中央、国务院发布的《关于完整准确全面贯彻新发展理念做好碳达峰碳中和工作的意见》和《2030 年前碳达峰行动方案》为碳达峰、碳中和工作提供了顶层设计和行动指南。同时，结合能源、工业、交通运输等各领域各行业的实施方案与支撑保障措施，为我国实现碳达峰、碳中和目标提供了有力的制度保障，也为绿色转型提供了明确的政策导向。

二是推动能耗双控逐步转向碳排放双控。依据《中共中央关于制定国民经济和社会发展第十四个五年规划和 2035 年远景目标的建议》，全国人大于 2021 年 3 月 11 日审议通过《中华人民共和国国民经济和社会发展第十四个五年规划和 2035 年远景目标纲要》，设定了单位 GDP 二氧化碳排放降低 18% 的目标，明确实施以碳强度控制为主、碳排放总量控制为辅的制度。为保障目标实现，中共中央办公厅、国务院办公厅印发《关于推动能耗双控逐步转向碳排放双控的意见》，生态环境部及各部委先后印发《应对气候变化重点任务（2023—2025）》和“十四五”工业、建筑、交通、能源等专项规划，从地方、重点领域和行业的维度对减排目标进行了分解，形成了建立和实施碳排放双控制度的工作机制和体系。

三是地方立法在推动绿色转型方面发挥了积极作用。尽管在应对气候变化领域进行了很多国家层面的政策探索，但专项法律法规的制定尚待进一步研究论证。在此情况下，北京、上海、浙江等地方结合自身实际，开展了地方立法的探索和尝试。《浙江省绿色低碳转型促进条例（草案）》（以下简称《浙江条例》）经浙江省十四届人大常委会第六次会议审议，并于 2023 年 11 月 27 日开始公开征求意见。《上海市发展方式绿色转型促进条例》（以下简称《上海条例》）经上海市十六届人大常委会第九次会议通过，并于 2024 年 1 月 1 日正式施行。

三、《浙江省绿色低碳转型促进条例（草案）》和《上海市发展方式绿色转型促进条例》的“大同小异”

《浙江条例》和《上海条例》是我国在推动绿色转型、促进经济社会可持续高质量发展方面的重要立法成果，也都是指导地方绿色转型的促进法和综合法，但在具体规定和实施细节上却各有千秋，这种差异不仅体现了不同地区的特色和需求，也展示了我国在推动绿色转型方面的多元化。

一是两部条例都确立了促进绿色转型的基本管理制度。二者都将绿色低碳转型目标任务纳入国民经济和社会发展规划，探索推动能耗双控逐步向碳排放双控转变，并建立了相应的协调机制，明确了相关部门的职责，有助于整合资源、协调各方利益，形成推动绿色转型的强大合力，确保绿色转型工作的有序进行。

二是两部条例都将能源、产业、居民生活作为推进绿色转型的重点领域。《浙江条例》专设清洁能源、绿色生产、低碳生活三章，《上海条例》则设能源发展绿色转型、产业结构绿色转型、生活消费绿色转型三章，二者均着力优化能源结构、建设新型能源体系，培育绿色低碳产业，从工业、建筑、交通等领域推动产业绿色转型，引导形成绿色低碳生活消费方式。

三是两部条例都明确了生产经营者在绿色转型中的主体责任。无论《浙江条例》还是《上海条例》，都要求生产经营者采用推广绿色低碳技术和生产方式，节约集约利用能源资源，减少污染物的排放。这种将绿色转型的责任落实到生产经营者的做法，有助于从源头上推动绿色转型。

四是两部条例都注重公众参与和增强社会共识。《浙江条例》和《上海条例》均充分考虑各类主体的角色定位，明确行政机关、事业单位、生产经营主体、个人、社会组织等不同类型主体的职责边界，建立政府引导、市场主导、社会协同、全民参与的多元共治机制，营造发展方式绿色转型的良好社会氛围，形成主动控制、有效应对、全民参与的格局。

与此同时，在具体措施和侧重点上，两部条例也存在一些差异。在绿色转型的重点领域方面，《浙江条例》更关注新能源体系建设、清洁能源供给能力提升以及绿色低碳技术的推广和应用，明确规定积极安全有序发展沿海核电，推动深远海风电建设，布局制氢设施，推动氢能在交通、储能、工业等领域的应用；《上海条例》则更侧重能源结构和产业结构的优化升级，以及绿色电力交易、绿色电力证书交易、分布式发电市场化交易机制等市场机构构建。在支撑和保障措施方面，《浙江条例》设科技支撑专章，聚焦科技创新这个关键变量，设立绿色低碳转型关键技术研究与示范等重点专项，推动绿色低碳技术产业化落地，完善科技奖励、科技人才评价、支持创新平台建设、先进技术推广等措施，激发绿色低碳转型科技创新活力；《上海条例》更侧重于科技创新和技术研发、绿色金融产品和服务、差别电价和阶梯电价政策、固体废物处理收费机制、碳市场等科技、金融和财税方面的政策保障。

总体来说，两部条例在大同中存在小异，各有侧重和特点。这不仅反映了不同地区在推动绿色转型中的不同需求和实际情况，也将随着两部条例的实施和不断完善，为两地绿色低碳发展注入新的动力。

四、浙江省建立完善绿色低碳转型法制构建的建议

结合英国在绿色低碳转型立法方面的经验以及浙江和上海前期推动绿色转型立法的实践，为浙江建立完善绿色低碳转型法制构建提出以下建议：

一是以规划编制作为立法的重要补充，强化战略引领。在推动《浙江条例》出台和实施过程中，建议将规划编制作为重要补充，强化战略引领作用。规划不仅是立法目标的具体化，也是立法实施的重要手段。浙江应紧密结合国家绿色发展总体战略，制订符合自身实际的绿色低碳转型规划，明确转型目标、时间表和路线。同时，规划应具备约束力，确保各部门和地区在执行过程中能够严格遵循，形成立法与规划相互衔接、共同推进的良好局面。通过强化规划的战略引领作用，确保绿色低碳转型立法目标得以实现。

二是注重法规之间的衔接和协调，形成合力。在绿色低碳转型立法过程中，浙江应注重不同法规之间的衔接和协调，避免出现法律空白和冲突。这需要对现有法规进行全面梳理和评估，明确各法规之间的关系和定位，确保它们在内容上相互补充、在逻辑上相互衔接。同时，要加强与上位法的衔接，确保地方立法与国家法律、行政法规保持一致。此外，浙江还应加强与其他省份的沟通与合作，共同推动绿色转型法规的完善和发展，确保绿色转型立法和相关配套政策的系统性、连贯性和可操作性，形成合力推动绿色转型工作的深入开展。

三是注重政策设计与工作落地的匹配性，提升执行效果。政策设计是绿色转型立法的重要组成部分，而政策与工作落地的匹配性则是衡量政策效果的关键指标。浙江在制定绿色低碳转型相关政策时，应充分考虑工作落地的需求和特点，确保政策能够得到有效实施。具体而言，政策设计应坚持问题导向，针对绿色转型过程中的重点难点问题制定具体措施；同时，要注重政策的可操作性，确保政策能够落地、取得实效。此外，浙江还应加强政策执行情况的监督和评估，及时发现问题并进行调整完善，确保政策设计与工作落地的匹配。

四是加强监管和执法力度，确保法律实效。监管和执法是保障绿色低碳转型立法有效实施的关键环节。浙江应建立健全绿色转型的监管机制，加强对相关领域的监督检查，加强执法队伍建设，提高执法人员的素质和能力，确保执法工作能够公正、有效地进行。此外，还应加强跨部门协作和信息共享，形成监管合

力，保障立法的权威性和严肃性，共同推动绿色转型立法的有效执行。

五是借鉴国际先进经验，加强国际合作与交流。英国及其他国家和地区在绿色低碳转型立法方面的经验和成熟的做法，值得浙江深入学习和借鉴。浙江可以加强国际交流与合作，引进先进的立法理念和技术手段，提升本省绿色转型立法的质量和水平。同时，还可以积极参与国际绿色转型合作机制，与其他国家和地区共同推动全球绿色转型进程。通过借鉴国际先进经验和加强国际合作与交流，不断提升自身在绿色转型立法方面的能力和水平。

作者：唐玮[1]

1　唐玮，大成律师事务所合伙人，上海碳中和促进中心顾问专家、杭州市能源学会碳中和专委会委员，致力于应对气候变化、资源环境等领域的政策研究，以及碳市场、绿色金融等创新业务实践。

全国温室气体自愿减排交易机制改革进展与前景

气候变暖、冰川融化、极端气候事件增多给人类社会发展带来挑战，携手应对气候变化已成为人类共同的课题。根据政府间气候变化专门委员会（IPCC）第六次评估报告，毋庸置疑的是人类活动已经引起了大气、海洋和陆地的变暖；全球地表温度相对工业革命时期的上升，其中绝大部分是人类活动造成的。据联合国环境署《排放差距报告》，2010 年以来全球 GHG 排放量平均每年增长 1.4%，为实现全球变暖控制在 2℃和 1.5℃以内，与当前政策预测相比，必须将全球温室气体排放量分别减少 30% 和 45%。为此，《巴黎协定》已明确提出全球应对气候变化目标和自主贡献目标，即将全球温升幅度控制在 2℃范围内、为 1.5℃目标努力；并对全球温室气体排放空间及排放路径形成“自上而下”约束，包括全球排放尽快达峰并迅速下降，21 世纪下半叶实现净零排放甚至负排放等。

在应对气候变化具体实施路径中，碳定价机制是世界公认可以有效降低温室气体排放的政策工具。据世界银行公布的数据[1]，截至 2023 年 4 月，全球有碳排放权交易体系 37 个，碳税体系 36 个，覆盖全球排放量 23%；2022 年全球配额交易量约 125 亿 t，交易额达到 9 785.6 亿美元，交易额同比上升 29%。与强制配额市场同步并行的还包括温室气体自愿减排机制，即各类社会主体在无强制性要求情况下自主自愿开发温室气体减排项目，项目的减排效果按照相关方法学量化核证后成为可交易的减排信用（我国称为“核证自愿减排量”），从而可在市场出售获取相应减排收益的一种温室气体减排激励机制。全球约有 30 个各类温室气体自愿减排机制，注册项目约 1.9 万个，签发量约 48 亿 t，其中清洁发展机制（CDM）、核证碳标准（VCS）等合计占比超过 80%，减排量项目广泛来源于

1 世界银行 . State and Trands of Carbon Pricing 2023.

可再生能源、农业、林业、能效、燃料转换、工业气体、制造业、土地利用、交通、废物处置等领域。

中国温室气体自愿减排交易制度是借鉴 CDM 项目管理经验，在国内开展的全国温室气体自愿减排项目登记及交易活动。早在 2012 年，我国陆续出台了《温室气体自愿减排交易管理暂行办法》等系列文件，对全国温室气体自愿减排交易实施统一备案管理，并建立了国家温室气体自愿减排注册登记系统，支撑实现国家核证自愿减排量（CCER）在全国范围交易。2017 年，为落实国务院“放管服”改革要求，国家温室气体自愿减排交易相关备案申请被暂缓受理（已签发项目不受影响）。2020 年以来，社会各界对中国国家温室气体自愿减排交易机制的重启给予高度关注[1]；国际国内碳减排形势的重大变化也推动着重启工作进程加快：一是中共中央、国务院提出实现“双碳”目标要坚持双轮驱动原则，强调政府和市场两手发力，发挥市场机制作用；二是生态环境部于 2020 年 12 月出台《碳排放权交易管理办法（试行）》，规定重点排放单位可使用 CCER 抵销碳排放配额清缴；三是国际民航组织于 2020 年 3 月认可 CCER 纳入国际航空碳抵销和减排计划（CORSIA）的抵销指标体系。

本文结合“双碳”背景下全国温室气体自愿减排交易机制新形势，总结了全国温室气体自愿减排交易机制改革进展，分析了改革后全国温室气体自愿减排交易机制的项目开发与登记重点环节，并结合未来 CCER 需求市场提出展望。

一、“双碳”背景下我国温室气体自愿减排交易机制面临的新形势

2021 年，中共中央、国务院印发《关于完整准确全面贯彻新发展理念做好碳达峰碳中和工作的意见》，要求立足新发展阶段，贯彻新发展理念，构建新发展格局，坚持系统观念，把碳达峰、碳中和纳入经济社会发展全局，以经济社会发展全面绿色转型为引领，加快形成节约资源和保护环境的产业结构、生产方式、生活方式、空间格局，坚定不移走生态优先、绿色低碳的高质量发展道路；明确了“全国统筹、节约优先、双轮驱动、内外畅通和防范风险”五大原则，其中，“双轮驱动”要求政府和市场两手发力，加快绿色低碳科技革命，发挥市场机制作用，形成有效激励约束机制；并提出加快建设完善全国碳排放权交易市场，逐步扩大市场覆盖范围，丰富交易品种和交易方式等具体要求。

2021 年，中共中央办公厅、国务院办公厅出台《关于深化生态保护补偿制度改革的意见》，明确要求加快建设碳排放权交易市场，健全以国家温室气体自愿减排交易机制为基础的碳排放权抵消机制，将具有生态、社会等多种效益的林业、可再生能源、甲烷利用等领域温室气体自愿减排项目纳入全国碳排放权交易市场。2023 年，党中央、国务院出台的《关于推进美丽中国建设的意见》，提出进一步发展全国碳市场，建设完善全国温室气体自愿减排交易市场；明确到 2035 年建成更加有效、更有活力、更具国际影响力的碳市场。

此外，2023 年，习近平总书记发表一系列重要讲话，建设全国温室气体自愿减排交易市场，支持服务业在绿色发展中发挥更大作用，为建成更加有效、更有活力、更具国际影响力的碳市场指明了方向。

上述新形势为加快推动全国温室气体自愿减排机制改革和体系建设指明了政治方向和实施路径。

二、全国温室气体自愿减排交易机制改革进展

2023 年是全国温室气体自愿减排交易机制建设具有里程碑意义的一年，构建了新的制度和技术支撑体系框架。

一是生态环境部积极按照“放管服”要求改革完善温室气体自愿减排交易机制管理思路，于 2023 年 10 月联合市场监管总局印发《温室气体自愿减排交易管理办法（试行）》，重塑温室气体自愿减排方法学、项目、减排量、审定与核查机构、交易机构等管理规则，为保障全国温室气体自愿减排交易机制运行提供了基本遵循和政策依据。

二是生态环境部在 2023 年 3 月向社会公开征集全国温室气体自愿减排项目方法学建议基础上，于 2023 年 10 月正式发布了造林碳汇、并网光热发电、并网海上风力发电和红树林营造 4 个方法学[1]，明确了全国温室气体自愿减排交易机制改革后优先支持的技术领域和减排量监测核算方法学依据。

三是国家市场监督管理总局和认证认可监督管理委员会于 2023 年 12 月联合发布《温室气体自愿减排审定与减排量核查实施规则》，规定了自愿减排项目审定与减排量核查的依据、基本程序和通用要求。

1 https:// www.mee.gov.cw/xxgk/xxgk06/202310/t20231024_1043877.html.

四是生态环境部于2023年10月发布《关于全国温室气体自愿减排交易市场有关工作事项安排的通告》，明确全国温室气体自愿减排注册登记和交易两机构成立前，由国家应对气候变化战略研究和国际合作中心承担项目和减排量的登记工作并负责注册登记系统的运行和管理，由北京绿色交易所提供交易服务并负责交易系统的运行和管理。上述机构于2023年11月分别制定《温室气体自愿减排项目设计与实施指南》《温室气体自愿减排注册登记规则（试行）》，以及《温室气体自愿减排交易和结算规则（试行）》，明确相关主体开发实施减排项目、申请项目和减排量登记、开展核证自愿减排量交易等业务流程和技术要求，增强了机制的可实施性和可操作性。

2024年1月，丁薛祥副总理宣布全国温室气体自愿减排交易市场启动，标志着我国完整的碳交易市场体系基本形成，并有望在2024年实现改革后新的全国温室气体自愿减排项目的登记。

三、全国温室气体自愿减排项目设计与实施

全国温室气体自愿减排交易机制对减排项目及减排量有严格的技术要求，减排项目应具有额外性，减排效果应具有环境完整性、保守性、唯一性等。减排项目具有额外性，指自愿减排项目与提供同等产品和服务的其他替代方案相比，在内部收益率财务指标等方面不是最佳选择，存在融资、关键技术等障碍，项目实施有助于克服上述障碍且相较于基准线具额外减排效果。环境完整性，指温室气体自愿减排项目没有碳泄漏或减排量必须减去碳泄漏、对环境和可持续发展不产生负面影响。保守性，指在减排量核算或核查过程中，如存在不确定性，难以对相关参数、技术路径进行精准判断时，应当采用保守方式进行估计、取值等。唯一性，指温室气体自愿减排项目未参与其他温室气体减排交易机制，不存在项目重复认定或者减排量重复计算的情形。

温室气体自愿减排项目需按照《温室气体自愿减排项目设计与实施指南》以及方法学进行项目设计，由第三方审定后申请项目登记。项目登记阶段完成后，项目业主将对其相关参数和排放量进行监测，监测报告需要公示，并由第三方审定核查机构进行核查。最后，向登记机构申请项目减排量登记，登记后形成CCER（图5-4-1）。

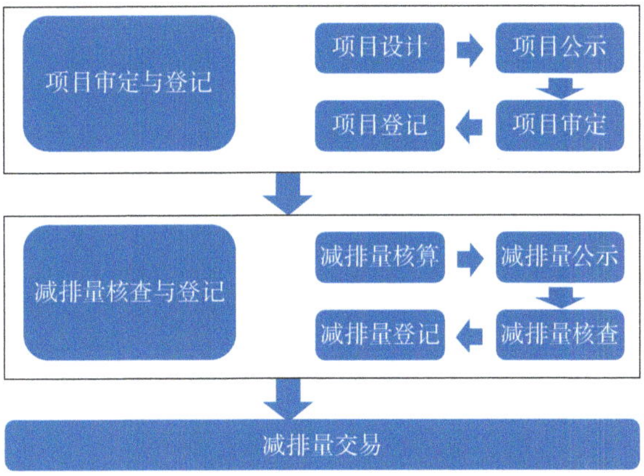

• 温室气体自愿减排交易机制对减排项目及减排量有着严格的技术要求：

√ 减排项目应具有额外性：没有减排机制下的核证自愿减排量激励，减排项目不会被实施；

√ 减排量应可监测、可报告、可核查，符合项目方法学和相关技术规范；

√ 减排量应具有唯一性：减排项目未参与其他减排机制，减排效果不会被重复计算、重复申领

图 5-4-1　温室气体自愿减排项目设计与实施

额外性要求是温室气体自愿减排项目的根本要求，根据《温室气体自愿减排项目设计与实施指南》，对项目额外性进行一般论证的，项目业主需要从投资分析和障碍分析两个不同的角度分析自愿减排项目作为商业项目实施时面临的困难。如果项目面临的困难都可以量化为财务成本或者收益，则要求必须使用投资分析的方法定量论证项目的财务指标对于投资者不具有吸引力；如果项目面临的困难无法量化为财务成本或者收益，则可以选择障碍分析的方法定性论证项目的额外性。生态环境部在制定发布温室气体自愿减排项目方法学时，针对符合条件的特定项目类型可以设立简化或者免于项目额外性论证的要求。例如，对成本高、财务指标差、需要扶持的项目类型，如并网海上风力发电项目、并网光热发电项目、红树林营造项目等，可以免予额外性论证（图 5-4-2）。

此外，在应对林业项目的碳汇非持久性问题方面，造林碳汇和红树林营造两个项目方法学，明确提出了林业项目应对非持久性的相关要求，一是林业项目设计文件应当说明为防止火灾、病虫害、采伐等影响减排量持久性而采取的措施；二是在充分参考国际通行做法，广泛听取林业领域各方面意见的基础上，要求林业项目在减排量核算时根据相关方法学扣除一定比例的减排量，以应对非持久性风险，具体扣除比例按照项目方法学执行。

四、全国温室气体自愿减排项目登记

现阶段，国家应对气候变化战略研究和国际合作中心作为全国温室气体自愿减排注册登记机构负责全国温室气体自愿减排注册登记系统的运行和管理，通过该系统受理温室气体自愿减排项目和减排量的登记、注销申请，记录温室气体自愿减排项目相关信息和核证自愿减排量的登记、持有、变更、注销等信息，并依

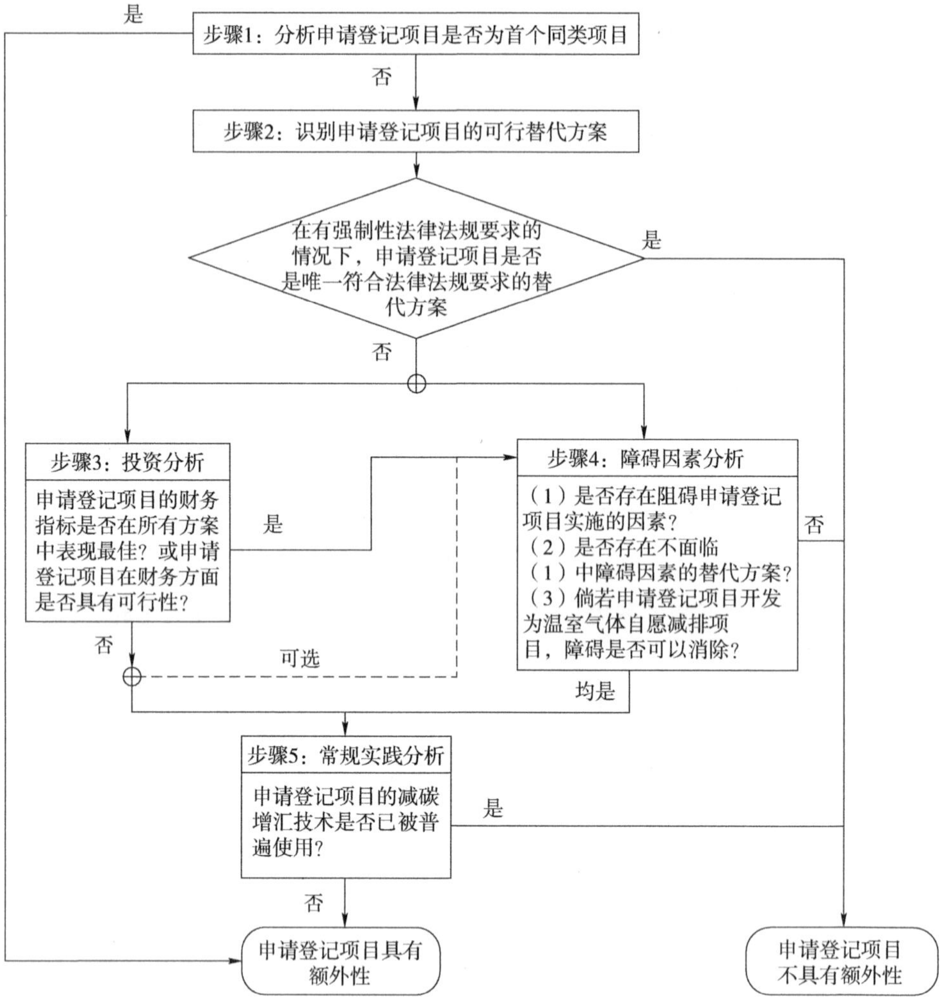

图 5-4-2 温室气体自愿减排项目额外性论证

申请出具相关证明。注册登记系统记录的信息是判断核证自愿减排量归属和状态的最终依据。

为满足全国温室气体自愿减排交易机制重启后对项目全流程电子化管理的需求，生态环境部组织建设了新的全国温室气体自愿减排注册登记系统和全国温室气体自愿减排交易系统，并于 2023 年 8 月同时上线。其中，新的全国温室气体自愿减排注册登记系统完善了全流程业务功能的需求设计，包括实现项目管理和减排量的所有流程在线上完成，如项目公示、申请和登记、减排量公示、申请和登记等；此外，在履约抵消方面，新系统与全国碳市场配额注册登记系统首次实现连接，同时还预留了与地方碳市场、国际抵消功能接口。

根据《温室气体自愿减排注册登记规则（试行）》，注册登记机构依申请为以下符合条件的主体开立注册登记账户：申请温室气体自愿减排项目登记的法人和其他组织（项目业主）；全国或者地方碳排放权交易市场重点排放单位；从事核证自愿减排量交易的其他交易主体；审定与核查机构；省级生态环境主管部门；拟对公示中的温室气体自愿减排项目设计文件和减排量核算报告提出意见的个人和单位。其中，项目业主账户主要是用来记录核证减排量的登记、持有、变更和注销等信息。全国或者地方碳排放权交易主体的账户具有履约功能。交易主体账户主要用于记录核证自愿减排量的持有、变更、注销等信息。省级主管部门是新增登记主体，可以通过新系统查询本地区 CCER 项目和减排量的登记情况。经市场监督管理总局批准的审定与核查机构可以开立登记账户，提交审定和核查报告，实现双承诺和确保审定核查报告的唯一性。此外，个人或机构可以注册公众账户，仅用于对公示的自愿减排项目及减排量信息提出意见。

全国温室气体自愿减排注册登记机构的重要职责是对申请登记的项目和减排量的完整性和规范性进行审核，所有申请材料真实性、完整性、有效性由项目业主和审定核查机构负责。对于材料不完整、不规范的将不予登记。考虑到目前社会对于碳中和出具减排量注销证书的需求，新系统设计了 CCER 注销证书功能。登记主体出于公益目的自愿注销其持有的 CCER，只需填写其注销用途，新系统将生成注销证书并公开，保证 CCER 注销和使用的唯一性。

五、地方主管部门参与全国温室气体自愿减排机制

根据《温室气体自愿减排交易管理办法（试行）》相关规定（表 5-4-1），涉及地方生态环境主管部门职责主要包括对本行政区域内温室气体自愿减排交易及相关活动实施监督管理、具体开展项目业主数据造假等违规行为的查处和执法等内容。此外，管理办法还对生态环境主管部门相关工作人员的滥用职权等违规行为的处理进行了原则性规定。

下一步，温室气体自愿减排交易改革重启后，如何具体落实省级生态环境主管部门职责，开展 CCER 项目和减排量质量监督管理，保障 CCER 机制高质量运行，将成为重点。各省级生态环境主管部门需要明确开展温室气体自愿减排交易及相关活动进行监督管理审核管理的总体要求、管理思路、管理流程，以及开展具体监管工作的审核要点、技术流程、系统实现等。尤其是需要针对已经发布方法学的 4 个具体技术领域的项目，结合项目合格性、减排量数据质量等核心内容，针对性开展监督执法。建议各省应首先摸清家底，研判区域内项目潜力，加快组织开展相关研究及能力建设工作，细化省级监管工作流程，建立工作模板，为重启后的 CCER 机制管理提供技术支撑。

表 5-4-1　全国温室气体自愿减排交易机制下省级主管部门责任

事项	具体规定
职责	第五条：省级生态环境主管部门负责对本行政区域内温室气体自愿减排交易及相关活动进行监督管理。设区的市级生态环境主管部门配合省级生态环境主管部门对本行政区域内温室气体自愿减排交易及相关活动实施监督管理
项目业主监管	第四十三条：项目业主在申请温室气体自愿减排项目或者减排量登记时提供虚假材料的，由省级以上生态环境主管部门责令改正，处一万元以上十万元以下的罚款；存在篡改、伪造数据等故意弄虚作假行为的，省级以上生态环境主管部门还应当通知注册登记机构撤销项目登记，三年内不再受理该项目业主提交的温室气体自愿减排项目和减排量登记申请。 项目业主因实施前款规定的弄虚作假行为取得虚假核证自愿减排量的，由省级以上生态环境主管部门通知注册登记机构和交易机构对该项目业主持有的核证自愿减排量暂停交易，责令项目业主注销与虚假部分同等数量的减排量；逾期未按要求注销的，由省级以上生态环境主管部门通知注册登记机构强制注销，对不足部分责令退回，处五万元以上十万元以下的罚款，不再受理该项目业主提交的温室气体自愿减排量项目和减排量申请
违规行为	第四十六条：生态环境主管部门、市场监管部门、注册登记机构、交易机构的相关工作人员有滥用职权、玩忽职守、徇私舞弊行为的，由其所属单位或者上级行政机关责令改正并依法予以处分。 前述单位相关工作人员有泄露有关商业秘密或者其他构成违反国家交易监督管理规定行为的，依照其他有关法律法规的规定处理

六、展望

全国温室气体自愿减排交易市场是继全国碳排放权交易市场之后，我们国家推出的又一个助力实现“双碳”目标的重要政策工具，是利用市场机制调动全社会力量共同参与温室气体减排行动的重大制度创新。全国碳排放权交易市场和全国温室气体自愿减排交易市场两个工具都是通过市场机制控制和减少温室气体排放，两者既有区别、独立运行，又有联系、互为补充。全国碳排放权交易市场和全国温室气体自愿减排交易市场通过配额清缴抵销机制，实现互联互通，共同构成了我们国家的碳市场体系。同时，全国温室气体自愿减排交易体系建设的目标是通过创造巨大的绿色市场机遇，鼓励更广泛的行业企业和社会主体自主自愿地采取额外的温室气体减排行动，带动全社会共同参与绿色低碳发展。

全国温室气体自愿减排交易机制产生的 CCER 主要用于全国和地方碳排放权交易市场履约抵销、社会自愿注销等。在全国碳排放权交易市场履约抵销方面，重点排放单位每年可以使用 CCER 抵销碳排放配额的清缴，抵销比例不得超过应清缴碳排放配额的 5%；按照全国 50 亿 t 配额总量估计，CCER 履约抵销最大理论需求量为 2.5 亿 t/a。在地方碳排放权交易市场履约抵销方面，北京等 8 个地方碳市场均允许重点排放单位使用 CCER 履约，各地对于 CCER 履约普遍设置抵销比例（一般为不超过应清缴碳配额的 5%～10%）、项目时间及类型、项目活动地域等限制；按照地方约 10 亿 t 配额总量估计，CCER 履约抵销理论需求量为 0.5 亿 t/a。在社会自愿注销方面，自愿注销减排量是全社会参与低碳行动的主要路径之一，目前除 CCER 外，可用于碳中和等自愿注销的减排量来源还包括国际上多个减排机制以及我国地方碳普惠产品等，根据历史数据，短期内估计需求约 200 万 t/a。

综上，我国 CCER 需求市场短期内仍以配额市场履约抵销需求为主，理论最大需求约在 3 亿 t/a，未来市场潜力的实现还将受到供给侧、市场价格、社会认知及参与度等因素的综合影响。

参考文献

刘海燕，于胜民，李明珠 . 中国国家温室气体自愿减排交易机制优化途径初探 [J]. 中国环境管理，2022，14（5）：22–27.

作者：刘海燕[1]，于胜民[2]

1 刘海燕，国家应对气候变化战略研究和国际合作中心。

2 于胜民，国家应对气候变化战略研究和国际合作中心。

浙江省一体化开展资源环境要素市场化配置的思考与建议

党的二十大报告明确提出健全资源环境要素市场化配置体系。2023年7月习近平总书记全国生态环境保护大会上进一步指出，要推动有效市场和有为政府更好结合，将碳排放权、用能权、用水权、排污权等资源环境要素一体纳入要素市场化配置改革“总盘子”，对资源环境要素的市场化改革方向提出了明确要求。浙江省作为我国市场化改革前沿，面对日益严峻复杂的资源环境压力，积极探索发展资源环境要素市场，在提高资源环境要素配置效率和效益水平，促进优胜劣汰和加快绿色低碳转型等方面取得了显著成效。但同时，要素市场机制不够衔接、市场交易内生动力不足、要素价值增值路径不畅通、基础工作体系不健全等问题仍不同程度存在。

在充分借鉴浙江省先行先试经验基础上，着眼在全国层面统筹推进降碳减污扩绿增长，建议加强资源环境要素一体化配置顶层设计，探索建立跨地区特别是跨省（区）资源环境要素交易市场，推动建设资源环境要素多品种一体化交易平台，协同推进资源环境要素价格改革和市场机制建设，统筹推进资源环境要素价值增值模式创新，加强政策法规保障和基础能力建设。

一、浙江省推动资源环境要素市场化配置的做法和成效

（一）主要做法

浙江省地处我国改革开放的前沿地带，在创新市场化机制等方面走在全国前列。与此同时，浙江省也是“资源小省”，不仅能源、矿产等各类资源十分有限，并且随着经济发展其污染物排放问题十分严重。从20世纪八九十年代起，浙江省积极探索开展排污权、用水权、矿业权、用能权、碳排放权等领域的市场化交

易。近年来，面对日益严峻的资源环境压力，浙江省加快资源环境要素市场改革步伐，进一步探索林权、草权等生态要素的市场化配置改革。

一是率先启动排污权交易。早在20世纪80年代，浙江省嘉兴市便积极探索排污权交易。2007年，嘉兴市启动了全国首个排污权储备交易中心。同年浙江省成为全国首批排污权有偿使用和交易试点之一。2014年以来，浙江省不断完善排污权有偿使用和交易机制相关政策，涵盖了排污权“核量、定价、有偿、交易、监管”五个核心环节，建立了省、市、县三级排污权交易管理机构，实现了省、市、县区域全覆盖、主要污染物全覆盖和重点工业排污单位全覆盖。

二是积极探索用水权交易。早在2000年，东阳—义乌就签订了总金额为2亿元的水权交易合同，供水量4 999.9万m^3/a，为期100年，2019年两市又签订总金额为15亿元，供水量不低于3 000万m^3/a，为期50年的水权交易合同，东阳—义乌水权交易是我国首例水权转让案例，开创水资源要素市场化配置改革先河。随后，浙江省陆续开展了绍兴市－慈溪市区域水权、淳安－建德区域水权、临安和定海册子岛村集体山塘水库水权、宁海县强蛟镇工业企业间取水权等多个交易实践，累计交易水量达82.1亿m^3，交易金额25.6亿元，形成了区域水权交易、取水权交易与质押、农村集体山塘水库水权等多种交易模式。

三是创建全国首批用能权交易试点。2018年12月，浙江省启动了全省统一的用能权交易市场，建立了“1+2+X”用能权交易制度体系以及系列技术标准和配套政策。在实施路线上，按照“先增量、后存量”的步骤，目前主要开展增量交易。在平台建设上，按照“统一标准，网上交易，实时监管，在线清算”的原则，构建完成全省统一的用能权交易平台，平台以实现全流程在线注册登记、在线交易和资金清算为建设目标，覆盖申请、审核、交易、履约和监管等全部交易流程，系统建设水平走在全国前列。

四是加快推动碳排放权交易。2016年浙江省启动企业碳报告编制工作，并在国家要求的碳市场纳入企业（年综合能耗1万t标准煤以上）基础上，开展年综合能耗5 000 t标准煤以上的非碳市场纳入企业碳报告工作。通过连续多年碳报告、报送以及核复查，企业碳排放数据统计管理体系逐步建立完善，碳报告规范性不断加强。持续深化碳排放数智管理，实现了企业碳排放报告填报—送审—核查—复查—终审的全过程在线闭环管理，涵盖2016—2021年度全省2 000余家企业碳排放数据。

五是深入推动矿业权交易。早在20世纪90年代末，武义等地就开始探索采矿权有偿取得，海盐采取资源打包方式公开拍卖采矿权。2000年，浙江省选择海盐、玉环、温岭、绍兴、湖州5地开展采矿权拍卖试点。2010年浙江省出台了保障矿山企业顺利进场施工的“净矿”出让政策。近年来，浙江省不断完善矿业权交易规则，将全部矿业权交易纳入全省自然资源交易平台统一管理，全面实施矿业权网上交易。

六是持续探索生态要素市场化配置。浙江省作为“绿水青山就是金山银山”理念的发源地，积极探索实践生态产品价值实现机制。建立生态产权体系，推进自然资源产权制度改革，对全省范围内的水流、森林、湿地等自然生态空间统一进行确权登记，划清不同主体行使所有权的边界。探索建立多样化的自然资源所有权体系，例如丽水以农村金融改革为契机，对农村土地承包经营权、宅基地使用权、农房所有权、林权、水权、村集体经济股权“六权”确权赋权。推动开展林地经营权流转、河道管理权和经营权分段或分区承包给农户等一系列创新实践，努力探索生态环境要素的产权改革、价值转化和流转交易。

(二)总体成效

一是资源环境要素市场总体保持全国领先或先进地位，为国家推动相关工作提供了有益探索。截至 2023 年 4 月，全省完成用能权交易 124 笔，涉及能耗指标超过 300 万 t 标准煤，交易金额超 4 亿元，交易规模领跑全国。2015—2021 年，全省排污权交易规模 163 亿元，约占同期全国排污权交易总量的一半。

二是优化要素配置效率有力保障重大项目建设。浙江省将资源环境要素市场化配置与全省要素市场化改革充分衔接，明确提出国家和省级重大工程项目可优先保障资源环境要素。2022 年以来，全省有排污权需求项目 7 010 个(含省级重大项目 225 个)，累计调配化学需氧量 11 279 t、氨氮 1 059 t，二氧化硫 6 910 t、氮氧化物 19 132 t。

三是实现产业结构优化、增加环境治理资金等协同效益。通过发挥市场机制的决定性作用，促进资源环境要素进一步向产出效益高、资源消费少的领域聚集，有力促进了产业结构不断优化。例如，浙江省将单位工业增加值能耗高于 0.52 t 标准煤 / 万元的项目纳入用能权交易，推动高耗能企业在项目设计阶段采用先进工艺，抑制低水平项目盲目建设。再如，湖州市通过实施排污权有偿申报和市场化交易，逐步淘汰了高污染的印染行业，同时筹集了 8.45 亿元资金，有效解决了污染治理资金不足的问题。

四是开创一系列模式创新、制度创新、金融创新、技术创新，为全国开展资源环境领域的要素市场化配置提供了“浙江经验”。浙江省以数字技术创新为牵引，探索了生态要素转化升值的丽水模式、安吉模式，创新了排污权、碳排放权、用水权、用能权等权益交易的数字化监管制度、保证金制度，实施了排污权、用水权租赁、抵押、质保等金融创新，建立了一站式数字化管理平台，形成了有益参考。

二、存在的主要问题

（一）资源环境要素交易市场之间不够衔接

一是部门协调衔接机制亟待建立。目前排污权交易试点主要由生态环境部门推动，用能权、绿色电力证书交易试点主要由发改（能源）部门推动，碳排放权主要由生态环境部门推动，用水权交易试点主要由水利部门推动。不同环境权益交易机制由不同主管部门推动，对从整体上优化资源环境要素配置考虑不够。

二是资源环境要素市场之间存在一定重复。由于能源资源消耗、污染物和碳排放存在相关关系，加之环境权益交易机制的主体均为高耗能高排放企业，一些企业可能同时参与多个市场，存在重复履约问题。同时，绿电绿证交易与用能权交易、碳交易之间衔接不够，增加了企业交易成本。

三是资源环境要素跨区域流动难度较大。由于不同区域的资源环境矛盾、环境容量不同，环境标准存在差异，制约了资源环境要素在不同地区之间高效流动。同时，一些地区片面追求完成上级政府下达的节能减污降碳约束性目标任务，对跨地区优化配置资源环境要素的积极性不高。

四是市场交易平台整合有待强化。不同资源环境要素市场之间的信息互联互通不够，省、市、县平台之间、综合性平台和专业性平台之间衔接不够。一些专业性平台的服务能力有待提升，一些县（市）平台成为“僵尸平台”，平台整合工作仍有较大提升空间。

（二）市场交易内生动力不足

一是市场交易不活跃。目前用水权、排污权、用能权等二级市场交易不积极。从供应方来看，资源环境权益被企业视为发展权，惜售现象较为普遍。从需求方来看，许多企业存在“等靠要”想法，加之节能减污降碳节水等约束性目标任务落实不够，企业参与市场化交易的自发动力不强。

二是资源环境要素价格形成难度大、争议多。以水权交易为例，淳安县对其辖区内的优质水资源按照成本法、收益法和品牌价值法分别核算用水权的基准价，分别为 14.2 元 /m^3、35.2 元 /m^3、222.4 元 /m^3，但下游用水城市普遍表示难以接受。在实践中，许多城市仍习惯于通过行政审批的引调水工程来获取水资源而不愿意通过市场化的水权交易满足新增用水需求。

三是市场交易规则仍有完善空间。例如，水权交易主要依靠政府部门协调推动，未建立起规范统一的水权交易制度体系和交易平台，相关交易合同条款的确定，基本属于“一事一议”。林业碳汇交易主要纳入到自愿减排交易市场，但由于没有强制性，市场对碳汇的需求有限。

（三）资源环境要素价值增值转化难度大

一是资源环境要素价值评价标准缺失。目前，对资源环境要素特别是生态要素所蕴含的经济价值和社会价值，仍然缺乏充分认识，要素价值评价标准缺失，资源环境要素的价值和溢价效应被广泛低估。

二是资源环境认证体系有待规范。我国在绿色、生态、节能、节水等领域建立了一系列认证体系，包括第三方认证、自我声明等多种形式，但也存在政府部门职能交叉、权责不一致和企业重复检测、重复认证等问题。

三是金融支持不充分。由于资源环境要素的标准化、认证、溯源体系不够健全，难以将其进一步转化为金融产品，未很好地与抵押贷款、绿色评价、要素分配等挂钩，金融支持也不充分。

（四）政策法规和支撑保障不完善

一是资源环境要素交易法治化水平有待提升。目前，资源环境要素交易相关法律法规尚不健全，深化用能权、用水权、排污权、碳排放权等市场化交易亟须上位法的支持。

二是配套管理制度等亟须完善。例如，浙江省各级地方政府在用能权交易中通过出售用能指标产生的收入被列入“其他国有资源（资产）有偿使用收入”科目，但交易资金的使用办法未明确，存在交易资金“躺在”账户上的情况。

三是既有政策法规与创新性工作的关系亟待解决。资源环境要素市场化配置是一项前沿性、挑战性很强的工作，需要地方政府作出一系列的创新。目前政策合法性审查日益增多，每出台一项政策都要求提供政策依据，但是创新性工作往往是没有先例的，因此每项工作的推进难度明显增加。

四是数据基础薄弱。目前企业实际排污量、综合能耗量未能有效监测，水权计量和监测设施不完善，碳排放核算和监测难度大、成本高。

三、启示和建议

浙江省推进资源环境要素市场化改革的实践表明，资源环境要素是有价值的，并且要素价值是随着时间的推移而逐渐增值的。例如，水权价值由 2000 年 4 元 /t 增加到 2019 年的 50 元 /t；排污权（以化学需氧量排污权价格为例）年均价格由 2015 年的 5.9 万元 /t 增加到 2021 年的 9.2 万元 /t。同时，通过实施资源环境要素市场化配置，可以发挥市场的决定性作用，有利于提高要素配置效率，促进了优胜劣汰和区域产业结构优化，增加了环境治理资金来源，实现“一举多得”。此外，通过在省地之间、地市之间引入要素市场化配置机制，也有利于引导政府之间在绿色低碳发展方面积极竞争，促进各级政府资源环境治理体系和治理能力不断提升。

站在新的发展起点上，随着我国经济社会发展步入加快绿色化、低碳化的高质量发展阶段，要充分借鉴浙江省先行先试经验，以一体化、市场化为方向，持续探索创新资源环境要素配置方式，为处理好高质量发展、高品质生态和高水平安全关系奠定坚实的制度保障。

一是加强资源环境要素一体化配置顶层设计。统筹考虑资源禀赋、生态环境承载力、经济社会发展需要等，因地制宜加强资源环境要素综合统筹和市场化创新配置，有效发挥保障先进生产力发展和促进优胜劣汰作用，提高要素协同配置效率。建立相关资源环境要素市场机制的部门协调机制，注重把握环境保护与经济发展关系，充分考虑经济、金融、市场、财政等因素，开展资源环境要素市场交易制度的顶层设计，促进资源环境要素市场化配置与各领域相关政策的衔接。

二是探索建立跨地区特别是跨省区资源环境要素交易市场。以长三角、京津冀、珠三角等区域为试点，促进市场交易规则统一、配套实施细则统一、交易平台建设技术标准、数据规范和服务标准的统一。坚决破除区域壁垒，探索实施统一的节能环保降碳标准，促进要素在不同区域的自由流动。加强初始分配、有偿使用、市场准入、交易规则、金融服务、产权保护、市场监管等关键环节的协同融合，有序推进政策法规、监测核算、监管执法等公平统一。

三是建设资源环境要素多品种一体化交易平台。鼓励具备条件的地区先行先试，探索建设集碳排放权、用能权、用水权、排污权等多品种资源环境要素交易于一体的综合性交易服务平台。深入推动各级各类公共资源交易平台整合，加快形成国家—省—市—县四级联动、综合性平台和专业平台协调配合的格局。充分运用数字技术、区块链技术等先进技术，开展不同资源环境交易市场的通用平台建设，注重不同部门间相关数据、平台的共享和互联互通，避免信息不对称引起的重复建设、效率低下等问题。

四是协同推进资源环境要素价格改革和市场机制建设。以反映市场供需、体现资源环境要素稀缺性和负外部性为核心，开展各类资源环境要素的价值评估工作，积极探索成本定价、收益定价、权益定价等不同定价方法及应用范围、应用条件。逐步理顺价格传导机制，加强能源市场、电力市场与资源环境要素市场等衔接，促进节能减污降碳节水等成本和效益在全社会不同行业领域有效传导，实现供需双向互动和协同转型。

五是统筹推进资源环境要素价值增值模式创新。健全资源环境要素使用权类型，探索出让、转让、出租、抵押、担保、入股等权能，使得资源环境要素使用者可以通过出让、转让、出租获得直接收入，或通过抵押、担保等获得信用贷款，或通过入股变成资产。统筹推动资源环境领域标准化－认证－标签制度，研究设立符合国情、与国际接轨的绿色标签、生态标签。

六是统筹加强政策法规保障和基础能力建设。制定出台资源环境要素领域的统一法律，明确资源环境要素的法律属性，完善资源环境权益交易相关配套技术指南与实施细则。推行资源环境统一监测核算，明确统一规范的标准要求，完善企业监测报告制度，提高监测和核算数据的有效性、准确性、及时性。强化多源数据交互验证机制，确保数据可验证、可追溯和可核查。

作者：田智宇[1]，赵盟[2]

1 田智宇，中国宏观经济研究院能源研究所可持续中心主任，研究员。

2 赵盟，中国宏观经济研究院能源研究所可持续中心副主任，副研究员。

欧盟碳边境调节机制等绿色贸易壁垒的影响与应对思考

2023年5月，《欧盟碳边境调节机制法案》[1]（EU 2023/956）正式生效。根据该法案，欧盟碳边境调节机制（Carbon Boarder Adjustment Mechanism，CBAM）自2023年10月正式进入过渡期，2026年1月1日起正式实施。受欧盟碳边境调节机制的带动，英国、美国等也在积极构筑本国的绿色贸易壁垒。这种趋势将对全球贸易规则带来深刻影响，冲击我国产品出口。对此我国应高度重视，积极应对。

一、欧盟碳边境调节机制的主要内容与实施进展

（一）主要内容：六类产品、一证式管理、两大系统

欧盟碳边境调节机制以欧盟碳市场为参照，明确纳入其中的进口商品范围，以这些产品的进口商为施策对象，建立一个“名义”碳市场，是一项边境后贸易措施。该“名义”碳市场没有总量限制，只有一级市场没有二级市场，碳价与欧盟碳市场价格挂钩。根据欧盟碳边境调节机制法案最终文本，其具体内容如下。

欧盟碳边境调节机制目前覆盖六类产品和三种温室气体。根据最终法案，欧盟碳边境调节机制将覆盖水泥、电力、肥料、钢铁、铝和化学品（氢）六类进口产品。钢铁和铝不仅包括钢铁等初级产品，还包括板、管、柜、轨道、门框等初加工产品，尚未包括机械设备等高端产品。在产品碳排放量认定方面，明确不同产品的口径不同。钢铁、铝和氢仅考虑直接排放，即生产过程中的排放（包括制冷和制热的排放）；水泥和肥料还考虑电力生产过程中的间接排放。在确定产品碳排放水平时，欧盟将综合考虑多种温室气体排放情况。钢铁、水泥、电力和氢

1 Regulation(EU)2023/956 of the European Parliament and of the Council of 10 May 2023, establishing a carbon border adjustment mechanism. http://data.europa.eu/eli/reg/2023/956/oj.

仅考虑二氧化碳排放；铝考虑二氧化碳和全氟化碳排放；化肥考虑二氧化碳和一氧化二氮排放。

进口商通过购买 CBAM 证书支付进口商品碳成本。针对碳边境调节机制覆盖产品的进口，欧盟将进行进口商资质管理，即各国 CBAM 主管部门对本国进口商或间接报关代表进行授权申报商资质审查，通过审查的进口商才能获得 CBAM 相关商品的进口资质。进口商需要履行季度报告和年度申报义务，即每季度结束后向欧委会提交 CBAM 季度报告，每年 5 月 31 日前提交上一年 CBAM 年度申报，信息见表 5-6-1。欧盟通过 CBAM 证书[1]的出售、清缴、回购等对进口商履约进行“一证式”管理。每季度末，进口商需持有不少于当年已进口商品 80% 含碳量的 CBAM 证书数量。年度申报时，进口商持有 CBAM 证书数量应不少于全年进口产品的指定口径碳排放量。CBAM 证书仅当年有效，每年履约完成后，欧盟委员会将按原价格回购 CBAM 证书，但回购量不超过进口商购买量的 1/3。

表 5-6-1　CBAM 授权商季度报告和年度申报内容

序号	CBAM 报告内容（特定季度）	CBAM 申报内容（年度）
1	原产国生产该商品的每个设施规定的每类商品总量	各类 CBAM 商品进口总量
2	计算得到的实际碳排放量	总碳排放量
3	计算得到的间接排放总量	需清缴的 CBAM 证书总数
4	考虑退税或补贴后，原产国对进口商品碳排放支付的碳价	核查员核查报告副本

数据来源：此表依据欧盟公报上公布的碳边境调节机制法案最终文本整理。

实际缴纳的碳边境调节费受产品碳排放、原产国碳价、欧盟免费配额比例等因素影响。欧盟进口商最终实际承担的碳边境调节费由 CBAM 证书数量和价格共同决定。其中，CBAM 证书数量等于进口商品隐含碳排放总量，在欧盟碳市场仍存在免费配额阶段，进口商需购买的 CBAM 证书数量按照免费配额比例等比例减少。2026—2034 年，欧盟碳市场免费配额比例将逐步减少并最终全部取消（图 5-6-1）。CBAM 证书价格为欧盟碳市场收盘价的周平均价格，由欧盟委员会定期公布。若商品在原产国已经支付过碳价（碳税、碳市场价格等显性碳价），则进口商在缴纳费用时可相应扣减。进口商实际承担的碳边境调节费计算公式为

进口商碳边境调节费 = 欧盟碳市场价格 × 产品量 ×（指定口径排放量 – 免费配额覆盖排放量）– 原产国碳价

1　CBAM 证书（CBAM certificate）是 CBAM 主管部门颁发的电子证书。一张 CBAM 证书可抵消进口产品的 1 t 隐含碳排放。

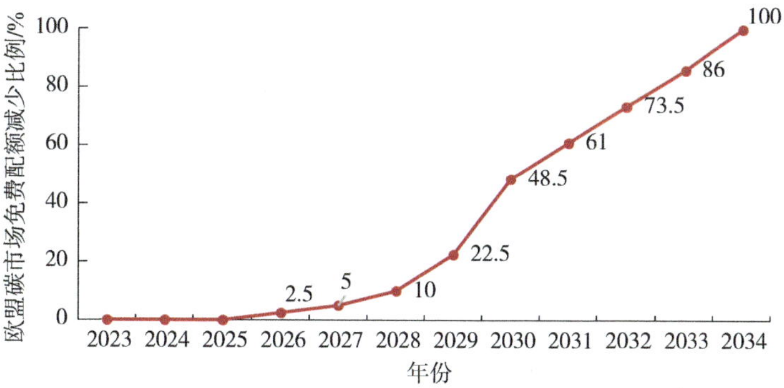

图 5-6-1 欧盟碳市场免费配额削减路线

数据来源：欧盟碳市场。

欧盟碳边境调节机制由欧盟委员会和成员国 CBAM 主管部门基于共同中央平台和 CBAM 注册登记系统共同实施。在碳边境调节机制具体实施过程中，欧盟委员会负责宏观管理，例如，根据授权制定实施细则、建立和管理 CBAM 注册系统、建立和管理公共中央平台、风险控制、监督审查、回购、注销 CBAM 证书等。成员国 CBAM 主管部门（以生态环境或气候部门为主）负责具体实施，例如，审批和登记 CBAM 授权申报商、审查 CBAM 申报、审定应清缴 CBAM 证书数量、向本国进口商出售 CBAM 证书；对违规进口商进行处罚等。实施过程中需要用到两个系统：公共中央平台主要用于出售和回购 CBAM 证书；CBAM 注册系统主要用于授权申报商资质审查、授权申报商账户管理（CBAM 申报和 CBAM 证书清缴）、原产国生产设施和运营商信息填报等。为配合碳边境调节机制实施，海关将会进行入关审查，不允许除 CBAM 授权商之外的任何人进口相关商品，也会定期向欧委会通报有关商品进口情况，还会协助开展调查。CBAM 注册系统中的信息也会及时同步给海关部门（图 5–6–2）。

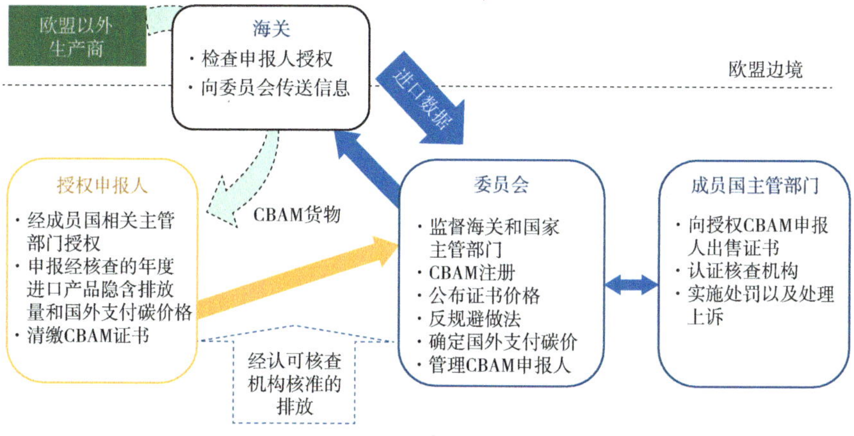

图 5-6-2 欧盟碳边境调节机制管理职责

欧盟碳边境调节机制豁免方式是加入或链接欧盟碳市场。目前，符合该豁免条件的国家有冰岛、列支敦士登、挪威和瑞士。

（二）实施进展：进入三年过渡期

欧盟碳边境调节机制已经完成立法，并于 2023 年 10 月正式进入过渡期（图 5-6-3）。

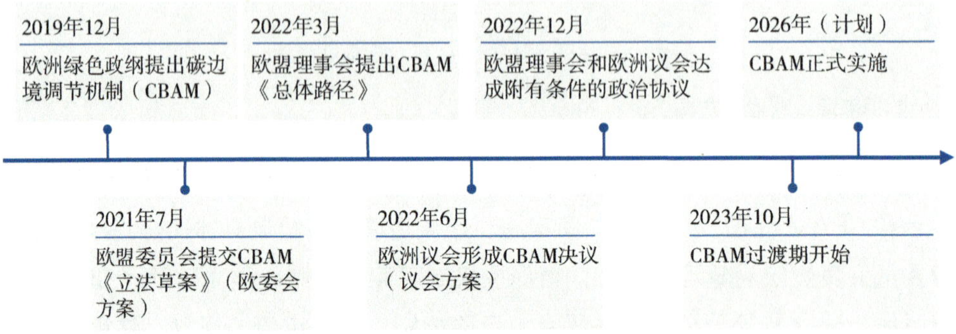

图 5-6-3　欧盟碳边境调节机制实施进度

过渡期内，欧盟委员会将陆续出台碳边境调节机制实施细则。截至目前，欧盟委员会已经出台《过渡期碳边境调节机制实施条例及附件》《欧盟进口商实施 CBAM 指导文件》《欧盟以外设施运营商实施 CBAM 指导文件》《过渡阶段 CBAM 登记系统用户手册》《碳边境调节机制国家主管部门（暂定）》5 份实施细则。

过渡期内，进口商须按要求填报相关信息但无须缴纳相关费用。根据《过渡期碳边境调节机制实施条例及附件》要求，进口商每季度应在过渡期登记系统中提交 CBAM 报告，报告见表 5-6-2。若未提交 CBAM 报告或未及时纠正 CBAM 报告中的错误，成员国 CBAM 主管部门将对进口商进行罚款，每公吨未报告的排放量罚款 10～50 欧元。过渡期管理方式见图 5-6-4。

表 5-6-2　过渡期进口商申报信息

类别		主要内容
货物信息		进口货物数量； 根据 CN 代码确定的货物类型
隐含排放量	直接	进口货物原产国； 货物生产设施信息：所在地联合国口岸代码、设施公司名称、设施地址及英文誊本和设施主要排放源地理坐标； 货物生产技术路线及具体参数； 货物直接碳排放量； 钢铁产品须提供原料钢厂识别编号

续表

类别		主要内容
隐含排放量	间接	每生产 1 吨货物的用电量； 是否为实际间接排放； 电力排放因子； 货物间接碳排放量
原产国碳价		以 CN 编码标明的产品类型； 具有碳价机制的国家信息及碳价类型； 该国碳价政策，包括法律条款、金额、碳定价政策说明等； 该国用于抵消碳价的政策内容，如退税、免费配额等； 碳价涉及的直接或间接排放量； 其他补偿形式涉及的嵌入排放量

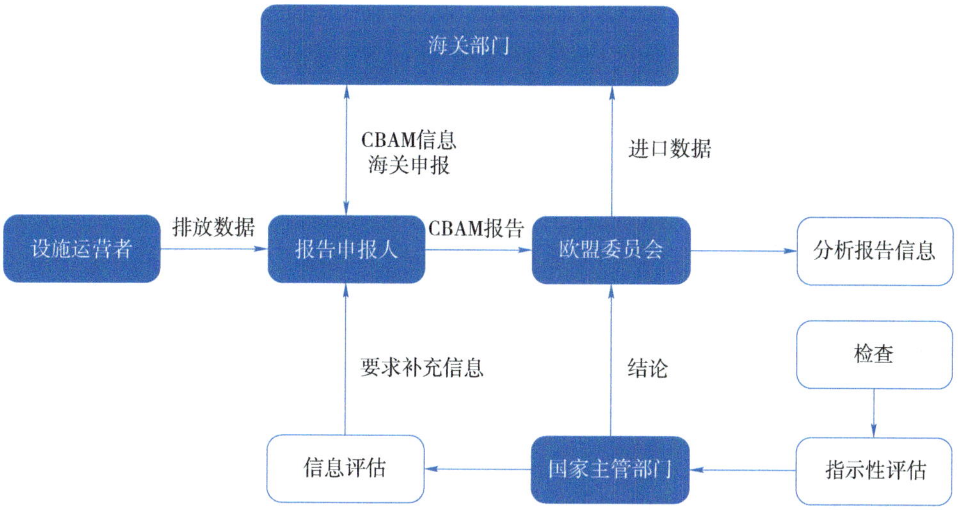

图 5-6-4　欧盟碳边境调节机制过渡期信息管理方式

（三）国际绿色贸易壁垒成加速演化苗头

欧盟推出碳边境调节机制后，英国宣布 2027 年开始对铝、水泥、陶瓷、化肥、玻璃、氢气和钢铁七类产品实施碳边境调节机制。澳大利亚开启“碳泄漏”审查并考虑实施碳边境调整机制。美国先后提出多个版本“碳关税”方案。COP28 气候峰会上，36 个国家正式成立全球气候俱乐部，覆盖全球经济 55% 以上。此外，国际供应链碳审查也在加强。法国等国家在尽职调查、信息披露等法规中增加碳排放信息报告要求，《欧盟电池法案》开始关注供应链碳足迹。这些绿色贸易壁垒不断增加，传统国际规则中绿色壁垒加速演化。

二、绿色贸易壁垒与多边协议的一致性分析

（一）违背 WTO 最惠国待遇原则

WTO 最惠国待遇原则要求 WTO 成员国对来自不同贸易伙伴的同类产品给予同等待遇，即某一成员享受的待遇必须平等给予其他成员。该原则是基于税收优惠，但欧盟碳边境调节机制则强化了成本趋同。例如，碳边境调节机制将功能相同但含碳量不同的产品界定为不同产品，再基于含碳量给不同国家加征不同税率的“碳关税”，还有选择地对贸易伙伴给予酌情豁免。这一做法对不同国家进行了差别对待，违背了 WTO 最惠国待遇原则。

（二）违背 WTO 国民待遇原则

WTO 国民待遇原则要求成员国非歧视性对待本国产品和同类外国产品，即进口产品所承受的直接或间接税费不高于本国同类产品。欧盟提案将 CBAM 证书价格与碳市场价格进行，看似同等对待本地和进口产品，但实际上也违背该原则，具体体现在三个方面。其一，进口产品碳排放覆盖范围大于本地产品。欧盟碳市场仅覆盖范围 1 的温室气体排放，碳边境调节机制提案中的复杂产品覆盖了范围 1 及原材料温室气体排放。其二，进口产品履约程序难于本地产品。欧盟本地碳市场主要为碳排放权期货市场，可自由交易，但碳边境调节机制中进口商购买的 CBAM 证书不可以交易。其三，进口产品履约成本高于本地产品。欧洲企业可一直持有从碳市场创建以来获得的历史免费配额或低成本配额，但进口商需承担当前高碳价带来的高成本。此外欧盟还对钢铁、电解铝等高能耗企业实施大量补贴。这些补贴使欧盟本地产品承担的实际碳成本低于进口产品。

（三）违背全球气候治理“共同但有区别”责任原则

共同但有区别的责任原则是《联合国气候变化框架公约》《京都议定书》和《巴黎协定》三大气候协定的关键，也是全球气候治理的基石。每个国家都有应对气候变化的义务，但由于各国经济发展水平、历史责任和当前人均排放不同，发达国家与发展中国家有不同的责任与义务，发达国家强制减排与发展中国家自愿减排有质的不同。然而在碳边境调节机制提案中，发展中国家需承担与发达国家相同的碳成本。发达国家非但没有履行对发展中国家应对气候变化提供资金支持的义务，反而将碳边境调节费收入囊中，明显违背了全球气候治理“共同但有区别”的责任原则。

三、国际碳边境调节机制对我国的潜在影响

短期内对我国经济影响总体可控。按照 CBAM 现有规则和商品范围，我国出口面临的冲击总体有限。联合国贸易与发展会议的研究（2023）[1]认为，若设置 44 美元 /t 的碳关税，中国对欧盟出口将下降 1.98%。若按照钢铁、水泥、铝、化肥和电力这 5 个行业实施欧盟 CBAM，并设置 70 欧元 /t 的碳关税，则中国的 GDP 损失为 1.86 亿美元。钢、铝等产品对欧贸易面临一定冲击，但总体上相对较小。以钢铁产品为例，2022 年我国出口到欧盟的钢材品种以镀层板、棒材、电工钢板带和冷轧薄板为主，出口量分别为 107 万 t、90.1 万 t、31.7 万 t 和 26 万 t，合计占欧盟进口我国钢材量的 65.5%。欧盟实施 CBAM 后，我国钢铁企业将面临对欧盟钢铁出口成本上升、价格优势缩小和产品竞争力下降的挑战。但与我国 2023 年约 8 000 万 t 的钢材出口规模相比，对欧出口量总体较小，影响有限。

推动国内电解铝等有色金属企业向绿电产区转移。2020 年“双碳”目标提出后，叠加欧盟 CBAM 规则的提出以及越来越多跨国公司提出自愿减排目标，并沿供应链向上追溯供应链企业减排等需求，电解铝、电解硅等高耗电进一步向西南地区转移。截至 2022 年，山东、新疆、内蒙古和云南建成产能分别为 792 万 t、621 万 t、618 万 t 和 561 万 t，产能规模全国领先，这意味着绿电资源已经和铝土矿资源和电价优势共同成为驱动电解铝产业区域布局的重要因素。

企业应对压力大。目前，大量企业对欧盟规则的认识仍不清晰，无论是在自身碳排放核算与管控方面，还是对上游供应链的碳排放数据获取方面都面临较多困难，应对 CBAM 数据填报面临较大压力。此外，境内核查认证机构权威度不高，我国出口企业或被动接受国外第三方机构核查，需要支付较高核查成本。

在一定程度上倒逼国内“双碳”进程加速。按照实施进度，钢铁行业有 3～5 年的低碳过渡期，化工、石油炼化等行业有 5～8 年的过渡期。一方面，与其他发展中国家相比，我国相关行业的技术水平更高，且有较好的可再生能源发展基础，可抓住有限过渡期，更快赶上发达国家先进碳排放水平，增强低碳优势。另一方面，我国减排成本仍显著低于发达国家，有望形成全球碳价洼地。若国内“2030 年前达峰、2060 年前碳中和”和国际贸易规则重构进程相宜，我国

1 United Nations Conference on Trade and Development. A European Union carbon border adjustment mechanism: Implications for developing countries [EB/OL]. (2021G07G14) [2023G03G11]. https://unctad.org/system/files/official G document /osginf2021d2_en.pdf .

有机会实现气候变化和国际贸易的“双赢”。

四、统筹应对欧盟碳边境调节机制等绿色贸易壁垒的思考

欧盟碳边境调节机制短期内对我国出口影响有限，但以欧盟碳边境调节机制为代表的国际绿色贸易壁垒，会对国际贸易规则、金融规则和产业链供应链全球化布局产生深远影响。对此，我国需要兼顾短期和长远，首先做好内外应对的短期措施，同时立足长远，不断增强基础能力，积极应对不断增强的全球绿色贸易壁垒。

（一）短期应内外统筹帮助企业增强应对能力

短期内，面对欧盟碳边境调节机制各种规则和细则不断出台，国内出口企业恐难以完全吃透规则，应对压力明显增加。因此，我国短期应对策略应以帮助出口企业为重，做好对外积极谈判和对内着力帮扶。

一是通过多渠道加强国际谈判，占据道义制高点。2023—2025 年是欧盟碳边境调节机制的过渡期，2026 年最终执行方案还有一定的调整空间，过渡期是我国通过 WTO、双边等渠道进行斡旋的重要时期，可考虑从通过 WTO、联合国、中欧环境与气候高层对话等双边或多边渠道，积极反馈中方意见。一方面在 WTO、联合国气候大会等多边机制下，深刻阐述碳边境调节机制对 WTO 规则和联合国气候治理原则的违反，为维护广大发展中国家利益发声。另一方面，与欧盟及其成员国建立官方和民间多层次沟通，从规则细节上为我国出口争取最大利益。如在欧盟方案中，发展中国家需承担与发达国家相同的碳成本，但依据共同但有区别责任原则，发展中国家应享有延期征收、更低碳价、部分豁免等权益，同时碳边境调节机制的收入应作为发达国家对发展中国家低碳援助的资金来源。例如，推动建立中欧双方碳定价和产品含碳量互认机制，确保按照双方互认的方法核算产品含碳量。此外，尽管欧盟方案中只承认出口国的碳税和碳市场价格作为可抵扣碳成本的依据，但是随着我国绿电绿证政策和全国温室气体减排自愿交易制度不断完善，需努力争取可将其用于抵扣碳成本。

二是积极为出口企业提供应对便利，一方面加快扩大全国碳市场覆盖行业，明确钢铁、铝、化工等行业纳入碳市场的时间表。另一方面积极开展面向广大企业的碳排放核算培训，提升企业碳排放管理能力。此外，积极公布分区域和分行业碳排放核算因子库，为企业满足欧盟碳排放核算要求提供便利。

（二）长远期应为积极应对国际贸易绿色低碳化做好准备

在全球推进碳中和的背景下，绿色低碳将成为未来国际贸易、金融和治理领域的重要因素。我国也要顺势而为，早做准备。

一是加快国际标准对接落地。结合国内已有的核算方法与实践，加快推进国际核算标准落地国内并与国内相关标准的衔接，尤其是高载能、基础性或出口规模较大的行业。加快构建企业碳核算体系，完善核算方法学体系，加快出台产品碳足迹核算指南，牢牢把握住我国产品碳排放含量的话语权。加快弥补信息披露等领域的标准缺口，加快培育一批具备相关知识、实践经验、规则实践与制定能力的人才。以应用引领标准体系建设，以地区或企业试点实践经验提升标准质量，逐渐构建和完善多维度和多层次的标准体系。

二是提高产品低碳竞争力，更好适应国际贸易新规则。一方面是持续推动钢铁、有色、化工等重点行业加快实施碳减排，在国际贸易中形成低碳竞争力。重点降低电力碳排放强度，持续提升非化石能源占比，为工业产品降碳提供支撑。另一方面，以需求带动低碳产业加速发展，继续巩固光伏、风电、动力电池等低碳技术产业优势，集中开展碳捕捉、电解制氢、燃料电池等低碳技术科技攻关，加快转化应用，形成我国低碳产业的核心竞争力。

作者：李继锋[1]，俞敏[2]

1 李继峰，国务院发展研究中心资源与环境政策研究所。

2 俞敏，国务院发展研究中心资源与环境政策研究所。

全球碳定价机制创新与中国碳市场政策展望

随着全球碳中和进程的纵深推动，碳排放权不再是“免费的午餐”，而是要通过“负外部性”的矫正承担相应的经济代价。越来越多的国家和地区实施碳定价机制，《巴黎协定》第六条下的市场机制建设也在逐步推进。在可预期的未来，碳金融市场有可能超越油气期货市场，成为全球最大的环境能源权益类市场，这当然需要各方共同的相向努力。我国碳市场制度正在逐步完善，但这一过程并非是一蹴而就的，需要政策和市场的持续创新，以建成更加有效、更有活力和更具国际影响力的碳市场。

经世界气象组织确认，2023 年是有记录以来最暖的一年，全球年均温度高于工业化前水平（1.45±0.12）℃，气候危机正日益影响我们的日常生产和生活，从 2025—2100 年，不作为的总经济损失估测为 1 266 万亿美元。联合国迪拜气候大会（《联合国气候变化框架公约》第 28 次缔约方大会）达成了《阿联酋共识》，其对各国国家自主贡献的首次全球盘点（Global Stocktake）[1] 强调，如果全球要将温升限制在“无过冲”或“有限过冲”的 1.5℃路径下，需要到 2030 年将全球温室气体排放量较 2019 年水平大幅、快速和持续减少 43%，到 2035 年减少 60%，到 2050 年实现二氧化碳净零排放。到 2030 年，全球可再生能源装机量达到 3 倍，全球能源效率年均提高率翻一番，每年需投资约 4.3 万亿～9 万亿美元，到 2050 年还需进一步提升至 5 万亿～10 万亿美元 /a，全球能源系统长期要以公正、有序和公平的方式转型脱离化石燃料。为此，除了持续加大公共资金支持之外，碳定价（Carbon Pricing）机制也被寄予厚望，各方期望通过机制创新引导和撬动更多社会资本投入绿色低碳领域。随着碳中和热潮的兴起及未来碳排放预算的趋紧，国际碳市场交易额再创新高，有关碳定价的话题也广受各方关注。气候变化带来的风险和机遇，对市场投资组合和策略也将产生多方面的影响。

1　UNFCCC, Matters relating to the global stocktake under the Paris Agreement, 2023. https://unfccc.int/documents/636584.

一、碳中和进程下全球碳定价机制最新进展

碳定价是指为应对气候变化、控制和降低温室气体排放而提供清晰价格信号的政策或机制，一般包括碳排放权交易、碳税、碳信用、气候金融工具等，更广义的则还包括燃料消费税、财政补贴、结构性增值税等非直接碳定价。碳定价的理论基础主要来自环境经济学的“负外部性矫正”理论，其思想主要来自于新制度经济学罗纳德·哈里·科斯（Ronald H. Coase）的产权理论及福利经济学家阿瑟·塞西尔·庇古（Arthur Cecil Pigou）所提出的“庇古税”，通过增加碳排放主体的经济成本或碳减排主体的经济收益以激励实现减缓气候变化的政策目标。根据世界银行每年发布的《碳定价机制发展现状与未来趋势》报告[1]，2023 年全球共有 73 个直接碳定价机制正在运行，覆盖了全球约 23% 的温室气体排放量，典型的碳市场包括欧盟、英国、德国、北美、中国、新西兰、韩国等，碳税则包括法国、挪威、瑞典、加拿大、日本等，两者差异和特征如表 5-7-1 所示。

表 5-7-1　碳税与碳市场的制度比较

评估指标	碳税	碳市场
减排确定性	减排目标不确定	减排目标确定
成本有效性	社会总成本高	社会总成本最低
技术创新激励	稳定的刺激作用，税收可以专向投入鼓励技术创新	刺激企业技术创新，但碳价不稳定可能削弱激励
监管成熟度	单向、垂直和线式监管，成熟度高	网络式和多重监管，成熟度低
分配公平性	依赖于征收范围和碳税收入的分配	依赖于配额初始分配和有偿收入的使用
适应增长	产业增长受到影响，程度取决于税率高低	内在灵活机制能够适应新的增长
适用范围	分散式和中小型排放源	大型和集中式排放源
金融支持	无法吸引金融支持	可以大幅吸引金融支持

注：此表为作者根据相关资料整理。

因为碳市场有更多元的市场主体参与、波动的碳价格和跨区域的影响，所以更受国际社会的关注，联合国气候谈判中也更注重市场机制的建设。1997 年达成

1　World Bank. State and Trends of Carbon Pricing, 2023. http://hdl.handle.net/10986/39796.

的《京都议定书》就创新性地提出了联合履约（JI）、清洁发展机制（CDM）和国际排放贸易（ET）三类市场机制，《坎昆协定》下进一步发展成了新市场机制（NMM）和多种合作手段框架（FVA），并在《巴黎协定》下更新为著名的“第六条”机制，其中第6.2～6.3条是自愿性的跨国交易市场，被称为“合作方法”或“减缓成果国际转让”（ITMO），涉及国家/区域市场联接；第6.4～6.7条是联合国下的集中市场机制，被称为6.4机制或“可持续发展市场机制”（SDM），是CDM2.0。根据国际碳行动伙伴组织（ICAP）《全球碳市场进展》报告[1]，2023年国际上已有28个碳市场正在运行，覆盖了全球17%的温室气体排放、1/3的人口和55%的GDP，并有20个碳市场正在规划建设中，自2005年全球第一个碳市场欧盟排放交易机制（EU ETS）启动以来，碳市场规模已经扩大了3倍。根据伦敦证券交易所集团（LSEG）的《全球碳市场年报》，2023年全球碳市场交易总额约8 811.6亿欧元（约9 487.5亿美元），相较于2020年2 877.99亿欧元增长了306%，如表5-7-2所示。欧盟碳市场仍然是全球交易量和交易额最大的市场，分别占到了全球的72.4%和87.4%，占据了绝对份额，其次是北美、英国、中国、韩国、新西兰等。自2008年以来，各个碳市场的拍卖收入累计达到了2 240亿美元。

碳市场一般由强制配额市场（Compliance Carbon Markets，CCMs）和自愿抵消市场（Voluntary Carbon Markets，VCMs）组成，当前的强制配额市场主要由相互独立的国家和区域市场组成，少部分实现了有限的连接，例如北美和欧洲市场，该市场一般由政府主导，排放量较大的行业需要强制参加，如电力、钢铁、水泥等；而自愿抵消市场在此前的《京都议定书》联合履约（JI）和清洁发展机制（CDM）中早已形成全球性的交易格局，并将在《巴黎协定》第六条下的可持续发展机制（SDM）中得到更进一步的发展，具体如表5-7-3所示。在已有强制配额市场中一般都留有较低的一定比例（一般为5%～10%）给自愿抵消市场，而后者的交易价格一般低于配额交易价格。2021年已经进入试验阶段的全球首个行业减排市场“国际航空碳抵消及减排机制”（CORSIA）也将主要依靠VCMs交易来实现2020年后国际航空净排放零增长的目标。此外，率先承诺实现碳中和的跨国企业、上市公司等除了自身通过技术创新和工艺流程改造实现节能减排之外，主要依靠VCMs市场来实现温室气体排放的抵消。国际金融协会（IIF）在2021年发起了“扩大自愿碳市场工作组”（TSVCM），目前已经有

1 ICAP. Emissions Trading Worldwide: Status Report, 2023. https://icapcarbonaction.com/en/publications/emissions-trading-worldwide-2023-icap-status-report.

表 5-7-2 全球碳市场 2019—2023 年交易规模

交易规模	2019 年		2020 年		2021 年		2022 年		2023 年		交易量涨跌幅 / %	交易额涨跌幅 / %	交易总额占比 / %
	亿 t	亿欧元	亿 t	亿欧元	亿 t	亿欧元	亿 t	亿欧元	亿 t	亿欧元			
欧盟（EUA、航空 EUA）	87.06	2 158.94	104.78	2 600.67	122.14	6 825.01	92.77	7 514.59	91.05	7 699.03	−2	2	87
北美（WCI−CCA，RGGI−RGA，WA ETS−WCA）	16.73	223.65	20.10	260.28	26.80	517.36	24.88	624.41	24.28	713.59	−2	14	8
英国（UKA）	—	—	—	—	3.35	228.47	5.12	466.26	6.07	363.53	19	−22	4
中国（CEA，CCER）	0.38	7.44	1.34	2.57	4.12	12.89	1.12	7.55	2.94	22.64	163	200	<1
韩国（KAU，KOC）	1.30	2.49	0.44	8.70	0.51	7.98	0.39	6.18	0.89	6.39	128	3	<1
新西兰（NZU）	0.30	4.33	0.30	5.16	0.81	25.05	0.60	28.45	0.17	5.96	−72	79	<1
核证减排量（CER）	0.12	0.40	0.16	0.61	0.38	1.51	0.42	1.57	0.22	0.35	−48	−78	<1
日本（J−Credits）	—	—	—	—	0.007	0.104	0.006	0.123	0.005	0.087	−20	−29	<1
总计	105.89	2 397.25	127.12	2 877.99	158.12	7 618.38	125.31	8 649.13	125.63	8 811.58	0	2	

注：此表为作者根据伦敦证券交易所集团（LSEG）和路孚特（Refinitiv）相关资料整理。

超过 250 家机构和组织参与其中，并将发起设立新的 VCMs 标准和方法学“核心碳原则（CCPs）”。而同样在 2021 年成立的“自愿碳市场完整性倡议”（VCMI）也在推动交易新规则。除了辖区内的碳市场之外，该项制度也逐渐与经贸政策挂钩，如欧盟单边实施的碳边境调节机制（CBAM）就是与强制配额市场直接挂钩。

表 5-7-3　当前已有的碳市场交易类型

碳交易类型	法律依据	交易品种	交易动机	买方	卖方
排放贸易（ET）（强制—配额）	《京都议定书》	碳配额（AAUs）	满足履约要求	发达国家	发达国家
联合履约机制（JI）（自愿—抵消）	《京都议定书》	减排信用（ERUs）	满足履约要求为主	发达国家、欧洲碳市场纳入企业	发达国家减排项目开发方
清洁发展机制（CDM）（自愿—抵消）	《京都议定书》	减排信用（CERs）	满足履约要求为主	发达国家、欧洲碳市场纳入企业	发展中国家减排项目开发方
国内或地方碳市场（欧盟、新西兰、韩国、加州、中国 7 试点等）（强制—配额）	国内或地方法律	各种碳配额	满足履约要求	碳交易纳入企业、投资机构等常见的碳交易参与主体	
地区抵消机制（如中国的 CCER）（自愿—抵消）	国内或地方法律	各种减排信用	满足履约要求为主	碳交易纳入企业、投资机构等常见的碳交易参与主体	抵消项目所在地开发方
自愿抵消机制（VCS, Golden Standard 等）（自愿—抵消）	非政府机构自发设立的规则	各自减排信用	自愿减排为主	履约社会责任的企业为主	自愿减排项目所在地开发方

注：此表为作者根据相关资料整理。

二、我国碳排放权交易市场发展历程

我国早期在探索参与国际自愿减排碳市场的基础上，对碳定价制度的选择上首先采用了碳排放权交易的政策工具。2011 年，《“十二五”规划纲要》首次提出要逐步建立碳排放权交易市场，当年应对气候变化主管部门发布了《关于开展碳排放权交易试点工作的通知》，自下而上的试点工作正式启动。2012 年，《温室气体自愿减排交易管理暂行办法》率先发布，中国温室气体核证减排量交易逐步开展。2013 年以来，深圳碳市场率先开市，上海、北京、广东、天津、湖北和重庆试点市场陆续启动，《碳排放权交易管理暂行办法》也在 2014 年颁布。7 个试点碳市场陆续纳入了 20 余行业、2 837 家重点排放单位、1 082 家非履约机构和 11 169 个自然人，碳排放配额累计成交量达 7.42 亿 t，成交额达 187.2 亿元。地方碳市场的实践与探索为全国碳市场的建设提供了很好的经验，包括在碳配额分配、行业纳入、市场培育等方面，各具特色的具体内容如表 5–7–4 所示。

表 5-7-4　我国碳排放权交易试点和主要特征

试点	覆盖行业	配额分配方法
深圳	工业（电力、水务、制造业等）和建筑、公共汽车、出租车、地铁等公共移动源	竞争博弈（工业）与总量控制（建筑）结合，初始配额免费分配
上海	电力、钢铁、石化、化工、有色、建材、纺织、造纸、橡胶和化纤； 航空、机场、港口、商业、宾馆、商务办公建筑和铁路站点	历史法和基准线法，初始配额免费分配
北京	电力、热力、水泥、石化、其他工业和服务业、交通（重点交通企业固定源，如公交、轨道、郊区客运、路政，以及轨道交通、公交、出租、客运等移动源）； 北京液化天然气（LNG）公共交通项目是国内首个交通领域 CCER 项目	历史法和基准线法，初始配额免费分配
广东	电力、水泥、钢铁、石化、陶瓷、纺织、有色、化工、造纸和民航	历史法和基准线法，初始配额免费分配 + 有偿分配。电力企业的免费配额比例为 95%，钢铁、石化、水泥和造纸企业的免费配额比例为 97%，航空企业的免费配额比例为 100%
天津	电力、热力、钢铁、化工、石化、油气开采、建材、造纸和航空	历史法和基准线法，初始配额免费分配
湖北	电力、钢铁、水泥、化工、石化、造纸、热力及热电联产、玻璃及其他建材、纺织业、汽车制造、设备制造、食品饮料、陶瓷制造、医药、有色金属和其他金属制品 16 个行业	采用标杆法、历史强度法和历史法相结合的方法计算。其中，水泥（外购熟料型水泥企业除外）、电力行业采用标杆法，热力及热电联产、造纸、玻璃及其他建材、水的生产和供应和设备制造（部分）行业采用历史强度法，其他行业采用历史法
重庆	发电、化工、热电联产、水泥、自备电厂、电解铝、平板玻璃、钢铁、冷热电三联产、民航、造纸、铝冶炼、其他有色金属冶炼及压延加工	政府总量控制与企业竞争博弈相结合，初始配额免费分配
福建	电力、钢铁、化工、石化、有色、民航、建材、造纸、陶瓷	基准线法和历史强度法，初始配额免费分配

注：此表为作者根据相关资料整理。

我国已经启动并正在运行全球覆盖排放量最大的碳市场，碳排放权交易制度正在逐步完善。国家主席习近平在 2015 年出席联合国巴黎气候大会期间正式宣布，中国将计划启动全国碳排放交易体系。2021 年，《碳排放权交易管理办法（试行）》发布，全国碳排放权交易市场正式启动上线交易，《碳排放权交易管理办法（试行）》《温室气体自愿减排交易管理办法（试行）》等文件陆续印发，首批四个温室气体自愿减排方法学正式发布，全国温室气体自愿减排注册登记系统和交易系统建设完成。2024 年年初，全国温室气体自愿减排交易市场启动，国务院常务会议审议通过了《碳排放权交易管理暂行条例》。全国碳市场目前已经完成两期履约，分别纳入了 2 162 家和 2 257 家发电企业，覆盖二氧化碳排放量分别约为 45 亿 t 和 51 亿 t，占全国总排放量的比例超过 40%。自 2021 年 7 月 16 日正式启动上线交易以来，截至 2023 年，全国碳市场碳排放配额（CEA）累计成交量 4.42 亿 t，累计成交额 249.19 亿元，每日综合价格收盘价为 41.46～81.67 元 /t。此外，我国温室气体自愿减排交易市场自 2015—2023 年，CCER 成交量约 4.6 亿 t，成交总额约为 68 亿元。我国碳市场目前只有现货市场，纳入行业也仅为单一的电力行业，碳排放配额交易还未对非履约的机构投资者开放，因此交易额及市场流动性还较为有限，当前我国碳交易额仅占全球的 1% 不到。随着碳市场扩容、自愿市场开市、碳金融发展及更多符合条件的机构投资者参与市场，未来市场增长潜力是较为客观的。根据预测，全国碳市场交易规模在 2030 年前有望达到千亿级别，如表 5-7-5 所示。

表 5-7-5　我国碳市场的发展阶段与规模展望

	2017—2025 年（培育阶段）	2025—2035 年（发展阶段）	2035—2060 年（成熟阶段）
纳入碳市场的排放量	50 亿 t CO_2e/a 左右	80 亿 t CO_2e/a 左右	排放规模会逐渐缩小
换手率	3%～5%（参考国内试点）	10%～15%	20%～30%
现货交易量	0.9 亿～1.5 亿 t CO_2e/a	4.5 亿～8.25 亿 t CO_2e/a	12 亿～21 亿 t CO_2e/a
平均现货价格	50 元 /t CO_2e	100 元 /t CO_2e	200 元 /t CO_2e
碳现货规模	45 亿～75 亿元	450 亿～825 亿元	2 400 亿～4 200 亿元
期现货比	0	5～10	20～30
碳期货规模	150 亿元	2 250 亿～8 250 亿元	48 000 亿～126 000 亿元

注：此表为作者测算。

三、碳金融市场的发展和投资者的参与

全球碳市场中有 90% 以上的交易品种是碳期货等衍生品，碳金融市场的工具和产品创新也备受各方关注。在国外碳市场中，为现货市场提供套期保值功能的衍生品交易市场活跃，如欧盟碳市场建立初期就引入了碳金融衍生品，主要有碳远期、碳期货、碳期权、碳掉期等，其主要交易平台和衍生品如表 5-7-6 所示。美国区域温室气体减排行动（RGGI）中期货交易早于现货推出，芝加哥气候交易所（CCX）在 2008 年就成立了芝加哥气候期货交易所（CCFE）。碳金融市场一般由经济、环保、能源和金融部门共同监管，参与主体多元，主要包括纳入配额管理的控排企业、非履约机构、个人投资者等。欧盟、北美等较为成熟碳交易市场都对投资机构开放，投行、私募、对冲基金等，如贝莱德集团、巴克莱银行、花旗银行、德意志银行、摩根大通、高盛、麦格理、摩科瑞等都在深度参与。贝莱德的 LEAF 基金（Liquid Environmentally Aware Fund）就是典型的例子。主要能源企业也都成立了独立的交易业务部门，包括 BP、壳牌、道达尔等。

表 5-7-6 欧洲主要碳交易平台及衍生品品种

	交易平台	期货	期权	远期	互换
欧盟碳配额（EUA）	欧洲气候交易所（ICE-ECX）	√	√	√	√
	欧洲能源交易所（EEX）	√			
核证减排量（CER）-CDM 项目	欧洲气候交易所（ICE-ECX）	√	√	√	√
	欧洲能源交易所（EEX）	√			
减排单位（ERU）-JI 项目	欧洲气候交易所（ICE-ECX）	√	√		
	欧洲能源交易所（EEX）	√			

机构投资者将金融市场的工具和产品创新投射到碳市场中，形成了多层次的碳金融市场，其主要模式如图 5-7-1 所示。共同基金、养老基金、保险公司等机构投资者目前大多数通过基金方式运作参与碳交易的一级市场和二级市场，也就是通过碳减排信用的开发和投资以及碳配额、碳信用和碳金融衍生产品的套利交易获得收益。2017 年，为促进全球主要的温室气体排放企业采取措施，减少碳排放，气候行动倡议 CA100+ 成立，目前有超过 700 个机构投资者参与，资产管理规模超过 68 万亿美元。2019 年，在联合国气候行动峰会上，资产所有者零净排放联盟（Net-Zero Asset Owner Alliance）成立，成为金融领域首个为实现《巴黎协定》长期目标的倡议，该联盟的总目标是到 2050 年实现温室气体净排

放为零，由德国安联保险集团（Allianz），法国存款基金（Caisse des Dé pots），加拿大魁北克养老金（CDPQ），丹麦养老金（Pension Denmark），瑞典保险公司（Folksam Group）和瑞士再保险公司（Swiss Re）共同发起，目前成员共有86家资产所有者，资产管理规模达到9.6万亿美元。2022年，由彭博、红杉中国、博枫、塔塔、FMG、穆巴达拉和远景共同成立了创新经济气候变化科技联盟。此外，加拿大养老基金（CPPIB）、新西兰超级基金（NZSF）、荷兰养老金（ABP）等养老基金和主权财富基金也在资产配置和具体投资策略方面考虑碳定价的影响。此外，保险公司除直接参与碳交易外，在碳市场中还进行风险评估、风险定价等业务。

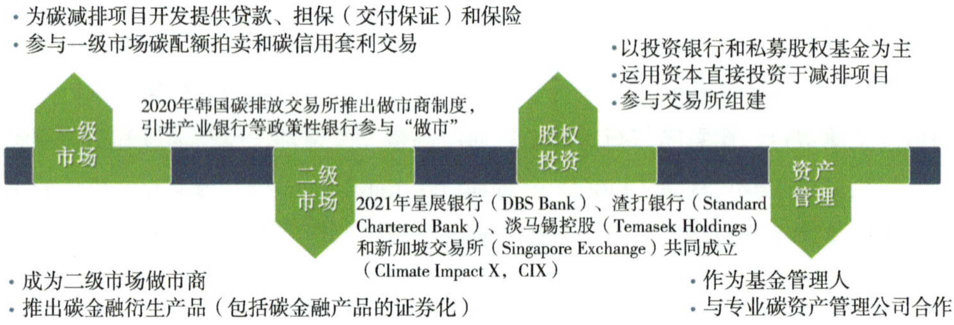

图 5-7-1　碳金融市场的主要模式

欧洲是机构投资者参与最早和管理碳基金数目最多的地区，多年来欧盟一直是碳信用的最大买家，并持续保持增长趋势。国际知名的碳资产管理公司，包括早期的英国益可环境国际金融集团（EcoSecurities）、法国电力贸易公司（EDF Trading）、瑞典碳资产管理公司（Tricorona）、芬兰芬碳公司（GreenStream Network）等。有机构投资者借助收购碳资产管理公司进入碳市场，例如益可环境在2009年被美国摩根大通以近2亿美元收购，成为其全资控股子公司。同时，也有机构投资者直接投资新兴的碳排放交易所，如2021年星展银行、渣打银行、淡马锡控股和新加坡交易所共同成立了国际碳交易平台（Climate Impact X，CIX）。在发达国家早期出现的机构投资者更多倾向于购买碳信用用于服务履行国家减排承诺，如日本温室气体减排碳基金（Japan Greenhouse Gas Reduction Facility），该基金则主要由多家私人企业和两家政策性贷款机构组成，政策性贷款机构日本国际协力银行（JBIC）和日本政策投资银行（DBJ）代表日本政府进行投资与管理。也有发达国家建立碳基金目的是盈利，如美国墨兹巴赫碳基金（US Merzbach Carbon Finance）。对发展中国家而言，碳基金数量的增加最主要原因是利用国际市场机制积累碳信用以供出售，如可持续资本碳基金

（Sustain Capital Carbon Fund）和斯里兰卡碳基金（Sri Lanka Carbon Fund）。

2021 年由新加坡政府投资公司（GIC）、新加坡经济发展局（EDB）和麦肯锡共同开展的一项研究表明，碳排放权越来越成为一个可行的资产类别，机构投资者将为企业和国家实现碳中和提供重要支持，其中 VCMs 市场规模预计到 2030 年将增长 15 倍，到 2050 年可能增长 100 倍。但目前全球碳市场接近万亿美元的交易规模与全球百万亿美元级的资管体量相比，仍然是不太显眼的。由于不足的流动性、有限的市场规模、未标准化的交易过程以及政策敏感的价格机制，机构投资者的参与潜力未被真正挖掘。随着更多国家或地区碳市场机制的建立及能源市场、产业投资和国际贸易中气候转型风险影响，机构投资者越来越多地瞄向这个新型的环境权益市场。这就会推动其从一个利基市场转向主流资产类别，在机构投资者现有资产组合配置中成为必要部分。

我国证监会在 2022 年发布了《碳金融产品》（JR/T 0244—2022）的行业标准，提出了未来发展交易工具（碳期货、碳远期、碳掉期、碳期权、碳借贷等）、融资工具（碳债券、碳资产抵质押融资、碳资产回购、碳资产托管等）、支持工具（碳指数、碳保险、碳基金等）等一系列规范，碳市场金融属性的作用也备受关注。《碳排放权交易管理办法（试行）》第四章 21 条规定“重点排放单位以及符合国家有关交易规则的机构和个人，是全国碳排放权交易市场的交易主体”。《碳排放权交易管理暂行条例》第七条也规定“纳入全国碳排放权交易市场的温室气体重点排放单位以及符合国家有关规定的其他主体，可以参与碳排放权交易”。从全国碳市场建设进展来看，国家有关交易规则将在下一阶段进一步明确，机构和个人投资者有望获得全国碳市场碳排放配额（CEA）交易的入场资格。而地方市场的配额和 CCER 交易中，机构投资者已经在深入“试水”。展望未来，机构投资者在碳金融市场建设中应该发挥重要作用。

四、更高质量推动我国碳定价机制发展的建议

从经济学的视角来看，碳市场的根本功能是以更低成本、更高效率和更高的灵活性实现既定的碳排放总量控制（峰值）目标。同时，碳市场还兼具有价格信号和低碳融资的功能，一方面刺激排放者改变排放行为，要么采取减排措施，要么购买排放额度排放；另一方面通过碳市场为绿色低碳转型融资，形成长期碳价格预期，引导投资流向绿色低碳产业。合理供给、充分需求、有效价格和完备市场是碳市场成功运营应具备的基本要素。碳市场的核心是使市场在碳排放权资源配置中起决定性作用，并更好发挥政府作用。全国碳市场建设对加快生态文明制

度建设、打造绿色低碳供应链、发展新质生产力、完善现代市场体系和构建开放型经济新体制都有重要作用。作为新兴市场，碳排放权交易没有过多历史包袱，更容易获得成效和突破。

碳市场的建立需要政治、法律、市场、信息、技术等方面的基本保障，需要主管部门营造良好的制度环境。发展碳市场面临不同的政治、经济和技术风险，需要审慎识别。碳交易市场建设与电力市场改革、排污权交易存在并行的关系，设计得当可以实现相互支撑的功能；与碳税存在互补的关系，可能探索出混合机制；与绿色电力证书交易、用能权 / 节能量交易则存在重叠或冲突的关系，应着重寻求政策替代或融合。中央和地方的主管部门与金融部门在碳市场制度设计及配额总量设定和分配、碳金融、交易和履约等环节负有不同的监管职能，应该各司其职，共同形成政策合力。

2023 年全国生态环境保护大会着重提出，要建成更加有效、更有活力和更具国际影响力的碳市场。全国碳市场的建设既是一项政治任务，也是创新发展的大计，任重而道远，《巴黎协定》确立了全球长期目标，我国也正在积极实施国家自主贡献，在未来的实践过程中，碳定价机制还有很多现实问题要解决也还有很多新的障碍需要跨越。

作者：柴麒敏[1]

1　柴麒敏，国家气候战略中心战略规划部主任、研究员，主要研究方向为应对气候变化综合评估、能源环境经济学及市场理论。

“双碳”背景下防范能源基础设施资产搁浅的思考

一、能源平稳转型是实现碳达峰碳中和的关键

我国能源消费结构以高碳的化石能源为主，2022 年能源消费总量达 54.1 亿 t 标准煤，煤炭、石油、天然气在一次能源中占比分别为 56.2%、17.9%、8.4%，以煤炭为代表的化石能源在能源供应体系中仍占据重要地位。我国温室气体排放中约 90% 来自能源系统，能源消费刚性增长的同时，碳排放总量也呈现出增长态势。2022 年我国与能源相关的排放量达 121 亿吨（IEA，2023），主要来自于电力、钢铁、水泥、油气田、化工等化石能源生产、加工、消费环节的基础设施（以下简称能源基础设施）。

我国已承诺于 2030 年前实现碳达峰，2060 年前实现碳中和。碳达峰、碳中和要求经济社会的系统性变革，尤其需要加速能源系统的深度转型。能源系统转型涉及到能源生产、输送和消费的全过程，要实现国家层面的碳中和目标，需要能源等相关部门需采取提高能效、低碳能源替代等措施，优化能源结构，实现最大程度的减排。剩余排放将通过负排放技术进行抵消，将碳排放量降至近零，最终实现近零排放到净零排放的转变。实现碳达峰碳中和，必须推动以化石能源为主的能源结构转型，发展风、光等可再生能源替代化石能源。

能源基础设施的服役年限长达数十年，能源基础设施将在未来会产生碳排放锁定效应（张强和同丹，2021），对我国“双碳”目标的实现造成压力。我国能源相关基础设施的服役年限尚短，煤电、钢铁、水泥等设施的平均服役年限仅为 9～15 年，不可能采取大规模产能退出等方式满足碳减排要求，转型压力更为严重；另外，电力、钢铁、水泥、化工等行业是我国社会经济发展的基础行业，为持续满足我国工业化和城镇化所需要的能源与工业品需求，可能还将有增量能源基础设施

的投资和建设（O'Callaghan et al.，2022），可能进一步挤压碳排放空间。

传统化石能源基础设施高度关联，电力、钢铁、水泥、油气田、化工等基础设施已初步形成能源系统网络，且设施建设和改造的资金投入量大，转型决策应当审慎。同时，能源相关基础设施的转型进程将直接关系到能源系统效率提升与清洁能源技术采用等发展水平。为妥善处理好发展和减排的关系以及短期和中长期关系，能源转型需按照“先立后破、破立结合”的原则，进入能源系统平稳过渡阶段。

二、搁浅资产风险是能源基础设施转型面临的关键挑战之一

在能源转型的趋势下，相关基础设施的转型路径及转型过程中的社会经济影响成为政策决策和科学研究共同关注的关键问题。在碳排放约束和转型政策影响下，能源相关基础设施面临提前淘汰或改造等情况，影响资产价值及投资者收益等；能源相关基础设施价值受损，不仅造成了行业的市场损失和资产质量下降（Alova，2020），有损公司履行债务偿还的能力，可能导致金融市场不稳定，进而引起宏观经济危机（Shimbar，2021），如图 5-8-1 所示。

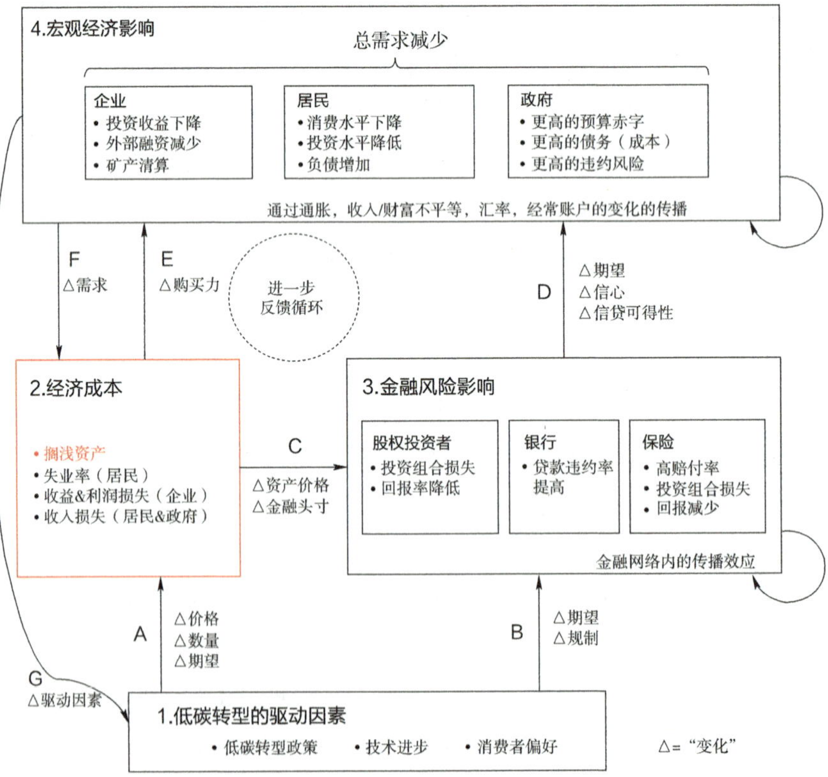

图 5-8-1　低碳转型过程中搁浅资产与其他转型风险的关联

资料来源：基于 Semieniuk 等文献内容整理。

搁浅资产（Stranded assets）概念应运而生，最初是指预期使用寿命之前丧失经济价值的资产（表 5-8-1）。部分化石能源储量将因为全球低碳转型趋势而无法得到开发利用，全球 80% 以上的煤炭储量、33% 的石油储量将成为碳预算约束下的搁浅资产（Curtin et al.，2019），全球化石燃料资产可能导致全球财富损失 7 万亿～11 万亿美元（Mercure et al.，2018）。随后，搁浅资产更加侧重于由气候政策、市场监管等导致无法获得经济回报的基础设施投资（IEA，2013），强调资产价值的减记、贬值或转为负债的损失（Caldecott et al.，2013；Gray et al.，2018a）。对搁浅资产核算的关注点主要在于化石能源相关的生产和消费部门，如煤炭、石油等资源开采行业（Löffler et al.，2019；Van der Ploeg and Rezai，2020）和发电行业（Pfeiffer et al.，2018）。Linquiti 和 Cogswll（2016）估计，在不受气候政策约束的惯常发展路径下，全球化石能源相关企业的价值约为 295 万亿美元，而在严格的温升目标约束下资产价值将下降到约 110 万亿美元，资产搁浅的影响还将传导给下游相关行业。

表 5-8-1　搁浅资产概念的文献梳理

搁浅资产概念	来源
气候目标约束下（如全球温升 2℃和 1.5℃目标）不能被使用或消费的化石燃料，强调化石能源本身	McGlade and Ekins（2015）；Rozenberg et al.（2016）；Rozenberg et al.（2020）
为实现气候目标，高碳资产在预期寿命结束前被替换或淘汰时的剩余账面价值，且并未收回剩余价值，搁浅资产对象逐渐转向能源相关基础设施	IEA（2013）；IEA and IRENA（2017）；李政等（2021）；Edwards et al.（2022）
立法、法规、市场力量、颠覆性创新、社会规范或环境冲击导致的高碳资产在预期使用寿命之前就失去经济价值	Generation Foundation（2013）
遭受意外或过早减记、贬值或转换为负债的资产，更加强调资产价值减值被纳入核算范围	Caldecott et al.（2013）；Gray et al.（2018b）；Curtin et al.（2019）

燃煤发电是我国能源领域最大的碳排放源，从能源基础设施的碳排放占比来看，煤电行业低碳转型将成为碳中和愿景下的重点任务；电力部门脱碳、电气化、能效提高、碳汇是实现碳中和的四大支柱（IEA，2021），煤电低碳转型减排潜力大，叠加终端部门电气化能够放大碳减排效果。有研究表明，全球电力搁浅资产中，仅煤电资产就占搁浅资产总值的 3/4 左右，且我国的煤电资产占比高达 45%（Saygin et al.，2019）。

三、我国煤电搁浅资产案例分析

我国煤电体量大、服役年限短，在碳密集型行业中碳排放占比高，且终端行业降低间接碳排放也依赖于煤电转型措施，因此无论是从行业重要性、关联性以及代表性等方面，煤电搁浅资产将是我国能源转型的关注热点。同时，煤电“三改联动”任务的逐步推进，煤电资产所受影响也应纳入搁浅资产的核算范围中。因此，本文在原有搁浅资产定义基础上进行了补充，即搁浅资产风险包含煤电机组提前退役导致的预期回报损失，也包含灵活性调整等政策或市场因素导致的预期收益下降。下文将以煤电转型过程为例，在低碳转型路径设计的基础上，通过自主构建的厂级煤电财务模型，测算煤电行业不同转型措施下面临的搁浅资产风险规模和时空分布（表 5–8–2）。

表 5-8-2 电力供应与碳排放约束下的煤电转型情景设计

情景	寿命（年）	运行小时	其他假设
基准情景（BAU）	30	2021 年水平	超龄机组在近 3 年淘汰
提前退役（ER）	21	2021 年水平	与 BAU 情景一致
灵活性调整（LU）	30	≥1 000 MW：75% CHP：70% 其他：30%～50%	2025 年前，灵活性改造机组 2 亿 kW；2030 年前 600 MW 以下机组均完成灵活性改造
CCS 改造（CCS）	30	2021 年水平	优先在 IGCC、超临界、超超临界机组部署 CCS，2043—2045 年后逐渐向其他机组部署
组合情景（MIX）	<200 MW：25 灵活性调整：35 CCS 改造：40	2021 年水平 灵活性调整：40%～60%	除技术因素外，CCS 部署在 600 MW 以上且剩余运行年限 10 年以上的机组

研究发现，我国煤电转型可能导致数万亿元搁浅资产（图 5–8–2）。提前退役、灵活性调整、CCS 改造三种单一转型措施路径影响下将使我国煤电搁浅资产累计达到 1.53 万亿元、3.97 万亿元和 3.92 万亿元，分类施策的组合情景下，煤电转型路径结合了提前退役、灵活性调整和 CCS 改造等多种措施手段，并且部分煤电机组采取延寿策略，使得搁浅资产的规模介于提前退役和灵活性调整、CCS 改造情景之间搁浅资产规模达到 2.90 万亿元。现役煤电机组资产是搁浅资产风险的主要部分，全面停止在建和待建煤电机组将使搁浅资产规模大幅减少。

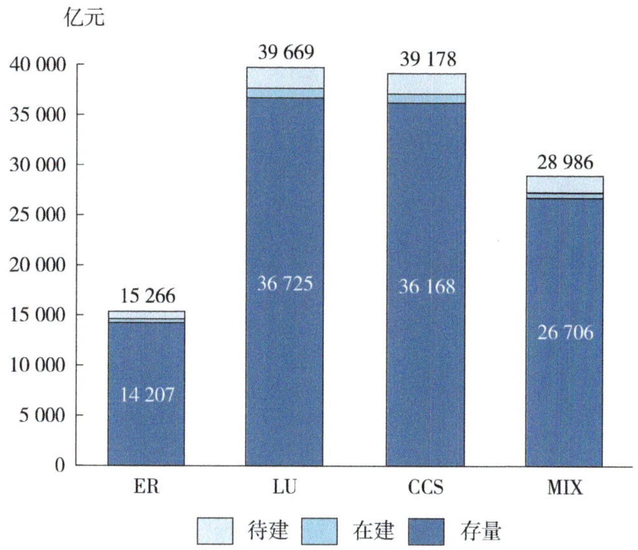

图 5-8-2　不同转型情景下存量和增量机组搁浅资产规模对比情况

注：搁浅资产规模均为 2021 年折现值，下同。

各转型路径下搁浅资产的时间分布与峰值水平存在明显差异。提前退役路径下，我国存量煤电搁浅风险压力主要集中于 2030—2040 年，搁浅资产规模最高出现在 2035 年，该年度煤电净现金流损失为 2 148.7 亿元，达到电力、热力行业 2020 年增加值的 8.8%。搁浅资产的年际分布与我国煤电机组的年龄结构有关，2015 年我国煤电审批程序的行政变更导致新增煤电产能回升明显，年新增装机容量达到 80 GW，这部分机组将于 2035 年提前退役，造成高额的煤电资产损失。灵活性调整情景下使得存量和增量煤电机组面临寿命期全面的净现金流损失，峰值时间约为 2030—2035 年，较提前退役情景有所提前，峰值水平也略有提高，达到 2 757.8 亿元。灵活性调整将影响大部分机组的运行小时数，直至达到最小技术出力，随着煤电机组的服役期满，资产损失的规模将逐步缩减。CCS 改造情景与灵活性调整情景类似，但峰值水平维持时间较长，且 2045 年还将出现风险，这与 CCS 部署时间安排有关。从搁浅资产风险的值来看，CCS 改造情景的年际分布更为集中，且资产损失的峰值水平达到 3 000 亿元以上，是四类情景中峰值水平最高的。对比而言，分类施策的组合情景下搁浅资产的年际分布更为平坦，2032 年达到资产损失的峰值 1 701.4 亿元。由于灵活性调整和 CCS 改造的高技术参数机组还将采取延寿措施，因此，在 2060 年后产生资产价值的补偿，表现为搁浅资产负值（图 5-8-3）。

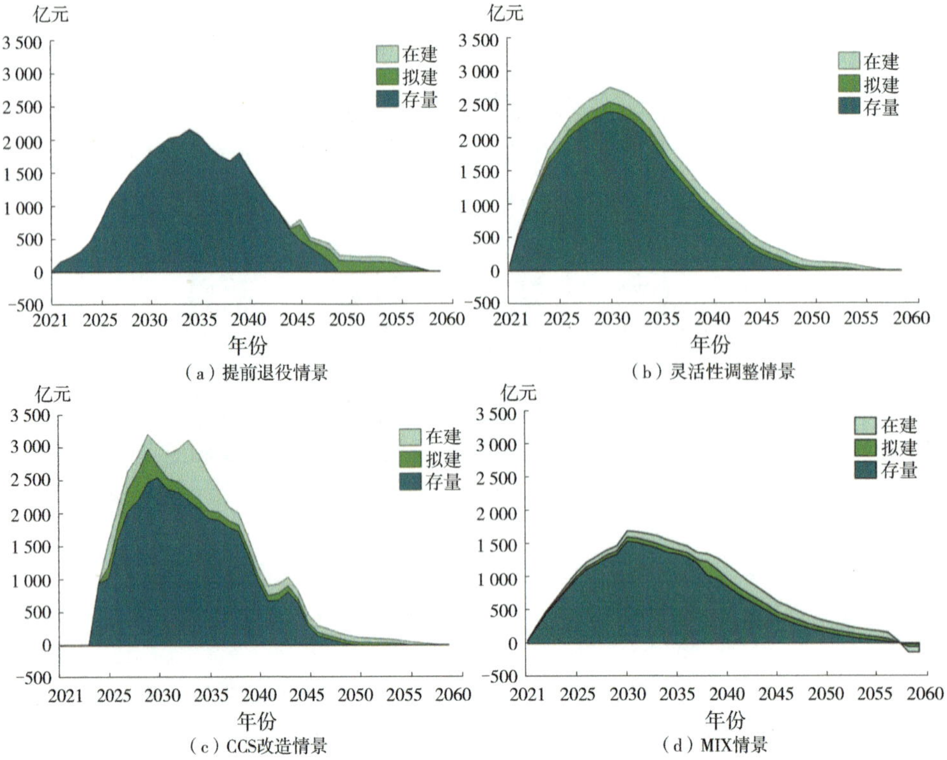

图 5-8-3　不同转型情景下搁浅资产的年际变化

从煤电搁浅资产规模的地域分布来看，与各省的煤电装机规模密切相关。现存煤电装机前十的省份主要有山东、内蒙古、江苏、广东、河南、新疆、陕西、安徽、河北、陕西，占全国煤电总装机的 63.81%，贡献了电力部门 2/3 的碳排放，提前退役和灵活性调整情景下，搁浅资产规模占全国的 67% 和 70%，山东和内蒙古是全国煤电装机规模最大的省份，也是面临巨额搁浅资产风险。从六大电网的角度来看，华北电网和西北电网在各种转型情景下的搁浅资产风险远高于其他电网地区。江苏、浙江、广东等省份大型机组占比高，1 000 MW 以上机组在 34%～38%，灵活性调整情景下搁浅资产规模和提前退役基本一致，与其他省份相比灵活性调整方案具有明显的比较优势。组合情景下，华北和西北电网省份仍然是受低碳转型影响最大的地区。大多数省份在组合情景下的搁浅资产规模多介于提前退役和灵活性调整与 CCS 改造情景的规模中间，且省际差异也略低于单一技术措施情景下的搁浅资产规模。因此，煤电低碳转型过程中，需关注不同地区转型风险的差异，尽量避免地区不均衡现象加剧（表 5-8-3）。

表 5-8-3　存量煤电机组搁浅资产的地区分布情况

	提前退役（亿元）	灵活性调整（亿元）	CCS 改造（亿元）	组合情景（亿元）
全国共计	14 207	36 725	36 168	26 706
山东	1 087	5 430	3 296	2 637
内蒙古	1 697	6 236	2 378	2 768
江苏	1 041	1 937	950	1 817
广东	307	536	1 409	176
河南	539	2 104	1 129	1 133
新疆	299	2 021	3 908	3 366
山西	1 269	3 550	2 567	2 048
安徽	738	1 449	797	1 490
河北	685	2 326	1 780	1 321
陕西	1 269	3 550	2 567	2 048
浙江	614	728	1 438	774

四、防范资产搁浅的措施建议

当前，我国能源禀赋和化石能源为主的能源结构是客观事实，考虑到“双碳”目标的长期性和系统性，应立足保障国家能源安全和经济发展为底线，积极稳妥有序推动能源生产、加工、消费等多环节的低碳转型。如果转型不当不仅影响能源供应安全，还可能涉及大量存量能源基础设施资产贬值。《关于完整准确全面贯彻新发展理念做好碳达峰碳中和工作的意见》也明确提出，转型过程需处理好节能减污降碳过程中的各项关系，“有效应对绿色低碳转型过程中可能伴生的经济、金融和社会风险，防止过度反应，安全降碳”。关于搁浅资产风险的讨论并非不转型，而是要做好转型过程中的风险管理与防范工作。为确保我国能源系统的安全降碳，从以下几个方面提出建议：

第一，扭转高碳能源基础设施投资惯性，稳定短期供应与长期投资预期。

“双碳”目标的提出是我国向全世界作出的十分庄严的承诺，既有明确的质量要求，更有具体的时间限制，对能源部门转型的要求相对明确。当前，我国化石能源基础设施总体还在扩张阶段。以天然气为例，作为可能的过渡性能源，勘探开发、运输设施和加工转换等设施仍有较高投资热度，在建输气管道 2.63 万 km，在建预开发 2.98 万 km。因此，相关投资应与能源转型目标与路径相匹配，综合考虑能源消费增长与基础设施使用寿命，防范相关设施的过度投资。

为防范能源技术设施投资过热，需加强政策引导和市场机制。政府通过制定清晰的能源政策和碳减排目标，为清洁能源投资提供稳定的预期，同时通过碳税或碳交易系统，增加高碳行业成本，促使投资者转向低碳能源项目；企业和投资者在进行能源基础设施投资时，应充分考虑到长期趋势和政策风险，通过多元化投资策略，加大对低碳和可再生能源项目的投资比重，可以有效分散风险，减少未来资产搁浅的可能性。

第二，有序淘汰老旧基础设施，充分发挥现有设施再利用及改造潜力。

老旧、高碳排放的能源设施往往服役年限较长，收回投资收益的概率高，可对此部分设施进行报废更新。逐步淘汰低效煤电机组、窑炉等设施，退出落后产能，并限制高能耗、高排放的设备设施的新增建设。

能源低碳转型过程中将产生新型能源基础设施的建设需求，如绿氢等低碳能源的生产、加工、消费的基础设施。对尚未收回资金投入的基础设施存量进行再利用或改造，可以保留基础设施的大部分价值，为低碳能源部署提供更低成本的转型机会。能源基础设施的再利用及改造潜力巨大，如将原油和成品油管道转化为二氧化碳或氢气运输基础设施，燃油厂可转型为生物燃料调和厂，天然气基础设施可以用于快速部署低碳气体（生物甲烷、合成甲烷、氢气）等。

第三，保障能源安全、经济发展的前提下，因地制宜、分类施策，保障能源转型平稳过渡。

由于能源禀赋、消费需求等省际差异较大，需做好转型过程中的监测、评估和调整工作，制定全国和地方的能源转型目标及路线图。以煤电行业为例，各省对不同煤电转型路径的反应截然不同，这主要与煤电产能、电价、盈利能力等有关。因此，应特别考虑这些地区低碳转型的区域经济影响。山东、内蒙古和山西省长期运行、效率低、盈利能力差的煤电机组将优先退役或升级。同时，在我国国情下，煤电承担灵活发电机的任务是必然的选择。从长远来看，基于煤电在可再生能源消耗和电力系统供应稳定方面的关键作用，一些技术先进机组将采用 CCUS 技术，特别是东部沿海地区的机组，如浙江、江苏、广东和其他省份，将充分发挥离负载更近、技术先进和使用寿命短的优势，以煤电 +CCUS、核能为辅的多种技术组合发电。

第四，加大低碳及负碳技术的研发力度，发挥科技创新的支撑引领作用。

能源转型的核心是由化石能源向可再生能源转型转变的过程，需要优先规划和布局新能源供应体系，构建适应“双碳”目标的能源技术创新体系。可再生能源基础设施建设和配套工程将是主要扶持方向：在风光资源富集且沙漠、戈壁、荒漠可用面积更大的西北地区，加快规划建设大型风电、光伏基地项目；随着可再生能源进入电力系统比例逐渐升高，可再生能源间歇性和波动性特征的影响愈加明显，应建设和优化灵活的需求响应电网，改进长距离输送和跨区域调度；部署电池储能、氢储能等配套基础设施，提供调峰、调频、备用等多种服务。钢铁、水泥等能源消费重点行业，需重点支持原料燃料材料替代、CCUS 等负碳技术，结合电气化、数字化、智能化等集成应用。

第五，加强能源基础设施转型的融资支持和市场激励机制。

大量化石能源相关的能源基础设施均面临低碳转型的资金需求，应根据不同行业经营现状和转型需求，通过设立绿色发展基金、提供财税优惠政策等方式，降低企业升级改造的资金成本，满足不同行业短期和中长期的转型资金需求。

以深化电力市场化改革为抓手，加强能源市场的价格发现机制。以煤电行业为例，考虑到其在保障电力供应安全、促进可再生能源消纳等方面的重要作用，必须完善市场化价格形成机制，建立尖峰电价机制，为煤电机组分摊调峰成本压力，尤其是灵活性调整对中小型煤电机组影响更大，应特别加强对这类机组调峰辅助服务的支付。此外，建立健全的碳交易市场和绿色证书交易机制，通过市场手段促进碳排放的减少和清洁能源的发展。

作者：王克[1]，王艳华[2]

参考文献

[1] Alova G. A global analysis of the progress and failure of electric utilities to adapt their portfolios of power-generation assets to the energy transition[J]. Nature Energy, 2020, 5(11): 920–927.

[2] Caldecott B, Tilbury J, Yuge M. Stranded Down Under? Environment-related factors changing China's demand for coal and what this means for Australian coal assets[M]. Smith School of Enterprise and the Environment, University of Oxford, 2013.

[3] Curtin J, Mcinerney C, Gallach ó ir B Ó, et al. Quantifying stranding risk for fossil fuel assets and implications for renewable energy investment: a

1 王克，中国人民大学生态环境学院。

2 王艳华，中国人民大学生态环境学院。

review of the literature[J]. Renewable and Sustainable Energy Reviews, 2019, 116: 109402.
[4] Edwards M R, Cui R, Bindl M, et al. Quantifying the regional stranded asset risks from new coal plants under 1.5℃ [J]. Environmental Research Letters, 2022, 17(2): 024029.
[5] Foundation G. Stranded Carbon Assets: Why and how carbon risks should be incorporated in investments analysis[R/OL]. London: Generation Foundation, 2013.
[6] Gray M, Ljungwaldh S, Watson L, et al. Powering down coal–Navigating the economic and financial risks in the last years of coal power[R/OL]. London: Carbon Tracker Initiative, 2018a.
[7] Gray M, Ljungwaldh S, Watson L, et al. Global coal economics report and portal[R/OL]. London: Carbon Tracker In Initiative, 2018b.
[8] IEA. CO_2 Emissions in 2022[R/OL]. International Energy Agency, 2023.
[9] IEA. Redrawing the energy climate map: World Energy Outlook 2013 special report[R/OL]. Paris: International Energy Agency, 2013.
[10] IEA. An energy sector roadmap to carbon neutrality in China[R/OL]. Paris: International Energy Agency, 2021.
[11] IEA, IRENA. Perspectives for the energy transition: Investment needs for a low–carbon energy system[R/OL]. Paris: International Energy Agency& International Renewable Energy Agency, 2017.
[12] Linquiti P, Cogswell N. The Carbon Ask: effects of climate policy on the value of fossil fuel resources and the implications for technological innovation[J]. Journal of Environmental Studies Sciences, 2016, 6(4): 662–676.
[13] Löffler K, Burandt T, Hainsch K, et al. Modeling the low–carbon transition of the European energy system–a quantitative assessment of the stranded assets problem[J]. Energy Strategy Reviews, 2019, 26: 100422.
[14] Mcglade C, Ekins P. The geographical distribution of fossil fuels unused when limiting global warming to 2℃ [J]. Nature, 2015, 517(7533): 187–190.
[15] Mercure J–F, Pollitt H, Viñuales J E, et al. Macroeconomic impact of stranded fossil fuel assets[J]. Nature Climate Change, 2018, 8(7): 588–593.

[16] O'callaghan B, Yau N, Hepburn C. How stimulating is a green stimulus? The economic attributes of green fiscal spending[J]. Annual review of Environment and Resources, 2022, 47: 697–723.
[17] Pfeiffer A, Hepburn C, Vogt-Schilb A, et al. Committed emissions from existing and planned power plants and asset stranding required to meet the Paris Agreement[J]. Environmental Research Letters, 2018, 13(5): 054019.
[18] Rozenberg J, Vogt-Schilb A, Hallegatte S. Transition to clean capital, irreversible investment and stranded assets[R/OL]. World bank policy research working paper, 2016.
[19] Rozenberg J, Vogt-Schilb A, Hallegatte S. Instrument choice and stranded assets in the transition to clean capital[J]. Journal of Environmental Economics and Management, 2020, 100: 102183.
[20] Saygin D, Rigter J, Caldecott B, et al. Power sector asset stranding effects of climate policies[J]. Energy Sources, Part B: Economics, Planning, and Policy, 2019, 14(4): 99–124.
[21] Shimbar A. Environment-related stranded assets: An agenda for research into value destruction within carbon-intensive sectors in response to environmental concerns[J]. Renewable and Sustainable Energy Reviews, 2021, 144: 111010.
[22] Van Der Ploeg F, Rezai A. Stranded assets in the transition to a carbon-free economy[J]. Annual Review of Resource Economics, 2020, 12: 281–298.
[23] 李政，陈思源，文娟，等 . 现实可行且成本可负担的中国电力低碳转型路径 [J]. 洁净煤技术，2021, 27: 1–7.
[24] 张强，同丹 . 全球能源基础设施碳排放及锁定效应 [R/OL]. 北京：清华大学碳中和研究院，2021.

PART ONE
COMPREHENSIVE EVALUATION

Zhejiang Province's Strategies and Practices for Climate Change Response and Low-Carbon Development

The year 2023 was the first year for fully implementing the guiding principles from the 20th National Congress of the Communist Party of China (CPC), and the first year of economic recovery and development following the transition of the three-year epidemic prevention and control. In this year, the first National Ecology Day home event was held in Huzhou, Zhejiang. General Secretary Xi Jinping issued important instructions emphasizing that "with a focus on carbon peak and carbon neutrality, the country should facilitate the gradual transition from dual control over the amount and intensity of energy consumption to dual control over the amount and intensity of carbon emissions, and efforts should be made to promote the transition towards green and low-carbon production methods and lifestyles", promoting the "dual carbon" work into a new phase. Zhejiang has consistently been a frontrunner in the construction of ecological civilization, actively advancing its climate change response and low-carbon development. Its "1+N+X" policy system for carbon peaking and carbon neutrality has been further improved, with significant improvements in industrial and energy structures, and effective enhancement of technological innovation capabilities. It has built the first Asian Games that achieves carbon neutrality, and has been successfully included in national pioneering provinces for dual control of carbon emissions. This paper aims to summarize the major achievements in Zhejiang's response to climate change and low-carbon development over the past year, and analyze Zhejiang's practical experience and effective models of low-carbon development, in hopes of providing useful references for other provinces nationwide to effectively advance relevant work.

I. Active Conduction of Actions to Mitigate Climate Change

In 2023, Zhejiang Province continuously improved its policy system for carbon peaking and carbon neutrality, vigorously promoted green and low-carbon transformation and green technology innovation in key fields, and conducted a series of policies and actions to mitigate GHGs in various sectors such as energy, industry, buildings, transport, carbon sinks and residents' life, achieving positive progress in relevant work.

A. Accelerated Changes in Green and Low-carbon Energy Development

1. Efforts were made to develop non-fossil energy

Zhejiang Province continuously advanced its "wind and solar power doubling" project and as of the end of 2023, its cumulative grid-connected photovoltaic (PV) installed capacity reached 33.57 million kilowatts, achieving the goals of the "wind and solar power doubling" project in the "14th Five-Year Plan" two years and five months ahead of schedule. It accelerated the construction of pumped storage hydroelectric plants, with 15 projects under rapid construction in Ninghai, Jinyun, etc., and four approved and started in Qingyuan, Wuxijiang, Jinshuitan and Kecheng. It continuously optimized its power installation structure. In 2023, the fourth nuclear power base (Phase I of the Jinqimen Nuclear Power Plant) in Zhejiang was approved by the State Council, and the generation from renewable sources in the province surpassed coal-fired generation in the electric power sector for the first time. By the end of 2023, the installed capacity of renewable energy power in Zhejiang Province exceeded 56 million kilowatts, increasing its proportion from 39.7% in 2020 to 43.0% in 2023; the proportion of the installed capacity of thermal power (excluding biomass power generation) decreased from 60.3% in 2020 to 38.5% in 2023, higher than that of Fujian only and lower than that of Jiangsu, Anhui and Shanghai among the four provinces and one municipality in East China (Figure 1-1-1, Figure 1-1-2).

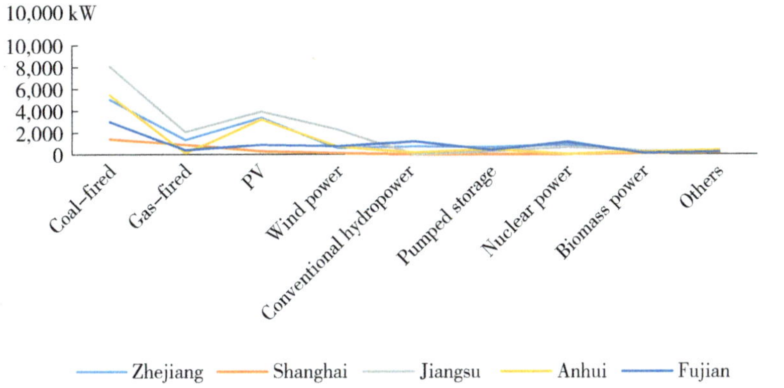

Figure 1-1-1 Installed Power Capacity of "Four Provinces and One Municipality" in East China in 2023

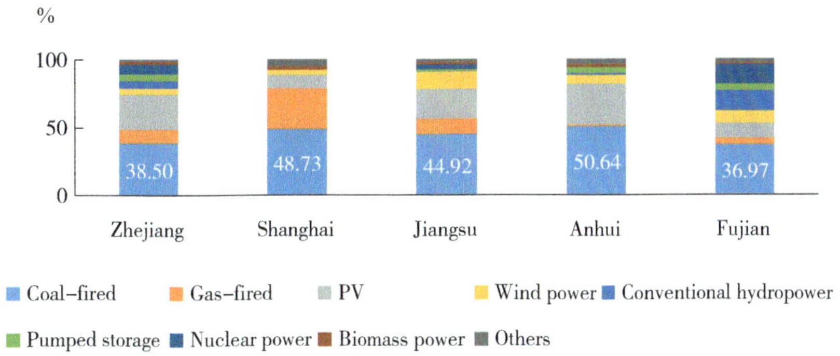

Figure 1-1-2 Power Installation Structure of "Four Provinces and One Municipality" in East China in 2023

2. Efforts were made to improve the clean utilization of fossil energy

The "three-pronged approach" of energy conservation and emission reduction, flexibility transformation, and heating transformation was continuously implemented in the coal power industry, and eight coal power units were cumulatively transformed, all of which now possess deep peak-shaving capabilities. The construction of natural gas infrastructure support capabilities was accelerated. In 2023, the transformations of the West-East Gas Transmission Second Pipeline Zhuji Station and the First Sichuan-East Gas Pipeline Huzhou Station, and other national trunk line downloading points, were completed, bringing the national trunk line's downloading capacity to a new high. The Wenzhou LNG receiving station was put into operation, and the province's LNG receiving capacity reached 16 million tons per year.

3. Efforts were made to vigorously promote energy conservation, consumption reduction, and optimal resource allocation

The province positively promoted energy-saving and low-carbon technologies and equipment, and strengthened energy conservation management in sectors such as industry, buildings and transport. It also pioneered the green certificate energy consumption offset policies. In 2023, after deducting energy consumption for raw materials, renewable energy, and national key projects, it was anticipated that the decline of the energy consumption intensity in the province would fulfill its annual targets. Focusing on more than 4,000 key enterprises in seven key sectors, namely, textiles, building materials, ferrous metals, non-ferrous metals, chemical engineering, papermaking and chemical fibers, the province comprehensively launched energy efficiency diagnosis and energy budget management, completing a total of 1,127 energy efficiency diagnostic tasks, and achieving full coverage of energy budget management for key enterprises consuming over a thousand tons of energy in energy-intensive sectors in 2023 (Figure 1-1-3).

Figure 1-1-3 On April 12, 2023, a Mobilization and Training Meeting for Energy Efficiency Diagnosis Work among Enterprises in Key Industries Across the Province was Held in Hangzhou

B. Accelerated Optimization and Upgrading of Industrial Structure

1. The low-carbon transformation of traditional manufacturing industry was continuously promoted

Zhejiang Province deeply implemented the "Escape the Cage and Change the Birds, Phoenix Nirvana" Campaign, deepened the reform on comprehensive evaluation of benefits per mu (corresponds to 1/15 of a hectare, or about 666.67 m^2), and completed the rectification and enhancement of 7,545 energy-intensive and inefficient enterprises through measures such as mergers, reorganizations and overall withdrawal. It vigorously carried out energy-saving and carbon-reducing technology transformations for key projects, and completed such upgrades of 98 provincial key projects. It implemented special actions to digitally empower SMEs, enhanced the integrated development of digital and advanced manufacturing technologies, and progressively constructed 52 future factories, 263 intelligent factories, and 338 digital workshops.

2. The development of green and low-carbon emerging industries was comprehensively promoted

Zhejiang Province deeply implemented the "No. 1 Development Project" for digital economy innovation and quality improvement. Focusing on the "415X" advanced manufacturing clusters cultivation, it pioneered an innovative mechanism for the "core area + collaborative area" industrial cluster cultivation, selecting 35 core areas and 53 collaborative areas, with Hangzhou Digital Security Industry Cluster, Ningbo Magnetic Materials, Ningbo Green Petrochemicals, and Wenzhou Yueqing Electrical being selected as national advanced manufacturing clusters. Zhejiang Province continued to strengthen and enhance characteristic industrial clusters such as integrated circuits, digital security, and network communications. In 2023, the added value from its core industries in digital economy reached 986.7 billion *yuan*, marking a 10.1% year-over-year increase.

Column 1 Zhejiang Province's "415X" Advanced Manufacturing Clusters

The "415X" represents a tiered industrial system of "4 trillion-level industry clusters, 15 hundred-billion-level industry clusters, X ten-billion-level rising star industry clusters, and 30 future industry pilot zones". It is an upgraded version of "Made in Zhejiang" and the main carrier for Zhejiang to develop new quality productive forces.

"4" refers to the key development of 4 trillion-level world-class advanced industry clusters, including the next-generation information technology, high-end equipment, modern consumption and health, green petrochemicals and new materials.

"15" refers to 15 hundred-billion-level distinctive industry clusters, such as digital security and network communications, integrated circuits, intelligent PV, high-end software, energy conservation and new energy vehicles (NEVs) and parts.

"X" focuses on frontier areas like the three sci-tech heights of "Internet Plus", life and health, and new materials, and aims to primarily cultivate several ten-billion-level "rising star" industry clusters with high growth.

3. The construction of a green manufacturing system was accelerated

Zhejiang Province issued the *Evaluation Guidelines for Green and Low-Carbon Supply Chain Management Enterprise Construction in Zhejiang Province* (*2023 Edition*), and studied and developed policies like *Evaluation Guidelines for Zero Carbon* (*Near Zero Carbon*) *Factory Construction in Zhejiang Province*(*2023 Edition*) to accelerate the establishment of a cultivation mechanism that integrates points, lines and surfaces for green factories, green supply chains, and green industrial parks. This led to an additional 97 national green factories, six green industrial parks, and 31 green supply chain management enterprises, ranking the top in the country. It also cultivated 100 provincial green and low-carbon factories and 10 industrial parks, initially establishing a relatively complete green manufacturing cultivation system (Figure 1-1-4).

Figure 1-1-4 Zhejiang Robam Electric Appliance's "Lights-out Factory"

C. Comprehensive Promotion of Low-carbon Development of Buildings and Transport

1. Zhejiang Province accelerated the promotion of green and high-quality development of buildings

The green concepts were integrated into the whole process of urban and rural construction, and green buildings were vigorously developed. The 75% low-energy building design standard was fully implemented to continuously improve the energy-saving and low-carbon level of buildings. In 2023, the province's newly added renewable energy building application area reached 28.9 million m^2. Zhejiang completed the energy-saving renovation area of existing public buildings of 1.41 million m^2, and completed the demonstration construction projects of super-low energy consumption buildings totaling 970,000 m^2. It promoted solar PV building integration and other renewable energy technologies according to local conditions, and Wenzhou completed the first near-zero energy consumption power supply station. Five cities, including Hangzhou, Ningbo, Shaoxing, Huzhou, and Taizhou, were assisted in conducting pilot projects on government procurement support for green building materials to promote building quality improvement, and the large-scale application of green building materials was promoted.

2. Zhejiang Province deepened green and low-carbon transformation of transport across the board

It actively promoted energy-saving and low-carbon means of transportation, vigorously developed multimodal transport, and focused on promoting all-round iterative upgrades of transportation including transportation structure, organizational efficiency, and infrastructure. In 2023, the province achieved double-digit year-over-year growth in TEUs of container rail-sea intermodal transportation, river-sea intermodal transportation, and sea-river intermodal transportation. It accelerated the low-carbon upgrading of transportation equipment, promoted the green and intelligent action of the Asian Games cities with high quality, and vigorously promoted the newly added and updated new energy-based buses and taxis in cities. In 2023, the new energy-based buses and taxis newly added or updated in the province amounted to 2,179 and 78,217 respectively. The *Zhejiang Province Port Shore Power Reward and Subsidy Measures* was introduced, accelerating the construction of low-carbon operation infrastructure, and Zhejiang has become the first province nationwide to provide comprehensive rewards and subsidies for port shore power construction in the "14th Five-Year Plan" period, with a total of 1,572 port shore power facilities built (Figure 1-1-5). The construction of low-carbon service areas and zero carbon ports was continuously accelerated, with a total of four low-carbon highway service areas and two low-carbon water service areas built.

Figure 1-1-5 Huzhou Achieves City-wide Coverage of Port Shore Power

D. Steady Enhancement of Carbon Sink Capacity of Ecosystems

1. Efforts were made to continuously enhance the carbon sink capacity of ecosystems

Actions for forestry carbon sequestration and enhancement of carbon sinks were implemented; the protection and management of forest lands and trees was continuously strengthened, and forest carbon sink capacity was consolidated. In 2023, the province completed more than 250,000 *mu*[1] of afforestation and greening, and implemented more than 2 million *mu* of forest quality improvement projects as part of the ten million *mu* initiative. It organized the pilot of regional forestry carbon sink project methodology in Zhejiang Province, iterated and upgraded the operational guidelines for the development of "Zhejiang Forest Carbon Sink" projects, improved the app of "Plant Trees in Zhejiang", and completed the registration and recordation of forestry carbon sink projects in 24 counties (cities, districts) across eight cities, reducing emissions by 346,700 tons. 41,000 tons of forestry carbon sinks collected and traded by Lishui City and Anji County were fully utilized for the carbon neutrality and carbon offsetting of the Asian Games (Figure 1-1-6).

Figure 1-1-6 Zhejiang Province' s First Batch of Zhejiang Forest Carbon Sink Project Emission Reduction Development and Trading Ceremony

1 1 *mu*≈666.67 m².

2. Efforts were made to vigorously promote the construction of carbon sink pilot projects

Zhejiang guided Quzhou, Anji, and Lishui to accelerate their construction of the first batch of national forest and grass carbon sink pilot cities (counties), with Anji successfully hosting the International Innovation Conference on "Bamboo as a Substitute for Plastic". It solidly advanced the construction of provincial forestry carbon sequestration and carbon sink enhancement pilot projects, selecting and announcing six provincial forestry carbon sink pilot counties such as Yuhang and Chun'an, and 24 forestry carbon sink pioneer bases such as Jiande Forest Farm and Ningbo Beilun Forest Farm. In 2023, Zhejiang Province completed pilot projects, including 30,500 *mu* of new afforestation, 148,000 *mu* of forest tending and operation, 1.15 million *mu* of bamboo forest management, and 8,760 *mu* of wetland restoration. Changshan County compiled the first methodology for camellia forest management projects in the country; Longquan City issued 1,108 carbon sink right certificates (covering 67,400 *mu*), and the scale of forestry carbon sink credit loans reached RMB 106 million.

3. Efforts were made to actively promote the blue carbon development

Zhejiang Province took the lead in the country in completing the basic survey of blue carbon ecosystems across 5 coastal cities and 28 counties (cities, districts) in the province, fundamentally understanding the current state of the province's blue carbon ecosystems. It issued and implemented the *Guidance on Enhancing the Marine Carbon Sink Capacity of Zhejiang Province*, proposing the strategy of "consolidation, enhancement, and transformation" to systematically guide the marine carbon sink work in the province. Zhoushan City focused on the construction of a "Blue Carbon Economy Demonstration Zone", innovatively developing the blue carbon economy in terms of marine carbon sink enhancement and fishery carbon sink potential exploration. Ningbo City actively carried out research on blue carbon development paths and the layout of blue carbon-related industries. It carried out marine carbon sink efficiency enhancement through collaborating in many aspects, and completed the country's first marine carbon sink auction in Xiangshan (Figure 1-1-7).

Figure 1-1-7 In March 2023, Xiangshan County Completed the First Blue Carbon Auction in the Country, Selling 2,340 Tons of Carbon Sinks for Nearly 250,000 *yuan*

E. A More Intense Atmosphere for Green and Low-Carbon Living

1. Efforts were made to actively promote the construction of a carbon inclusion system

In 2023, Zhejiang issued and implemented the *Measures for the Administration of Carbon Inclusion Emission Reduction for Carbon Neutrality of Large Events (Conferences) in Zhejiang Province (Trial)*, further clarifying and standardizing the audit, filing, and cancellation processes for provincial carbon inclusion emission reductions. It developed and launched the Zhejiang Province Carbon Inclusion Emission Reduction Registration and Filing System online, and completed the filing of 35 Zhejiang forest carbon sink carbon inclusion emission reduction projects cumulatively, with a total of 465,000 tons of carbon inclusion emission reductions filed. The "Zhejiang Carbon Inclusion" app was continuously iterated and updated, and built more than 10 low-carbon scenarios together with the UnionPay Low Carbon Program and Geely NEVs. Since its launch in March 2022, the "Zhejiang Carbon Inclusion" app has accumulated over 1.46 million users, generated more than 82 million low-carbon actions, and distributed 180 million points for carbon emission reduction.

2. Zhejiang Province led the exploration of carbon footprints and certification for key industry products

It accelerated the construction of product carbon footprint accounting standards and databases. Led by Zhejiang Economic & Information Centre, the construction of carbon footprint accounting standards and systems for industries such as NEVs, textile printing and dyeing, and papermaking was conducted, and the provincial standard *Accounting Method of Product Carbon Footprint* was drafted. Simultaneously, accumulated data was used to explore the development of rapid carbon footprint calculation tools and carry out the construction of a provincial carbon footprint database. The application of product carbon footprint accounting was actively promoted. Provincial pilots for "dual carbon" certification and the "carbon footprint labeling" and certification in the textile industry were carried out in Huzhou and Shaoxing, and Shaoxing released the first implementation plan for the "carbon footprint labeling" in the textile industry. A mutual recognition cooperation was established in the "carbon footprint labeling" certification of textile products between Shaoxing and the Guangdong-Hong Kong-Macao Greater Bay Area (Shenzhen-Hong Kong) (Figure 1-1-8).

Figure 1-1-8 In March 2023, the "Forum on Green and Low-Carbon Development of Industries in Zhejiang Province Assisted by Carbon Label" was Held in Hangzhou

3. Efforts were made to actively guide green and low-carbon living consumption

Zhejiang Province continuously promoted the expansion and quality improvement of green product certification. In March 2023, it was officially approved by the National Certification and Accreditation Administration to launch the nation's first comprehensive pilot for "dual carbon" certification, with a total of 427 new enterprises with certifications of green products and 700 new certificates, leading the country in the scale of green certification. Green promotion activities were vigorously carried out, and series of green promotion activities such as "Green Smart Home Appliances" and "NEVs in Rural Areas" were held. In 2023, the sales of NEVs in the province reached 554,000, an increase of 18.4% year-over-year. Great efforts were made in garbage sorting and plastic pollution control, and effective sorting models like "timed and designated" sorting were explored. Moreover, the *Work Plan for Zhejiang Province's Pilot "Zero Waste" of Takeaway Plastics* was issued (Figure 1-1-9), making Zhejiang Province take the lead in launching the pilot "Zero Waste" of takeaway plastics in the country.

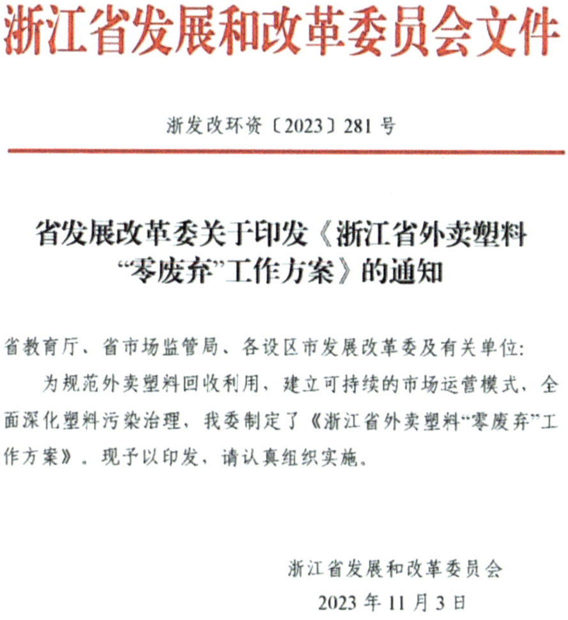
浙江省发展和改革委员会文件

浙发改环资〔2023〕281号

省发展改革委关于印发《浙江省外卖塑料
“零废弃”工作方案》的通知

省教育厅、省市场监管局、各设区市发展改革委及有关单位:

为规范外卖塑料回收利用、建立可持续的市场运营模式、全面深化塑料污染治理，我委制定了《浙江省外卖塑料“零废弃”工作方案》。现予以印发，请认真组织实施。

浙江省发展和改革委员会

2023年11月3日

Figure 1-1-9 Zhejiang Issues the Work Plan for "Zero Waste" of Takeaway Plastics

4. Every effort was made to host the carbon-neutral Asian Games

Zhejiang Province issued the *Hangzhou Green Action Plan for Asian Games*, implementing green actions for the Asian Games. It implemented diversified carbon offsetting methods, and promoted widespread participation in carbon neutrality, with over 130 million people participating in carbon neutrality for the Asian Games and 47 units participating in carbon offset donations, with a total of 1.099,4 million tons donated, exceeding the demand for carbon neutrality offsetting (Figure 1-1-10).

Figure 1-1-10 2023, December 6, the Hangzhou Asian Games Organizing Committee and the Hangzhou Asian Para Games Organizing Committee held the Carbon Neutrality Certificate Award Ceremony

F. Highlights of Green and Low-Carbon Technological Innovation

1. The technological innovation system in the "dual carbon" field was gradually improved

Zhejiang Province deepened the implementation of the "315" scientific and technological innovation system project, accelerating the construction of high-tech "dual carbon" innovation platforms, and establishing five national key laboratories in the "dual carbon" field. Hangzhou built a group of high-tech laboratories such as the Baima Lake Laboratory, and established the first technology transfer and transformation center in the country. Led by the Zhejiang Provincial Carbon Peak Carbon Neutrality Science and Technology Innovation Consortium, the *Blue Book of Carbon Peak & Carbon Neutrality Science and Technology Development in Zhejiang Province* was published, systematically elaborating on Zhejiang Province's strategic deployment and target tasks for promoting carbon peaking and carbon neutrality (Figure 1-1-11).

Figure 1-1-11 Blue Book of Carbon Peak & Carbon Neutrality Science and Technology Development in Zhejiang Province

2. Breakthroughs in key core technologies were accelerated

Zhejiang province deepened the implementation of "dual peak and dual leadership" R&D breakthrough program. Focusing on fields such as carbon capture, utilization, and storage, marine carbon sequestration regulation and carbon sink enhancement, renewable energy, energy storage and hydrogen energy, it initiated and implemented over 40 R&D projects, and formed a group of landmark research achievements such as "Key Technologies and Demonstration Applications for Dynamic Monitoring of Nearshore Carbon Flux" and "Key Technologies, Equipment, and Demonstration for Clean and Efficient Utilization of Coal". Focusing on the three categories of carbon reduction at the source, carbon reduction during the process and carbon sequestration at the end, 13 advanced green and low-carbon technology demonstration projects were selected and reported, three of which were approved, placing Zhejiang at the forefront nationwide.

3. The quality of green technology innovation and promotion was improved and upgraded

Zhejiang Province further strengthened the construction of the National Green Technology Trading Center, hosted the 2023 Green Technology Innovation and Promotion Conference with high standards, and actively created exemplary models for the promotion of green technologies. In 2023, a total of 546 green technology transactions were facilitated, with a trading volume of RMB 1.725 billion, an increase of 71% year-over-year. Zhejiang Province actively promoted the transformation and application of advanced technologies. Zhejiang Provincial Energy Group constructed the nation's first 10,000-ton coal-fired power plant CO_2 capture and mineralization full-process coupling demonstration unit at the Lanxi Power Plant (Figure 1-1-12). The Baima Lake Laboratory, in collaboration with Zhejiang University, successfully synthesized green methanol fuel using captured CO_2 from flue gas and renewable energy, which was used for the main torch lighting during the opening ceremony of the Hangzhou Asian Games (Figure 1-1-13).

Figure 1-1-12 Commence Ceremony of the Zhejiang Provincial Energy Group Lanxi Power Plant CO_2 Capture and Mineralization Integrated Demonstration Project

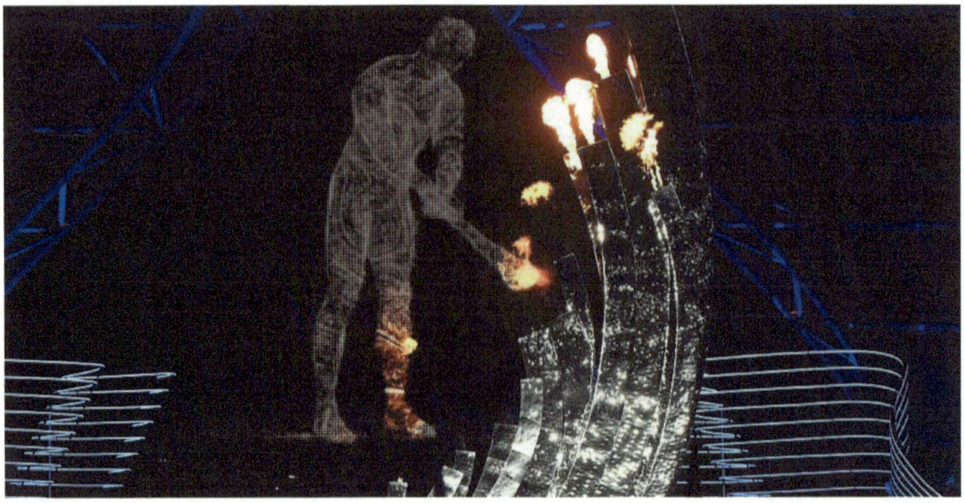

Figure 1-1-13 Lighting the Hangzhou "Green Asian Games" Main Torch with Zero Carbon Methanol

II. Steady Enhancement of Abilities to Adapt to Climate Change

A. Strengthened the Climate Change Adaptation Capacity of Infrastructure

1. Zhejiang Province strengthened sponge city construction

With sponge city construction as a driver, Zhejiang Province strengthened urban drainage and flood control, and enhanced urban climate adaptation abilities. It issued and implemented the *Zhejiang Province Three-Year Action Plan for the Construction of Sponge City Demonstration Projects* (*2023—2025*) and the *Guidelines for the Evaluation of Zhejiang Province Sponge City Demonstration Projects* (*Trial*), announcing the list of 105 sponge city projects in 2023, including the Bapu Drainage Pumping Station Project.

2. Zhejiang Province intensified its water conservancy infrastructure construction

In 2023, Zhejiang issued the *Zhejiang Water Network Construction Plan*, constructing a batch of water resource allocation channels and flood and drought diversion channels in eastern, central, and northern Zhejiang with the eight water systems as the basic vein and key lakes and reservoirs like the Xin'an River as hubs, thus forming an overall pattern of "three water resource allocation channels, eight water systems and ten hubs of high-quality water reservoirs". It further enhanced the flood control and drainage capacities of the Hangzhou-Jiaxing-Huzhou Plain, vigorously promoted the construction of the project of drainage channel toward the south in the west of Hang Zhou, and the up-to-standard reinforcement of the Xixian Embankment in Hangzhou and the construction of the Haitang Anlan Project, significantly improving its flood protection standards.

3. Zhejiang Province promoted its transport and energy infrastructure construction

In terms of inland waterway transport, the second channel of the Hangzhou section of the Beijing-Hangzhou Grand Canal was completed and opened to navigation, adding 26.4 kilometers of high-grade waterways. Consequently, the construction of the third-level waterway improvement project of the Zhejiang section of the Beijing-Hangzhou Grand Canal was completed. Meanwhile, the construction of the third-level waterway reconstruction project of the Hangzhou-Shanghai Line (Jiaxing Section), the Changshan River Hydropower Hub, and the Qiantang River third-level waterway regulation project was accelerated. In terms of strengthening the climate resilience of energy infrastructure, it issued and implemented the *Several Opinions on Enhancing the Flood Prevention Capability of Urban Power Distribution Facilities*, proposing to raise the standards for flood prevention construction of new urban power distribution facilities.

B. Enhancement of the Climate Adaptation Level in Key Areas and Regions

1. Zhejiang Province strengthened the agricultural climate adaptation capacities

Zhejiang Province promoted efficient water-saving irrigation technologies, and its capacities of farmland irrigation, flood control and drainage were continuously enhanced. Meanwhile, Zhejiang intensified the selection and promotion of crop varieties adapted to climate change, and revised the *Zhejiang Province Rice and Corn Variety Approval Standards*, highlighting the multi-resistant and high-quality indicators, and accelerating the cultivation of breakthrough superior varieties. In terms of new breeding methods, it organized promotion of shellfish seedling breeding technology, and had bred 5.2 billion new varieties of clam seedlings, with a promotion area of 10,000 *mu*.

2. Zhejiang Province paid attention to enhancing the forestry climate adaptation capacity

In terms of protecting forest resources, Zhejiang Province underwent five rounds of zoning delineation and expansion, increasing the construction scale by 16 million *mu* from the initial stage, effectively safeguarding the sources of eight water systems and their banks, as well as forests in ecologically important or environmentally vulnerable areas such as roadsides and the peripheries of large and medium-sized reservoirs. Through actions like afforestation and nurturing of public welfare forests and the "precise quality enhancement of forest of ten million mu", the quality and resistance to risks of public welfare forests had been significantly improved, with the proportion of broad-leaved forests and mixed coniferous forest increasing from 30% in the initial stage of construction to 55%. The prevention and control of pine wilt disease was strengthened. By the autumn of 2023, the area affected by pine wilt disease and the number of pine trees killed by the disease had decreased by 41.4% and 70.4%, respectively, compared with that in 2020, achieving breakthroughs in prevention and control.

3. Zhejiang Province enhanced the coastal climate adaptation level

Comprehensive efforts were made to strengthen marine ecological protection. In 2023, national blue bay projects such as Taizhou Bay in Taizhou, Cangnan in Wenzhou, Shengsi in Zhoushan, and Yuhuan in Taizhou passed acceptance inspections. Marine ecological protection and restoration projects in Haiyan, Jiaxing, Putuo, Zhoushan, and Cangnan, Wenzhou were successfully included in projects supported by the country in 2024. In addition, the central government funding of 900 million *yuan* was obtained, making Zhejiang Province ranking first together with Guangdong Province in terms of funds and project numbers nationwide. Furthermore, Zhejiang attached great importance to the construction of marine disaster defense capabilities. In 2023, it issued and implemented the local standard *Technical Guideline for Hidden Danger Investigation of Marine Disasters* (DB33/T 2577—2023), further standardizing the work of investigating hidden dangers of marine disasters, which provides dynamically grasping the data of hidden dangers, and a standard basis for scientific and intelligent governance.

C. Strengthened Construction of Climate-resilient Pilot Cities

In the context of global climate warming, sensitive areas like mountainous regions in southwestern Zhejiang face challenges such as changes in precipitation patterns and intensifying natural disasters. To alleviate the impact of climate change and reduce climate-related disasters, Lishui City actively pioneered and achieved remarkable results in climate change adaptation work. In 2017, Lishui City became one of the first national pilot climate-resilient cities and the only pilot city in Zhejiang. In 2023, Lishui was one of the first cities to be included in the "Making Cities Resilient 2030 (MCR2030)" of the United Nations.

Lishui City has been guided by the concept of harmonious coexistence between man and nature for years. It has been committed to high-quality green development, comprehensively enhanced the city's climate adaptation capacity and resilience, and conducted a series of pioneering explorations and practices, including the development of a "6+1" policy system for carbon peaking and carbon neutrality, the gradual establishment of an evaluation mechanism with carbon neutrality indices and pollution reduction and carbon reduction coordination indices as the carrier, the assessment and evaluation mechanism with GHG inventory and carbon monitoring as the driver, the collaborative emission reduction mechanism with pollution reduction and carbon reduction synergy governance as the core, and the market incentive mechanisms mainly based on climate investment and financing and the carbon market. Lishui has also initiated the planning and construction of urban wind corridors and supporting infrastructure to enhance urban climate resilience. It has created green wind corridors and ecological corridors throughout the city to mitigate heat island and haze island effects.

III. Innovative Promotion of Trials of Pilots and Demonstrations

A. Gradual Transition from Dual Control of Energy Consumption to Pioneering Exploration of Dual Control of Carbon Emissions

1. Characteristics of the Dual Control of Carbon Emissions System

In July 2023, the second meeting of the Central Commission for Comprehensively Deepening Reform (CCCDR) deliberated and approved the *Opinions on Promoting the Gradual Transition from Control of Total Amount and Intensity of Energy Consumption to Control of Total Amount and Intensity of Carbon Emissions*, which became the top policy in China regarding the transition from dual control of energy consumption to dual control of carbon emissions. It has three distinct characteristics. In terms of systematicness, the dual control of carbon emissions system includes both the guiding role of assessments and the guidelines for local management, industry practice, enterprise governance, project control, as well as data system, policy system, and element guarantee, being a comprehensive institutional innovation. In terms of timeliness, the dual control of carbon emissions system needs to overcome some issues exposed in the dual control of energy consumption. Moreover, there is a better foundation for the current promotion of dual control of carbon emissions, such as digital governance and technical and financial support, which will play important promoting roles. In terms of progressiveness, the dual control of carbon emissions will maintain a stable and progressive work tone, insist on establishing the new before abolishing the old, emphasize consistent and orderly advancement, implement institutional transformation in a well-planned and phased way, and scientifically get the pace and intensity right.

2. Opportunities and Key Challenges for Zhejiang Under the Dual Control of Carbon Emissions System

Analyzing from a policy perspective, the dual control of carbon emissions has become a crucial driver for the transformation of "dual carbon" initiatives. In August 2023, General Secretary Xi Jinping issued important instructions on the gradual transition from dual control of energy consumption to dual control of carbon emissions during the first National Ecology Day, highlighting the significance and urgency of this institutional transformation. Keeping a foothold on the reality and its advantages, Zhejiang Province has actively pioneered in areas such as product carbon footprints and project carbon assessments. This series of policy trends and work deployments has become a significant driver for advancing the transformation of "dual carbon" initiatives. Analyzing from an economic development perspective, the dynamism of high-quality industrial development will be effectively activated. Against the backdrop of Zhejiang Province's traditional industries with relatively high carbon emissions, effective carbon emission control by measures such as expanding the use of renewable energy and adopting energy-saving technologies can provide more time and space for the growth and transformation of energy-intensive enterprises. For enterprises aligning with the trend of low-carbon development, adapting to and responding to the dual control policy on carbon emissions can not only help them stand out in the market competition but also potentially earn various policy supports and incentives from local governments, which will further stimulate enterprises to explore their potential for low-carbon development. Analyzing from the energy development perspective, the potential for the development and utilization of renewable energy in the province will be further unleashed. Zhejiang Province is an important region for energy production and consumption, and faces a tense and delicate balance between supply and demand. The dual control of energy consumption system before the institutional transformation mainly focused on the demand side, with relatively insufficient drive for the green and low-carbon transformation of the supply side of energy. After proposing the work requirement for institutional transformation, policies on the dual control of energy consumption have been continuously adjusted and improved, particularly the exclusion of newly added renewable energy from assessments. The enthusiasm for developing renewable energy in various regions will be further stimulated, providing low-carbon energy guarantee for economic and social development while promoting the low-carbon transformation of the energy structure. Analyzing from the perspective of innovation-driven development, the transition in the dual control policies will give birth to new technologies and new business formats. Green technology innovation will become a crucial driver and key element for economic and social carbon reduction and decarbonization, thereby further facilitating Zhejiang Province's establishment of an independent innovation system and giving birth to a batch of green and low-carbon new technologies. Simultaneously, enterprises' demands for low-carbon technologies, clean energy, and other emerging industries will be further stimulated, thereby promoting market investment in low-carbon industries and the development of new technologies, and driving the growth of new business formats, making them new growth engines.

3. Zhejiang's Practice and Exploration in Response to the Dual Control of Carbon Emissions System

Zhejiang Province has established a solid and comprehensive data foundation. Zhejiang Province's "dual carbon" digital intelligence platform has accumulated carbon emission data of the whole province by region, field and sector, as well as carbon account data of key enterprises. It emphasizes the long-term accumulation of enterprise carbon emission data, and has the door-to-door carbon emission data from nearly 2,000 industrial enterprises with the annual comprehensive energy consumption of over 5,000 tons across the province since 2014, covering sectors such as power generation, cement, chemical engineering, papermaking and textiles. Zhejiang Province has pioneered innovation in regulations and standards. Under the national institutional framework, it has explored carbon emission statistical accounting methods for prefecture-level cities, pioneered the compilation of simplified energy balance sheets, and conducted research on carbon emission statistics and accounting in industrial production processes. Meanwhile, the province evaluates the carbon productivity levels from the two dimensions of industry and region, and explores the methodologies for assessing carbon efficiency in projects. Currently, Zhejiang has preliminarily established a product carbon footprint accounting standard system covering provincial standards, industry standards and group standards. It advances practices and explorations concurrently. Zhejiang Province has not only undertaken four national pilot projects, including research on carbon emission accounting methods for provincial regions and industries, but also participated in the nation's first comprehensive "dual carbon" certification pilot. Moreover, it also guides relevant regions in the province to carry out trials in terms of project carbon emission evaluation and the application and practice of product carbon footprint accounting. In addition, the National Green Technology Trading Center makes every effort to promote the transformation of green technological innovation. By the end of 2023, 3,266 technologies had been deployed, facilitating 943 transactions with a total transaction volume of RMB 2.417 billion.

In 2023, Zhejiang Province actively responded to the exploration tasks of the dual control of carbon emissions system. Making full use of its unique resource endowment and advanced digital governance methods, and closely linking to the actual situation of the region, it issued and implemented the *Zhejiang Province Implementation Plan for Pilots of Dual Control of Carbon Emissions* at the beginning of 2024, aiming to the construction of a carbon emission evaluation mechanism at the project level and the establishment of a carbon footprint management system for the entire product lifecycle. Meanwhile, efforts are made to accelerate the basic tasks of carbon emission data statistics and accounting system and improve relevant supporting institutional construction. The goal is to shape a management model for dual control of carbon emissions with Zhejiang characteristics as soon as possible, thereby providing valuable experience for the implementation of the dual control of carbon emissions system nationwide during the "15th Five-Year Plan" period.

B. National Carbon Peaking Pilot Cities

Zhejiang Province has made great efforts to explore new paths, models, and mechanisms to address the difficulties and bottlenecks faced in the process of urban green and low-carbon development. In November 2023, the General Office of the National Development and Reform Commission released the list of the first batch of national carbon peaking pilot cities, with Hangzhou and Huzhou in Zhejiang Province making the list.

1. Hangzhou Leverages Its Digital, Technological, and Institutional Advantages to Explore Lightweight Carbon Peaking Pathways

Focusing on the three positions of being a national benchmark area for carbon peaking empowered by digital intelligence, a model area for carbon peaking led by technology, and a demonstration area for innovative carbon peaking systems, Hangzhou City explores industrial lightweight urban carbon peaking pathways. In terms of digital empowerment, it has established a "city brain + low-carbon" governance system, expanding green and low-carbon application scenarios in sectors such as industry, agriculture, transport and residential life, while also displaying urban city energy operation and management status in real time. In terms of science and technology leading, Hangzhou has a group of high-tech innovation platforms such as Zhejiang University, Baima Lake Laboratory, and Zhejiang Lab, with technologies such as PV film, solar thermal, and molten salt energy storage leading the country. In 2023, it established the first technology transfer and transformation center in the country. In terms of institutional innovation, it has built a "1+N+X" policy system, established a mechanism for its implementation at the district and county (city) levels.

In terms of the construction of national carbon peaking pilot cities, Hangzhou focuses on exploring energy conservation and carbon reduction pathways through digital empowerment, scientific and technological innovation, and institutional innovation, thereby providing Hangzhou's experience for the first achievement of carbon peaking in industrial lightweight cities across the country. In terms of digital empowerment, relying on the city brain, provincial public data platform, and municipal credit platform, efforts are made to create a digital governance system of "smart brain + a batch of application scenarios + a set of institutional standards". Hangzhou further improves the "dual carbon" intelligent governance architecture system, carries out the construction of enterprise carbon account application, enriches diverse digital cross-application scenarios, and explores pathway of digital empowerment for carbon reduction. In terms of scientific and technological innovation, seizing the opportunity to establish a comprehensive national scientific center, Hangzhou spares no efforts to build a low-carbon technology R&D source, a gathering place for scientific research platforms, and a new highland for results transformation, and implements key research projects. It builds the national green energy concept verification center, deepens cooperation with the National Green Technology Trading Center, and promotes the industrialization of significant achievements in Hangzhou. In terms of institutional innovation, efforts are made to pilot "carbon emission" statistics and accounting at the municipal and county levels and establish a carbon emission statistics and accounting system that covers cities and counties. Districts (counties and cities) are encouraged to fully explore their unique highlights and to explore the formation of a demonstration and leading effect of "one focus in one sector, and one feature in one county".

2. Huzhou Leverages Its Advantage in Institutional Innovation, and Explores the Pathways for Cities with General Resource Endowments and Heavy Industrial Structures to Achieve Carbon Peaking

Keeping a foothold on its energy resource endowment and industrial structure characteristics, Huzhou follows the pilot approach of exploring the "Huzhou model" for carbon peaking for cities with general resource endowments and heavy industrial structures nationwide. It strives to become a national source of green and low-carbon innovation and comprehensive reform, a demonstration area for overall transformation and quality improvement, a pilot zone for energy green and low-carbon transformation, and a national pacesetter of green and low-carbon city practices. Huzhou City has a relatively solid foundation for promoting the construction of national carbon peaking pilot cities. In terms of transformation and quality improvement, Huzhou has pioneered the "Carbon Efficiency Hero" reform, introducing the first "industrial carbon efficiency code" and "building carbon efficiency code" in the country. It has launched the "Carbon Heroes · Huzhou Benefits" digital platform, released the first Green and Low-Carbon Living Index in the country, and established a carbon efficiency evaluation system that covers enterprises, public institutions, and individuals and other carbon emission entities. In terms of energy transition,

Huzhou has issued a city-wide plan for the development of the green energy storage industry, innovatively established a resource pool for ensuring peak power supply in China, and implemented scientific load regulation. In terms of the practice of low-carbon cities, the *Huzhou Special Plan for Green Buildings* (*2022—2030*) has been issued, pioneering the release of the building "carbon efficiency code" nationwide and establishing a "carbon efficiency code" platform for existing public buildings. The *Implementation Plan for the Creation of Urban Green Freight Distribution Demonstration Projects in Huzhou City* has also been issued to strengthen the promotion and application of NEVs, and three low (zero) carbon water service areas have been built simultaneously.

In terms of the construction of national carbon peaking pilot cities, Huzhou City incorporates carbon peaking and carbon neutrality into the overall layout of economic and social development and ecological civilization construction, exploring a "green, low-carbon and high-quality development path that gives primacy to ecological civilization". In terms of reform and innovation, it explores the establishment of a "carbon accounting + carbon budget" control mechanism and a "carbon efficiency + carbon evaluation" control mechanism. In terms of transformation and quality improvement, efforts are made to explore the advancement of the pollution reduction and carbon reduction coordinated mechanism and the carbon sink value transformation mechanism. Industry-specific energy consumption and pollution emission access standards are studied and formulated. The market-oriented trading mechanism for carbon sinks is improved, and the ecological protection compensation mechanism for carbon sink products is explored. Moreover, the financial support system for the entire carbon sink chain is innovated. In terms of energy transition, Huzhou accelerates the "county-wide promotion" of PV construction, promotes centralized compound ground-mounted PV development tailored to local conditions, and strengthens the construction of grid supporting facilities to ensure the guaranteed grid connection of all PV capacities. In terms of the practice of low carbon cities, it implements demonstration projects for building energy conservation and strictly implements the access system for fuel consumption limits for road transport vehicles.

C. Provincial Low (Zero) Carbon Pilot Construction System

Zhejiang Province adheres to a combination of top-level design and grassroots exploration, and deepens and expands low-carbon pilot construction. It has built a multi-level low (zero) carbon pilot construction system at the county, township, village, park, and factory levels, and has achieved positive results.

In terms of low-carbon pilot counties, as of the end of 2023, Zhejiang had carried out three batches totaling 30 low-carbon pilot counties. The distinctive achievements of each pilot county are summarized in Table 1-1-1.

Table 1-1-1 Distinctive Achievements of Low-Carbon Pilot County Construction in Zhejiang Province

Pilot Units	Distinctive Achievements
Comprehensive Category	
Wuxing District	An industrial carbon control digital platform has been innovated and energy budget management is carried out. A diversified "online and offline" recycling system has been built
Lin'an District	*Management Measures for Pre-evaluation of Energy and Carbon for Fixed Asset Investment Projects in Linan District* (*Trial*) has been formulated, and a project access energy and carbon evaluation system based on 13 indicators has been built
Tonglu Town	Express delivery consolidation centers have been established to promote the upgrading of plastic pollution control in the express delivery industry, and six "zero waste express delivery stations" had been established through training and guidance in 2023 to respond to the "zero waste" city construction efforts of the county
Yuyao City	A 100% rate of new energy for online ride-hailing vehicles has been reached in the city, with public charging piles available in 21 towns and subdistricts. Explorations into "low (zero) carbon factory" demonstrations have been carried out, and research on the evaluation indicator system for "zero carbon factories" has been conducted
Deqing County	An inland "green port" credit evaluation system has been established. The Yangtze River Delta Wetland Alliance was established in collaboration with Chongming District, Shanghai, and Dongtai City, Jiangsu Province. The first judicial subscription wetland carbon sink transaction in the province was conducted
Yiwu City	Efforts have been made to the fields such as transportation, low-carbon green markets and circular economy to establish a benchmark for comprehensive green transformation at the county level. A low-carbon and efficient transportation system has been built on the basis of constructing an international logistics hub. Efforts have been made to actively study PV battery carbon footprints and other standards to orderly respond to carbon barriers in international trade

Continued table

Pilot Units	Distinctive Achievements
Comprehensive Category	
Qujiang District	A "Carbon Emission Management Information Platform for Four-Provincial Border Hub Ports" has been established. Efforts have been made to explore distinctive application scenarios for "carbon accounts" and the individual "carbon loan" has been promoted innovatively
Changshan County	A green and low-carbon performance and evaluation mechanism has been innovated. Through initiatives such as "carbon source utilization", "white water circulation + protocol management", and "biogas heating", synergized reduction of pollution and carbon emissions has been achieved in the sewage treatment field in parks
Industry Category	
Yueqing City	Efforts have been made to strengthen carbon inclusion, actively foster a voluntary carbon market, innovate methodologies for carbon inclusion in green and low-carbon sectors, and establish relevant local standards. Efforts have also been made to advance carbon labeling and carbon label evaluation for power and electrical products, with a call for 100 products to participate in pilot projects
Jiashan County	The "five actions" of digital enterprise cultivation, digital project attraction, digital transformation, digital infrastructure upgrading and digital reform leadership have been further implemented. In 2023, the energy consumption of the added value of major industrial enterprises with annual main business revenue of at least RMB 20 million (major industrial enterprises) continued to decrease by 6.2%, and the added value of major industrial enterprises in the digital economy manufacturing sector was expected to exceed RMB 16 billion
Haining City	A carbon emission evaluation system for fixed asset investment projects has been established, and the establishment of a comprehensive lifecycle carbon footprint accounting and certification system for PV products has been explored
Nanxun District	Pilot plans for the construction of a carbon emission evaluation system for fixed asset investment projects have been formulated. Active efforts have been made to implement initiatives such as the "carbon label" pilot construction, VER accounting application, optimization of green electricity trading mechanism, and advancement of the construction of a long-term mechanism for the industrial chain, and new ideas for the green and low-carbon transformation and upgrading of industries with distinctive features of Nanxun District have been formed
Yuecheng District	The relocation and upgrading of non-relocated chemical enterprises has been accelerated, freeing up energy space equivalent to 1.04 million tons of standard coal. Relevant policies have been introduced to systemize, refine, and dynamically manage the entire process of land use during the land use period

Continued table

Pilot Units	Distinctive Achievements
Industry Category	
Shangyu District	The 3.0 version of the transformation and upgrading of the green chemical industry has been promoted, and the output of the "industrial brain + future factory" model has been deepened. Efforts have been made to explore the digital scenario application for synergized reduction of pollution and carbon emissions, facilitating the recycling of 71,000 tons of hazardous waste
Yongkang City	Efforts have been made to gather the three low-carbon emerging industries of electronic information, life and health, and new energy; a group of projects aimed at strengthening and consolidating the industrial chains have been introduced; a group of major industrial projects such as solid-state batteries and energy storage batteries with large investment scale, high industrial relevance and strong driving capabilities have been implemented, and efforts have been made to construct a county-level benchmark city that transforms from a traditional industrial cluster to a green and intelligent one
Jiangshan City	Efforts have been made to build five golden business cards of "Demonstration Zone of Renovation of Industrial Land Across All Domains", "Industrial Cluster of New Energy Materials Industry", "Practice Site for Low-Carbon Transformation of High-Carbon Industries", "Model Site for Enterprise Lightweight and Intelligent Transformation", and "Pioneering Site for Deepening Application of Carbon Account System"
Longyou County	The central platform of the papermaking industry has completed the iteration and upgrading of phase I of the "five-chain integration", and the layout of "five-chain" digital application functions has been formed
Luqiao District	With industrial metaverse serving as a key entry point for reshaping the industrial system, efforts have been made to construct cultivation chains and more than 20 projects have been implemented in Taizhou City. Taizhou International Recycled Metal Trading Center has been built, with a transaction volume exceeding RMB 20 billion
Energy Category	
Xiangshan County	The Ningbo Marine Green Development Innovation Center (Blue Carbon Center) has been built; the *Xiangshan County Blue Carbon Economy Development Action Plan* (*2023—2025*) has been compiled and issued, and the first blue carbon auction transaction in the country has been completed
Rui'an City	A group of iconic projects in the energy sector like "Rui'an No. 1" offshore wind farm have been implemented. A group of institutional reform measures in the low-carbon energy consumption field, such as energy budget management and carbon emission budget management, have been innovatively explored. Efforts have been made to build a clean and low-carbon energy supply system, develop a smart and efficient energy consumption system, and improve a sound, standardized and effective energy system

Continued table

Pilot Units	Distinctive Achievements
Energy Category	
Cangnan County	A "Blue Bay" comprehensive restoration action has been launched, transforming the mangrove wetland growth environment and successfully planting an additional 350 *mu* of mangroves through means such as aquaculture withdrawal and wetland restoration, mangrove planting restoration, and integrated mangrove wetland and coastal management
Pinghu City	An enterprise carbon budget management system has been pioneered and explored, and the "carbon budget flexibility management application" has been built
Putuo District	The preliminary work for the Sinopec Tiandayan hydrogen refueling station project has been accelerated. The first hydrogen-powered bus demonstration line and the first hydrogen refueling station in the city have been launched, and the first demonstration hydrogen-powered vessel has been built
Shengsi County	The integrated development model of "offshore wind power + marine ranching" has been explored. The Dayangshan "PV + ecological breeding" project has been built, which generated 3.872 million kW・h of electricity from January to July 2023
Yuhuan City	"Empty land" resources such as building rooftops and coastal flats have been leveraged to accelerate the construction of national rooftop distributed PV development pilots. Efforts have been made to explore the integrated reform mechanism that combines three averages of average mu yield, average carbon intensity, and average energy consumption, rectifying and upgrading 318 energy-intensive and inefficient enterprises, and saving 22,800 tons of standard coal in energy consumption
Carbon Sink Category	
Chun'an County	Relying on its excellent ecological resources, efforts have been made in three aspects of "carbon reduction, carbon sink enhancement and reform". Efforts have been made to conserve and improve mountain, water, forest, farmland, lake and grassland ecosystems. The construction of national reserve forests has been deeply carried out, and the development of forestry carbon credits and other forestry carbon sink financial products has been explored
Anji County	Policy support has been strengthened to promote innovative application of bamboo products, and the first domestic and international group standard of *Classification and Grading for Products Using Bamboo as a Substitute for Plastic* (T/AJZCY 001—2023) has been released. Efforts have been made in promoting fully biodegradable plastic bags, bamboo utensils, bamboo office desks, and other aspects
Pan'an County	The Pan'an rural industry upgrading and carbon sink capacity enhancement project has been implemented, and the Pan'an County carbon sink development plan has been formulated, with an expected annual carbon sink of 696,000 tons

Continued table

Pilot Units	Distinctive Achievements
Carbon Sink Category	
Jingning County	Efforts have been made to explore low-carbon certification for under-forest economies; carbon footprint calculations for characteristic products have been completed, and a full life cycle carbon footprint analysis and evaluation report has been formed
Longquan City	The *Longquan City Carbon Sink Right Registration and Management Measures* (*Trial*) has been published, and the first batch of carbon sink right certificates has been issued. The "Carbon Sink Finance Simple Assessment Mini Program" and the "Forestry Carbon Sink Right E-Certificate Mini Program" have been launched

In terms of low (zero) carbon townships (subdistricts) and villages (communities), in 2023, the third batch of pilot projects in Zhejiang Province, including 68 low (zero) carbon townships (subdistricts) and 549 villages (communities), was finalized, showing Zhejiang Province's solid foundation and practical experience in "dual carbon" work. The Jingshan tea brand has been built in Jingshan Town, Yuhang District, achieving low carbonization of the whole life cycle of Jingshan tea from "planting to production and operation" through "three-low and one-high" technologies of low energy consumption, low pollution, low emissions and high carbon sinks. A zero carbon village in Yingfeng Village, Tuankou Town, Lin'an District has been built through rooftop PV projects and walnut ecological management projects, with an annual carbon dioxide absorption of 8,036.79 tons, CCER emission reduction of 1,626.79 tons, and an annual neutral carbon sink of 9,663.58 tons. Adhering to the three construction lines of "industrial carbon reduction, agricultural carbon sequestration, and low-carbon living", Xincang Town in Pinghu City has constructed "one platform and five centers" for high-tech agriculture, deepened the mechanism of agricultural low-carbon development, and promoted carbon sequestration and sink increase in circular agriculture, achieving a 3.51% decrease in the carbon emission intensity from towns and townships and an 8.32% decrease in the carbon intensity from major industrial enterprises.

In terms of green low-carbon industrial parks and factories, in 2023, there were 10 new provincial-level green low-carbon industrial parks and 100 new provincial-level green low-carbon factories in the province, fully demonstrating the exemplary role of leading the green and low-carbon transformation of the industry by carrying out small-scale pilot programs. At the park level, focusing on the development strategy of "ecological priority, innovation-driven development and intelligent manufacturing", Hangzhou Qianjiang Economic Development Zone has taken national energy efficiency standards as benchmarks to effectively promote energy-saving renovations of process equipment, facility upgrading, new energy promotion and application, and resource recycling for enterprises in key industries such as metal and textile. Zhejiang Longquan Economic Development Zone has vigorously constructed distributed PV power generation projects, reducing carbon emission intensity by 18.3% within three years. At the factory level, the initial exploration of "zero carbon factories" has achieved preliminary results. The "Xizi Aviation Zero Carbon Factory" is a new attempt of Xizi Clean Energy in the "zero carbon factory" solutions. The factory has applied high-efficiency monocrystalline silicon, perovskite wall power generation and other PV technologies, as well as energy storage technologies like molten salt energy storage. The project adopts a rooftop distributed PV design, with an annual power generation of 5.3 million kW · h, which can meet Xizi Aviation's annual electricity consumption of 5 million kW · h, achieving "zero carbon emissions" throughout the entire life cycle.

IV. New Situations and Considerations

In recent years, there have been profound changes in the international and domestic landscapes of low-carbon development, with challenges and opportunities coexisting. These changes have a significant impact on Zhejiang's response to climate change and low-carbon development efforts now and in the future. On the international level, the global energy situation has undergone profound changes due to the impacts of multiple factors such as the Ukraine crisis and the Israel-Palestine conflict. Countries are ramping up efforts to ensure energy security and energy transition, promoting the localization and low-carbonization of energy supplies. The competition among major powers over new energy industries has become increasingly intensified. At the same time, the implementation of the EU CBAM and other rules has entered a substantive phase, and the effect of international carbon rule barriers is gradually emerging. It is worth noting that as the decoupling of the U.S. and China economies accelerates, a global industrial chain adjustment is inevitable, which will undoubtedly pose significant challenges to Zhejiang, a major foreign trade province. On the domestic level, China's ecological civilization construction has entered a critical period with carbon reduction as a strategic focus. The "dual carbon" policy system has been basically established, and the transition from dual control of energy consumption to dual control of carbon emissions has become a fundamental and preemptive institutional reform in the implementation of the "dual carbon" strategy in China. Meanwhile, new quality productive forces have ushered in a historic opportunity for vigorous development, promoting the reshaping of the low-carbon industrial layout, energy layout and innovation pattern. Cultivating and developing new quality productive forces has become one of the keys to achieving the carbon peaking and carbon neutrality goals. In addition, as the 2030 carbon peaking target approaches, the promotion of a comprehensive green and low-carbon transformation of the economy and society has entered a critical stage. The paths toward carbon-peaking need to be further refined and focused, presenting new requirements for Zhejiang to advance its response to climate change and low-carbon development with high quality.

Faced with the new requirements of the situation, Zhejiang should comprehensively analyze the main contradictions and difficulties in promoting provincial low-carbon development at the current stage, and clarify the paths for low-carbon development in line with national policy trends. The general idea is to fully implement the important remarks made by General Secretary Xi Jinping during his inspection of Zhejiang in 2023, namely, unswervingly promote the green transformation of development modes, and establish a sound economic system featuring green, low-carbon and circular development. Efforts should be made to deepen adjustments to energy and industrial structures and shift economic development modes to a track of green, low-carbon and circular development. At the same time, it is necessary to closely follow international competition and national policy trends, vigorously cultivate new quality productive forces oriented towards low-carbon development, and promote the construction of green supply chains and "dual carbon" standard systems. Efforts should be made to accelerate the establishment and improvement of the dual control of carbon emissions system, shape new advantages for low-carbon development and form new low-carbon development patterns in reform and innovation in Zhejiang Province, and smoothly achieve the carbon peaking goal before 2030.

A. Focus on Systematic Transformation, and Establish and Improve a Green and Low-carbon Circular Economic Development System

Accelerating the establishment of a sound green and low-carbon circular economic development system is the key to transforming the relationship between development and emission reduction from opposition to synergy. Only by promoting green transformation in economic development and achieving greater development through green transformation can effective measures for promoting green and low-carbon development be implemented in the ever-changing economic situation. When it comes to specific pathways, the two main lines of industrial structure and energy structure should be followed. It is imperative to comprehensively enhance the utilization of resources and energy, vigorously promote the high-level development of industrial structure, accelerate the construction of the "415X" advanced manufacturing clusters, and establish a distinctive modern industrial system in Zhejiang based on the reality of Zhejiang as a "province with few energy resources". It is crucial to seize the opportunity of the national policy to promote large-scale equipment renewal and trade-in of old consumer goods. In combination with the energy efficiency diagnosis work of Zhejiang, efforts should be made to vigorously promote the renewal and technological transformation of production equipment and energy-intensive equipment in key energy-intensive enterprises. Emission reduction of high-carbon enterprises should be advanced through the "one policy for one industry" strategy, thereby effectively promoting the green and low-carbon transformation of eight energy-intensive industries in the province. Meanwhile, it is necessary to expedite the green and low-carbon transformation and development of energy, advance the establishment of a clean and low-carbon energy supply system with clean and low-carbon energy as the main body and traditional energy as the support, and improve the green, clean and efficient development and utilization of energy in an all-round manner. It is particularly important to pay attention to the pivotal driving role of scientific and technological innovation in the low-carbon transformation of industrial and energy structures. The "315" scientific and technological innovation system construction project should be thoroughly implemented, and efforts should be made to lead the way in shaping new development advantages through scientific and technological innovation.

B. Stay Committed to Innovation-driven Development, and Vigorously Cultivate Low-Carbon-Oriented New Quality Productive Forces

New quality productive forces are characterized by high technology, high efficiency and high quality, and they are inherently green productive forces. Accelerating the cultivation of low-carbon-oriented new quality productive forces around the "dual carbon" goals is an important path to advance the transformation of the economic development mode, optimize the economic structure, and transform the growth momentum, the core of which is to stimulate the driving force of green and low-carbon technological innovation and form a market-oriented green technology innovation system. It's essential to prioritize industrial development through scientific and technological innovation, continuously strengthen the dominant position of enterprises in technological innovation, and support the "phoenix", "eagle" and "eaglet" actions in the field of green and low-carbon technology, as well as the "double increase" action of technology enterprises. With the construction of green and low-carbon advanced demonstration projects as the leverage, it's imperative to accelerate the transformation and upgrading of production levels of energy-intensive industrial enterprises, and vigorously promote the high-end, intelligent and green development of the manufacturing industry. Meanwhile, efforts should be made to speed up the cultivation and growth of emerging industries. With the in-depth implementation of the "No. 1 Project" for digital economy innovation and quality improvement as the leverage, efforts should be made to vigorously promote the deep integration of digital technology and real economy, as well as the integrated development of advanced manufacturing and modern service sectors. Moreover, it is necessary to comprehensively strengthen the construction of "three teams" (high-quality cadre team, high-level innovative talent and entrepreneur team, and high-quality labor team), focus on the "dual carbon" goals, cultivate versatile green and low-carbon talents, and ramp up efforts to cultivate talents for scientific and technological transformation and technical services.

C. Insist on Coordinated Development, and Promote the Carbon Footprint Management System and Green and Low-carbon Supply Chain Construction in Parallel

In view of the gradual approach of international "carbon barriers", Zhejiang, being a large foreign trade province, should further ramp up efforts, accelerate the construction of a sound carbon footprint management system, and pay attention to the coordinated efforts with the green and low-carbon supply chain, thereby promoting the green and low-carbon transformation of the manufacturing industry and enhancing the competitiveness of international trade enterprises. With the aim of achieving a "visible, traceable and recognizable" product carbon footprint, efforts should be made to accelerate the development of an accounting and certification system aligned with international rules, and establish local product carbon footprint statistics and accounting standards. Efforts should be made to enhance coordination between the construction of "415X" industrial clusters and the management of key product carbon footprints. This involves promoting leading enterprises in the chain to establish product carbon footprint management systems tailored to industry development levels and their actual situations. By doing so, the upstream and downstream enterprises will be driven to strengthen their carbon footprint management practices, and the overall green and low-carbon transformation of the supply chain will be advanced. Local leading industries should be encouraged to collaborate with upstream and downstream enterprises in the supply chain to adhere to resource integration, risk sharing and benefit sharing, and build an efficient and collaborative green supply chain ecosystem with shared benefits and win-win results. At the same time, it is crucial to strengthen the development of the support and guarantee systems, establish a sound carbon emission statistics and accounting system, vigorously promote the application of green and low-carbon advanced technologies, develop green energy and other new infrastructure, accelerate the green transformation of the supply chain, and promote the reduction of product carbon footprints.

D. Uphold Reform as the Driving Force, and Promote a Group of Forward-looking, Leading and Supportive Institutional Innovations

It is vital to grasp the significant shift in the national dual control policy, intensify the exploration of the dual control of carbon emissions system, enhance the pioneering and exemplary role in terms of consolidation of the carbon emission data foundation of the whole province, evaluation system of fixed asset investment projects, regional carbon budget, and precise management of enterprise carbon emissions, and strive to gain experience early and speed up the cultivation of new advantages in low-carbon development in the province. It is essential to deepen the establishment of the digital carbon control system, particularly in alignment with the development of the dual control of carbon emissions system. It is necessary to iterate and upgrade the functions of the "dual carbon" digital platform, further enhance the carbon emission data collection, monitoring and early warning capabilities, and better meet the main demands of government carbon governance, enterprise carbon reduction and individual low-carbon lifestyle under the new situation. It is necessary to effectively give full play to the vital role of green finance in supporting low-carbon development and transformation, and actively broaden the range of diversified product services such as environmental equity collateral and pledge loans, green bonds, and green funds. Qualified enterprises should be promoted and supported to issue innovative debt financing instruments such as carbon-neutral bonds, transformation bonds, and sustainable development-linked bonds, and efforts should be made to expand the range and scale of green bonds in Zhejiang. Efforts should be made to explore pilot reforms in transition finance, and pilot in terms of institutional standards, organizational systems, product services, digital services, and domestic and international cooperation. Efforts should be made to continuously strengthen capacity building for environmental information disclosure, solidify the data foundation and platform support for carbon accounting in financial institutions, and actively strive for the initial implementation of ISSB standards in Zhejiang.

Author: The writing group of Zhejiang economic & information centre

Evaluation of Low-Carbon and High-Quality Development in County-Level Areas of Zhejiang Province

Achieving peak carbon emissions and carbon neutrality is an inherent requirement for implementing the new development philosophy, constructing a new development pattern, and promoting high-quality development. General Secretary Xi Jinping emphasized the need to balance development and emission reduction, promote green transformation in economic development and achieve greater development through this transformation. This report focuses on two dimensions: carbon emissions and economic and social aspects. It introduces relevant indicators of just transition and constructs an evaluation system for low-carbon and high-quality development, covering 4 primary indicator-level elements and 20 secondary indicator-level elements. An empirical analysis of county-level comparisons is conducted from five dimensions: the development level and balance level of carbon emissions, economic and social systems, balance level between the two systems, and the level of low-carbon and high-quality development in county areas. After research, it was found that counties in Zhejiang Province generally strike a balance between efficiency and fairness in low-carbon and economic development. There are significant regional heterogeneity characteristics in the level of low-carbon and high-quality development in county areas, indicating a need to pay more attention to fairness in economic and social development at the county level. Overall, counties in Ningbo, Jiaxing, and Huzhou perform relatively well in the evaluation. The follow-up of this evaluation system can be improved through expanding the indicator system, deepening analysis and evaluation, creating data products, and expanding application scenarios.

I. Introduction

General Secretary Xi Jinping emphasized that emission reduction does not mean reducing productivity, nor does it mean zero emissions. Instead, it means prioritizing ecological and green low-carbon development, promoting green transformation in economic development, and achieving greater development through this transformation. It is necessary to incorporate "dual carbon" work into the overall framework of economic and social development and properly handle the relationship between development and emission reduction. Conducting evaluation can help the government understand the situation of carbon emissions, guide the formulation and adjustment of corresponding emission reduction policies and measures, promote economic development towards low-carbon, high-efficiency, and green orientation, improve resource utilization efficiency and economic growth quality, enhance economic resilience and sustainability, and identify counties with better-balanced models to form replicable experiences, aiming to provide beneficial references for better promoting green and low-carbon transformation in economic and social development.

Counties serve as the fundamental units of economic development in China and represent the nexus of new urbanization and agricultural modernization. The ecological functions of agriculture and rural areas play a crucial role in the process of achieving carbon peaking and carbon neutrality. However, it remains a challenge to break away from the high-carbon urbanization development model and achieve low-carbon or even zero carbon transformation. Meanwhile, counties, as objects observed at the micro-level, hold significant practical significance and value. While promoting ecological priority and green development, they can play a role in connecting towns with villages and villages with communities. It is vital to conducting evaluation on the low-carbon and high-quality development of counties, establish evaluation systems, and carry out empirical analysis, aiming at helping counties balance economic and social development with carbon emission reduction, as well as high-quality development with carbon peaking and carbon neutrality goals. Although some evaluation studies have been conducted, such as the Yangtze River Delta region, various provinces and cities nationwide, including prefecture-level cities in Zhejiang Province, they are mainly focusing on the provincial or municipal level. There is relatively little research at the county level, and the evaluation work at the county level is still urgently needed.

This report mainly focuses on two dimensions: carbon emissions and economic and social aspects, introducing relevant indicators for just transition and constructing an evaluation system for low-carbon and high-quality development. In the subsequent content the evaluation indicators and methods, the evaluation results of counties in Zhejiang Province and their comparisons, conclusions and prospect for the next steps are introduced separately.

II. Evaluation Indicator System and Methods

A. Review of Existing Evaluation Systems

1. Existing Indicator Systems and Evaluation Efforts

Currently, at the theoretical level, there are few studies that combine carbon emissions with economic development for evaluation. Even fewer studies further integrate just transition into the evaluation. Examining recent literature on low-carbon development evaluation, it can mainly be classified into three categories, as detailed in Table 1-2-1.

Table 1-2-1 Existing Indicator Systems and Evaluation Efforts

Evaluation Indicators	Typical Literature
It is more common to evaluate only carbon emissions without involving economic and social development	[1] Hu Chuzhi, Huang Xianjin, Zhong Taiyang, et al. Analysis of China's Carbon Emission Characteristics and Dynamic Evolution[J]. China Population, Resources and Environment, 2008(3): 38-42. [2] Tan Dan, Huang Xianjin. Analysis and Comparison of the Relationship between Economic Development and Carbon Emissions in Eastern, Central, and Western Regions of China[J]. China Population, Resources and Environment, 2008(3): 54-57.

Continued table

Evaluation Indicators	Typical Literature
On the basis of evaluating carbon emissions, economic and social evaluation indicators are included, but just transition-related indicators are not involved. This type of research is rapidly increasing	[1] Shi Longyu, Sun Jing. Research on the Evaluation Methods of Low-Carbon Development Level in Chinese Cities[J]. Acta Ecologica Sinica, 2018, 38(15): 5461-5472. [2] Fu Yun, Wang Yunlin, Li Ding. Research on the Development Path of Low-carbon Cities[J]. Impact of Science on Society, 2008(2): 5-10. [3] Ma Jun, Zhou Lin, Li Wei. Construction of Urban Low-carbon Economic Evaluation Index System: Taking the Current Situation of Low-carbon Development in 6 Provinces and Cities in Eastern Coastal Areas as an Example[J]. Science & Technology Progress and Policy, 2010(22): 165-167. [4] Yang Dezhi. Comprehensive Evaluation of Low-carbon City Development Based on Principal Component Analysis[J]. Journal of Tonghua Normal University, 2011(4): 7-8.
In addition to evaluating the economic and social situation, indicators related to just transition are also evaluated, but such cases are sporadic	[1] Liu Zhihua, Yuan Qinglu, Li Cui, et al. Synergistic Effects of Low-carbon Economy and High-quality Development under the "dual carbon" Strategy: A Case Study of the Beijing-Tianjin-Hebei Urban Agglomeration[J/OL]. Environmental Science, 1-20[2024-03-21]. https://doi.org/10.13227/j.hjkx.2023/2013. [2] Wang Min, Yang Rupu, Li Liping. Construction and Application Research of Evaluation Index System for Synergy Degree of Pollution Reduction and Carbon Reduction in Cities[J]. Advances in Climate Change Research, 2024, 20(2): 242-252.

2. Relevant Studies on Existing Evaluation Methods

Currently, existing evaluation methods can be broadly categorized into two types. One type adopts the Technique for Order Preference by Similarity to Ideal Solution (TOPSIS) and its improved variants, which are currently more mainstream. These methods can fully utilize the information of original data and accurately reflect the differences between various evaluation schemes. The TOPSIS involves determining weights, which are subdivided into subjective and objective weighting methods. Subjective weighting methods often employ Analytic Hierarchy Process (AHP) and mainly rely on experts' understanding of background knowledge. In contrast, objective weighting methods often use entropy weighting, coefficient of variation, and others, mainly depending on the characteristics of the data itself. Some scholars also combine subjective and objective weighting methods for weight determination. The other type employs alternative methods, which are relatively diverse. These methods include coupling coordination degree models, Dagum's Gini coefficient combined with decomposition-Kernel density estimation-secondary assignment procedures, fuzzy evaluation methods, simple weighting methods, and dynamic comprehensive measurement models combined with regional difference methods. The relevant research on evaluation methods is shown in Table 1-2-2.

Table 1-2-2 Relevant Research on Existing Evaluation Methods

Evaluation Methods	Category		Typical Literature
TOPSIS	Subjective Weighting Method	Analytical Hierarchy Process	[1] Fan Chengjie. Research on the Evaluation of Low-Carbon Urban Development Level in Linfen City [C] // Chinese Society for Environmental Sciences. Proceedings of Chinese Society for Environmental Sciences 2022 Annual Science and Technology Conference (1). China Academic Journal (CD Version) e-magazine Co., Ltd., 2022: 7.
	Objective Weighting Method	Entropy Weight Method	[1] Sun Yanli, Zeng Qingdong. Research on the Evaluation Index System of Low-Carbon Urban Development Level Based on Improved TOPSIS Method—Taking Shenyang City as an Example[J]. Journal of Shenyang Jianzhu University (Social Science), 2023, 25(6): 575-582. [2] Wang Lei, Zhou Yanan, Zhang Yu. Evaluation and Barrier Analysis of Low-Carbon Urban Development Level Based on Entropy Weight-TOPSIS Method—Taking Tianjin City as an Example[J]. Science and Technology Management Research, 2017, 37(17): 239-245. [3] Sun Qi, Wu Qiaosheng, Li Siyao, et al. Calculation of China's Urban Low-Carbon Development Performance Index[J]. Statistics and Decision, 2021, 37(17): 75-79.
		Coefficient of Variation Method	[1] Zhang Wenting. Research on the Comprehensive Evaluation of Low-Carbon Economy in Central Cities in the Yangtze River Economic Belt [D]. Wuhan University of Technology, 2014.
		OWA Operator Weighting Method	[1] Xu Sheng, Yang Juan. TOPSIS Evaluation Analysis of Carbon Emission Economic Efficiency—Based on Panel Data of 17 Cities in Shandong Province[J]. Review of Economy and Management, 2013, 29(1): 145-150.

Continued table

Evaluation Methods	Category		Typical Literature
TOPSIS	Objective Weighting Method	OWA Operator Weighting Method	[2] Zhou Yueyun, Zhao Xianchao, Ding Meng. Clustering Analysis of Carbon Emission Economic Efficiency in Hunan Province Based on OWA-TOPSIS Model[J]. Journal of Hunan University of Technology (Social Science Edition), 2014, 19(3): 1-4.
	Combination of Subjective and Objective Weighting Methods		[1] Zhang Fuxiang. Analysis of Coupling Coordination between Regional Carbon Emissions, Economic Development, and Environmental Protection in Liaoning Province[D]. Liaoning Normal University, 2018. [2] Li Yonghua, Gao Xinyun, Yao Song, et al. The decoupling relationship between carbon balance pressure and new urbanization in the core areas of the Yangtze River Delta urban agglomeration[J]. Economic Geography, 2022, 42(12): 72-81.
	TOPSIS Combined with Grey Relational Projection Method		[1] He Yanzi, Wang Yan. Dynamic Comprehensive Evaluation of Regional Carbon Efficiency Based on TOPSIS and Grey Relational Projection Method: Taking the Pearl River Delta as an Example[J]. Journal of Hunan University of Technology, 2023, 37(6): 61-68. [2] Yu Peng, Ma Heng, Zhou Fuli. Dynamic Evaluation of Regional Carbon Efficiency Based on TOPSIS-Grey Relational Projection Method with Maximum Difference Combination Weight[J]. Operations Research and Management Science, 2019, 28(12): 170-177.
Other Methods	Coupling Coordination Model		[1] Pang Qinghua, Yang Tiantian, Li Han. Spatial Connection of Urban Carbon Emissions, Industrial Structure, and Regional Innovation: Data Analysis of 13 Prefecture-level Cities in Jiangsu Province[J]. East China Economic Management, 2018, 32(12): 20-26. [2] Zhou Maochun, Cao Xiaxia. Research on the Synergy between Regional Logistics and Low-Carbon Economy: Taking Liaoning Province as an Example[J]. Journal of Liaoning Technical University (Social Science Edition), 2017, 19(3): 272-281. [3] Liu Zhihua, Yuan Qinglu, Li Cui, et al. Synergistic Effects of Low-Carbon Economy and High-Quality Development under "dual carbon" Strategy: A Case Study of Beijing-Tianjin-Hebei Urban Agglomeration[J/OL]. Environmental Science, 1-20[2024-03-21]. https://doi.org/10.13227/j.hjkx.2023/2013. [4] Hui C E, Wu Y, Deng L, et al. Analysis on Coupling Relationship of Urban Scale and Intensive Use of Land in China[J]. Cities, 2015, 42: 63-69.

Continued table

Evaluation Methods	Category	Typical Literature
Other Methods	Dagum Gini Coefficient and Its Decomposition-Kernel Density Estimation-Quadratic Assignment Procedure Combined	[1] Liu Kang, Yuan Min, Shen Shefang. Measurement and Regional Differences Analysis of Regional Carbon Emission Efficiency in China: Based on Three-Stage Super-SBM-DEA Method[J]. Journal of Lanzhou University of Finance and Economics, 2022, 38(2): 44-59.
	Dagum Gini Coefficient and Its Decomposition-Kernel Density Estimation-Quadratic Assignment Procedure Combined	[1] Liu Kang, Yuan Min, Shen Shefang. Measurement and Regional Differences Analysis of Regional Carbon Emission Efficiency in China: Based on Three-Stage Super-SBM-DEA Method[J]. Journal of Lanzhou University of Finance and Economics, 2022, 38(2): 44-59.
	Fuzzy Evaluation Method	[1] Lou Yingli. Research on the low-carbon city index system from the perspective of integrated process guidance and outcome evaluation[D]. Chongqing University, 2021.
	Simple Weighted Method	[1] Yang Yanfang, Li Huifeng. Research on the Evaluation Index System of Low-Carbon City Development in Beijing[J]. Science and Technology Management Research, 2012, 32(15): 88-90. [2] Chen Wei. Comprehensive Evaluation of Low-Carbon Economy in Guizhou Province[D]. Guizhou University of Finance and Economics, 2020.
	Dynamic Comprehensive Measurement Model Combined with Regional Difference Method (DEA Model)	[1] Zhang Xuehua, Han Chengji, Liu Wenying, et al. Regional "Whole Carbon Efficiency" Evaluation Based on DEA-VRS: Taking 30 Provinces and Regions in China as an Example[J]. Journal of Mathematics in Practice and Theory, 2017, 47(20): 313-320. [2] Wang Fei. Analysis of Regional Carbon Emission Efficiency and Its Influencing Factors in the Yangtze River Delta Region Based on DEA Method [D]. Hefei University of Technology, 2016.
	Projection Pursuit Method	[1] Suo Ruixia, Ma Jiamin. Evaluation of Low-Carbon Development Level of Chinese Cities Based on Projection Pursuit Method[J]. The World of Survey and Research, 2023(4): 73-82.

Continued table

Evaluation Methods	Category	Typical Literature
Other Methods	DPSIR Model	[1] Li Yanfang, Lu Yicheng. Research on the Construction of Low-Carbon City Evaluation Index System Based on SEM[J]. Henan Science and Technology, 2023, 42(22): 143-147. [2] Zhang Lijun, Li Ning, Qin Yaochen, et al. Evaluation of China's Low-Carbon Urban Development Level and Spatial Differentiation Based on DPSIR Model[J]. World Geography Research, 2019, 28(3): 85-94. [3] Duan Jin. Research on Shanxi's Low-Carbon City Construction Strategy Based on DPSIR Model[J]. Technology Innovation and Productivity, 2022(5): 33-37.

B. Evaluation Index System

Comprehensive consideration for evaluation needs to be comprehensive, scientific, systematic, operational, and comparable. This index system covers two main criteria: carbon emissions and economic and social aspects, as well as 4 primary indicator-level elements and 20 secondary indicator-level elements. Compared with most existing index systems, there are two main differences: Firstly, considering that this evaluation system measures the level of low-carbon and high-quality development in counties, it is necessary to reduce the gap caused by differences in resource endowments among different counties. Moreover, given the relatively weak low-carbon energy endowment in Zhejiang Province, we have removed relevant dimensions and instead focused on carbon emissions and economic and social development. Additionally, considering the level of technological development in Zhejiang Province, we have added indicators such as strategic emerging industries and R&D investment. Secondly, we have added relevant indicators for just transition in both dimensions to better evaluate the level of equal development and shared prosperity.

In terms of evaluation methods, this report adopts the TOPSIS method. The basic process involves using the cosine method to find the optimal and worst solutions among limited schemes based on the normalized original data matrix. Then, the distances between each evaluation object and the optimal and worst solutions are calculated, obtaining the relative closeness of each evaluation object to the optimal solution as the basis for evaluating superiority or inferiority. This method has no strict restrictions on data distribution or sample size, and the data calculation is simple and feasible, making it a commonly used intra-group comprehensive evaluation method. With sufficient understanding of background knowledge, this report uses the AHP of subjective weighting methods to set weights, conducting pairwise comparison scoring of the relative importance of each element at various levels such as criteria layer, primary indicator level, and secondary indicator level, comparing the importance of each indicator at the same level relative to the previous level, thereby constructing judgment matrices, and ultimately obtaining the weight of each indicator.

The specific evaluation index system is shown in Table 1-2-3, and the following discusses each indicator separately.

Table 1-2-3 Evaluation Index System for County-level Low-carbon High-quality Development

Objective Level	Criterion Level	Primary Indicator Level	Secondary Indicator Level	Direction	Weight
County-level Low-carbon High-quality Development Level	Carbon Emissions (0.486,4)	Efficiency (0.274,1)	Carbon Emissions per Unit of GDP	Negative	0.034,0
			Decline Rate of Carbon Emissions per Unit of GDP	Positive	0.035,2
			Carbon Emissions per Unit of Energy	Negative	0.032,1
			Proportion of Industrial Carbon Emissions	Negative	0.020,5
			Proportion of Carbon Emissions from Electricity Consumption	Positive	0.032,3
			Proportion of Carbon Emissions from Coal Consumption	Negative	0.026,8
			Decline Rate of Energy Consumption per Unit of GDP	Positive	0.020,5
			Change Rate of CO_2 Emissions from Energy Activities per Unit of Industrial Value Added	Negative	0.015,1
			Proportion of Renewable Energy Power Generation	Positive	0.022,6
			Proportion of Net Power Intake in Total Social Electricity Consumption	Negative	0.035,0

Continued table

Objective Level	Criterion Level	Primary Indicator Level	Secondary Indicator Level	Direction	Weight
County-level Low-carbon High-quality Development Level	Carbon Emissions (0.486,4)	Equity (0.194,3)	Per Capita Carbon Emissions	Negative	0.059,4
			Carbon Emissions per Unit of Disposable Income	Negative	0.134,9
	Economic and Social Aspects (0.531,6)	Efficiency (0.309,8)	Per Capita GDP	Positive	0.050,1
			GDP Growth Rate per Capita	Positive	0.058,1
			Proportion of Added Value of Tertiary Industry	Positive	0.064,1
			Proportion of Added Value of Strategic Emerging Industries	Positive	0.077,0
			R&D Investment Intensity	Positive	0.060,4
		Equity (0.221,8)	Per Capita Disposable Income	Positive	0.101,0
			Consumer Price Index (CPI)	Positive	0.075,6
			$PM_{2.5}$	Negative	0.045,3

1. Carbon Emissions

The dimension of carbon emissions mainly includes 2 primary indicators and 12 secondary indicators.

(1) Efficiency mainly includes 10 secondary indicators: carbon emissions per unit of gross domestic product (GDP), the rate of decline in carbon emissions per unit of GDP, carbon emissions per unit of energy, the proportion of industrial carbon emissions, the proportion of carbon emissions from electricity consumption, the proportion of carbon emissions from coal consumption, the rate of decline in energy consumption per unit of GDP, the change rate of CO_2 emissions from energy activities per unit industrial value added, the proportion of renewable energy power generation, and the proportion of net power intake in the total social electricity consumption.

Carbon emissions per unit of GDP are measured by the regional carbon emissions/GDP, mainly reflecting carbon productivity, i.e., the GDP output supported by unit carbon emissions.

The rate of decline in carbon emissions per unit of GDP refers to the year-on-year decline rate of carbon emissions per unit of GDP, mainly reflecting changes in carbon productivity. The higher the rate of decline in carbon emissions per unit of GDP, the more significant the reduction in carbon emissions under the same economic output, indicating a more noticeable improvement in regional carbon productivity.

Carbon emissions per unit of energy are measured by the regional carbon emissions/energy consumption, mainly reflecting the degree of decarbonization of the energy system.

The proportion of industrial carbon emissions is measured by the regional industrial sector carbon emissions/regional carbon emissions, mainly reflecting the industrial structure of carbon emissions. In regions with more developed economies and higher living standards, there is usually a need to develop the service industry in synergy, leading to a decreasing tendency for the proportion of industrial carbon emissions.

The proportion of carbon emissions from electricity consumption utilizes the measurement of regional carbon emissions from electricity consumption over the total carbon emissions, primarily reflecting the degree of low-carbonization in the energy structure. The increasing consumption proportion of electricity, a clean and increasingly low-carbon energy source, contributes to reducing the proportion of carbon emissions from direct consumption of fossil fuels.

The proportion of carbon emissions from coal consumption adopts the measurement of regional terminal carbon emissions from coal consumption over the total carbon emissions, mainly reflecting the high carbonization level in the energy structure. Consistent with the method used in this report to calculate carbon emissions from consumption, only the proportion of coal consumption at the terminal is considered here.

The rate of decline in energy consumption per unit of GDP, namely the year-on-year decline rate of energy consumption per unit of GDP, primarily reflects energy utilization efficiency. A higher rate of decline in energy consumption per unit of GDP indicates higher energy utilization efficiency in economic activities.

The change rate of CO_2 emissions from energy activities per unit of industrial value added reflects the change in carbon emissions corresponding to energy consumption per unit of industrial value added. If this value is negative, it indicates that the industrial sector has reduced carbon emission intensity through technological upgrades, and management optimization.

The proportion of renewable energy power generation utilizes the measurement of non-hydro renewable energy power generation over the total electricity generation, mainly reflecting the low-carbonization level of the energy structure. Regions with a higher proportion of renewable energy power generation have a more low-carbon and sustainable energy structure.

The proportion of net power intake in the total social electricity consumption adopts the measurement of (the total external input of electricity-the total output of electricity to other regions) over the total social electricity consumption, primarily reflecting the degree to which a region can self-sustain electricity supply. Regions with a larger proportion of net power intake in the total social electricity consumption have a lower electricity self-sufficiency rate, which may affect energy security.

(2) Equity includes 2 secondary indicators: per capita carbon emissions and carbon emissions per unit of disposable income.

Per capita carbon emissions utilize the measurement of total carbon emissions over the total resident population, primarily reflecting the quality of residents' living standards and the low-carbonization level.

Carbon emissions per unit of disposable income utilize the measurement of the total regional carbon emissions over the total per capita disposable income, primarily reflecting the relationship between carbon emissions and income, measuring the degree of low-carbonization in residents' income acquisition.

2. Economic and Social Dimension

The economic and social dimension mainly includes 2 primary indicators and 8 secondary indicators.

(1) Efficiency includes 5 secondary indicators: per capita GDP, per capita GDP growth rate, the proportion of value-added in the tertiary industry, the proportion of value-added in strategic emerging industries, and R&D intensity.

Per capita GDP utilizes the measurement of GDP over the total resident population, primarily reflecting the level of economic development.

Per capita GDP growth rate, namely the year-on-year growth rate of per capita GDP, primarily reflects the speed of economic growth.

The proportion of value-added in the tertiary industry primarily reflects the low-carbonization level of industrial structure. Compared to the secondary industry, the tertiary industry usually has higher carbon productivity, and its expansion will drive down the regional carbon emissions per unit of GDP.

The proportion of value-added in strategic emerging industries primarily reflects the low-carbonization level of the industrial structure. Strategic emerging industries usually have higher carbon productivity compared to other industrial sectors, and their expansion will drive down the carbon emissions per unit value-added in the industrial sector.

R&D intensity, namely the ratio of R&D expenditure to GDP, primarily reflects the level of investment in scientific and technological innovation, which is a key variable in achieving carbon peaking and carbon neutrality goals. To ensure the output of technological innovation, substantial investment is required in technological innovation.

(2) Equity includes 3 secondary indicators: per capita disposable income, Consumer Price Index (CPI), and $PM_{2.5}$.

Per capita disposable income includes wage income, operating income, property income, and transfer income. It mainly reflects the residents' income level, which is directly related to their living standards.

Consumer Price Index (CPI), namely the fluctuation of prices of goods and services purchased by resident households, primarily reflects the purchasing power of residents' income, together with per capita disposable income, correlates with their living standards.

$PM_{2.5}$ mainly measures the degree of atmospheric pollution, reflecting the extent to which residents' health is affected by atmospheric pollution.

The weights of each indicator are determined using subjective weighting methods based on the understanding of relevant policies and the current situation.

C. Evaluation Methods

This report combines the TOPSIS method and the Coupling Coordination Model to comprehensively evaluate the county-level low-carbon high-quality development level. The specific evaluation methods are as follows:

1. Evaluation Methods

(1) Development Level of Carbon Emission System

The TOPSIS method is applied to compare horizontally the development of different counties' carbon emission dimensions according to the set weights.

(2) Balance Level of Carbon Emission System

The Coupling Coordination Model is adopted to calculate the coordination of efficiency and fairness in different counties' carbon emission systems, according to the set weights, separately.

(3) Development Level of Economic and Social System

The TOPSIS method is applied to horizontally compare the development of different counties' economic and social dimensions, according to the set weights.

(4) Balance Level of Economic and Social System

The Coupling Coordination Model is employed to separately calculate the coordination of efficiency and fairness in different counties' economic and social systems, according to the set weights.

(5) Balance Level between Carbon Emission System and Economic and Social System

The synergy between the development levels of carbon emission systems and economic and social systems in different counties is calculated using the Coupling Coordination Model according to the set weights.

(6) County-level Low-carbon High-quality Index

The comprehensive situation of the development levels of carbon emission systems, economic and social systems, and the synergy between carbon emission systems and economic and social systems in different counties is compared horizontally using the TOPSIS method according to the set weights.

2. Main Calculation Steps of TOPSIS

Using *i* to represent the index number of indicators and *j* to represent the evaluation unit number, the main calculation steps of the TOPSIS method are as follows:

(1) Standardization

For positive indicators, $$x_{ij} = \frac{X_{ij} - \min_j\left(X_{ij}\right)}{\max_j\left(X_{ij}\right) - \min_j\left(X_{ij}\right)} \tag{1-2-1}$$

For negative indicators, $$x_{ij} = \frac{\max_j(X_{ij}) - X_{ij}}{\max_j(X_{ij}) - \min_j(X_{ij})} \quad (1\text{-}2\text{-}2)$$

(2) Selection of Ideal Solution and Negative Ideal Solution

Ideal solution $Z^+ = (x_1^+, \cdots, x_n^+)$, where $x_i^+ = \max_j(x_{ij})$ (1-2-3)

Negative ideal solution $Z^- = (x_1^-, \cdots, x_n^-)$, where $x_i^- = \min_j(x_{ij})$ (1-2-4)

(3) Calculation of the Distance from Each Unit to the Ideal Solution and Negative Ideal Solution

The distance to the ideal solution is $d_j^+ = \sqrt{\sum_i w_i (x_{ij} - x_i^+)^2}$ (1-2-5)

The distance to the negative ideal solution is $d_j^- = \sqrt{\sum_i w_i (x_{ij} - x_i^-)^2}$ (1-2-6)

(4) Calculation of the Relative Closeness of Each Evaluation Unit

The relative closeness of each evaluation unit is $s_j = \frac{d_j^-}{d_j^- + d_j^+}$ (1-2-7)

Note that $$d_j^+、d_j^- > 0, \forall j$$

Therefore, $$\frac{0}{d_j^- + d_j^+} \leqslant s_j = \frac{d_j^-}{d_j^- + d_j^+} \leqslant \frac{d_j^-}{d_j^- + 0} \quad (1\text{-}2\text{-}8)$$

Namely, $0 \leqslant s_j \leqslant 1$. When 0 is taken, the evaluation unit coincides with the negative ideal solution, indicating that it has the worst values in all dimensions; When 1 is taken, the evaluation unit coincides with the ideal solution, indicating that it has the best values in all dimensions.

3. Main Calculation Steps of Coupling Coordination Model

Using *f* and *g* to represent the two systems to be evaluated, the main calculation steps of the coupling coordination model are as follows:

(1) Calculation of Coupling Degree

$$C = \frac{f \times g}{\left(\frac{f+g}{2}\right)^2} \quad (1\text{-}2\text{-}9)$$

(2) Calculation of Comprehensive Evaluation Index

$$R = w_1 f + w_2 g \quad (1\text{-}2\text{-}10)$$

(3) Calculation of Coupling Coordination Degree

$$D=\sqrt{C\times R}=\sqrt{\frac{f\times g}{\left(\frac{f+g}{2}\right)^{2}}\times\left(w_{1}f+w_{2}g\right)} \tag{1-2-11}$$

The coupling coordination degree $D\in(0,1)$ can generally be classified into barely coupled coordination (0.20~0.39), primary coupled coordination (0.40~0.49), intermediate coupled coordination (0.50~0.69), good coupled coordination (0.70~0.89), and excellent coupled coordination (0.90~1.00).

D. Data Sources

In conducting the evaluation of low-carbon and high-quality development at the county level, it is challenging to effectively utilize publicly available data and calculate relevant indicators for carbon emissions. Regarding the sources of county-level carbon emission data, there are currently three main approaches, with the principles and advantages and disadvantages of each approach detailed in Table 1-2-4.

Considering practical feasibility, carbon emission-related data are derived from historical annual greenhouse gas inventory data in the energy sector. After converting from production-side to consumption-side algorithms, the relationship between sectoral carbon emissions and their electricity consumption is established. Based on the sectoral electricity consumption for the evaluation year, the sectoral carbon emissions are then calculated. Other data are primarily obtained through publicly available sources such as regional statistical yearbooks and statistical bulletins. Ultimately, data for various indicators in 66 counties (districts) of Zhejiang Province in 2021 were collected (accounting for 71.74% of the total). The remaining uncollected data mainly pertain to urban built-up areas, where electricity consumption data are aggregated and cannot be disaggregated. It is important to note that this report does not disclose any carbon emission data from county-level greenhouse gas inventories.

Table 1-2-4 Approach to Obtaining County-Level Carbon Emission Data

Approach	Main Principle	Common Practices	Advantages	Disadvantages	Improvement Direction
Fitting Carbon Emissions based on Light Brightness	Using data on nighttime light brightness in a region (obtained through multiple satellite data inversion) to fit the carbon emissions of that region	First, derive the carbon emissions of each province's panel data through provincial energy balance sheets, taking it as the dependent variable. Take the nighttime light brightness data of each province as the independent variable, while setting control variables. Conduct linear regression or quadratic fitting, then use the fitted equation and county-level light brightness data to calculate the carbon emissions of counties	Requires less data and enables rapid calculations	It can only estimate total carbon emissions, unable to provide the carbon emissions structure by sector or variety	The light data is essentially electricity usage. County-level electricity usage data by sector can be found in statistical yearbooks, replacing light brightness data in the above approach. Simultaneously, decompose total fitting into sectoral fitting
Bottom-up Sectoral Calculation of Carbon Emissions	Determining the base to estimate energy growth rates by sector, thereby determining carbon emissions	Within specified scope, calculate carbon emissions based on industry and sector data in the region, then aggregate	Data combines specific indicators of industries and sectors, resulting in more accurate calculations that better reflect carbon emissions by different units, aiding carbon reduction efforts	For energy consumption of large-scale industries by variety, almost all counties do not disclose this data. If this part of carbon emissions is also based on estimation, accuracy will be significantly affected	How to determine the base year's carbon emissions: Without additional supplementary data, calculating carbon emissions data for any given year is essentially equally challenging. However, economic censuses are expected to provide relevant data

Continued table

Approach	Main Principle	Common Practices	Advantages	Disadvantages	Improvement Direction
Grid-based Carbon Emissions based on Point Source Data	Based on latitude and longitude coordinates and energy consumption data by variety of pollutant key survey enterprises, map them onto administrative maps to obtain the carbon emissions and their structure within county boundaries for these enterprises	China High-Resolution Emission Database (CHRED), which integrates data from over 10,000 point source enterprises, is based on the national census on pollution sources and regular pollution reporting system data	There is a high degree of overlap between key surveyed enterprises for pollutants and major carbon-emitting enterprises, mainly concentrated in the industrial sector, making it possible to estimate the total carbon emissions and their structure of industrial enterprises within counties more accurately	Point source data needs to be collected separately from enterprises, posing not only a heavy workload but also the risk of data leakage	If this database can be utilized, it will enable accurate estimation of county-level industrial carbon emissions. This type of data is also used in the evaluation of urban "dual carbon" indexes

III. County-level Evaluation and Comparison

A. Overview of Evaluation Results

Evaluation results of county-level low-carbon high-quality development are shown in Table 1-2-5.

Table 1-2-5 Evaluation Results of County-level Low-Carbon High-Quality Development

No.	Municipalities with Districts	District/County	Carbon Emissions		Economic and Social Aspects		Equilibrium Level of the Two Systems	Comprehensive Evaluation
			Development Level	Equilibrium Level	Development Level	Equilibrium Level		
1	Hangzhou City	Yuhang District	0.70	0.82	0.61	0.53	0.81	0.68
2		Fuyang District	0.35	0.69	0.51	0.50	0.66	0.40
3		Lin'an District	0.45	0.72	0.51	0.47	0.69	0.46
4		Jiande City	0.27	0.57	0.20	0.46	0.48	0.13
5		Tonglu City	0.38	0.71	0.42	0.48	0.63	0.36
6		Chun'an County	0.42	0.74	0.09	0.45	0.43	0.13
7	Ningbo City	Haishu District	0.83	0.84	0.65	0.68	0.85	0.78
8		Jiangbei District	0.86	0.84	0.90	0.69	0.94	0.93
9		Beilun District	0.29	0.56	0.64	0.67	0.66	0.43
10		Zhenhai District	0.54	0.71	0.81	0.69	0.82	0.66
11		Yinzhou District	0.78	0.85	0.68	0.67	0.85	0.78
12		Yuyao City	0.68	0.79	0.69	0.59	0.83	0.71
13		Cixi City	0.71	0.82	0.48	0.60	0.76	0.60
14		Xiangshan County	0.75	0.83	0.56	0.66	0.80	0.68
15		Ninghai County	0.62	0.81	0.51	0.63	0.75	0.57

Continued table

No.	Municipalities with Districts	District/County	Carbon Emissions		Economic and Social Aspects		Equilibrium Level of the Two Systems	Comprehensive Evaluation
			Development Level	Equilibrium Level	Development Level	Equilibrium Level		
16	Wenzhou City	Longwan District	0.68	0.81	0.54	0.59	0.78	0.62
17		Dongtou District	0.95	0.86	0.29	0.51	0.71	0.59
18		Rui'an City	0.85	0.85	0.40	0.56	0.75	0.62
19		Yueqing City	0.75	0.83	0.58	0.56	0.81	0.70
20		Yongjia County	0.86	0.85	0.14	0.46	0.58	0.46
21		Wencheng County	0.76	0.84	0.11	0.44	0.53	0.39
22	Jiaxing City	Nanhu District	0.47	0.74	0.59	0.56	0.73	0.51
23		Haining City	0.38	0.71	0.52	0.56	0.67	0.42
24		Pinghu City	0.70	0.82	0.67	0.60	0.83	0.72
25		Tongxiang City	0.34	0.68	0.55	0.55	0.66	0.41
26		Jiashan County	0.64	0.78	0.73	0.58	0.83	0.70
27	Huzhou City	Wuxing District	0.74	0.81	0.60	0.62	0.81	0.70
28		Nanxun District	0.43	0.74	0.54	0.58	0.70	0.46
29		Deqing County	0.57	0.76	0.71	0.60	0.80	0.64
30		Changxing County	0.43	0.71	0.63	0.59	0.73	0.51
31		Anji County	0.60	0.79	0.66	0.59	0.79	0.64

Continued table

No.	Municipalities with Districts	District/County	Carbon Emissions		Economic and Social Aspects		Equilibrium Level of the Two Systems	Comprehensive Evaluation
			Development Level	Equilibrium Level	Development Level	Equilibrium Level		
32	Shaoxing City	Yuecheng District	0.67	0.80	0.55	0.54	0.78	0.62
33		Keqiao District	0.57	0.76	0.61	0.57	0.77	0.59
34		Shangyu District	0.69	0.80	0.62	0.56	0.81	0.68
35		Zhuji City	0.65	0.80	0.47	0.55	0.74	0.56
36		Shengzhou City	0.76	0.83	0.29	0.51	0.68	0.51
37		Xinchang County	0.80	0.83	0.62	0.52	0.84	0.75
38	Jinhua City	Lanxi City	0.44	0.72	0.15	0.42	0.50	0.19
39		Yiwu City	0.79	0.83	0.58	0.61	0.82	0.72
40		Pujiang County	0.68	0.81	0.16	0.45	0.57	0.37
41	Quzhou City	Kecheng District	0.34	0.70	0.31	0.48	0.57	0.26
42		Qujiang District	0.31	0.66	0.29	0.40	0.55	0.23
43		Jiangshan City	0.39	0.70	0.06	0.42	0.39	0.10
44		Changshan County	0.50	0.73	0.17	0.40	0.53	0.25
45		Kaihua County	0.54	0.77	0.15	0.45	0.52	0.27
46		Longyou County	0.36	0.69	0.21	0.41	0.52	0.19
47	Zhoushan City	Dinghai District	0.63	0.79	0.33	0.54	0.67	0.46
48		Putuo District	0.57	0.75	0.20	0.51	0.58	0.33
49		Daishan County	0.48	0.35	0.52	0.50	0.71	0.48
50		Shengsi County	0.83	0.82	0.19	0.50	0.62	0.48

Continued table

No.	Municipalities with Districts	District/County	Carbon Emissions		Economic and Social Aspects		Equilibrium Level of the Two Systems	Comprehensive Evaluation
			Development Level	Equilibrium Level	Development Level	Equilibrium Level		
51	Taizhou City	Jiaojiang District	0.58	0.80	0.53	0.61	0.74	0.55
52		Huangyan District	0.82	0.83	0.37	0.58	0.73	0.59
53		Luqiao District	0.68	0.82	0.42	0.60	0.73	0.55
54		Wenling City	0.53	0.79	0.43	0.60	0.69	0.45
55		Linhai City	0.82	0.83	0.49	0.54	0.79	0.67
56		Yuhuan City	0.64	0.80	0.52	0.64	0.76	0.59
57		Sanmen County	0.73	0.81	0.38	0.52	0.72	0.55
58		Xianju County	0.62	0.81	0.25	0.48	0.62	0.39
59	Lishui City	Liandu District	0.76	0.82	0.45	0.56	0.76	0.61
60		Longquan City	0.88	0.85	0.28	0.53	0.69	0.56
61		Qingtian County	0.91	0.86	0.22	0.52	0.66	0.53
62		Jinyun County	0.86	0.83	0.30	0.50	0.70	0.56
63		Suichang County	0.85	0.83	0.34	0.54	0.73	0.58
64		Songyang County	0.70	0.81	0.19	0.51	0.60	0.40
65		Yunhe County	0.71	0.77	0.20	0.50	0.60	0.41
66		Jingning She Autonomous County	0.76	0.85	0.26	0.53	0.65	0.48

B. Carbon Emission System Evaluation

Considering the development level and equilibrium level of the carbon emission system as the objects, cluster analysis was conducted using SPSS. The 66 counties were classified into four categories in a descending order: the first category with 23 counties (34.85%); the second category with 25 counties (37.88%); the third category with 17 counties (25.76%); and the fourth category with 1 county (1.51%). The average values of the development level and equilibrium level of the carbon emission system were taken as the horizontal and vertical axes, respectively, to demonstrate the overall level of the carbon emission system in the 66 counties. The specific results are shown in Figure 1-2-1.

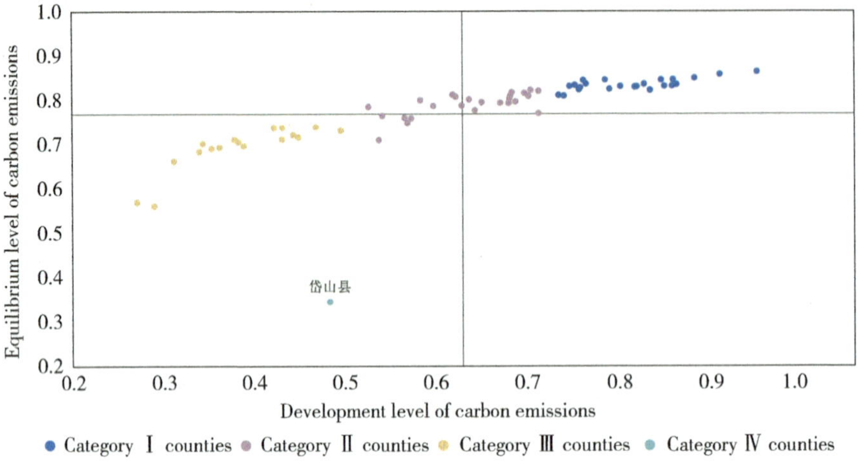

（a）Carbon Emission System Evaluation Map for Four Categories of Counties

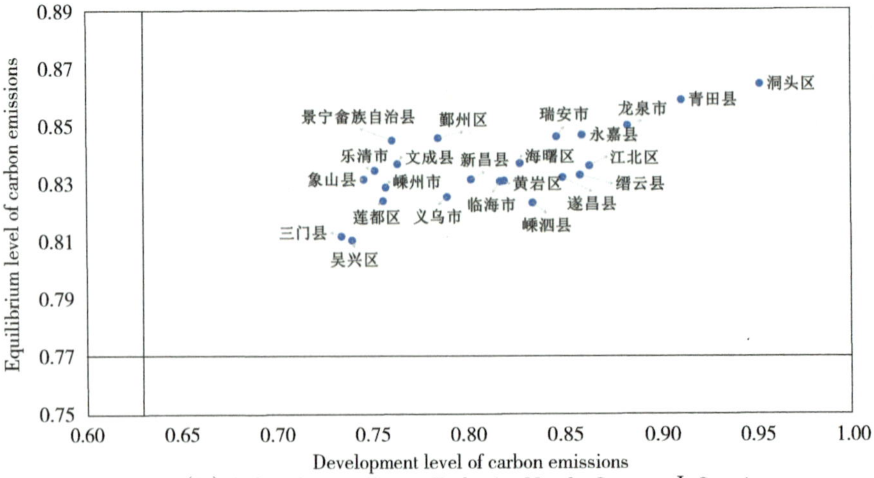

（b）Carbon Emission System Evaluation Map for Category Ⅰ Counties

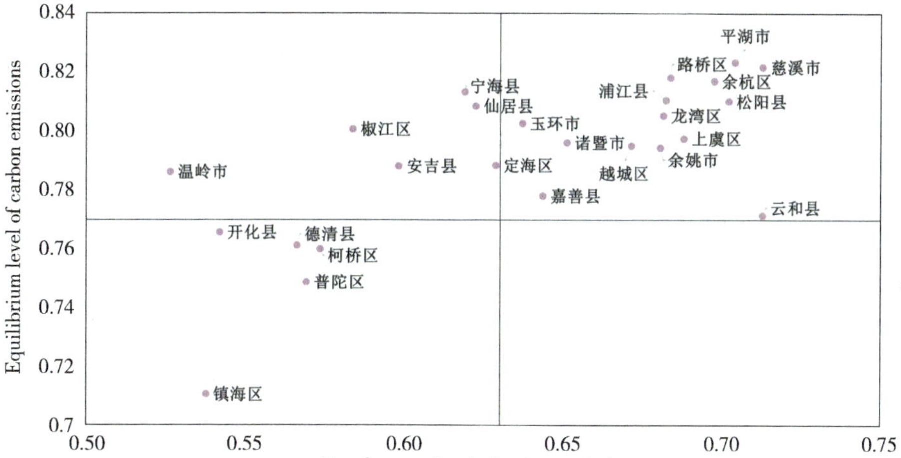

（c）Carbon Emission System Evaluation Map for Category Ⅱ Counties

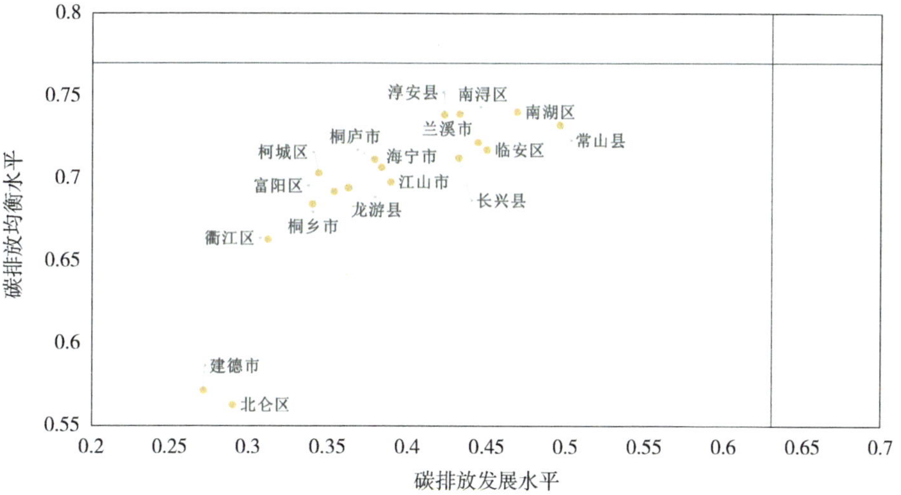

（d）第三类县域碳排放系统评估图

Figure 1-2-1　County-level Carbon Emission System Evaluation Diagram

Blue represents Category Ⅰ Counties: Haishu District, Jiangbei District, Yinzhou District, and Xiangshan County in Ningbo City; Dongtou District, Rui'an City, Yueqing City, Yongjia County, and Wencheng County in Wenzhou City; Wuxing District in Huzhou City; Shengzhou City and Xinchang County in Shaoxing City; Yiwu City in Jinhua City; Shengsi County in Zhoushan City; Huangyan District, Linhai City, and Sanmen County in Taizhou City; Liandu District, Longquan City, Qingtian County, Jinyun County, Suichang County, and Jingning She Autonomous County in Lishui City.

Purple represents Category Ⅱ Counties: Yuhang District in Hangzhou

City; Zhenhai District, Yuyao City, Cixi City, and Ninghai County in Ningbo City; Longwan District in Wenzhou City; Pinghu City and Jiashan County in Jiaxing City; Deqing County and Anji County in Huzhou City; Yuecheng District, Keqiao District, Shangyu District, and Zhuji City in Shaoxing City; Pujiang County in Jinhua City; Kaihua County in Quzhou City; Dinghai District and Putuo District in Zhoushan City; Jiaojiang District, Luqiao District, Wenling City, Yuhuan City, and Xianju County in Taizhou City; Songyang County and Yunhe County in Lishui City.

Yellow represents Category III Counties: Fuyang District, Lin'an District, Jiande City, Tonglu City, and Chun'an County in Hangzhou City; Beilun District in Ningbo City; Nanhu District, Haining City, and Tongxiang City in Jiaxing City; Nanxun District and Changxing County in Huzhou City; Lanxi City in Jinhua City; Kecheng District, Qujiang District, Jiangshan City, Changshan County, and Longyou County in Quzhou City.

Green represents Category IV Counties: Daishan County in Zhoushan City.

Overall, apart from Daishan County in Zhoushan City, the equilibrium levels of carbon emissions of the 65 other counties are relatively similar, with the classification mainly based on the differences in the development levels of carbon emissions. Considering the large number of counties and the fact that most of their overall levels are relatively close, we will only select Dongtou District in Wenzhou City, Jiangbei District in Ningbo City, Jingning County in Lishui City as examples of relatively good performance, and Jiande City in Hangzhou City, Beilun District in Ningbo City, and Daishan County in Zhoushan City as examples of relatively poor performance for analysis.

Dongtou District and Jiangbei District have achieved favorable results in the evaluation of the carbon emission system, with low carbon emissions per unit of GDP in both districts. Additionally, both areas have vigorously promoted the use of renewable energy, effectively reducing carbon emissions. Jingning County is one of the 26 mountainous counties in Zhejiang Province, maintaining a stable ranking among the top five nationwide and third in the province in terms of ecological environment quality. Moreover, the county is rich in hydraulic resources, scoring excellently in indicators such as carbon emissions per unit of GDP and the proportion of renewable energy power generation.

Jiande City and Beilun District have relatively low levels of carbon emission development. Jiande City scores relatively high in carbon emissions per unit of GDP, with a low proportion of carbon emissions from electricity consumption, while Beilun District exhibits poor utilization of renewable energy. Daishan County in Zhoushan City is the lowest-ranked county in overall evaluation, with poor performance in indicators such as the proportion of industrial carbon emissions, per capita carbon emissions, and carbon emissions per unit of disposable income.

C. Economic and Social System Evaluation

Taking the development level and equilibrium level of the economic and social system as the objects, clustering analysis is conducted using SPSS. The 66 counties are divided into four categories, ranked from high to low, with the first category comprising 2 counties (3.03%), the second category comprising 33 counties (50%), the third category comprising 15 counties (22.73%), and the fourth category comprising 16 counties (24.24%). The average values of the development level and equilibrium level of the economic and social system are taken as the horizontal and vertical coordinate axes, respectively, to demonstrate the overall level of the economic and social system of the 66 counties. The specific results are shown in Figure 1-2-2.

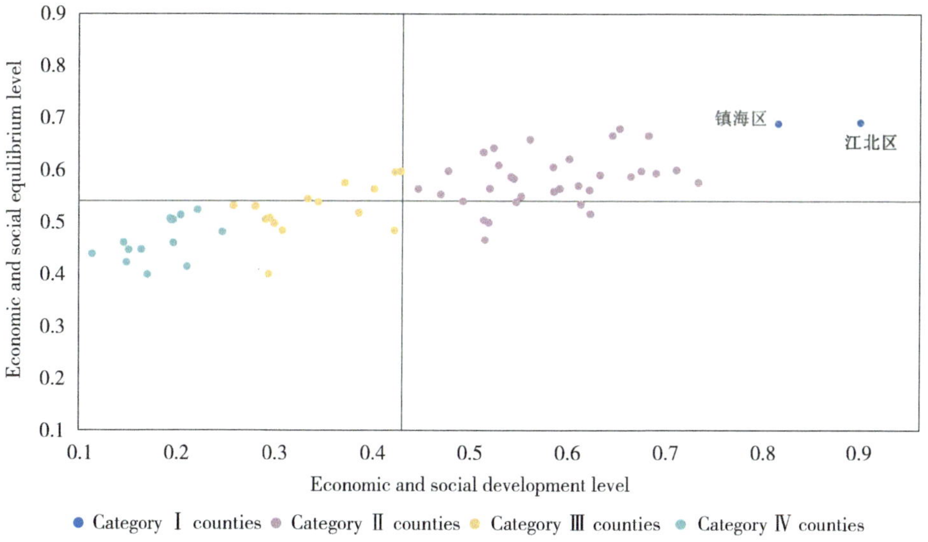

(a) Economic and Social System Evaluation Map for Four Categories of Counties

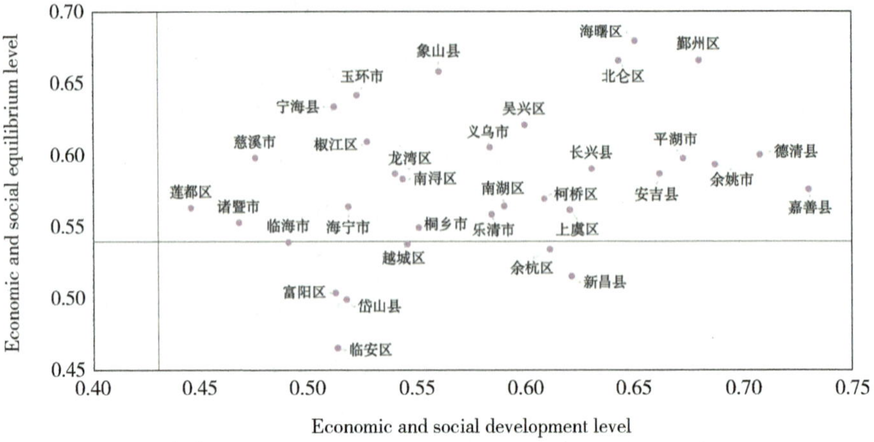

（b）Economic and Social System Evaluation Map for Category Ⅱ Counties

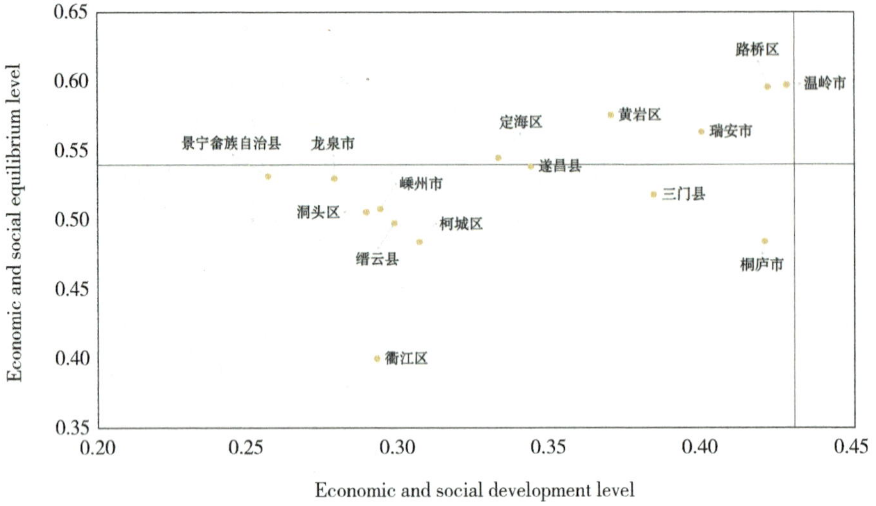

（c）Economic and Social System Evaluation Map for Category Ⅲ Counties

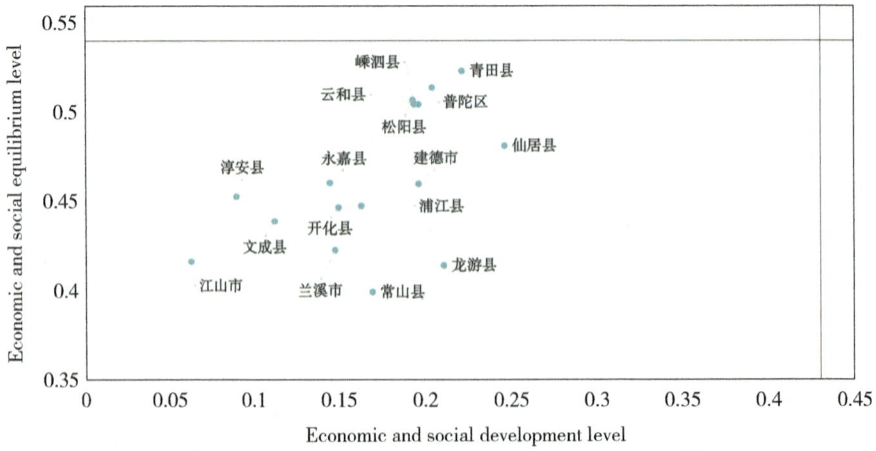

（d）Economic and Social System Evaluation Map for Category Ⅳ Counties

Figure 1-2-2　County Economic and Social System Evaluation Chart

Blue represents the first category of counties: Jiangbei District and Zhenhai District in Ningbo City.

Purple represents the second category of counties: Yuhang District, Fuyang District, Lin'an District in Hangzhou City; Haishu District, Beilun District, Yinzhou District, Yuyao City, Cixi City, Xiangshan County, Ninghai County in Ningbo City; Longwan District, Yueqing City in Wenzhou City; Nanhu District, Haining City, Pinghu City, Tongxiang City, Jiashan County in Jiaxing City; Wuxing District, Nanxun District, Deqing County, Changxing County, Anji County in Huzhou City; Yuecheng District, Keqiao District, Shangyu District, Zhuji City, Xinchang County in Shaoxing City; Yiwu City in Jinhua City; Daishan County in Zhoushan City; Jiaojiang District, Linhai City, Yuhuan City in Taizhou City; and Liandu District in Lishui City.

Yellow represents the third category of counties: Tonglu City in Hangzhou City; Dongtou District, Rui'an City in Wenzhou City; Shengzhou City in Shaoxing City; Kecheng District, Qujiang District in Quzhou City; Dinghai District in Zhoushan City; Huangyan District, Luqiao District, Wenling City, Sanmen County in Taizhou City; Longquan City, Jinyun County, Suichang County, and Jingning She Autonomous County in Lishui City.

Green represents the fourth category of counties: Jiande City, Chun'an County in Hangzhou City; Yongjia County, Wencheng County in Wenzhou City; Lanxi City, Pujiang County in Jinhua City; Jiangshan City, Changshan County, Kaihua County, Longyou County in Quzhou City; Putuo District, Shengsi County in Zhoushan City; Xianju County in Taizhou City; Qingtian County, Songyang County, Yunhe County in Lishui City.

Overall, in the evaluation of the socio-economic system, the economic and social equilibrium levels of the 66 counties are similar to the aforementioned carbon emission equilibrium levels, with little overall difference. The classification is mainly based on the level of economic and social development. Among them, Jiangbei District and Zhenhai District in Ningbo City are in the first tier, showing excellent overall performance. Zhenhai District ranks first in per capita GDP among the 66 counties, while Jiangbei District demonstrates excellent performance in indicators such as the proportion of the tertiary industry value-added and per capita disposable income. Ninghai County and Xiangshan County are in the middle level among the 66 counties, with balanced performance in various indicators. Chun'an County and Jiangshan City have poor scores in the development level of the socio-economic system. Chun'an County is mainly due to the poor performance in indicators such as per capita GDP, the proportion of strategic emerging industries' value-added, and per capita disposable income. Jiangshan City's performance is relatively backward in terms of the proportion of strategic emerging industries' value-added and $PM_{2.5}$ indicators, placing it in a relatively disadvantaged position among the 66 counties.

D. Evaluation of Carbon Emissions and Socio-economic Equilibrium Levels

Based on the coupling coordination degree between the development levels of the carbon emission system and the socio-economic system, the 66 counties are divided into five categories. In a descending order, the first category comprises one county with excellent coupling coordination (coupling coordination degree 0.90-1.00, accounting for 1.51%); the second category includes 36 counties with good coupling coordination (coupling coordination degree 0.70-0.89, accounting for 54.55%); the third category consists of 26 counties with intermediate coupling coordination (coupling coordination degree 0.50-0.69, accounting for 39.39%); the fourth category involves two counties with primary coupling coordination (coupling coordination degree 0.40-0.49, accounting for 3.03%); and the fifth category encompasses one county with barely sufficient coupling coordination (coupling coordination degree 0.20-0.39, accounting for 1.51%). Using the average values of the development levels of the carbon emission system and the socio-economic system as the horizontal and vertical coordinate axes, respectively, the overall levels of the carbon emission system and the socio-economic system in the 66 counties are displayed. The specific results are shown in Figure 1-2-3.

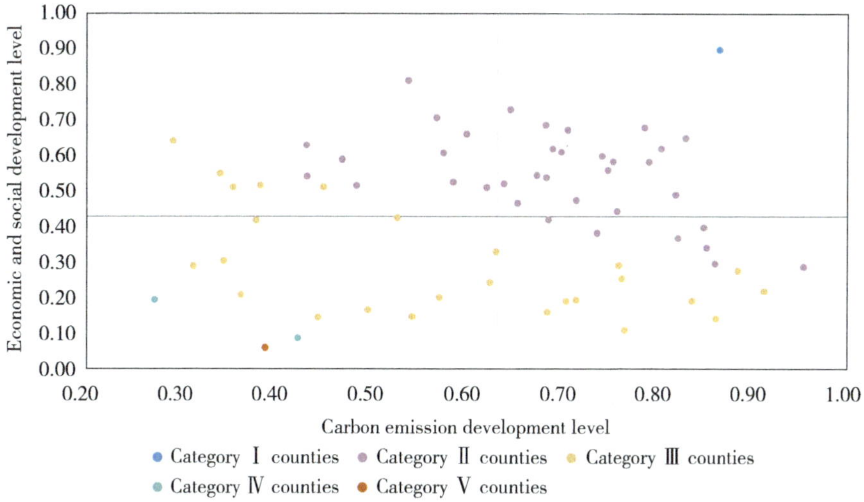

(a) Evaluation Map of the Coordination and Coupling Degree between Carbon Emission and Socio-economic System Development Levels in Five Categories of Counties

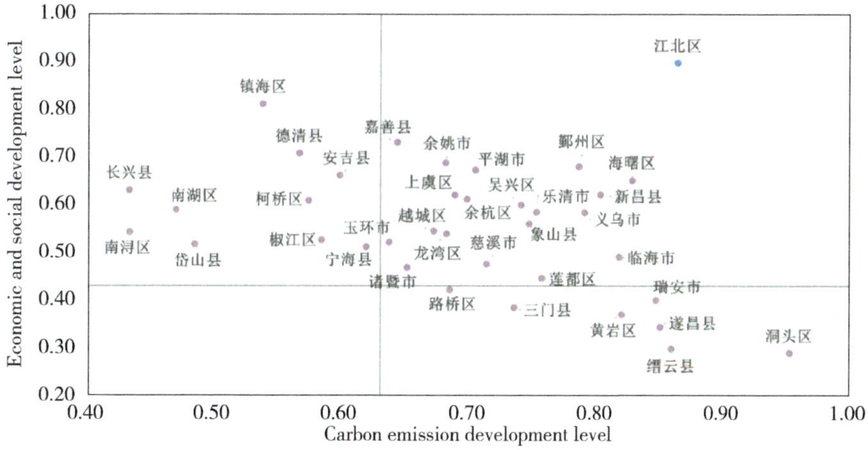

(b) Evaluation Map of the Coordination and Coupling Degree between Carbon Emission and Socio-economic System Development Levels for Categories Ⅰ and Ⅱ Counties

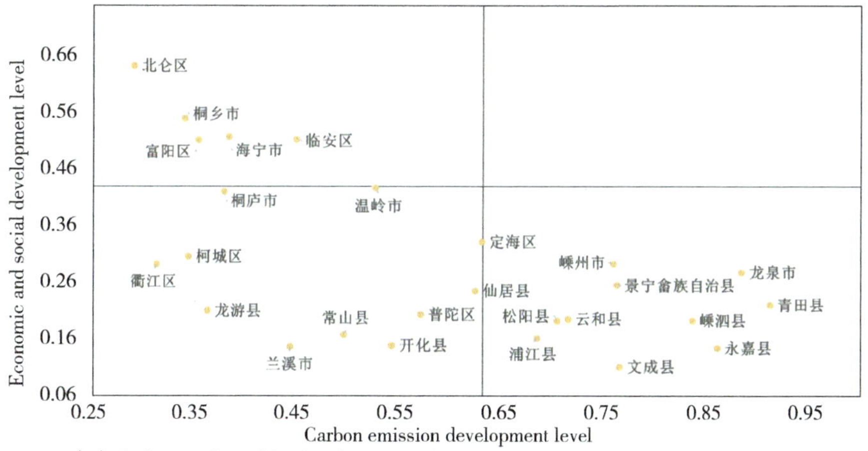

(c) Evaluation Map of the Coordination and Coupling Degree between Carbon Emission and Socio-economic System Development Levels for Categories Ⅲ Counties

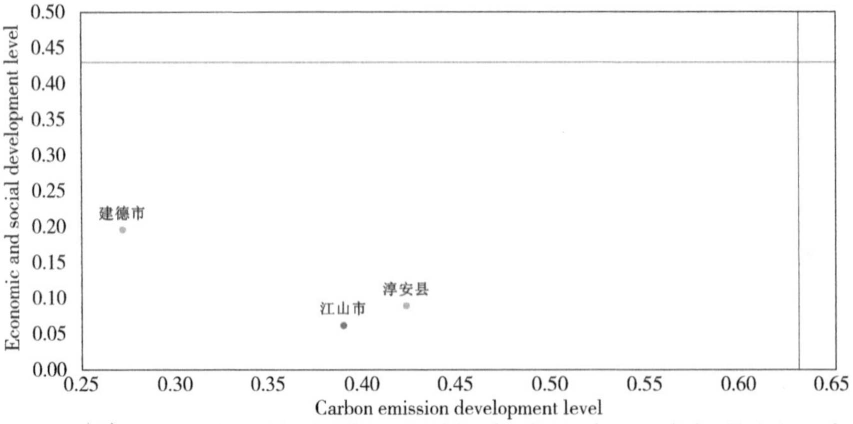

(d) Evaluation Map of the Coordination and Coupling Degree between Carbon Emission and Socio-economic System Development Levels for Categories Ⅳ and Ⅴ Counties

Figure 1-2-3 Assessment Chart of the Coupling Coordination Degree between County-level Carbon Emissions and Economic and Social System Development

Blue represents the first category of counties: Jiangbei District in Ningbo City.

Purple represents the second category of counties: Yuhang District in Hangzhou City; Haishu District, Yinzhou District, Yuyao City, Zhenhai District, Xiangshan County, Cixi City, Ninghai County in Ningbo City; Leqing City, Longwan District, Rui'an City, Dongtou District in Wenzhou City; Jiashan County, Pinghu City, Nanhu District in Jiaxing City; Wuxing District, Deqing County, Anji County, Changxing County, Nanxun District in Huzhou City; Xinchang County, Shangyu District, Yuecheng District, Keqiao District, Zhuji City in Shaoxing City; Yiwu City in Jinhua City; Daishan County in Zhoushan City; Linhai City, Yuhuan City, Jiaojiang District, Huangyan District, Luqiao District, Sanmen County in Taizhou City; Liandu District, Suichang County, Jinyun County in Lishui City.

Yellow represents the third category of counties: Lin'an District, Fuyang District, Tonglu City in Hangzhou City; Beilun District in Ningbo City; Yongjia County, Wencheng County in Wenzhou City; Haining City, Tongxiang City in Jiaxing City; Shengzhou City in Shaoxing City; Pujiang County, Lanxi City in Jinhua City; Kecheng District, Qujiang District, Changshan County, Kaihua County, Longyou County in Quzhou City; Dinghai District, Shengsi County, Putuo District in Zhoushan City; Wenling City, Xianju County in Taizhou City; Longquan City, Qingtian County, Jingning She Autonomous County, Yunhe County, Songyang County in Lishui City.

Green represents the fourth category of counties: Jiande City, Chun'an

County in Hangzhou City.

Red represents the fifth category of counties: Jiangshan City in Quzhou City.

Overall, regions with high levels of economic and social development exhibit significantly higher coupling coordination degree than those with lower levels, showing a significant positive correlation between the two indicators. However, there is no such pattern between carbon emission development level and coupling coordination degree. Regions with both development indicators above the mean level are classified into the second tier or above in terms of coupling coordination, indicating a higher level of coordination between economic and low-carbon development. Conversely, regions with both development indicators below the mean level are classified into the third tier or below in terms of coupling coordination, indicating a lower level of coordination between economic and low-carbon development.

For example, Jiangbei District of Ningbo is characterized by excellent coupling coordination, ranking first in terms of economic and social development, and also leading in terms of carbon emission development. This reflects an efficient coordination between economic and low-carbon development. On the other hand, Jiangshan City of Quzhou demonstrates barely satisfactory coupling coordination, which is closely related to its relatively poor economic and social development. Although Dongtou District of Wenzhou has moderate economic and social development, its abundant renewable energy resources and low-carbon industrial structure place it at the forefront in terms of carbon emission development. As a result, its coupling coordination is good, indicating a higher level of coordination between economic and low-carbon development.

E. Comprehensive Analysis

Taking the development levels of the carbon emission system, the economic and social system, and the coupling coordination degree of the two systems as the objects, the TOPSIS method was applied to obtain the low-carbon and high-quality index of the 66 counties. Subsequently, a cluster analysis was conducted using SPSS, categorizing the 66 counties into four groups. In a descending order, the first group comprises 15 counties (22.73%), the second group with 23 counties (34.85%), the third group with 19 counties (28.79%), and the fourth group with 9 counties (13.63%). Using the low-carbon and high-quality index as the vertical axis, the low-carbon and high-quality development level of the 66 counties is displayed. The specific results are shown in Figure 1-2-4.

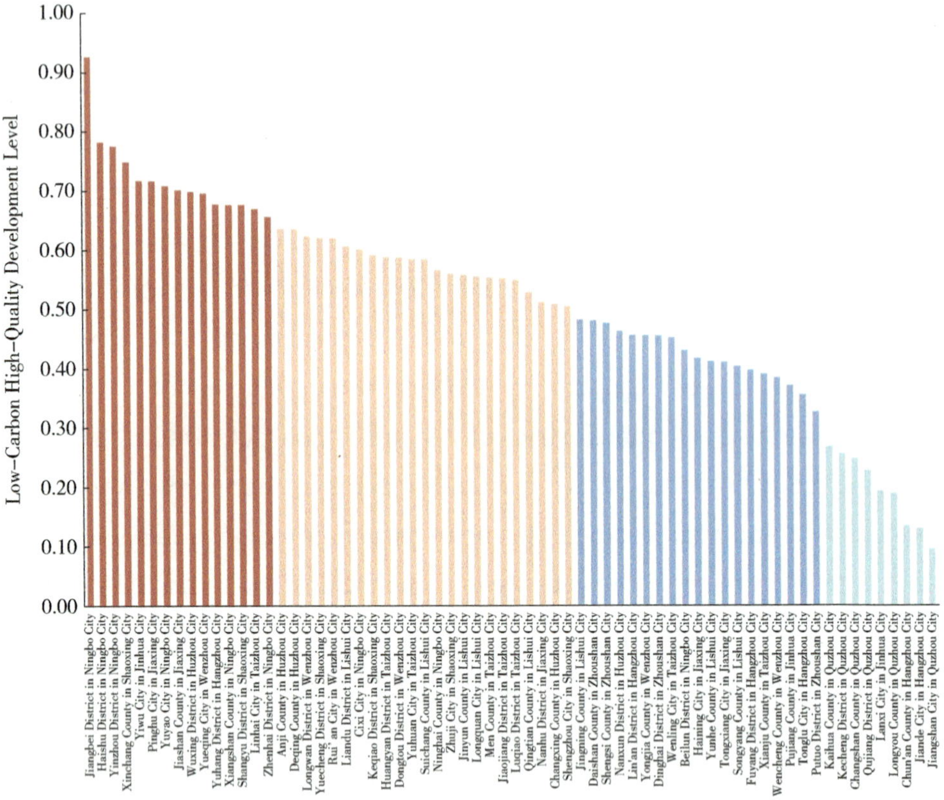

Figure 1-2-4　Assessment Map for County-Level Low-Carbon High-Quality Development Level

Overall, in areas where the county-level low-carbon high-quality development level is high, the coupling coordination degree of the two major systems' development levels is also relatively high, and the two indicators show a significant positive correlation. Among the 11 prefecture-level cities, there are distinct regional distribution characteristics of county-level low-carbon high-quality development level. In Ningbo City, the overall level of county-level low-carbon high-quality development is relatively good, with six counties ranking in the top tier. Especially, Jiangbei District has performed prominently in the evaluation of all indicators, achieving high-quality balanced development in both economy and low-carbon aspects. Conversely, in Quzhou City, the overall level of county-level low-carbon high-quality development is relatively backward, with six counties ranking in the fourth tier.

3 counties with relatively good low-carbon high-quality development levels, namely Jiangbei District, Haishu District, and Yinzhou District in Ningbo City, as well as 3 counties with poor levels, namely Jiangshan City in Quzhou City, Jiande City and Chun'an County in Hangzhou City, were selected for further analysis of four primary indicators: carbon emission efficiency, carbon emission fairness, economic efficiency, and economic fairness. The results are shown in Figure 1-2-5.

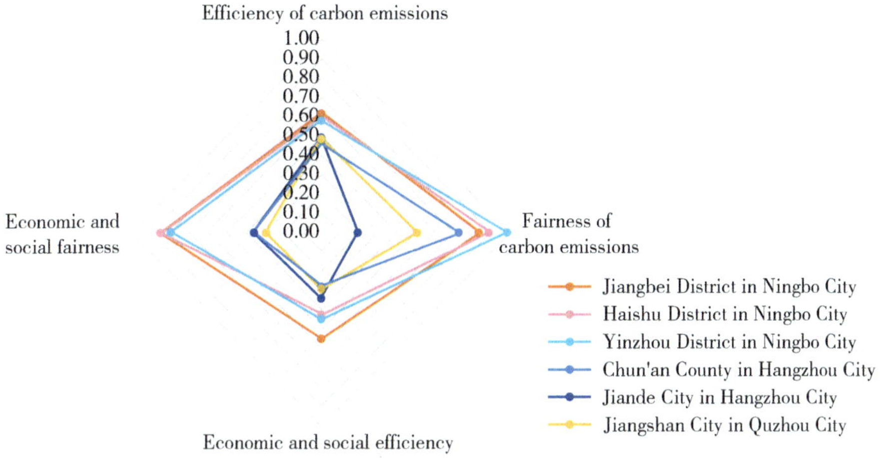

Figure 1-2-5 Comparison of Scores for Four Primary Indicators in 6 Regions

It can be observed that these regions have relatively small differences in economic and social efficiency and carbon emission efficiency indicators, while there are larger variations in the economic fairness indicator. Except for the fairness of carbon emission indicator, the scores for the top three and bottom three indicators are highly concentrated. Jiande City in Hangzhou shows significant differences in the fairness of carbon emissions indicator compared to other regions, with poor performance in the indicator of carbon emissions per disposable income.

To further clarify the differences among these counties, the 66 counties are divided into four categories based on their low-carbon, high-quality development levels. A differential analysis is conducted on four primary indicators: carbon emission efficiency, fairness of carbon emissions, economic efficiency, and economic fairness. The results are shown in Figure 1-2-6. The results indicate that there are certain differences among the four categories of counties in these four indicators, with the third and fourth categories showing differences in each indicator. Overall, the most significant difference lies in the indicator of economic and social fairness, indicating the more attention should be diverted to the fairness of economic and social development in county-level development, further narrowing regional disparities and accelerating the construction of demonstration areas for common prosperity. The indicator of economic and social efficiency ranks second only after economic and social fairness. Currently, there are still significant differences in economic development levels among various regions, requiring vigorous development of new quality productivity and giving full play to the leading role of innovation to stimulate and shape new economic development momentum. The differences in the carbon emission efficiency indicator are also significant, indicating that in some regions, low carbon emission efficiency due to factors such as resource endowment and industrial structure to some extent restricts high-quality development. For regions with better resource endowments, it is necessary to develop and utilize renewable energy reasonably to improve energy cleanliness. For regions with a heavy industrial structure, efforts should be made to actively promote industrial low-carbon transformation and promote carbon reduction and efficiency improvement to enhance carbon productivity. Compared to other indicators, the differences in the fairness of carbon emissions indicator are not significant, indicating that there is no significant gap among various regions in Zhejiang Province regarding the fairness of carbon emissions, and carbon emissions are basically matched with population size and income.

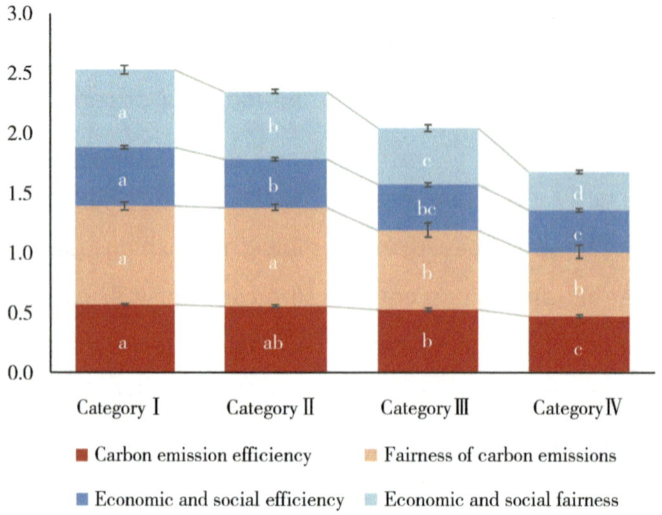

Figure 1-2-6 Differential Analysis of Primary Indicators

IV. Main Conclusions and Prospects

This report focuses on the two dimensions of carbon emissions and economic and social aspects, constructing an evaluation system for low-carbon and high-quality development, including four primary indicators and 20 secondary indicators. Empirical analysis of county-level comparisons is conducted, and the main conclusions are as follows:

From the perspective of the entire province, there is no significant difference between the carbon emission equilibrium level and the economic and social equilibrium level in Zhejiang Province. The overall development of low-carbon and economic aspects in counties has balanced efficiency and fairness. There are significant differences in the development levels of the two major systems in counties in Zhejiang Province, as well as in their coupling coordination, leading to differences in the low-carbon and high-quality development levels in counties. Among them, more attention needs to be paid to the fairness of economic and social development, further narrowing the income gap and regional disparities.

Looking at the county-level situation, the regional distribution characteristics of the low-carbon and high-quality development levels in counties are evident. Overall, the level of low-carbon and high-quality development in counties in Ningbo City is relatively good, especially Jiangbei District has performed outstandingly in the evaluation of all indicators. In contrast, the overall level of low-carbon and high-quality development in counties in Quzhou City is relatively backward, with Jiangshan City performing poorly in the evaluation of all indicators.

Due to the difficulty in obtaining county-level data, there are significant limitations imposed on the setting of indicators. Therefore, it is advisable to consider adjusting and improving the indicator system in the future to better align with the data situation at the county level. Regarding the fairness indicators, although this report has attempted to introduce some indicators, further expansion is still needed. For example, starting from indicators related to the employed population could enable a more scientifically accurate assessment of the results of fairness transformation. Additionally, it is worth considering adding indicators related to potential, which could provide a more accurate assessment of the development process and trends. Furthermore, in-depth analysis can be conducted based on the specific situations of each county, and data collection and analysis can be carried out by sector, covering areas such as energy, industry, construction, transportation, agriculture, and residential life. This would enable the formulation of specific balanced development paths and policy recommendations. Moreover, it is possible to consider developing universal data products to expand the scope of evaluation in terms of time and space, allowing research results to be further applied in other provinces and regions.

Author: The writing group of Zhejiang economic & information centre

References

[1] Hu Chuzhi, Huang Xianjin, Zhong Taiyang, et al. Analysis of China's Carbon Emission Characteristics and Dynamic Evolution[J]. China Population, Resources and Environment, 2008(3): 38-42.

[2] Tan Dan, Huang Xianjin. Analysis and Comparison of the Relationship between Economic Development and Carbon Emissions in Eastern, Central, and Western Regions of China[J]. China Population, Resources and Environment, 2008(3): 54-57.

[3] Shi Longyu, Sun Jing. Research on the Evaluation Methods of Low-Carbon Development Level in Chinese Cities[J]. Acta Ecologica Sinica, 2018, 38(15): 5461-5472.

[4] Fu Yun, Wang Yunlin, Li Ding. Research on the Development Path of Low-carbon Cities[J]. Impact of Science on Society, 2008(2): 5-10.

[5] Ma Jun, Zhou Lin, Li Wei. Construction of Urban Low-carbon Economic Evaluation Index System: Taking the Current Situation of Low-carbon Development in 6 Provinces and Cities in Eastern Coastal Areas as an Example[J]. Science & Technology Progress and Policy, 2010(22): 165-167.

[6] Yang Dezhi. Comprehensive Evaluation of Low-carbon City Development Based on Principal Component Analysis[J]. Journal of Tonghua Normal University, 2011(4): 7-8.

[7] Liu Zhihua, Yuan Qinglu, Li Cui, et al. Synergistic Effects of Low-carbon Economy and High-quality Development under the "Dual-carbon" Strategy: A Case Study of the Beijing-Tianjin-Hebei Urban Agglomeration[J]. Environmental Science, 1-20[2024-03-21].

[8] Wang Min, Yang Rupu, Li Liping. Construction and Application Research of Evaluation Index System for Synergy Degree of Pollution Reduction and Carbon Reduction in Cities[J]. Advances in Climate Change Research. 2024, 20(2):242-252.

[9] Fan Chengjie. Research on the Evaluation of Low-Carbon Urban Development Level in Linfen City [C] // Chinese Society for Environmental Sciences. Proceedings of Chinese Society for Environmental Sciences 2022 Annual Science and Technology Conference (1). China Academic Journal (CD Version) e-magazine Co., Ltd., 2022: 7.

[10] Sun Yanli, Zeng Qingdong. Research on the Evaluation Index System of Low-Carbon Urban Development Level Based on Improved TOPSIS Method—Taking Shenyang City as an Example[J]. Journal of Shenyang Jianzhu University (Social Science), 2023, 25(6): 575-582.

[11] Wang Lei, Zhou Yanan, Zhang Yu. Evaluation and Barrier Analysis of Low-Carbon Urban Development Level Based on Entropy Weight-TOPSIS Method—Taking Tianjin City as an Example[J]. Science and Technology Management Research, 2017, 37(17): 239-245.

[12] Sun Qi, Wu Qiaosheng, Li Siyao, et al. Calculation of China's Urban Low-Carbon Development Performance Index[J]. Statistics and Decision, 2021, 37(17): 75-79.

[13] Zhang Wenting. Research on the Comprehensive Evaluation of Low-Carbon Economy in Central Cities in the Yangtze River Economic Belt[D]. Wuhan University of Technology, 2014.

[14] Xu Sheng, Yang Juan. TOPSIS Evaluation Analysis of Carbon Emission Economic Efficiency—Based on Panel Data of 17 Cities in Shandong Province[J]. Review of Economy and Management, 2013, 29(1): 145-150.

[15] Zhou Yueyun, Zhao Xianchao, Ding Meng. Clustering Analysis of Carbon Emission Economic Efficiency in Hunan Province Based on OWA-TOPSIS Model[J]. Journal of Hunan University of Technology (Social Science

Edition), 2014, 19(3): 1-4.

[16] Zhang Fuxiang. Analysis of Coupling Coordination between Regional Carbon Emissions, Economic Development, and Environmental Protection in Liaoning Province[D]. Liaoning Normal University, 2018.

[17] Li Yonghua, Gao Xinyun, Yao Song, et al. The decoupling relationship between carbon balance pressure and new urbanization in the core areas of the Yangtze River Delta urban agglomeration[J]. Economic Geography, 2022, 42(12): 72-81.

[18] He Yanzi, Wang Yan. Dynamic Comprehensive Evaluation of Regional Carbon Efficiency Based on TOPSIS and Grey Relational Projection Method: Taking the Pearl River Delta as an Example[J]. Journal of Hunan University of Technology, 2023, 37(6): 61-68.

[19] Yu Peng, Ma Heng, Zhou Fuli. Dynamic Evaluation of Regional Carbon Efficiency Based on TOPSIS-Grey Relational Projection Method with Maximum Difference Combination Weight[J]. Operations Research and Management Science, 2019, 28(12): 170-177.

[20] Pang Qinghua, Yang Tiantian, Li Han. Spatial Connection of Urban Carbon Emissions, Industrial Structure, and Regional Innovation: Data Analysis of 13 Prefecture-level Cities in Jiangsu Province[J]. East China Economic Management, 2018, 32(12): 20-26.

[21] Zhou Maochun, Cao Xiaxia. Research on the Synergy between Regional Logistics and Low-Carbon Economy: Taking Liaoning Province as an Example[J]. Journal of Liaoning Technical University (Social Science Edition), 2017, 19(3): 272-281.

[22] Liu Kang, Yuan Min, Shen Shefang. Measurement and Regional Differences Analysis of Regional Carbon Emission Efficiency in China: Based on Three-Stage Super-SBM-DEA Method[J]. Journal of Lanzhou University of Finance and Economics, 2022, 38(2): 44-59.

[23] Lou Yingli. Research on the low-carbon city index system from the perspective of integrated process guidance and outcome evaluation[D]. Chongqing University, 2021.

[24] Yang Yanfang, Li Huifeng. Research on the Evaluation Index System of Low-Carbon City Development in Beijing[J]. Science and Technology

Management Research, 2012, 32(15): 88-90.
[25] Chen Wei. Comprehensive Evaluation of Low-Carbon Economy in Guizhou Province[D]. Guizhou University of Finance and Economics, 2020.
[26] Zhang Xuehua, Han Chengji, Liu Wenying, et al. Regional "Whole Carbon Efficiency" Evaluation Based on DEA-VRS: Taking 30 Provinces and Regions in China as an Example[J]. Journal of Mathematics in Practice and Theory, 2017, 47(20): 313-320.
[27] Wang Fei. Analysis of Regional Carbon Emission Efficiency and Its Influencing Factors in the Yangtze River Delta Region Based on DEA Method [D]. Hefei University of Technology, 2016.
[28] Suo Ruixia, Ma Jiamin. Evaluation of Low-Carbon Development Level of Chinese Cities Based on Projection Pursuit Method[J]. The World of Survey and Research, 2023(4): 73-82.
[29] Li Yanfang, Lu Yicheng. Research on the Construction of Low-Carbon City Evaluation Index System Based on SEM[J]. Henan Science and Technology, 2023, 42(22): 143-147.
[30] Zhang Lijun, Li Ning, Qin Yaochen, et al. Evaluation of China's Low-Carbon Urban Development Level and Spatial Differentiation Based on DPSIR Model[J]. World Geography Research, 2019, 28(3): 85-94.
[31] Duan Jin. Research on Shanxi's Low-Carbon City Construction Strategy Based on DPSIR Model[J]. Technology Innovation and Productivity, 2022(5): 33-37.

PART TWO
SECTOR ACTIONS

In 2023, Zhejiang Province made strides in greening and decarbonizing its key sectors. In the energy sector, the emphasis shifted towards clean and efficient energy utilization, enhancing storage and consumption capabilities, and fostering low-energy-consuming data centers. In the industrial sector, priority was given to energy-saving technological advancements, digital transformation, carbon footprint management systems, and enhancing resource recycling efforts. The construction sector focused on elevating green and low-carbon standards, promoting eco-friendly construction methods, and broadening the utilization of renewable energy sources. The transportation sector witnessed a surge in the adoption of new energy transportation equipment and the establishment of low-carbon transportation hubs. In the agriculture sector, efforts were directed towards fostering green ecological agriculture and accelerating the transition towards carbon sequestration. Each sector has generated a number of replicable and instructive practices that can be spread across Zhejiang and beyond.

Energy Sector: Scaling Up the Green Energy Development for Enhanced Energy Productivity

I. Efficient Utilization of Clean Energy

At present, Zhejiang Province's energy structure remains primarily coal-based. However, the inevitable path towards energy transformation lies in the development and efficient utilization of new clean energy sources. Zhejiang Province is actively exploring the use of hydrogen energy, forming several typical cases such as Sinopec Zhenhai Refining & Chemical Company (ZRCC).

1. Main Practices and Achievements

Building an "aircraft carrier" hydrogen fueling station through integrated construction. ZRCC has built an "aircraft carrier" hydrogen fueling station, incorporating hydrogen storage and power generation facilities along with rooftop photovoltaic power generation capabilities. The station integrates "Photovoltaic Power Generation-Hydrogen Refueling-Hydrogen Filling-Hydrogen Storage and Power Generation" into a comprehensive operation. The purpose is to achieve the integrated application of hydrogen-electric coupling (production, transmission, storage, refueling, and utilization of hydrogen) to meet the logistics needs inside and outside the enterprise. The third phase of the project is currently under construction. After completion, the station will possess a hydrogenation capacity of 2,500 kg/12 h and a filling capacity of 4,000 kg/d. Besides, it will become the largest hydrogenation station in Zhejiang Province, covering hydrogenation capabilities around Hangzhou Bay and surrounding areas.

Taking advantage of by-product hydrogen resources through resource integration. ZRCC has truly exemplified its innovative spirit by proactively initiating hydrogen production demonstration projects, and conducted thorough research on carbon emissions across the lifecycle of various processes, including oil hydrogen production, coal hydrogen production, ethylene hydrogen production, reforming hydrogen production, and PSA (Pressure Swing Adsorption) hydrogen recovery. Additionally, ZRCC has calculated the carbon emissions of existing hydrogen resources, taking into account factors such as quality, energy, and value. Finally, through optimization of equipment raw materials and operational adjustments, ZRCC has achieved the lowest carbon emissions, the least impurity content, and the lowest production cost of fuel cell hydrogen processing routes. As a result, ZRCC can produce hydrogen that fulfills fuel cell hydrogen standards without having to construct a new purification unit or increase energy consumption.

Helping reduce costs and emissions through "micro-grid" hydrogen delivery. Hydrogen storage and transportation play a key role in reducing sales costs and achieving market expansion. Currently, conventional hydrogenation stations rely on long-tube trailers for hydrogen delivery, with transportation costs of approximately 10 *yuan*/kg. Based on its extensive experience in hydrogen pipeline management as well as its strategic location, ZRCC has established a "micro-grid" demonstration project for hydrogenation stations. By installing hydrogen pipelines that directly connect the 4# PSA unit to the hydrogenation demonstration station, ZRCC can reduce both transport costs and carbon emissions associated with fuel cell hydrogen delivery. According to calculations based on Sinopec's hydrogen pipeline measurements, compared with the use of long-tube trailers for round-trip hydrogen transport, the transport costs of hydrogen can be reduced from 10 *yuan*/kg to 1 *yuan*/kg, and carbon emissions can be reduced by approximately 18.4 t/a.

Expanding application scenarios through demonstration effect. By fully utilizing the unique intersection advantage of the "Ring Hangzhou Bay" and the "Yiwu-Yongjin-Zhoushan" Hydrogen Corridor, ZRCC continuously broadens its application scenarios. Two hydrogen-powered commuter vehicles have cumulatively traveled over 60,000 km, attracting more than 3,000 visitors to hydrogenation demonstration stations. In collaboration with local governments, ZRCC has spurred the growth of sectors such as new materials, new energy technologies, and the IoT, initially forming a pattern of "Core Nodes Centered on Hydrogenation Stations, Linkage by Hydrogen-Electric Coupling and Hydrogen Energy Transportation, and Coordinated Development of Upstream and Downstream Industries".

2. Highlights and Insights

Expanding hydrogen energy scenarios and accumulating advantages in the industrial chain. ZRCC is fully capitalizing on local strengths in "Industry-University-Research" collaboration to facilitate the integrated industrial application of hydrogen energy, including "Photovoltaic Power Generation-Hydrogen Refueling - Hydrogen Filling - Hydrogen Storage and Power Generation". Besides, ZRCC actively promotes the widespread application of hydrogen energy in passenger transportation, heavy-duty trucks, and cold chain logistics, thereby driving continuous advancements in the hydrogen energy industrial chain across five key areas in the Yangtze River Delta—hydrogen preparation, hydrogen storage and transportation, hydrogen fuel cell manufacturing, hydrogenation stations, and hydrogen-powered vehicles.

Upgrading hydrogen energy utilization and accelerating the formation of Zhenhai Experience. In recent years, governments at the central and local levels have attached great importance to the layout and planning of the hydrogen energy industry. Based on its great geographical advantages, abundant technological resources, and complete industrial chain, Zhenhai District owns broad prospects and huge potential for the development of the hydrogen energy industry. The district fosters the convergence of talents, technology, and capital within the hydrogen industry, and accelerates the formation of the "Zhenhai Experience" in hydrogen energy utilization, so as to offer invaluable insights and experiences that contribute significantly to the further development of the hydrogen energy industry.

II. Enhancing Energy Storage and Absorption Capacity

Zhejiang Province remains committed to advancing the construction of a new power system, aimed at enhancing the absorption and storage capacity of clean energy. In areas such as new light storage, hybrid storage, and multi-energy absorption, Zhejiang has successfully cultivated a series of innovative practices, including the integrated light storage low-carbon factory of Xizi Clean Energy in the Linping District, Hangzhou City, the multi-energy coupling intelligent low-carbon energy supply of the Wuchan Zhongda Group, and the county-level long-period green power self-balancing microgrid group in Jingning County.

1. Main Practices and Achievements

Innovating flow energy storage technology for energy savings, carbon reduction, and enhanced efficiency in new light storage. In Linping District, the integrated light storage low-carbon factory of Xizi Clean Energy utilizes new vanadium flow energy storage technology and lithium iron phosphate energy storage technology to build a light storage and charging integrated power station with a smart control system. The project makes full use of nearly 60,000 square meters of factory roof area to construct distributed photovoltaics, generating approximately 4.1 million kW · h of solar power annually. Through the use of independently developed new liquid flow battery technology, a vanadium flow energy storage power station is built, capable of storing 4,000 kW · h of electrolyte. An accompanying lithium iron phosphate energy storage power station is constructed to act as a load during charging and can automatically switch to discharge mode as a power source as needed. The photovoltaic and energy storage systems can save 6,851 tons of standard coal, reduce CO_2 emissions by 18,285 tons, SO_2 emissions by 139 tons, and NO_x emissions by 47 tons annually.

Implementing large-scale industrial multi-energy coupling intelligent low-carbon energy supply in hybrid storage. Wuchan Zhongda Group and ZJMI Environmental Energy Co., Ltd. have developed low-carbon power/heat efficient and flexible supply technology and equipment based on "Molten Salt Thermal Storage + Electrochemical Energy Storage" for large-scale industrial hybrid storage. Key areas of focus include breakthroughs in the research and development of molten salt tanks, heat exchangers, and high-voltage molten salt electric heaters with low cost, high performance, and implementability. A collaborative output strategy for hybrid energy storage systems has been established. Every year, the project absorbs 236.2 million kW · h of valley electricity, supplies 254,000 of steam, and provides 22.81 million kW · h of on-grid electricity. These achievement leads to a yearly reduction of 33,000 of CO_2 emissions and saves 17,000 of standard coal. We anticipate that this technology will significantly drive the heat storage industry to surpass a hundred billion *yuan* in scale.

Constructing a county-level long-period green power self-balancing microgrid group in multi-energy absorption. Jingning County, Lishui City, Zhejiang Province relies on abundant local source-grid-load-storage adjustable resources to build multi-level and multi-form microgrids. They vertically achieve hierarchical balanced management and horizontally coordinate optimization of source-network-load-storage. Through flexible resource aggregation and regulation, energy data integration, and efficient digital energy management, the microgrid groups achieve interconnection, mutual assistance, and self-balancing within the group, creating a county-level microgrid group with long-term green electricity self-balance. In terms of annual emission and carbon reduction, the microgrids increase the consumption of green electricity by 110.86 MW · h, raise the green electricity supply rate to 78.7%, and reduce carbon emissions by about 200,000 tons. In terms of value creation, the microgrids enhance the absorption capacity of green electricity by over 100,000 kW, save about 60 million *yuan* in grid investment, and reduce network losses by 0.5 percentage points. In terms of power supply reliability, the line-level microgrids are capable of instantaneously initiating "black-start" operations for small hydropower stations, reducing the response time to merely 5 minutes and allowing for a maximum off-grid operation duration of up to 24 hours. This significantly enhances the resilience of the power grid in case of any malfunctions.

2. Highlights and Insights

Enhancing technological innovation in energy storage to meet safe large-scale development of new energy storage solutions. The integrated light storage low-carbon factory of Xizi Clean Energy has been chosen as a demonstration project for new energy storage solutions in Zhejiang Province's "14th Five-Year Plan". Through the new integrated light storage technology, the project aims to establish a dynamic equilibrium between energy production and demand, optimize energy configurations, minimize energy expenses, and provide energy security for peak shaving and valley filling during peak summer seasons. The innovative application of various energy storage technologies meets the needs of industrial parks and enterprises for the safe development of new large-scale energy storage solutions to pursue the carbon peaking goal.

Advancing process innovation in energy storage to drive the development of large-scale industrial hybrid energy storage. The multi-energy coupling intelligent low-carbon energy supply project of Wuchan Zhongda Group fully absorbs off-peak green electricity and valley electricity, provides green and low-carbon steam throughout the day, and generates peak power during peak periods, providing strong support for the comprehensive clean and low-carbon energy supply in the park and providing a typical case for building a new energy system in China.

Fostering innovation in absorption mode to build hierarchical and autonomous balanced absorption demonstration. The county-level balanced microgrid in Jingning strives to create a replicable model of modern smart distribution network, achieving real-time perception of grid operation status, flexible adaptability to operation modes, and intelligent self-healing capabilities for grid faults. By adopting hierarchical and collaborative optimization management, the distribution network ensures that clean energy is "clear, receivable, controllable, and usable". This serves as a crucial innovative path towards ensuring reliable power supply in remote mountainous areas.

III. Building Low-Energy Consumption Data Centers

As data centers rapidly expand, their high energy consumption has emerged as a pressing concern. From a technological perspective, Zhejiang Province has established low-energy consumption data centers, exemplifying successful cases like the Jinshuitan Water-cooled Green Data Center in Yunhe County.

1. Main Practices and Achievements

Innovating cooling methods to maximize the value of water resources. The Jinshuitan Reservoir in Yunhe County has a storage capacity of about 1.4 billion cubic meters, featuring superior water quality and an annual runoff of 3.2 billion cubic meters. Standing at an elevation of 125 meters, the Reservoir maintains a consistent water temperature below 14°C throughout the year, serving as a natural source of cooling water. The Jinshuitan Water-cooled Green Data Center project adopts liquid cooling technology, utilizing deep cold water from the Reservoir instead of traditional electric refrigeration. This approach compensates for the drawbacks of low heat exchange efficiency and low heat flux density in air-based cooling, effectively alleviating issues such as high energy consumption, noise, and low equipment density in traditional data centers.

The heat exchange station of the data center is situated beneath the Reservoir's dead water level, pioneering the utilization of its high water potential energy for gravity-driven water intake. This innovative approach significantly reduces energy consumption for cooling water transportation. Based on a 52-meter head drop between the heat exchange station of the data center and the downstream river channel, four small container-type generators have been installed beneath the data center to generate electricity from the tailwater and recycle the head, thereby maximizing the efficient utilization of water resources. According to calculations, the current electricity generated from tailwater power generation is approximately 1.7 million kW · h/a, with projections indicating a potential increase to about 5.1 million kW · h/a in the future.

Maximizing energy efficiency through comprehensive utilization of energy resources. The project utilizes deep cold water from the Jinshuitan Reservoir for refrigeration, harnesses the high water level potential energy of the Reservoir for gravity drainage, and recovers the potential energy of cooling water for power generation. Additionally, water source heat pump air conditioning systems are equipped to recover excess heat in the data center for battery room heating, and a photovoltaic building-integrated photovoltaic direct supply system is planned and built, achieving significant energy savings and consumption reduction. According to calculations, the Jinshuitan Water-cooled Green Data Center project in Zhejiang Province operates with an annual Power Usage Effectiveness (PUE) value of 1.13. Compared to traditional data centers with a PUE value of 1.5, it will save 93.35 million kW · h of electricity annually, reducing carbon emissions by approximately 60,000 tons. Moreover, the project will further optimize the PUE to 1.089 by incorporating technologies such as AI applications, new end devices, high-temperature servers, and direct power supply from the grid, making it a benchmark for energy-saving data centers nationwide.

Parallel advancement of green economy for ensuring sustainable, high-quality development. The project leverages the power supply advantages of State Grid Corporation of China (State Grid), successfully replacing diesel generator sets with three 35 kV municipal power lines. This initiative has significantly reduced diesel consumption by over 30 t/a and lowered CO_2 emissions by approximately 79 tons. This project not only saves 2,000 square meters of building area but also reduces investment costs by 25 million *yuan*, thereby achieving both environmental and economic benefits. Meanwhile, it significantly boosts State Grid Zhejiang Electric Power's internal capabilities for information and data processing, effectively meets the need for large-scale digital information storage and further enhances the security of big data. Moreover, a market-oriented operational model can be adopted to guarantee basic computing power, thereby supporting the development of emerging sectors such as industrial internet, intelligent manufacturing, and smart cities in the eastern region of China.

2. Highlights and Insights

Addressing high energy consumption in data centers through technological innovation at the source. In China, the number of data centers has exceeded 400,000, accounting for over 1.5% of the country's total annual electricity consumption. Operating non-stop, data centers are significant contributors to high energy consumption. The Jinshuitan Water-cooled Green Data Center utilizes technologies such as deep, low-temperature lake water from the

Reservoir as a natural cooling source, gravity-fed water intake using high water level potential energy, tailwater power generation, and comprehensive energy utilization. The overall solution pioneered by this project is a global first in the data center industry.

Driving carbon reduction collaboration to innovate value transformation and address sustainability issues. While saving energy and reducing carbon, the project shows good operational results and sustainability. Based on existing technologies, The Jinshuitan Water-cooled Green Technology Center has no significant constraints in construction and operation, and maximizes the utilization of water resources through innovative technologies. This project takes advantage of the reliability of the power grid to realize the value transformation of the grid power sources. Under the premise of pursuing a green data center, this project demonstrates good economic performance in both construction and operation, ensures the sustainable development of the project, and provides a demonstration case for China's traditional hydropower transformation development.

Author: The writing group of Zhejiang economic & information centre

Industry Sector: Embracing Innovative Technologies and Approaches to Unlock Further Carbon Reduction Potential

I. Implementing Energy-saving Technology Upgrades

Zhejiang Province is fully committed to promoting energy-saving and carbon reduction technology upgrades in the industry sector, constructing green manufacturing and service systems, and continuously tapping into the energy-saving potential of sectors. In terms of upgrading energy-consuming products and equipment and developing applications of green technologies, Zhejiang has established a number of typical cases such as Ningbo Rixing Casting Co., Ltd., Zhoushan Green Petrochemical Base, and Yiwu Water Treatment Co., Ltd.

1. Main Practices and Achievements

Advancing the transformation of energy-consuming equipment to facilitate systematic energy-saving and carbon reduction upgrades. Ningbo Rixing Casting Co., Ltd. continues to promote energy-saving technology upgrades, aiming at becoming a national-level green factory. The Company has carried out equipment upgrades for its air compressor stations, customizing 6 kg energy-saving air compressor units and rationalizing their use through centralized gas supply, constant pressure control, and intelligent management. This initiative saves 7.41 million kW · h of electricity each year, equivalent to a reduction of approximately 4,226 tons of CO_2 emissions. By increasing the oxygen content in the blast cupola's combustion air, the Company effectively minimizes heat losses during coke combustion, leading to an annual saving of approximately 2,200 tons of coke.

Enhancing the application of technological innovations to improve the utilization efficiency of energy resources. Zhoushan Green Petrochemical Base's 40-million-t/a refining and chemical integration project includes four sets of 3.8-million-t/a reforming units, each of which is currently the world's largest. The project actively explores energy-saving optimization and transformation, installing selective hydrogenation dealkylation facilities for the reformate oil produced by the 1# and 2# 3.8 million tons/year continuous reforming units to meet the quality requirements of downstream aromatic extraction units, significantly reducing the downstream unit's consumption of activated clay. Additionally, by using nano-ceramic composite panels as heat exchange elements, the project solves issues related to equipment with poor corrosion resistance and large footprint, achieving a thermal efficiency of 95%. This translates to an annual energy savings of 20,000 tons of standard coal, an annual reduction of approximately 29,000 tons of CO_2 emissions, and an annual increase in economic benefits of approximately 57 million *yuan*.

Upgrading water treatment technology to initiate a new era of pollution and carbon reduction. Yiwu Water Treatment Co., Ltd. promotes the use of water-source heat pumps, utilizing renewable energy for heating and cooling. This initiative provides cooling and heating for the office and production areas of the water plant during summer and winter, respectively, with an estimated annual cooling capacity of 22.8 MW, reducing carbon emissions by 2,167 t/a, and heating capacity of 33.3 MW, reducing carbon emissions by 116,440.5 t/a. The promotion of chemical energy storage projects balances energy supply and demand, with a 464 kW power and 932 kW · h charging capacity chemical energy storage facility built at the Houzhai Sewage Treatment Plant. The reclaimed water reuse and artificial ecological wetlands can produce 245,000 t/d of reclaimed water for industrial water use and river replenishment, with significant ecological and environmental benefits.

2. Highlights and Insights

Guiding low-carbon collaboration in the industrial chain by leading enterprises. Ningbo Rixing Casting Co., Ltd. leads in promoting energy conservation, carbon reduction, and clean production upgrades by establishing green factories, developing green products, and building green supply chains. Meanwhile, the company fully leverages the guiding role of leading enterprises in the industry, leading upstream and downstream entities to jointly study low-carbon cooperation and implementation paths.

Tapping carbon reduction potential through technological innovation. Zhoushan Green Petrochemical Base promotes the implementation of integrated intensive design by core companies in the base, utilizing abundant CO_2 resources to achieve energy conservation, pollution and carbon reduction, and coordinated high-value utilization of CO_2. The base stimulates the innovation vitality of the market economy, aligns with the national industrial layout, promotes industrial-intensive development, and creates a scaled-up, integrated, and clustered upgrade demonstration, safeguarding the security and stability of the industrial chain and supply chain. It is a typical case of the "Green Zhejiang" initiative to create a "Zhoushan Model" for base construction.

Water treatment carbon reduction through technology upgrades. Yiwu Water Treatment Co., Ltd. actively promotes water source heat pumps, effectively recycling the thermal energy contained in sewage through heat pump technology, significantly reducing the consumption of fuel, electricity, and other energy sources. While saving operating costs, it substantially reduces greenhouse gas emissions, serving as an important means for sewage treatment plants to achieve coordinated pollution and carbon reduction and efficiency improvement.

II. Digital Empowerment

Digitization is an important means to transform traditional manufacturing sectors and achieve low-carbon transformation. Zhejiang Province has developed a number of exemplary practices in digital transformation and smart governance platform construction, including Lynk & Co Yuyao Factory, Shengzhou City's Kitchen Appliance Industry Brain, Longyou County's "Paper Industry Brain", Ningbo Energy Big Data Management Center, Hangzhou Bay Shangyu Economic and Technological Development Zone, and Qujiang District's Personal Carbon Account, all of which can serve as reference cases.

1. Main Practices and Achievements

Intelligent manufacturing equipment upgrade facilitates digital transformation of automobile factories. Lynk & Co Yuyao Factory conducts in-depth practices in the automotive industry, ingeniously adopting an integrated carbon reduction chain model combining manufacturing, supply, and usage ends. In the manufacturing phase, intelligent manufacturing equipment has been introduced, achieving 100% automation in multiple workshops. For instance, advanced technologies such as laser welding and Arplas welding are employed in the fully automated welding workshop, enabling 100% robot automatic welding. At the supply end, the factory's roof is utilized to construct a photovoltaic power station equipped with one 2.1 MW · h energy storage station. Through digital means, it effectively integrates with the photovoltaic power station, generating approximately 20 million kW · h of electricity annually and reducing carbon dioxide emissions by over 12,000 tons. At the usage end, efforts are made to strengthen the research and development of green and low-carbon advanced technologies in areas such as dual-motor intelligent hybrid systems, intelligent electric-hybrid system AC-DC conversion, and advanced intelligent driving systems.

The kitchen appliance industry brain ushers in a new era of Zhejiang smart manufacturing for the kitchenware industry. Shengzhou City continues to promote the construction of the kitchen appliance industry brain, deepening the new model of "Industry Brain + Future Factory". It has built and put into use an intelligent kitchen appliance industry brain, creating supply chain joint procurement, digital finance, and other application scenarios, and iteratively upgrading "N+X" new intelligent manufacturing application modules. The intelligent kitchen appliance industry brain has been selected as one of the second batch of industry sector industry brain pilot projects in the province. Through online services and offline lightweight function applications, it rapidly empowers small and medium-sized enterprises with digital transformation in a standardized, high-quality, and low-cost manner, comprehensively promoting the digital transformation of manufacturing enterprises. Additionally, Shengzhou is making full efforts to build a kitchen appliance consumption data center, promoting leading companies such as Entive to collaborate with platform enterprises such as Alibaba and JD.com, exploring the construction of a kitchen appliance consumption data center integrating functions such as consumer data analysis, process optimization, and quality control, and improving quality and safety traceability platforms and lean manufacturing management systems.

The paper industry brain facilitates the digital transformation of the papermaking industry. In Longyou County, the "Paper Industry Brain" leverages the technological foundation provided by the Southeast Industrial Internet platform, which was established by the Quzhou Digital Economy (Smart Industry) Industry Innovation Service Complex. The "Paper Industry Brain" focuses on "New Intelligent Manufacturing" applications and industrial ecosystem applications in the paper industry, constructing data collection, data modeling algorithms, data quality management and security, and data application systems to address key industry-wide issues such as information silos in large enterprises, high energy consumption costs in small and medium-sized enterprises, and difficult equipment operation and maintenance. Currently, it has successfully delivered digital services 1,175 times to 82 papermaking enterprises across Longyou County and Zhejiang Province, including companies like Vinda. This endeavor has resulted in the creation of nearly 10 provincial benchmark demonstration projects, the integration of over 10 factories and dozens of production lines, and the aggregation of data from tens of thousands of equipment data collection points.

The synergy of the three networks empowers urban low-carbon transformation. In Ningbo, the Municipal Energy Big Data Management Center has been established to carry out energy data collection and management in the three dimensions of "energy, light, and vehicles" across the city. Effective explorations and practices have been made in digitally empowering urban low-carbon transformation. The smart energy management module focuses on gathering various types of energy utilization data such as energy production, supply, storage, transport, consumption, and other cross-category data, achieving dynamic monitoring and one-screen perception of various energy varieties, and processes in the production-supply-storage-sales link, and making judgments on one network. Currently, it has realized real-time dynamic monitoring of the energy consumption data for over 3,000 key energy-consuming enterprises with an annual consumption of over 1,000 tons of standard coal. The renewable energy management module focuses on photovoltaic, wind power, hydropower, biomass, and other types of power generation, comprehensively controlling the development and utilization of renewable energy sources throughout the city, and has achieved full life cycle management of project filing, access application, completion acceptance, and power generation monitoring.

As of November 2023, Ningbo City's newly added installed capacity of renewable energy increased by 35% year-on-year. The municipal-level public data collection and monitoring module for charging facilities gathers operation data for all public (special) charging facilities in the city, realizing functions such as charging station pile monitoring, real-time order acquisition, one-click charging addressing, and subsidy application and review. From January to November 2023, the year-on-year growth of newly added charging guns increased by 149.6%.

Exploring new ways of synergistic efficiency enhancement driven by digital reform. Hangzhou Bay Shangyu Economic and Technological Development Zone adopts a problem-oriented approach, and conducts thorough on-site investigations with enterprises. The zone focuses on developing intelligent scenarios for pollution reduction, carbon emission mitigation, and synergistic efficiency enhancement. Through digital reform thinking, the zone explores and promotes synergistic efficiency gains in pollution and carbon reduction, generating innovative application outcomes via the framework of "One Platform+ Two Systems + N Technologies". This initiative pioneers a new path towards achieving synergistic pollution and carbon reduction.

Moreover, the development zone has established a comprehensive perception network, vertically connected platforms like the Zhejiang Provincial Online Platform for Pollution and Carbon Reduction and horizontally integrated data from various sources, including intelligent environmental protection supervision. This network includes 82 newly installed energy consumption monitoring devices with a total of 186 encrypted online monitoring devices for pollution sources, and enables real-time sensing and prompt warning capabilities, thus ensuring timely responses to any potential issues.

Additionally, the zone has formulated an evaluation index system, which collects data from 19 categories across nine departments and determines eight dimensions of evaluation indicators. This system also includes a synergistic index for pollution and carbon reduction within the park and enterprises, providing a comprehensive overview of the zone's environmental performance.

Furthermore, the development zone has created a correlation diagram, established information databases for park products, raw materials, and hazardous waste, and developed automatic matching models. This has generated a supply chain collaboration relationship map, enhancing the efficiency and sustainability of the zone's operations. Finally, the zone has established a revolving pool, operating under the mechanism of "Government-Led Initiative, Policy Incentives, Diverse Forms, Market Allocation", where the government establishes a surplus emission rights revolving pool and annual verification of indicators.

The digital platform for synergistic efficiency enhancement in pollution and carbon reduction has been selected as an excellent application case in the Zhejiang provincial digital government system. As a result, major pollutant emissions fell by 7.8% year-on-year, $PM_{2.5}$ concentration dropped by 14.3%, and carbon emission intensity decreased by 13.3%.

Exploring new paths for quantifying individual carbon emission reduction through data integration. With great emphasis on the establishment of a credit system in the financial field, Qujiang District fully capitalizes on the rural commercial bank reform and innovation in green finance, strives to forge a new "Green + Inclusive" path and pioneers the nationwide implementation of "personal carbon account" to steer carbon emission reduction efforts at the consumption end. The mini-program "Qujiang Personal Carbon Account" has been developed to foster three major low-carbon scenarios: green payment, lifestyle, and mobility. The mini-program includes 15 diverse sub-items such as online transfers, wealth management, loans, and mobile payments. Additionally, the mini-program offers fee deductions and payments in proxy and integrates ETC non-stop passage, public transport riding codes, and other information.

The mini-program converts the carbon emission reduction of personal green financial behavior through big data and quantifies it into carbon credits by cost inversion algorithm. The "personal carbon account" automatically collects, analyzes, and calculates low-carbon behaviors to generate carbon credit evaluation indexes, and provides different levels of labeling based on personal carbon credits. The carbon credit evaluation mechanism is integrated into credit financing access, and the innovative "Turning Carbon into Gold Loan" is launched. Eligible customers can access up to 300,000 *yuan* in credit loans and a maximum of 3 million *yuan* in comprehensive credit loans. By the end of 2023, the district had successfully established 408,200 bank personal carbon accounts, accumulating 0.46 billion carbon credits, equivalent to approximately 46.3 tons of reduced carbon emissions. Furthermore, the district established 100,200 light green, 186,000 medium green, and 122,000 deep green personal carbon accounts. A total of 15,593 loans were granted, totaling 2.74 billion *yuan*, representing a significant increase of 0.56 billion *yuan* compared to the previous year and an estimated interest reduction of 6.7 million *yuan* over the same period.

2. Highlights and Insights

Creating preeminent digital intelligent manufacturing brands in specialized fields. The green and low-carbon transformation of traditional sectors has become an urgent task. As a key pillar of modern society, digital technology is playing a crucial role in the transformation. It is essential to foster deeper integration between digital technology and economic development, explore a path where digital technology can empower the green transformation and growth of various sectors, and thus facilitate to achieve the "dual-carbon" goals. Lynk & Co Yuyao Factory and Shengzhou Intelligent Kitchen Appliance Industry Brain have respectively created preeminent brands of digital intelligent manufacturing in specialized fields.

Forging the influence of regional brands through industrial digital transformation. Shengzhou Intelligent Kitchen Appliance Industry Brain is speeding up the restructuring and high-quality development of Zhejiang Province's intelligent kitchen appliance industry by leveraging digital transformation, precise governance, and specialized services for enterprises in the sector, both locally and across the province. As a result, the influence of the "Integrated Stove, Made in Shengzhou" regional brand is steadily expanding, and the industrial concentration is continuously increasing.

Fostering high-quality development in the paper industry via digital empowerment platforms. In Longyou County, the "Paper Industry Brain" has effectively addressed pain points within the paper industry, including inefficient collaborative resource allocation, obstacles in enterprise digital transformation and upgrading, as well as difficulties in elevating the digital maturity of the industry. The government has iteratively enhanced the central platform dedicated to Longyou County's specialty paper industry, and cultivated a comprehensive product functional system that monitors, analyzes, and strengthens the entire industrial chain. This system provides a comprehensive understanding of national paper industry trends, enabling enterprises to leverage the Longyou County Paper Industry Internet Platform for digital management across the entire product lifecycle.

Empowering urban low-carbon transformation via energy big data. Energy big data holds a key position in boosting economic growth, adjusting the industrial structure, and transforming development modes. Through the Ningbo Energy Big Data Management Center, a smart energy management system with data-driven synergy, information integration, and multi-energy linkage is constructed to realize the integration of urban energy data, electricity load data, and socioeconomic data, explore innovative models for controlling total energy consumption and intensity, and effectively promote the coordinated development of energy utilization, economy, and environment in Ningbo. Furthermore, it plays an important role in improving the level of urban social construction management services, accelerating the transformation of economic development modes, and promoting the achievement of the city's energy double control goals.

Exploring collaborative and efficient pollution and carbon reduction by digital twins. Hangzhou Bay Shangyu Economic and Technological Development Zone in Zhejiang Province is the world's largest base for decentralized dye research and production. It takes digital reform as a drive to explore collaborative pollution and carbon reduction, forming innovative application results of "1 Platform + 2 Systems + N Technologies". The digital platform for collaborative pollution and carbon reduction and efficiency improvement was selected as an excellent application case in Zhejiang Province's digital government system, marking the initial exploration of a path of collaborative innovation for pollution and carbon reduction.

Digital empowerment of personal carbon accounts serves as a model practice. Quzhou City has taken the lead in introducing the personal carbon account system, guiding local banking institutions to comprehensively calculate individual carbon emissions through financial technology. This enables the accurate calculation of carbon credits and promotes the widespread application of banking personal carbon accounts across various scenarios, thus making innovation in the application of personal carbon accounts in financial scenarios. The bank's personal carbon account system has been further upgraded, broadening its data sources beyond just banking information to include online services, transportation, recycling, and water and energy conservation. An integrated personal carbon account system has been established, consisting of the data layer, management layer, and application layer. In addition, the city has introduced the "Personal Carbon Report" and established a carbon efficiency evaluation mechanism that relies on this report.

III. Establishing a Carbon Footprint Management System

Establishing a carbon footprint management system and establishing the orientation of reducing product carbon footprints help production enterprises systematically grasp the energy and resource consumption and carbon emissions of raw materials at various stages. This enables targeted energy-saving and carbon reduction transformations, improves the green level of production processes and technological equipment, and continuously reduces product carbon footprints. Zhejiang Province has explored and attempted on the enterprise side, forming a number of typical cases such as the Carbon Label Standard for Ningbo Rixing Casting Wind Turbine Cast Iron Parts and the Feida Enviro Carbon Emission Data Management System.

1. Main Practices and Achievements

Developing the first carbon label standard for wind turbine cast iron parts. Ningbo Rixing Casting Co., Ltd., in collaboration with China Electronic Energy Saving Technology Association (CEESTA), upstream and downstream enterprises in the supply chain, government, and third-party verification teams, has established a professional team for developing carbon label standards. Starting from wind turbine castings and referring to international and domestic standards such as *Greenhouse Gases-Carbon Footprint of Products-Requirements and Guidelines for Quantification* (ISO 14067: 2018) and *Environment Management-Life Cycle Assessment-Requirements and Guidelines* (GB/T 24044—2008), the team has conducted data collection, model simulation, and expert argumentation, so as to compile the industry's first criterion *Technical Specification for Carbon Label Evaluation of Wind Turbine Nodular Iron Castings*, quantitatively analyze the carbon emissions of key casting components of wind turbines and their main influencing factors, and clarify the carbon footprint level and carbon reduction potential.

Constructing an industrial carbon emission data management system. feida enviro, in collaboration with universities and well-known enterprises, has formed an innovation consortium for carbon footprint and carbon labels. They completed the methodological research on industrial carbon footprint assessment. For the power industry, the R&D of carbon footprint assessment methods for waste incineration power generation products and coal-fired power plant products has been completed, and research on the carbon footprints of products from photovoltaic power generation, cogeneration unit, and green hydrogen is underway. For other industrial products, such as copper forging and machining and copper-chromium electrical contact products, methodological research on carbon footprints has also been conducted, and relevant carbon footprint standards have been issued. At the same time, the LCA design databases and model libraries for sectors such as steel have been established.

2. Highlights and Insights

Enterprises that participate in the formulation of carbon label standards have industry discourse power. Ningbo Rixing Casting's pioneering efforts in developing carbon label standards have addressed the absence of relevant standards on carbon labels in the wind turbine castings, and bridged the technical gap in carbon footprint accounting for these products. This helps promote developing internationally recognized and industry-unified evaluation methodologies for carbon footprints of wind turbine cast iron products, thereby enhancing the competitive edge of cast iron exports amidst green trade barriers.

Enterprises that formulate carbon footprints and carbon labels improve industry professionalism. Feida Enviro's carbon footprint and carbon label projects are committed to building a comprehensive LCA basic database across multiple scenarios and fields. It aims to develop highly accurate LCA carbon footprint standardized evaluation technology, as well as establish a comprehensive lifecycle carbon footprint, carbon label standard system, and standardized platform. The company has built demonstration platforms for carbon footprint assessment of typical industry products and comprehensive assessment and management platforms for carbon labels at the park level.

IV. Enhancing Resource Recycling

From management strengthening, technological advancement, and mechanism innovation, Zhejiang Province has implemented various measures to enhance resource recycling. These efforts have led to numerous exemplary cases, including the multifunctional activated carbon regeneration center in Tiantai County, the establishment of a carbon dioxide recovery and utilization industrial chain in Zhoushan Petrochemical, the carbon capture and nitrogen fertilizer co-production project in Ningbo Jiufeng Thermal Power Co., Ltd., the initiative to replace plastic with bamboo in Anji County, and the circular transformation of the bio-pharmaceutical industrial park in Taizhou Bay Economic and Technological Development Zone.

1. Main Practices and Achievements

Strengthening the management of platform enterprises, with a focus on constructing a closed-loop industry chain for waste treatment. Tiantai County has established a multifunctional activated carbon regeneration center. In terms of technology, through the market-oriented establishment of regional activated carbon regeneration centers, the county has overcome technological barriers in waste-activated carbon regeneration using thermal rotary kilns. In terms of standardization, by implementing the "Five Unifications" of activated carbon adsorption carbon box, fully enclosed collection process for industrial waste gas, management services for activated carbon adsorption, process of filling and replacement of activated carbon, and quality standards for activated carbon, the county has effectively mitigated environmental pollution risks such as dust and hazardous waste leakage associated with traditional disposal methods. Furthermore, Tiantai County has also constructed a closed-loop industry chain for waste treatment. In terms of information sharing, the county has established a government-enterprise sharing mechanism for waste carbon resource information, so as to promote the resource utilization and regeneration of waste coke in the province's bio-pharmaceutical industry. In terms of data integration, the authorities have surveyed VOCs treatment enterprises across the county to form a database of VOCs treatment information including activated carbon usage and renewal frequency. In terms of treatment facilities, the county has guided the rubber and automotive repair sectors to upgrade and transform low-efficiency VOCs treatment facilities. The environmental management costs of related waste-producing enterprises in the county decreased from 50,000 *yuan*/year to 20,000 *yuan*/year, while the cost of activated carbon usage and disposal decreased from 16,000 *yuan*/ton to 9,000 *yuan*/ton, saving an estimated cost of over 15 million *yuan*/year for more than 500 VOCs-related enterprises in the county.

Increasing technological R&D and innovation to build the carbon dioxide recovery and utilization industry chain. Zhoushan Green Petrochemical Base focused on key technological innovations, insisting on the integration of upstream and downstream industrial chains and combining process technology selection with carbon reduction through recycling. They carried out practical explorations of carbon emission reduction based on large-scale circular economy industrial chains on petrochemical bases. They pioneered the "CO_2-EC-DMC-DPC-PC Engineering Plastics" industry chain process integrating upstream and downstream, using high-concentration CO_2 waste gas generated from epoxy ethane/ethylene glycol unit by-products as raw materials to produce ethylene carbonate (EC) and dimethyl carbonate (DMC), and then using non-phosgene methods to produce polycarbonate (PC). At present, the base has now put into operation 120,000 t/a CO_2 utilization green energy-saving processing industrial chain unit, saving land by 30%, reducing investment by over 40%, and decreasing energy consumption by over 20%. As a result, the base has achieved an annual sales income of 3.18 billion *yuan* and created a profit of 550 million *yuan*.

Increasing efforts in technological R&D to innovate carbon capture and co-production demonstration facilities. Ningbo Jiufeng Thermal Power Co., Ltd. has constructed an industrial demonstration unit, based on the carbon capture and joint production of nitrogen fertilizer independently developed by Jiangsu New-Century Jiangnan Environmental Protection Company (NJEP). This unit captures CO_2 from coal-fired boiler flue gas and co-produces ammonium bicarbonate fertilizer for agricultural use. The project addresses major technical challenges such as ammonia leakage by using desulfurization acidic solution to wash the captured carbon, as well as the high investment and operating costs of the decarbonization process by using atmospheric decarbonization and co-production of ammonium bicarbonate fertilizer. It also effectively tackles the high energy consumption of carbon capture by using heat pumps and advanced refrigeration technology, and improves the quality of carbon ammonium by innovatively using particle size enlargement technology during fertilizer crystallization. The unit has captured approximately 2,000 tons of CO_2 per year from coal-fired boiler flue gas in the park's by-product ammonia, while simultaneously co-producing about 3,700 tons of ammonium bicarbonate fertilizer per year.

Accelerating institutional innovation to empower "substituting plastic with bamboo". Anji County has pioneered the implementation of the initiative "substituting plastic with bamboo" proposed during the High-level Dialogue on Global Development. Through innovative mechanisms, empowerment, and scene creation, it has provided the province and the nation with the "Anji Solution" of "Plastic Pollution Control + Revitalization of Traditional Sectors" for addressing plastic pollution and revitalizing traditional sectors. An annual special fund of 20 million *yuan* is allocated to support the development of bamboo products in the industry, while another 3 million *yuan* is allocated for the purchase of bamboo products. This supporting system has laid a solid foundation for promoting the use of "substituting plastic with bamboo" applications across the region. Furthermore, Anji County has facilitated forest tenure reform, accelerated the expansion and intensification of bamboo forests, transferred 840,000 *mu* of bamboo forests, and established 119 joint-stock professional cooperatives for bamboo. The county actively nurtures enterprises specializing in bamboo products for plastic substitution, continuously enhancing the upstream, midstream, and downstream industrial chains of the bamboo industry, namely, "Raw Materials-Processing-Products-Marketing". Currently, over 100 enterprises in the county produce bamboo products for "plastic substitution", accounting for about 30% of the industry.

Accelerating institutional innovation to improve the efficiency of energy and resource utilization in the industrial park. The bio-pharmaceutical industrial park in Taizhou Bay Economic and Technological Development Zone has carried out circular transformation, and implemented resource utilization of industrial surplus pressure, waste heat, wastewater, and waste gas. Focusing on the recovery of waste solvents, the park has built 18 centralized solvent recovery workshops, with a total solvent recovery capacity of 300,000 t/a, saving costs of 1.03 billion *yuan* and reducing wastewater discharge by 92,000 tons. For the utilization of surplus pressure and waste heat resources, the park has set up 5 waste gas treatment RTO waste heat boilers, achieving a steam reuse of 100,000 t/a. As for the comprehensive utilization of wastes, a total of 16 joint production by-product projects have been implemented by enterprises with a production capacity of 65,840 tons, thus promoting pollution and carbon reduction by "turning waste into treasure". Furthermore, the park has promoted the energy efficiency improvement of key energy-consuming equipment such as transformers in enterprises, reduced reactive power loss, saved 3.18 million kW · h of electricity per year after implementation, and generated an economic benefit of 2.22 million *yuan* per year. Moreover, the park has embraced and advocated the implementation of low-carbon and low-pollution technologies, including enzyme catalysis, microchannel, and tubular reaction; these have led to a reduction in resource consumption, with steam consumption per ton of product decreasing by 30%, electricity usage decreasing by 17%, and organic solvent consumption falling by 40%. Additionally, a total of 23 bio-pharmaceutical product process applications have been completed. What's more, the park has undertaken various measures to demonstrate pollution and carbon reduction practices within the bio-pharmaceutical industry. These efforts have resulted in the reduction of approximately 12,000 tons of pollutant emissions and approximately 320,000 tons of CO_2 emissions, generating a substantial economic benefit of 2.36 billion *yuan*. As a result of these commendable achievements, the park has been proudly selected as one of the first batch of national pilot projects aimed at coordinated innovation in pollution and carbon reduction.

2. Highlights and Insights

Enhancing platform management to form the comprehensive closed-loop utilization. Based on the database construction, the multifunctional activated carbon regeneration center in Tiantai County has established a sophisticated green management model, emphasizing intelligent governance and seamless multi-terminal coordination throughout its operations. At the same time, the center upholds the principle of value-added government service, fostering collaboration among governments, enterprises, and other stakeholders, so as to enhance the convergence capacity of waste carbon resources and optimize resource allocation efficiency.

Innovating technology R&D at the source to improve recycling efficiency. Zhoushan Green Petrochemical Base focuses on technological innovation to improve the energy efficiency of CO_2 utilization through green processing. Targeting key technologies in resource recycling development and clean energy utilization, the base constantly pursues technological breakthroughs. For the existing facilities, the base has carried out energy-saving transformations, while for new developments, the R&D of new processes and new equipment are being promoted. Based on the success of the industrial demonstration unit of Ningbo Jiufeng Thermal Power, the technology of carbon capture and joint production of nitrogen fertilizer can be replicated nationwide.

Innovating the institutional reform to accelerate the green low-carbon development for shared prosperity. Anji County has always remembered General Secretary Xi Jinping's earnest instructions, deeming bamboo forest resources as its most precious ecological asset and the bamboo industry as a crucial factor in enriching its people. The county has been consistently exploring mechanisms to unlock the value of bamboo ecological products, aiming to accelerate the secondary revitalization of its bamboo industry. Besides, the county has implemented a range of initiatives such as bamboo carbon sinks and "substituting plastic with bamboo". This has led to five significant leaps in the development of its bamboo industry: from exporting raw bamboo to importing it, from using bamboo poles alone to utilizing the entire bamboo plant, from physical utilization to biochemical utilization, from primary processing to chained operations, and finally, from technological breakthroughs to institutional innovation. As a result, Anji County has provided experience and demonstrations for the national "substituting plastic with bamboo" campaign and offered fresh ideas for the secondary revitalization of its bamboo industry.

Innovating coordinated approaches to mitigate pollution and carbon emissions for fostering green development in the park. The bio-pharmaceutical industrial park in Taizhou Bay Economic and Technological Development Zone has constructed a comprehensive pollution and carbon reduction path for its bio-pharmaceutical industry. It has organized and summarized the entire-chain pollution and carbon reduction path for the bio-pharmaceutical industry, including experiences and typical cases in areas such as workshop rebuilding, equipment improvement, application of green synthesis technology, utilization of waste resources, and CO_2 capture. The path provides important references and benchmarks for the progress of pollution and carbon reduction in the pharmaceutical and chemical sectors.

Author: The writing group of Zhejiang economic & information centre

Construction Sector: Pioneering Green Building Practices for a Low-Carbon Life

I. Improving Green and Low-carbon Standards

Zhejiang Province actively promotes green development and low-carbon transformation in the construction sector. Taking "zero carbon" public institutions as pilot projects, the province has established the "zero carbon Management and Evaluation Standard for Public Institutions" certification system, leading to a number of pilot practices for "zero carbon" public institutions.

1. Main Practices and Achievements

Innovating the certification and evaluation model for "zero carbon" public institutions. Under the guidance of competent authorities such as the Provincial Government Offices Administration, Zhejiang Province has compiled the *Implementation Rules for Certification of "Zero Carbon" Public Institutions*, clarifying relevant technical requirements and introducing a mechanism for carbon emission verification for public institutions, which is in line with the target and requirement of improving green, low-carbon development. Public institutions are encouraged to participate in the creation of "zero carbon" public institutions voluntarily. Based on the *Score Rules for Management of "Zero Carbon" Public Institutions*, with energy saving as the basic principle, the public institutions strengthen projects for renewable energy substitution and eventually achieve the creation goals through methods like importing green electricity.

Constructing the certification standard system for "zero carbon" management and evaluation of public institutions. In accordance with the *Standard for Management and Evaluation of "Zero Carbon" Public Institutions* (DB33/T 2515—2022), and drawing lessons from advanced experiences in "zero carbon" construction and operation at home and overseas, Zhejiang Province has introduced the concept of hierarchical certification for "zero carbon" public institutions, and highlighted requirements for carbon emission intensity and the proportion of renewable energy and green electricity utilization. By gradually reducing emissions and increasing absorption over a certain period, the province focuses on five aspects: infrastructure, management systems, energy and resource utilization, performance management (carbon emission evaluation indicators), and the realization path of "zero carbon" emissions for public institutions. The goal is to meet the requirements for the "zero carbon" management and operation of public institutions and to develop an advanced certification standard system for "zero carbon" public institutions domestically.

Experience from "zero carbon" public service institutions of demonstration, replication, and promotion values. Seven departments of Zhejiang Province, including the Government Offices Administration, Development and Reform Commission, and Bureau of Market Supervision and Administration, jointly issued the *Notice on Conducting the "Zero Carbon" Public Institution Service Certification*. This marks the establishment of a certification system for "zero carbon" public institution services in Zhejiang Province, combining market-led initiatives with government promotion. With party and government agencies, schools, hospitals, and venues at all levels in the province taking the lead, a batch of demonstrable, replicable, and promotable "zero carbon" public institutions have been established. As of December 2023, a total of 83 "zero carbon" public institution service certification pilot projects have been launched. The average utilization rate of renewable energy has increased from 3.7% to 7.9%, achieving an annual photovoltaic power generation of 15.5 million kW·h and reducing CO_2 emissions by 10,905 t/a. Among them, Nanyuan Primary School in Pujiang County and the Party School of Songyang County Committee of the Communist Party of China have both received a three-star rating, with a 100% utilization rate of renewable energy.

2. Highlights and Insights

Practicing the certification of "zero carbon" public institution services. Drawing on advanced experiences in "zero carbon" building construction and operation both domestically and internationally, Zhejiang Province has issued the local standard *Norms for "Zero Carbon" Management and Evaluation of Public Institutions* (DB33/T 2515—2022). This standard has become the first quantifiable, operable, and evaluable "zero carbon" standard as well as evaluation guidelines in the field of public institutions nationwide. Furthermore, the province fosters the green transformation of public institutions and fully leverages its demonstrative leadership role, providing valuable case references for the low-carbon transformation of public institutions nationwide.

Commitment to systematic planning and top-level design strengthening. Zhejiang Province continues to deepen energy-use reforms, conduct strict target assessments, and refine management measures, keeping public institution energy-saving efforts at the forefront nationwide. The Provincial Government Offices Administration has upgraded the provincial-level local standards for green data centers of public institutions to a unified standard for the Yangtze River Delta region, guiding the completion of green data center service certification for 143 data centers province-wide.

Persisting in digital empowerment to construct an online monitoring system. Zhejiang Province actively promotes the construction of a provincial-level online monitoring "network" for energy conservation in public institutions, and accelerates the integration of the provincial public institution energy and resource consumption statistical information system with the system of the National Government Offices Administration. This integration achieves vertical and direct reporting of data. Additionally, it is utilizing technologies such as big data, cloud computing, blockchain, and AI to advance intelligent energy conservation efforts.

II. Promoting Green Construction Practices

In order to achieve the carbon peaking and carbon neutrality goals, it is imperative to make strides in promoting green construction practices and implement various measures to deepen energy-saving and emission reduction efforts in green building functions. By upholding technological innovation and a low-carbon philosophy, Zhejiang Province has actively contributed to the development of green buildings, exemplified by initiatives such as Hangzhou Joy City as well as the creation of a new model for green carbon sequestration in concrete based on C-USE technology in Deqing County.

1. Main Practices and Achievements

Innovating carbon use technology to facilitate the construction of green buildings. Deqing County has pioneered a new model for green carbon sequestration in concrete based on C-USE technology. In collaboration with high-level innovation entities, the county has achieved breakthroughs in carbon sequestration technology. Zhejiang Building Materials Group Building Industrialization Co., Ltd. works with the State Key Laboratory of Clean Energy Utilization (Zhejiang University) to jointly develop the pioneering C-USE technology across the country, which simultaneously seals and sequesters CO_2 while producing carbon-sequestering concrete. The CO_2 sequestered and absorbed by the C-USE technology is permanently mineralized and fixed, ensuring that even if the building is demolished and pulverized, the carbon will not escape into the atmosphere. Compared to ordinary concrete, this carbon-sequestering concrete can increase strength by 5%~10%, reduce cement consumption by 10%~15%, and decrease and solidify carbon emissions by approximately 60 kg/m^3, placing it at the forefront of global energy efficiency.

Implementing comprehensive energy-saving optimization to create a low-carbon model for commercial complexes. Hangzhou Joy City has undertaken multiple measures to create a new low-carbon benchmark for urban complexes. An advanced energy management control platform system has been installed on existing air conditioning equipment, serving as the core command and dispatch center to integrate communication links between various systems. All underground lighting, previously using 15~18 W LED lamps, has been replaced with three types of high-efficiency, high-power factor lamps, totaling 3,285 units, without reducing illumination. By adding an intelligent control system, Hangzhou Joy City has reduced the intake and exhaust of tenant kitchen ventilation on public area air conditioning. The retrofitting efforts have resulted in substantial savings, including approximately 2.1 million kW · h of electricity annually, 299,000 m^3 of gas, and around 1,082 tons of standard coal per year. Additionally, it has achieved a significant reduction in carbon emissions, equivalent to approximately 2,697 tons of CO_2 per year, with an impressive overall energy-saving rate of 35.8%.

2. Highlights and Insights

Promoting negative-emission building methods through technological innovation. Deqing County's initiative based on innovative carbon use technology is the first green, comprehensive, intelligent, and fully automated carbon-sequestering concrete production project in the domestic concrete industry. Leveraging the "Double-Top and Double-Leading" technological plan application, and collaborating with diverse innovation entities, the county has advanced its R&D of key technologies such as CO_2 sequestration, promoting the implementation of innovative outcomes in project form.

Driving low-carbon complexes through innovative models. Hangzhou Joy City, by analyzing existing problems specific to the project, identified energy consumption conditions of various building types. Using this analysis as a starting point, targeted energy-saving solutions have been compared and demonstrated to pinpoint the problems and enable the energy-saving transformations, with a view to achieving energy-saving and carbon reduction goals.

III. Promoting the Application of Renewable Energy

Introducing green energy as a major energy source into the building energy field is an important approach to achieving low-carbon or "zero carbon" buildings. To effectively address building energy supply security and emission reduction issues, it is crucial to achieve multiple energy complementarity for building energy consumption, integrate traditional energy and clean energy under unified regulation, gradually reduce the use of traditional energy, and increase the proportion of green energy. Zhejiang Province has actively explored and formed a number of typical cases, including the "zero carbon" science and innovation community in Zhuxiaohui Village of Jiashan County and Netease's Open Source Community.

1. Main Practices and Achievements

Leading with "zero carbon" communities to create new models of "zero carbon" development. Zhuxiaohui Village, Jiashan County, Jiaxing City, east China's Zhejiang Province achieves carbon balance using multiple complementary power sources, including wind energy, geothermal energy, solar energy, biomass energy, and hydrogen energy. In the first phase of the project, all electricity is sourced from renewable energy, with an annual total consumption of 1.18 million kW · h and an annual rooftop photovoltaic power generation capacity of 1.2 million kW · h, achieving 100% "zero carbon" in energy use. The village focuses on multidimensional production and living, utilizing solar panels in the form of panels and tiles for solar energy collection, while preserving the traditional "South of the Yangtze River Watertown" style with white walls and gray tiles. Geothermal energy has been collected using ground-source heat pumps to provide heating and cooling sources; micro-circulation energy supplementation has been achieved through technologies such as wind turbines; advanced technologies are adopted to achieve 100% treatment and reuse of sewage and waste water, and 100% collection, classification, and reuse of household garbage; and real-time collection and display of carbon sink and balance data enables the entire community to operate in a carbon-negative manner.

Leading with technological innovation to establish new carriers for open source communities. With the Tian Gong Energy Conservation and Carbon Reduction Open Source Community as the core, Netease Group actively aligns with the national "30 · 60 Decarbonization Goals" strategy and leverages the strengths of its IoT platform. The low-carbonization of the park is deeply embedded in the entire lifecycle—from pre-design, software and hardware products, installation and construction, to operation and maintenance, enabling to form a dual-channel low-carbon ecological co-construction model that combines "transformation of technological application" with "market-driven cost". Innovative low-carbon technologies such as smart lighting, HVAC frequency conversion, and energy-saving control have been applied in Netease's parks in Hangzhou, reducing carbon emissions by more than 8,000 tons in 2023. Furthermore, the village has externally offered innovative energy-saving and carbon-reduction solutions, which have not only lowered cost barriers but also spurred the growth of domestic green manufacturing industry chains. This approach has fostered the integration of technological and industrial innovations, accelerated the emergence of new productive forces, and facilitated the utilization of technological advancements. In turn, these efforts have powered industrial development through innovation.

2. Highlights and Insights

Applying technology integration output to form the jiashan experience. The "zero carbon" science and innovation community in Zhuxiaohui Village, Jiashan County is one of the top 20 projects in the third anniversary of the demonstration area for integrated ecological and green development in the Yangtze River Delta, focusing on carbon reduction in farmland, "zero carbon" buildings, and ecological carbon sequestration. It has built a "Chinese Bamboo Hub" low-carbon innovation highland, promoting it as a best practice of carbon neutrality for integrated ecological and green development in the Yangtze River Delta, and establishing itself as a "zero carbon" demonstration "Chinese model". With the goal of "zero carbon, zero waste, and growth", the village has successfully created a "3 Clusters + 1 System" "zero carbon" community model with a digital intelligent management and operation system. Through the Zhuxiaohui experiment to apply technology integration, a replicable and promotable "zero carbon" model for China's sustainable development has taken shape. The model will accumulate experience for developing low-carbon communities, parks, and urban areas, and demonstrate Jiashan County's innovative efforts in low-carbon strategies.

Empowering multiple fields to create new templates for open source communities. Based on the low-carbon ecological co-construction model of the Netease Park in Hangzhou, the park has covered various business patterns such as offices, hotels, training centers, and IDCs. At the same time, it has empowered manufacturing factories, residential public areas, and other fields externally, driving market promotion with economic and high value-added incentives.

Author: The writing group of Zhejiang economic & information centre

Transportation Sector: Forging New Paths With Hydrogen Energy for Groundbreaking Low-Carbon Transport Solutions

I. Advancing the Green Transformation of Transport Equipment

For transport equipment—a vital carrier of transportation, the green utilization of energy represents a significant direction for its low-carbon development. This approach effectively drives forward green and low-carbon transportation, serving as a fundamental path for the advancement of sustainable transportation. Zhejiang Province has actively pursued and established typical cases, one of which involves the application and promotion of the hydrogen energy industry chain in transportation within Jiashan County.

1. Main Practices and Achievements

Government support and policy incentives promote development. Jiashan County has issued *Several Policy Opinions on Accelerating the Development of the Hydrogen Energy Industry*, constructing a comprehensive support policy chain for the development of hydrogen energy vehicles, covering vehicle purchases, energy supply facilities, and hydrogen refueling. Relying on comprehensive transportation and national land spatial planning, the county coordinates the layout of hydrogen infrastructure construction and effectively explores comprehensive energy supply models such as hydrogen-oil and hydrogen-electric co-production. Boasting a total of 135 hydrogen-powered buses distributed across over 30 bus routes, with a cumulative mileage exceeding 9 million km, Jiashan proudly stands as the first county-level divisions in Zhejiang Province to inaugurate a demonstration route for hydrogen-powered buses.

Market forces drive business expansion and increase efficiency. Based on local leaders in hydrogen fuel cell production, including CEMT Co., Ltd., Jiashan County attracts projects from renowned companies like Air Liquide France Industrie, Han Chen Technology, Zhejiang Petroleum & Chemical Co., Ltd., and China Sinopec. This collaboration has fostered a "hydrogen ecosystem" that promotes coordinated development across the entire industry chain. Additionally, the county has established hydrogen energy logistics transportation companies headquartered in Jiashan, which are actively expanding their logistics operations within a 400-kilometer unilateral and 200-kilometer bilateral radius in the Jiangsu-Zhejiang-Shanghai-Anhui region. In a favorable market environment and industrial ecosystem, leading enterprises have successfully localized 100% of fuel cell system equipment and eight core components through technological innovation. As a result, the power of hydrogen fuel cells has soared by an impressive 666.6%, while manufacturing costs have decreased by 83.3%. Factoring in the benefits of subsidies for vehicle purchases and usage expenses, as well as the enhanced range efficiency, local leading enterprises have firmly established a competitive edge against pure electric vehicles in promotion and application.

Departmental synergy escorts advancement. Jiashan County targets key elements such as hydrogen fuel cell stacks and power system integration, accurately maps out the hydrogen energy industry's investment promotion map, and constructs an integrated "hydrogen" vehicle industry chain that forges a vibrant and progressive new ecosystem within the industry. The county has established the Jiashan Hydrogen Energy Industry Innovation Alliance to promote cross-industry, cross-departmental, and cross-regional collaborative innovation, resource sharing, and promotion of applications in the hydrogen energy industry. Moreover, the county has been strengthening supervision of the entire chain of hydrogen energy vehicle transportation companies and hydrogen storage, transportation, and other links, formulated emergency response plans, and effectively prevented various safety risks during daily operations. Also, the county has issued policies for hydrogen energy trucks to operate in urban areas, facilitating vehicle refueling and urban distribution. The county has taken the lead in introducing the province's first batch of hydrogen energy trucks, with an ownership of 80 hydrogen-powered logistics vehicles that have traveled over 520,000 kilometers, collectively reducing CO_2 emissions by 260,000 kg. As a result, this county has become the first in Zhejiang Province to demonstrate and operate hydrogen energy logistics vehicles with official certification.

2. Highlights and Insights

"Industry-University-Research-Application" empowers the new energy transformation of transport equipment with hydrogen. Jiashan County vigorously pursues an energy revolution and industrial green transformation, with a steady and orderly advancement towards carbon peaking and carbon neutrality. Constant efforts have been made to promote energy-green transformation. Jiashan County, represented by the development and comprehensive utilization of hydrogen energy sectors, drives the shift towards clean energy, low-carbon transformation, and green development across various industries, including those in construction and transportation.

Industrial integration leads to low-carbon living with hydrogen empowerment. Jiashan County fosters the integrated growth of green transportation and the hydrogen energy industry, and broadens the scope of hydrogen energy demonstration applications. It is actively promoting the use of hydrogen fuel cells in various vehicles, including buses, logistics trucks, sightseeing vehicles, smart connected cars, forklifts, sanitation vehicles, and dump trucks. All these efforts aim to lead citizens towards a green travel trend, thereby creating a "Jiashan model" for low-carbon transportation.

II. Creating Low-Carbon Transport Hubs

To accelerate the organic integration of transportation and green low-carbon development, Zhejiang Province actively creates low-carbon transport hubs, making the development of green transportation the most prominent feature in building a strong transportation province. As a result, Zhejiang Province has established a number of typical cases, including the Ningbo Green and Low-Carbon Port.

1. Main Practices and Achievements

Leading breakthroughs in green port construction with low-carbon ports. Ningbo Green and Low-Carbon Port Project consists of five units of 6.25 MW wind turbines, with an investment of approximately 167 million *yuan*. The project adopts the model of "self-generation and self-consumption, surplus electricity connecting to the grid" and the distributed photovoltaic sub-projects, with a BIPV (Building Integrated Photovoltaic) installation area of approximately 14,000 square meters, and a photovoltaic project installed capacity of 1.72 MWp. The energy storage sub-system has a construction capacity of 1 MW/2 MWh, serving as a supporting system for wind and solar systems to ensure stable output and enhance grid peak shaving and frequency regulation interaction. For the Port shore power sub-system, three shore power systems are constructed at Meishan Port. Ningbo Power Supply Company has built and put into operation 13 sets of high-voltage shore power systems, with a total capacity of 55.4 MVA, achieving full coverage of high-voltage shore power in the Ningbo Port area, including the four major container terminals of Beilun, Chuanshan, Meishan, and Daxie.

Elevating green port management to new heights through a comprehensive strategy. The energy management system integrates new energy generation, energy storage, and port area load, to optimize the coordinated operation of "source-grid-load-storage" within the port area, enhancing the port power grid's capacity to absorb renewable energy generation. Upon completion, the project is expected to generate approximately 59.17 million kW · h of clean energy annually, enabling a clean electricity consumption of 36.14 million kW · h in the Meishan Port area. As a result, this will save approximately 5.2 million *yuan* in energy costs and reduce about 22,600 tons of CO_2 emissions.

2. Highlights and Insights

Building a demonstration model of green and low-carbon port by integrating wind, solar power, and energy storage. Ningbo Green and Low-Carbon Port Project, which featured integrated wind-solar-energy storage, is the first distributed demonstration project in the province to integrate wind power, photovoltaic power, energy storage, and microgrid. The project is also an important practice of "harbor and electricity hand in hand" that promotes diversified energy supply, comprehensive utilization, coordinated interaction, and technological innovation.

Promoting the meishan low-carbon port model through policy empowerment. Ningbo Green and Low-Carbon Port Project has been listed in *Ningbo's Carbon Peaking and Carbon Neutrality Key Tasks in 2022 and included in the documents Matters Concerning the Development and Construction of Wind*

Power Projects of Ningbo Municipal Energy Bureau for the Year 2023 and Matters Concerning the Development and Construction of Wind Power Projects of Zhejiang Provincial Energy Bureau for the Year 2023. The Green Energy Planning Research of Zhejiang Seaport Group, involving 30 ports, is currently underway, aiming to replicate and spread the successful Meishan Low-Carbon Port model throughout Zhejiang Province.

Author: The writing group of Zhejiang economic & information centre

Agriculture Sector: Strengthening Carbon Reduction and Sequestration Efforts for Enhanced Quality and Performance

I. Development of Green Ecological Agriculture

Zhejiang Province has been revolutionizing its agricultural development model with innovation-driven support. Through innovative digital intelligent management techniques and ecological circular agricultural models, the province consistently advances towards green agricultural transformation. We have accumulated valuable experiences and practices, including large-scale methane reduction experiments in paddy fields in Jiashan County, the establishment of a green zero carbon smart energy center in the Yuhang District of Hangzhou, and the one-step straw-to-lactic acid conversion process.

1. Main Practices and Achievements

Exploring methane reduction through water-saving and drought-resistant rice, and innovating a new model for low-carbon agricultural development. Jiashan County achieved methane reduction in rice paddies by adjusting irrigation patterns and altering the rice rhizosphere oxygen environment through aerobic irrigation technology. After germination, rice seeds can be sown by drones or dry-seeded by seeding machines. During the stages of seedling emergence, tillering, and booting and filling, irrigation is performed once at each stage using "running water", reducing direct carbon emissions throughout the dry pipe process. Fertilizers are applied with one base fertilizer and two top dressings, and part of the chemical fertilizers are replaced by straw returning to control indirect carbon emissions. Four types of long-term positioning experimental monitoring methods are employed in the fields, including artificial static chambers, portable greenhouse gas analyzers, ground unmanned monitoring devices, and drones, to collect greenhouse gas emission data from both the roots and canopy of rice plants. The collected data are synchronized and calibrated using three methods: laser spectroscopy, off-axis integrated cavity output spectroscopy (OA-ICOS), and gas chromatography. Under the same planting management measures, the water-saving and drought-resistant rice fields have shown significant increases in yield, emissions reduction, and carbon sequestration effects. In the experimental fields, the maximum yield of water-saving and drought-resistant rice per *mu* reaches 650 kg, which is about 40% higher than that of local rice in the control fields. Water consumption is reduced by 89%. Compared to conventional rice cultivation, methane emissions during the growth process are reduced by 30% to 60%, with the maximum reduction in methane emissions reaching 96% and the net reduction in greenhouse gas emissions of 71%.

The green zero carbon smart energy center's innovation of a new model for zero carbon agricultural development. The Yuhang Lantian Green Agriculture Smart Energy Center undertakes the task of hatching giant river prawn (*Macrobrachium rosenbergii*) in Zhejiang Province and takes multiple measures to build a zero carbon park. By using the technical concept of special heat pump units for aquaculture, the center has comprehensively analyzed the existing high-energy-consuming equipment and energy-consuming links, proposed improvement solutions and thoroughly reformed the form of production capacity to pursue comprehensive energy conservation and zero carbon emissions. Besides, the center has carried out process analysis for the existing insufficient energy utilization forms and applied the technical concept of efficient waste heat recovery heat pump units to achieve the recycling of waste heat sources and the efficient use of energy. By adopting advanced Internet of Things (IoT) smart hardware and software, the center has realized unattended operation and equipment interconnection, reaching the modern agricultural 4.0 informatization construction standard. The project, as a demonstration for zero carbon energy conservation and environmental pollution control, has its most direct and significant benefit in terms of eco-environment. Once implemented, the project will directly reduce the annual combustion of 1,200 tons of heavy oil, effectively eliminating the issue of pollution emissions.

Exploring to turn straw waste into treasure, and innovating a new model of value-added utilization of agricultural and forestry waste. Hangzhou Dehong Technology Co., Ltd. has developed the "one-step conversion of straw into lactic acid" technology, which can utilize agricultural and forestry wastes (such as straw) in a high-value manner and effectively resolve the food security problem of "competition for food" for biobased materials, achieving low-cost, degradable, and sustainable alternatives to petroleum-based plastics. With non-grain biomass such as straw and sugarcane bagasse as raw materials, the globally unique dual enzyme systems carried by extremely thermophilic anaerobic bacteria are used for simultaneous saccharification and fermentation. The price of polylactic acid (PLA), a biological plastic produced by this lactic acid preparation technology, can compete with that of petroleum-based plastics. From the perspective of raw materials, China produces 900 million tons of agricultural waste annually. According to the standard of the PLA production line prepared from straw lactic acid, every 10,000 tons of PLA can consume 60,000 tons of straw, sequestering 90,000 tons of carbon. From the application end, the global annual production of plastics exceeded 430 million tons in 2022. With a substitution rate of 5%, the market demand for PLA is 20 million tons. The promotion and utilization of every 10,000 tons of biobased polymer materials can lead to savings of 270,000 tons of petroleum and a reduction in CO_2 emissions by 1.32 million tons.

2. Highlights and Insights

Innovative management empowers modern agriculture. To pioneer a novel low-carbon agricultural model for water-efficient, drought-tolerant rice cultivation and methane reduction, Jiashan County has adopted effective techniques coupled with optimized water management strategies, thereby achieving the objectives of water conservation, carbon emission reduction, and increased yield in low-carbon agriculture. This model not only offers a paradigm for mitigating agricultural water scarcity in China's rice-growing regions but also presents possibilities for rice cultivation in water-deficient areas. Furthermore, it represents an innovative path to achieving carbon peaking in agricultural practices within the traditional rice-growing belt of the Yangtze River Delta. Simultaneously, it injects a fresh, low-carbon ethos into the modern agricultural culture, enhancing the future rural development connotation in Zhejiang Province.

The energy center empowers low-carbon agriculture. The Yuhang Lantian Green Agriculture Smart Energy Center is the first of its kind in China based on an efficient heat pump system. It includes a full-time constant temperature system for seedling fields and a full heat recovery and circulation heating system. Operating smoothly with an energy-saving rate of up to 85% throughout a production cycle, the project pioneers "zero carbon" emissions in the seedling industry, guaranteeing overall environmental friendliness, intelligent processes, and efficient energy conservation in production.

Empowering green agriculture through sino-foreign joint efforts. Through the German-Sino Healthcare Group/German Health Alliance, the project "Production of Lactic Acid from Straw and Other Cellulosic Fibers" has been introduced, establishing the world's first demonstration line for lactic acid production from straw and a production line capable of producing tens of thousands of tons of polylactic acid. This project provides a green and low-carbon solution for the world.

II. Promoting the Value Transformation of Carbon Sinks

Zhejiang Province actively explores new models of green finance for ecological carbon sinks and comprehensive digital management models, focusing on addressing the challenge of transforming the value of ecological products. It has developed a batch of practical experiences, including the pilot project of "Marine Blue Carbon" in Jiaojiang District of Taizhou City and the innovative model of "Pledge of Forestry Carbon Credits + Insurance Loans" in Longquan City.

1. Main Practices and Achievements

Innovating the "Marine Blue Carbon" accounting and trading system, exploring new models of green finance. Based on the natural advantages of Dachen Island, Jiaojiang District has initiated the pilot construction of the "Marine Blue Carbon" (coastal carbon accounting and trading system) project. The team led by Academician Wu Fengchang, in collaboration with domestic authoritative institutions such as Tsinghua University, Chinese Academy of

Sciences, and Shanghai Ocean University, provides technical support and full-process services in carbon sink measurement, statistics, and trading. Through extensive preliminary investigations and testing analyses, it can be determined that the annual carbon emissions from energy activities on the island are approximately 4,713 tons, agricultural activities emit about 178 tons of carbon, and waste emissions account for about 365 tons of carbon. The terrestrial ecosystem sequesters about 1,683 tons of carbon annually, compared with the 3,611 tons of carbon sequestered by marine ecosystems and the 1,869 tons of carbon sequestered by fisheries activities. The comprehensive assessment indicates a carbon surplus of approximately −1,907.04 tons per year. By establishing the "Marine Blue Carbon" project's digital exhibition hall and constructing a digital platform, 6 modules including carbon sink monitoring, accounting evaluation, trading, forecasting, video integration, and carbon benefits for Dachen Island are integrated, achieving real-time monitoring and accurate accounting of carbon sources and sinks on the island. Through online auctions, carbon assets of the Dachen Island mussel aquaculture carbon sequestration project are auctioned to promote increased income for the islanders. The carbon assets of the mussel aquaculture project, totaling 2,223 tons of bivalve carbon sink, are equivalent to 45.2 *yuan*/ton, marking the first "marine blue carbon" transaction in Zhejiang Province.

Innovating the model of "pledge of forestry carbon credits + insurance loans", exploring a new financial model for carbon sinks. Longquan City pioneered carbon sink rights registration in Zhejiang Province, and formulated and issued the *Longquan City Carbon Sink Rights Registration Management Measures (Trial)*, allowing carbon sink project developers to register verified forestry carbon sink project emission reductions. Based on Longquan City's carbon storage calculation method, the carbon storage of registered forest land owned by forestry farmers is determined. Longquan Municipal Forestry Bureau worked with the People's Bank of China Longquan City Branch and Rural Commercial Bank to formulate the *Longquan City Forestry Carbon Sink Rights Loan Management Measures (Trial)*. Carbon sink rights holders use their carbon sink rights as collateral, and banks and financial institutions issue 4 types of forestry carbon sink loans to eligible market entities, such as the forestry carbon sink credit loan. The model of "Pledge of Forestry Carbon Credits + Insurance Loans" is innovated to reduce credit risks. In addition, Longquan has innovated digital electronic certificates, developed two mini-programs "Carbon Sink Financial Simple Assessment" and "Forestry Carbon Sink Rights Electronic Certificate", and launched them on the Zhe Li Office[1] mobile app, achieving automatic calculation and generation of carbon storage volume for each household, in order to evaluate credit limits. Since the issuance of the first batch of forestry carbon sink rights certificates in the province, a total of 1,108 certificates have been issued, registering 67,400 *mu* of forest land, with a carbon storage volume of 579,000 tons. In 2023, the two above-mentioned mini-programs were launched on the "Enriching Forests for Shared Prosperity" (Yilin Gongfu) platform on Zhe Li Office, achieving automatic calculation and generation of carbon storage volume for each household, and issuing "Forestry Carbon Sink Rights" loans to 1,075 households based on carbon sink rights certificates, with a total credit of 84.9462 million *yuan* for forestry carbon sink.

2. Highlights and Insights

Experts empower the creation of "zero carbon island". Led by a professional team, the "Dachen Dual Carbon Digital Platform" of Jiaojiang District utilizes advanced technology and various construction methods, serving as the "dual carbon brain" of Dachen Island and providing cutting-edge "dual-carbon" technological support for transforming Dachen Island into a "zero carbon zone". Leveraging carbon sink data from the digital platform, the first transaction of "Marine Blue Carbon" (shellfish) has been completed. This exploration aims to develop a new model of green, low-carbon, and high-quality development, continuously deepening and expanding the channels for realizing the value of ecological products on the island.

Ecological empowerment revitalizes the value of forestry resources. With a forest coverage rate as high as 84.4%, Longquan Agricultural & Commercial Bank leverages this advantage and actively explores the realization of ecological product values related to forest carbon sink under relevant policy documents, leading the nation to launch forestry carbon sink financial services

1 Zhe Li Office: a mobile APP based on the integrated platform capabilities of Zhejiang government service network. https://www.codetd.com/en/article/13709404.

in collaboration with insurance. Pioneering innovative reforms in the ecological economic system, the bank actively constructs forestry carbon sink projects, achieving the target that "ecological improvement benefits, serves, and enriches the people". By innovatively activating resources, Longquan breaks through the obstacles between ecological resources and financial capital by introducing green financial innovations such as the "forestry carbon sink rights" loan. The city has established an ecological resource asset operation and service system guided by the government, operated by the market, and involving social participation, effectively revitalizing the value of natural resource property rights.

Author: The writing group of Zhejiang economic & information centre

PART THREE
REGIONAL ACTIONS

Huzhou City Deepens Reform and Innovation in Green Finance to Pursue the "Dual Carbon" Goals

On April 30, 2021, General Secretary Xi Jinping emphasized during the 29th collective study session of the 19th Political Bureau of the CPC Central Committee the need to develop green finance and support green technological innovation. Standing at the political height where the concept of "Lucid waters and lush mountains are invaluable assets" was born, Huzhou seized the favorable opportunity of being selected as one of the first national pilot zones for green finance reform and innovation. It has launched a series of green finance products and services and introduced a series of policy measures, achieving remarkable reform outcomes. These practices, included as typical cases in the *2022 G20 Sustainable Finance Report*, have been replicated and promoted in several cities across the country. This has led to the formation of the "Huzhou Experience" in green finance reform, striving to transform the "pilot zone" into a "demonstration zone".

I. Introduction

As the birthplace of the concept "Lucid waters and lush mountains are invaluable assets" and one of the first national pilot zones for green finance reform and innovation, Huzhou City's reform in green finance has always adhered to the guiding principle of green development. Focusing on the main line of high-quality economic and social development in the city, the City targets the difficulties and bottlenecks in the identification of main bodies providing green finance services and asymmetric information. Moreover, Huzhou closely follows the core elements such as standards, products, policies, and processes, and actively explores new paths for integrated development of "Ecology plus" and "Finance plus", guided by institutional standards, supported by the integration of industry and finance, and underpinned by digital reform. By continuously innovating green finance service methods, models, and tools, Huzhou accelerates the greenization, decarbonization, and substantialization of financial resource allocation.

Focusing on low-carbon transformation in high-carbon areas, Huzhou promotes transition finance reform, constructs a system of transition finance standards, and innovates low-carbon transformation finance services. Focusing on realizing the value of ecological products, Huzhou promotes financial innovation in "carbon sinks", innovates more than 180 green finance products and services such as "carbon-efficiency loans" and "carbon sink loans", and guides financial institutions across the city to meet the low-carbon transformation needs of market entities. Furthermore, by focusing on empowering financial reform with digital intelligence, Huzhou applies financial technology, builds a comprehensive green finance service platform, enriches low-carbon application scenarios, constructs the country's first regional financing subject ESG evaluation model, takes the lead in establishing a "digital and intelligent green finance" system in the province, establishes an intelligent carbon emission accounting system, and achieves quality changes, efficiency changes, and impetus changes in green finance service.

II. Major Practices and Achievements

A. Focusing on Low-carbon Transition in High-carbon Sectors, Promoting the Transition Finance Reform

Addressing the financing needs for the low-carbon transformation of high-carbon, high-efficiency industries, and enterprises, Huzhou took the lead in implementing practical reform of transition finance, promoting green and low-carbon transformation in fields such as energy, industry, construction, and transportation. It pioneered the issuance of transition finance implementation opinions nationwide and established a series of institutional standards systems including the Transition Finance Support Catalog, Transitional Enterprise

Evaluation Standards, and Fair Transition Evaluation Guidelines. It established mechanisms for transition finance services such as "Transition Catalog + Project List" and "Transition Standards + Enterprise List", having cumulatively supported 161 transition projects through financial institutions, with an expected reduction of 761,000 of carbon emissions. These practices were included as typical cases in the *2022 G20 Sustainable Finance Report*. Innovating low-carbon transformation finance services, Huzhou guided financial institutions to tailor transition finance service solutions, providing special support in credit access, credit approval, and interest rate pricing, and orderly advancing the development of transition finance.

As of now, financial institutions in the city have cumulatively developed 21 financial products linked to low-carbon transformation and issued loans totaling 21.653 billion *yuan*. Huzhou Transportation Group successfully issued China's first transportation enterprise sustainability-linked bonds for 2023, raising 1 billion *yuan*. It actively promoted the construction of pilot "carbon-neutral" banks, taking the lead in formulating the *"28 · 58" Carbon Peak and Carbon Neutrality Vision Plan for the Banking Industry* and the *Regional Carbon Neutral Bank Construction Guidelines* nationwide. It formulated the *"Carbon Neutral" Banking Institution Construction and Management Standards*, established mechanisms such as carbon assessment and carbon information disclosure, and built "carbon-neutral" bank branches, guiding banks to achieve carbon neutrality in their own operations and investment and financing businesses. For example, Anji Rural Commercial Bank has established the first self-operated carbon-neutral branch among local legal entity financial institutions nationwide and became the first legal entity bank in the province to endorse the United Nations Principles for Responsible Banking. Currently, eight banks in Huzhou have launched pilot projects for carbon-neutral banking.

B. Focusing on Realizing the Value of Ecological Products, Promoting Financial Innovation in "Carbon Sink"

Huzhou has established an incentive mechanism for green finance product innovation, encouraging financial institutions in the city to innovate around the low-carbon transformation needs of market entities, resulting in over 180 green finance products and services, including "carbon-efficiency loans" and "carbon sink loans". Huzhou has enacted and implemented multiple local special regulations in the field of ecological environment, such as the *Huzhou City Green Finance Promotion Regulations*, and formulated the *Implementation Opinions on Financial Support for Biodiversity Conservation*. Around the ecological restoration of abandoned mines, Huzhou has developed green finance products such as "green mine loans" and "pledge loans for comprehensive utilization of mining rights", providing a total of 3.86 billion *yuan* in green financing. This support has facilitated the restoration of 382 abandoned mines, the greening of 25,000 *mu*, and the reclamation of 31,000 *mu* of farmland. Projects like the "Dragon Dream" super-large tourism complex and the Changxing "Golden Nail" National Geological and Natural Reserve have benefited, making Huzhou a national-level demonstration area for green mining development. Huzhou has established a carbon sink financial support system, actively innovating green finance products and services in its financial institutions, and providing green credit support for eco-friendly projects. For example, Anji County, based on nationally recognized methodologies for bamboo forest carbon sequestration projects and leveraging the bamboo forest carbon sink trading platform, has established a comprehensive green finance support system covering forest land circulation, carbon sequestration collection, storage and base operations, platform trading, and profit reinvestment. This initiative has led to the innovative launch of a series of bamboo forest carbon sink credit products, promoting the realization of ecological value.

Currently, loans for bamboo forest management carbon sequestration enhancement projects have been approved for 10.5 billion *yuan*, with loans disbursed totaling 5.595 billion *yuan*. Over 180,000 *mu* of abandoned bamboo forests have been transformed from carbon sources to carbon sinks, now home to more than 70 bamboo plant species. Huzhou is exploring implementation paths for agricultural carbon efficiency, collaborating with national-level think tanks to conduct carbon capture and accounting technology in the agricultural sector. The city is conducting "carbon sink-carbon source" stress tests for agricultural clients of banking institutions and opening green channels for high-quality subjects and key projects in forestry carbon sinks. Huzhou is increasing support for green finance in areas such as land non-grainization, land circulation, and agricultural standard land. It has disbursed loans totaling 425 million *yuan* for comprehensive land improvement projects, 7.998 million *yuan* for forestry rights mortgage loans, and issued the province's first "standard land" mortgage loans, amounting to 25 million *yuan*, as well as nine agricultural facility mortgage loans with a total value of 18 million *yuan*.

C. Empowering Digital Financial Reform, Enriching Low-Carbon Application Scenarios

Huzhou is comprehensively advancing green finance reform and digital reform, by constructing a comprehensive green finance service platform to achieve quality changes, efficiency changes, and impetus changes in green finance services. It has established the country's first regional financing entity ESG evaluation model, for the first time incorporating indicators such as corporate carbon emissions and attention to vulnerable groups into the ESG evaluation model, guiding enterprises to focus on climate change and fulfill social responsibilities. To address the difficulties in implementing the ESG model and obtaining data, it has leveraged financial technology to develop a digitalized ESG evaluation system, achieving automated, comprehensive evaluation of ESG for financing entities. Currently, a total of 19,500 companies have been evaluated, and eight headquarters banks including the Bank of China and the China Construction Bank have conducted in-depth cooperation with Huzhou in corporate ESG evaluation.

Leading the province in establishing a "digital and intelligent green finance" system, Huzhou has iteratively upgraded the "Green Loan Platform", transforming the traditional bank-enterprise docking model. By developing more than 20 model algorithms from dimensions such as enterprise green project filing, energy consumption, sales revenue, and trade orders, the platform accurately perceives enterprise financing needs and intelligently routes them with matching banks, facilitating efficient coordination of green investment and financing. Since the launch of the "Green Loan Platform", it has helped over 37,000 companies obtain bank credit totaling over 380 billion *yuan*, reducing the average response time of bank-enterprise docking from 2.7 days to 1.4 days, earning the title of "National Top Ten Local Industry-Finance Cooperation Platform" by the Ministry of Industry and Information Technology (MIIT) of the People's Republic of China.

To address the pain points of high carbon accounting costs, low efficiency, and difficulty in data acquisition, Huzhou has issued the *Guidelines for Bank Credit Carbon Emission Measurement Methods in Huzhou*, and formulated a hierarchical classification carbon accounting method system. By applying artificial intelligence and digital technology, it integrates government data resources, collects energy data such as electricity, gas, and coal in batches, intelligently computes carbon accounting methods, and generates enterprise carbon accounts with one click. Currently, emissions information from 4,011 large-scale industrial enterprises (achieving full coverage of large-scale industrial enterprises) and 17,000 small and medium-sized enterprises have been collected, basically achieving full coverage of key industries and enterprises.

III. Insights from Experience

A. Prioritizing Standards in Supporting "Dual Carbon" Goals

Since its establishment as one of the first national pilot zones for green finance reform and innovations, Huzhou City has accomplished over 40 groundbreaking or pioneering achievements, including the first local-level regulation promoting green finance nationwide, the first comprehensive disclosure of environmental information by all banking institutions nationwide, the first regional carbon-neutral banking system, the first foreign exchange services for green finance, and the first implementation opinions on financial support for industrial carbon efficiency reform. A plethora of "norms", "requirements", and "guidelines" have delineated clear boundaries for green and low-carbon enterprises and projects in Huzhou.

B. Considering Local Conditions in Supporting "Dual Carbon" Goals

As the birthplace of the concept that "Lucid waters and lush mountains are invaluable assets", Huzhou has a significant demand for green and low-carbon transformation in many industries such as cement, construction materials, and textiles. Based on the actual situation of high-carbon and high-efficiency industries, Huzhou has implemented integrated policies in green finance, systematically planned regional pathways for transition finance, and established innovative mechanisms linking carbon-intensive industries with low-carbon transformation goals, thus overcoming financing limitations in high-carbon industries.

C. Building a Low-carbon Consensus in Supporting "Dual Carbon" Goals

Solely relying on administrative measures to achieve carbon peaking and carbon neutrality is challenging. It is therefore crucial to effectively leverage the roles of governments at all levels while emphasizing the organic combination of government and market forces. One noteworthy aspect of Huzhou's reform efforts is mobilizing various levels of government, financial institutions, industrial enterprises, and all sectors of society to form a cohesive force. Such collective efforts foster a consensus on green and low-carbon development among all parties and promote coordinated and systematic integration. Besides, this truly embodies the principles of "proactive government actions, efficient market operations, and profitable outcomes for businesses".

Author: The writing group of Zhejiang economic & information centre

Shaoxing City Leads the Way in Low-Carbon Freight Transport

At the opening ceremony of the Second United Nations Global Sustainable Transport Conference, General Secretary Xi Jinping pointed out that it is necessary to accelerate the development of green and low-carbon transportation methods and encourage and guide the adoption of green travel. Shaoxing City has thoroughly studied and implemented the important instructions of General Secretary Xi Jinping, resolutely executed the "dual carbon" strategy, and taken the initiative in introducing the *Shaoxing Carbon Peaking Implementation Plan in the Transportation Sector*. By leveraging digital reform as a catalyst, Shaoxing City has advanced low-carbon development in the heavy-duty truck sector, creating a unique "carbon-efficiency code" model tailored for the transportation of heavy goods. The city has established a comprehensive working mechanism of "One Index, One Coding, Four Closed Loops", which has yielded phased results.

I. Introduction

Transportation is one of the "6+1" key areas targeted for achieving carbon peaking, contributing to 9% of the total carbon emissions in the entire society. Nevertheless, reducing emissions in the heavy-duty truck sector remains a challenging task. Current mechanisms lack a cohesive and meticulous carbon emission data system, while management practices struggle to gather carbon emission data efficiently and cost-effectively. Additionally, policies fall short of providing the necessary precision to steer enterprises toward upgrading their transportation equipment to low-carbon alternatives. In response to these challenges, Shaoxing City has actively taken on the provincial pilot project for digital reform aimed at carbon peaking within the transportation sector. Centering on the "Four Values"—total carbon emissions, total energy consumption, carbon emission intensity, and energy consumption intensity, it provides tailed services to three key stakeholders (regulatory authorities, transportation enterprises, and the general public). Shaoxing is the first city in Zhejiang province to establish a platform for the application of carbon-efficiency code for heavy goods transportation. The first batch of carbon-efficiency codes in the province's transportation sector has landed in Shaoxing. Through the establishment of "one platform", the introduction of "a batch of policies", and the release of "a set of indices", the City has implemented "One Enterprise, One Code", "One Vehicle, One Subsidy", and "Annual Evaluation", promoting green and low-carbon development in the heavy-duty truck sector.

II. Main Practices and Achievements

A. Planning the Overall Framework, Establishing "One Platform", and Implementing "One Enterprise, One Code"

Following the overall business framework of "1+3+X", Shaoxing has first established a carbon-efficiency code accounting data warehouse for heavy goods transportation. Building upon the *Classification and Grading Method for Carbon-efficiency Codes of Road Freight Transport Enterprises in Zhejiang Province,* Shaoxing pioneers the exploration of the Data Collection Method for Carbon-efficiency Codes of Small and Medium-Sized Enterprises, categorized the turnover volume data collection for enterprises into hazardous goods transportation, dedicated transportation, comprehensive transportation, and general cargo transportation, and pushed the data to the central warehouse. Currently, a total of 110,000 waybill data has been collected from 895 enterprises and 3,869 vehicles. Simultaneously, Shaoxing has creatively optimized intelligent algorithms based on non-weighing data and satellite positioning data to improve the accuracy of data collection.

Secondly, Shaoxing has established three service sub-platforms. For instance, we have created a new government governance platform for government departments to gradually realize functions such as vehicle information management, waybill management, and financial product management. We have also created a new carbon application operation platform for enterprises and vehicle owners, which is used for carbon emission reduction declaration, confirmation and verification of carbon accounting results, and implementation of carbon emission reduction policies. Additionally, we have established a new carbon emission reduction accounting platform for the general public, which is used to calculate and display the emission reduction effects after policy implementation.

Thirdly, Shaoxing has established "X" application sub-scenes, reserving space for iterative upgrades such as applying for truck passes and obtaining insurance premium discounts. Currently, a total of 902 road freight enterprises have joined the application platform for heavy goods carbon-efficiency codes in the city, involving 4,795 operating vehicles. Based on the unified coding rules of the province, we have tentatively calculated that 900 companies will be assigned codes, among which 359 are green-coded enterprises. It is expected that by 2025, the carbon-efficiency code application rate for freight enterprises in the city will exceed 60%.

B. Making Good Use of Management Tools, Introducing "a Batch of Policies", and Achieving "One Vehicle, One Subsidy"

Guided by the principle of safeguarding enterprise interests, in order to foster a management closed loop in the heavy freight industry's carbon peaking efforts, Shaoxing has utilized the heavy goods carbon-efficiency code application platform to introduce a suite of precise and practical supportive policies:

Firstly, Shaoxing has leveraged the carbon-efficiency code tool to promote the upgrade of transportation equipment. After completing the phase-out of old National Ⅲ operating trucks comprehensively, we have formulated the *Shaoxing National IV Old Operating Truck Early Retirement Subsidy Policy*. Green-coded enterprises can apply for additional rewards through the online platform dedicated to truck scrappage subsidies, based on the standards of 500 *yuan* per light-duty vehicle, 1,000 *yuan* per medium-duty vehicle, and 1,500 *yuan* per heavy-duty vehicle. Our objective is to phase out 60% of National Ⅳ diesel trucks by the end of 2023, setting a precedent within Zhejiang Province.

Secondly, Shaoxing has leveraged the carbon-efficiency code tool to improve transportation efficiency. We have drafted the *Restricted Area Designation Plan for Medium and Above High Emission Diesel Truck in Shaoxing City*, and implemented measures such as the prohibition of National Ⅲ and below emission standard diesel trucks and restrictions on National Ⅳ trucks. Furthermore, Shaoxing has optimized the pass application process, giving priority approval to green-coded enterprises. In support of large-scale enterprise development, we offer a one-time subsidy of 100,000 *yuan* to enterprises above designated size for the first time as per regulations. Additionally, we have standardized the development of online freight platforms, and effectively integrated and scientifically dispatched logistics resources, including vehicles, stations, and cargo sources, while promoting the integration of network freight business data into the coding rules.

Thirdly, Shaoxing has leveraged the carbon-efficiency code tool to enhance financial policy support. We have issued the *Guiding Opinions on Financial Support for Green Transportation to Promote Low-Carbon Circular Development*, increased the intensity of fund injection in the green transportation field and implemented differentiated credit support based on carbon-efficiency code results. Through the online loan application scenarios on the platform, a total of 18 million *yuan* in bank credit and 7.84 million *yuan* in "low-interest" loans have been provided to green-coded enterprises. Moreover, we encourage insurance institutions to establish differentiated car insurance discount policies linked to carbon-efficiency codes, and provide differentiated policies such as increasing the compensation limit and reducing the rate for green-coded enterprises.

C. Focusing on Four Dimensions, Issuing "a Set of Indicators", and Conducting "Annual Evaluation"

Centered on four key dimensions—equipment upgrade, structural optimization, transport efficiency enhancement, and standardized passage, Shaoxing employs the Delphi method to identify 13 core indicators that significantly affect carbon reduction in the heavy goods sector, forming the "*Shaoxing Carbon Efficiency Index for Heavy Goods Sector*". This approach is used to provide a quantitative assessment of the effectiveness of carbon reduction work in districts and counties (cities) and is incorporated into the *Shaoxing Traffic Carbon Peaking Subsidy Fund Management Measures*. The county-level "Carbon Efficiency Index for the Heavy Goods Sector" is updated dynamically to assess development trends and identify patterns, and promptly identify weak links, existing issues, and potential risks in the progress of work, providing a decision-making basis and reference for management departments. Annual evaluations are conducted jointly by multiple departments each year to comprehensively evaluate the completion of carbon peaking work, policy implementation, and subsidy fund allocation, constructing a checklist, and establishing a comparison mechanism. The evaluation index ranking is tied to incentive policies, offering a one-time subsidy of 120,000 *yuan* for the top-ranked entity, 100,000 *yuan* for the second, and 80,000 *yuan* for the third. For those with poor comprehensive evaluations, subsidy funds for the following year will be canceled. Currently, a dedicated special subsidy fund of 800,000 *yuan* for the Carbon Efficiency Index in the heavy goods sector has been implemented.

III. Insights from Experience

A. Combining Policy Guidance with Technological Innovation to Drive Innovative Practices in the Application of Carbon Efficiency Codes for Heavy-duty Transport

In the application of heavy goods carbon-efficiency codes, Shaoxing has encouraged and guided enterprises and individuals to proactively phase out high-emission outdated vehicles through the formulation of policies such as the *Shaoxing Measures for Subsidizing the Early Retirement of National IV Old Operating Trucks*, thus achieving the green upgrade of transportation equipment. This reflects the powerful role of policies in promoting low-carbon transformation. At the same time, Shaoxing has built a platform for the carbon-efficiency code application of heavy goods, and utilized digital technology to quantify carbon emission efficiency, thereby providing a scientific and precise management tool for the green development of the industry.

B. Empowering Innovative Financial Instruments, Promoting Green and Low-Carbon Transition in the Transportation Sector

Shaoxing City has implemented differentiated credit support measures based on the carbon-efficiency code results, and provided loans amounting to a total of 280 million *yuan* to freight enterprises, while also developing green insurance products that have benefited over 60% of enterprises, thereby ensuring the smooth flow of transportation. Projects are focused on optimizing and enhancing the business environment. To achieve this, subsidies totaling over 17 million *yuan* have been granted to enterprises that adhere to green practices, while government fees have been reduced by 83 million *yuan*. By leveraging economic incentives to foster awareness among enterprises about energy conservation and emission reduction, and by boosting financial investments in green transportation, Shaoxing underscores the crucial role of financial tools in driving a low-carbon industrial transformation.

C. Linking Performance Evaluation with Policies, Accelerating Carbon Peaking Progress in the Transportation Sector

Shaoxing City has constructed a carbon efficiency index for the heavy goods sector to quantitatively evaluate the effectiveness of carbon reduction work in various districts and counties (cities). The evaluation results directly influence the allocation of incentive policies, forming a clear incentive-constraint mechanism. This initiative shows that a robust evaluation system, when linked to the outcomes of policy implementation, can effectively engage all stakeholders to jointly promote the green and low-carbon development of the transportation industry within the region.

Author: The writing group of Zhejiang economic & information centre

Lishui City Pioneers Climate Investment and Financing for Green and Low-Carbon Development

Located in the eastern part of China, Lishui in Zhejiang Province, with its significant ecological advantages and steadfast green development strategy, has successfully seized the development opportunities in the emerging field of climate investment and financing. In August 2022, Lishui City was selected as one of the first pilot areas for climate investment and financing in China, marking an important breakthrough in its exploration of sustainable financial support for low-carbon transformation. In this context, the Lishui municipal government has emphasized the guiding role of financial regulation, actively guiding various financial institutions, including banks and insurance companies, to explore innovative financial solutions that serve the national goals of carbon peaking and carbon neutrality. The aim is to establish a financial service system that not only meets the needs of economic development but also effectively promotes comprehensive green transition across society as a whole.

I. Introduction

Climate investment and financing refer to the process of guiding and facilitating increased capital allocation towards activities aimed at addressing climate change, ultimately enabling the achievement of voluntary national contribution objectives and promoting green and low-carbon development goals. It is an important component of green finance. Lishui, leveraging its green and low-carbon strengths, has closely integrated climate finance into its local development strategy. Since the pilot phase, Lishui has focused on the "6+1" key areas including energy, industry, and construction, and has been working on the "Eight Major Tasks" of climate investment and financing. It has been striving to create "Three Major Systems" to explore effective paths for green finance services in achieving carbon peaking and carbon neutrality. The aim is to guide and promote more funds to be invested in activities tackling climate change. As of the end of September 2023, the city's climate finance balance reached 60.782 billion *yuan*, with a green credit balance of 70.193 billion *yuan*, representing a year-on-year increase of 60.73%, and a non-performing loan ratio of only 0.21%. Green insurance provided risk protection amounting to 180.274 billion *yuan*. The pilot work has been affirmed by the Ministry of Ecology and Environment and the National Financial Regulatory Administration, and experiences have been shared at important conferences such as the International Biodiversity Forum and the Seminar on Urban Resilience and Climate Adaptation.

II. Main Practices and Achievements

A. Coordinated Policies and Synergies between Different Levels

In Lishui, concerted efforts were undertaken to secure the issuance of two special policies, including the inaugural provincial-level directive on nationwide investment and financing for climate change response, formulated by the provincial authorities. This initiative aimed to establish a provincial and municipal collaboration mechanism for climate investment and financing, a climate investment and financing monitoring and evaluation system, an assessment and incentive system, and a joint innovation laboratory. Additionally, eight major tasks were systematically planned to advance differential support models and innovative approaches and tools for climate investment and financing.

Simultaneously, Lishui has directed efforts towards strengthening supervision, monitoring, evaluation, and assessment. A "leading and comparison" mechanism was established for key tasks in the pilot work on climate investment and financing in the banking and insurance sectors in Lishui. Furthermore, an initial financial service index system for climate investment and financing pilot projects has been developed, and the integration of climate investment and financing work into the performance evaluation system of municipal financial institutions has been promoted to ensure the stable operation of the pilot projects.

Moreover, Lishui has integrated its climate investment and financing policies with local economic, industrial, financial, and environmental policies. To date, a total of 15 climate investment and financing-related policies have been issued. The focus is on nurturing climate investment and financing projects within the provincial "Ten-Hundred-Thousand" low (zero) carbon pilot demonstration system. Financial policies such as carbon emission reduction financial support tools and the EOD project model have been utilized effectively, with national climate investment and financing projects receiving 6.095 billion *yuan* in preferential credit support.

B. Establishing a Project Repository to Advance List Management

In line with the national climate investment and financing project repository, Lishui has issued the *Guidelines for the Inclusion of Climate Investment and Financing Projects in Lishui, Zhejiang Province*, specifying the general workflow, scope, and evaluation criteria for the inclusion of climate investment and financing projects. Based on this, a management mechanism for the financial services list related to climate investment and financing projects has been established, guiding financial institutions to provide more favorable services for the included projects in line with market practices. As of the end of September 2023, 4.12 billion *yuan* in credit support was provided for five projects included in the national climate investment and financing project repository. Simultaneously, efforts have been made to implement carbon emission reduction financial support tools, focusing on supporting the development of key areas such as clean energy, energy conservation, environmental protection, and carbon emission reduction technologies, which have significant carbon emission reduction effects. By the end of September 2023, these financial support tools had supported more than 10 climate investment and financing projects, with loans amounting to 1.94 billion *yuan*, and had driven a reduction of carbon emissions exceeding 80,000 tons.

C. Innovation-Driven Enrichment of Financial Models

The Lishui Banking and Insurance Climate Investment and Financing Professional Committee was established, with the objective of achieving carbon neutrality in assets and operations. Forty-three climate-friendly financial institutions and branches, including green branches and talent and technology branches, have been set up to achieve full coverage of services across nine counties, cities, and districts within the municipality. Leveraging local forestry carbon sink resources, Lishui has become the first in the nation to incorporate forestry carbon sink transactions into the construction of "zero carbon" financial outlets, establishing 6 such outlets. These initiatives involved the purchase of a total of 302.85 tons of forestry carbon sinks, achieving "zero carbon" emissions in decoration, construction, and daily operations. The establishment of the Climate Investment and Financing Joint Innovation Laboratory is an innovation breakthrough focusing on advancing more than 30 innovations in financial products and services around the themes of "carbon reduction in production", "ecological carbon sequestration", and "low-carbon living". Furthermore, innovative environmental rights financing businesses such as forestry carbon sink rights and carbon emission rights have been introduced, along with carbon attribute credit products like Zhe Li Carbon Efficiency Loans. To date, Lishui has issued 1.689 billion *yuan* in Zhe Li Carbon Efficiency Loans, with a green credit balance of 46.31 billion *yuan*, a year-on-year increase of 77.11%, surpassing the provincial average by 25.79 percentage points. Among these, climate financing balances amount to 39.717 billion *yuan*, accounting for 85.76% of the green credit balance, with a non-performing loan ratio of only 0.31%.

D. Digital Empowerment to Enhance Service Quality and Efficiency

Through the Zhejiang Provincial Financial Comprehensive Service Platform, Lishui has launched the Lishui Climate Investment and Financing Digital Intelligence Service Platform, promoting data and information sharing for climate investment and financing projects, climate-friendly enterprises, and carbon financial products. This has facilitated precise access to financing for climate investment and financing projects and enterprises, promoting the online handling of climate investment and financing business with a "one-stop service" approach and optimizing and improving the business environment.

The platform collects data on carbon emission rights, enterprise carbon-efficiency codes, and green and low-carbon factories from the departments of ecological environment and industry and information for those projects and enterprises included in its management. It establishes an enterprise carbon asset pool data model and creates enterprise carbon profiles, providing support for banks and insurance institutions to implement differentiated green finance policies. Pioneering the "Carbon Inclusion + Ecological Credit" mechanism nationwide, combined with the "Green Valley Score", Lishui has creatively introduced the "Two Mountains Loan" credit loan product, converting carbon credit points into financing credit enhancement. The platform also debuts the "Visualization Dashboard" for enterprise carbon efficiency and financing grading, monitoring climate financing for all 1,090 large-scale industrial enterprises in the city, and visually displaying financing docking and risk conditions, among other situations. This provides a reference for government departments and financial institutions to carry out climate investment and financing work, aiding precise services in the "6+1" key areas of carbon peaking and carbon neutrality. The platform has facilitated a total of 13,600 financing transactions between banks and enterprises, totaling 64.461 billion *yuan*.

III. Insights from Experience

A. Policy Orientation and Resource Integration

In Lishui, climate investment and financing efforts are made to serve areas such as optimizing energy structures, upgrading industrial frameworks, renovating energy-efficient buildings, and constructing low-carbon transportation systems. A comprehensive working system has been formulated, reflecting the government's determination and executive force in steering social capital towards a low-carbon economy. Through institutional innovation, Lishui has integrated climate goals deeply with local economic development. A list-based management of projects ensures the standardization and guidance of climate-friendly project selection and implementation, ensuring that funds are directed to projects that maximize climate benefits.

B. Financial Instruments and Market Mechanism Innovation

In an innovative move, Lishui has incorporated environmental rights and interests into the financing realm. By developing financing services for environmental rights such as forestry carbon sequestration rights and carbon emission rights, Lishui has activated the inherent value of its natural resources, creating a virtuous cycle that benefits both ecological protection and economic growth. This encourages enterprises to reduce their carbon emissions while also providing them with new financing channels. The introduction of credit products with carbon attributes such as "Zhe Li Carbon Efficiency Loans" not only enriches the variety of green finance products but also incentivizes enterprises to improve energy efficiency and reduce carbon intensity through financial means, facilitating enterprise transition and upgrading.

C. Digital Services and Information Sharing

In Lishui, cutting-edge technologies like big data and cloud computing are used to facilitate data and information sharing across climate investment and financing projects, climate-conscious enterprises, and carbon financial products. This enhances the transparency and efficiency of climate investment and financing, driving forward sustainable development efforts. The application of digital platforms facilitates financial institutions in risk assessment and project selection, and enables government departments to monitor and evaluate the effectiveness of climate investment and financing in a real-time, scientific manner, thus forming an effective closed-loop management and decision support system.

Author: The writing group of Zhejiang economic & information centre

Leqing City Prioritizes Decarbonizing Electric Power and Products, Forging "Carbon Emission ID Cards"

Facing the challenges of international carbon tariffs and the trend towards a green supply chain by the State Grid Corporation of China (SGCC), Leqing has fully leveraged the advantages of its hundred billion-*yuan* electrical industry cluster. It takes the lead in conducting carbon footprint checks and carbon label evaluations for electric power and electrical enterprises, creating a "carbon emission ID card" for products. The city innovates in digital applications for carbon footprints, constructs a carbon chain management platform for lifecycle carbon labels, and applies the results of carbon emission checks to projects such as low-carbon procurement, green supplier evaluations, carbon reciprocity trading services, and low-carbon finance. Through the positive interaction between government policy guidance and market-driven incentives. Leqing strengthens and improves the carbon chain topology between the supply side and the demand side. This drives iterative development towards low-carbonization across the industrial chain, jointly promoting energy conservation and emissions reduction, and gradually achieving carbon neutrality.

I. Introduction

Internationally, the European Union passed the Carbon Border Adjustment Tax (Carbon Tariff) in April 2023, which came into effect in October and will be officially levied in 2026. Domestically, the State Grid Corporation of China (SGCC) has made the provision of product carbon footprint reports a mandatory requirement for enterprises to gain network access qualifications. In the future, the requirements of the green supply chain for products are expected to progress from disclosing product carbon footprints to a trend toward carbon neutrality. For enterprises, it is crucial to quantify and standardize carbon consumption at the product level, with carbon footprint verification and carbon label evaluation being the core elements. As a low-carbon demonstration county in Zhejiang province and a hub for China's electrical industry, Leqing is gradually transitioning its electrical industry towards green and low-carbon development. Proactive planning with a global perspective, conducting research on carbon footprints and carbon labels, exploring standards for carbon footprints in the electrical industry, and capturing the high ground in the sector's low-carbon development is of significant importance.

II. Main Practices and Achievements

A. "Carbon" Road Navigation: Setting New Standards for Green and Low-Carbon Development

Based on the industrial cluster effect and production characteristics of the local power and electrical industry, Leqing has extensively referenced international carbon footprint assessment standards and methods. It has collaborated with industry units and experts from organizations such as the China National Institute of Standardization, State Grid Corporation of China, China Southern Power Grid Company Limited, China Electricity Council, Zhejiang University, and Tsinghua University to jointly compile the *Technical Guidelines for Carbon Label Evaluation of Power and Electrical Products*, a national group standard. This standardization initiative has promoted the integration and application of advanced technologies in relevant industries and organizations, provided standardized guidance for low-carbon indicators, established a performance evaluation standard system conducive to promoting technology transition, and served as an important basis for the evaluation of relevant units and personnel, low-carbon certification, carbon label authorization, national pilot demonstration evaluation, and policy support. It not only fills the gap in domestic certification standards for carbon labeling in the power and electrical industry but also provides strong guidance for the work of carbon labeling for power and electrical products.

B. "Carbon" Intelligence Brain: Establishing a Low-Carbon Digital Platform

Based on the carbon footprint verification and carbon label evaluation of power and electrical products, and through the standardized construction of relevant processes and technologies, Leqing City has developed and launched the "Leqing City Lifecycle Carbon Label and Carbon Chain Management Platform", focusing on the digital and intelligent application towards "dual carbon" goals. This platform integrates four major functions: carbon label monitoring, carbon chain management, online standards, and carbon reduction services. Leqing has established a comprehensive management model that includes enterprise carbon emission verification, carbon labeling, carbon chain management, carbon reduction and efficiency enhancement, and industrial upgrading, thereby refining carbon management online for enterprises.

Besides, Leqing has established a composite carbon footprint calculation model for power and electrical products, conducted carbon emission monitoring from production to disposal, and created a carbon emissions profile to help enterprises understand the carbon emissions at each stage of the product lifecycle. A digital mechanism for green and low-carbon supply chain management has been built for enterprise energy conservation and carbon reduction. This mechanism enables the specific application of electricity data in product carbon label "certification accounting" and post-monitoring, while fully exploiting the data value. Moreover, different types of power and electrical products have been assigned separate digital carbon label models. Relevant energy conservation and carbon reduction solutions for enterprises have been proposed to promote the precise optimization of the supply chain structure and achieve carbon emission reduction.

Through the systematic development of the carbon chain management platform, the process begins with establishing standards for measuring and reporting carbon emissions. It then progresses to obtaining a clear understanding of carbon footprints and carbon labels. Following this, the insights gained are applied for coordinated carbon reduction and efficiency enhancement. Ultimately, the platform leads to the development of problem-solving solutions and technologies. A comprehensive evaluation system has been established as a result, encompassing data collection, accounting, grading evaluation, and the application of results.

C. "Carbon" Efficiency Resonance: Building a Low-Carbon Transition Community

Leqing has formulated and issued the *Implementation Plan for Pilot Work on Carbon Footprint Evaluation of Power and Electrical Products in Leqing City*, encouraging enterprises in the power and electrical industry to take the lead in conducting pilot evaluations of product carbon footprints. A one-time subsidy of 10,000 *yuan* has been offered for each of the first 100 product carbon footprint verification reports, with a cap of 50,000 *yuan* per enterprise.

Through the aggregation of resources from the government, industry, and academia, the Leqing Municipal Government, China Electronic Energy Saving Technology Association, China Huadian Engineering & Research Institute Co., Ltd., and more than ten other well-known enterprises jointly established a specialized technical innovation center for carbon labeling. This center is aimed at the forefront of global low-carbon technology and the main battlefield of Leqing's power and electrical development, conducting research on cutting-edge technologies related to power and electrical carbon labeling, and developing digital carbon label systems and carbon footprint tracing technologies.

Innovative institutional mechanisms have been established to incorporate the results of carbon footprint evaluations into the government's enterprise management evaluation system, assisting the government in making scientific decisions. Tailored energy-saving assessment services and other "Carbon Label + Energy Efficiency Service" products were customized for enterprises based on their industry categories and production characteristics, expanding applications such as photovoltaic installations. The application of the low-carbon evaluation system is promoted in the procurement process of the State Grid Corporation of China (SGCC) to accelerate the development of green supply chains. Carbon label grades are linked to carbon financial loans to help enterprises obtain more financial support.

Through the construction of carbon labels for electrical products, Leqing has not only stimulated new momentum for enterprise transition, granting them a "golden key" to participate in the procurement of materials by the SGCC in certain provinces but also actively responded to new thresholds and barriers of international trade carbon border tax. At the same time, product carbon labels can significantly enhance the brand image of products, increase the added value of the brand, effectively guide consumers' green environmental protection concepts, and improve the marketability of products in a larger market. In 2022, a total of 11 leading electrical product companies in Leqing have obtained carbon label certification, with the certified products achieving annual sales exceeding 120 million *yuan*.

III. Insights from Experience

Taking the opportunity to become a provincial-level low-carbon pilot county, Leqing has embarked on the low-carbon transformation of its hundred billion-*yuan* electrical industry cluster. It has innovated important measures and mechanisms such as carbon footprint verification and digital certification of carbon labels, formulated guidelines for the evaluation of carbon labels for power and electrical products, conducted carbon label certification, and established a public service platform for carbon labeling. This platform provides enterprises with access to the green digital supply chain, promotes the green and low-carbon transformation of industries, and helps achieve carbon peaking and carbon neutrality.

A. Seizing the Opportunity to Race Ahead based on Its Resource Endowment

Leqing's unit GDP energy consumption is much lower than the provincial average, with the energy consumption per unit of value added in industrial enterprises above designated size only 39.7% of the provincial average. The overall electrical industry is part of a low-carbon economy. In the context of the "30 · 60" decarbonization goal advocating for a low-carbon and zero carbon economy, it offers enterprises opportunities for leapfrog development and to overtake on the curve. In addition, Leqing aims to build a world-class electrical industry cluster and accelerate the development of the electrical industry towards the high end of the global value chain, seizing the advantageous opportunity in the "dual carbon" market.

B. Starting from a Narrow Focus for Bigger Roles

Starting from the micro-level exploration of carbon neutrality models for products in locally characteristic leading industries, Leqing has conducted quantitative verification of product carbon footprints and qualitative analysis of ranking levels. Innovative applications of carbon label identification are initiated, aligning with the international carbon tariff environment and meeting domestic needs for green supply chain construction. Starting from successful applications in the power and electrical industry, the approach is gradually being extended horizontally to other industries and vertically throughout the upstream and downstream of the industrial chain, with the ultimate aim of achieving the strategic "30 · 60" decarbonization goal (achieving carbon emission peaking by 2030 and carbon neutrality by 2060).

C. Win-Win Cooperation for Sustainable Development

The extensive coverage of product carbon footprint verification harbors tremendous market opportunities, presenting a promising new market in the digital economy field. Leqing leverages the government's leadership, the central role of enterprises, and the pivotal role of electric power to gather resources in the market and establish norms with standards, expanding the ecosystem. Through multi-party efforts, it has created a high-level operating model for local carbon chain platforms and certification centers, demonstrating responsibility in actively implementing the "30 · 60" decarbonization goal.

Author: The writing group of Zhejiang economic & information centre

Pinghu City Builds a Precision Carbon Management Intelligent System for Carbon Double Control

Pinghu City, situated at the forefront of the highland connecting with Shanghai, enjoys a remarkable geographical advantage. Its location not only fosters industrial development but also enhances the distinctiveness of its industrial clusters, ultimately shaping a "1212" modern industrial system (comprising the digital economy, advanced equipment manufacturing and new materials, as well as the fashion industry, life and health sectors, and new energy). In the context of carbon peaking and carbon neutrality, Pinghu City focuses on the requirements of carbon peaking and the low-carbon transformation of key enterprises in its key industries. Furthermore, Pinghu addresses the needs of government departments for service guidance and precision management to promote low-carbon enterprise development. Innovative initiatives include the construction of an enterprise carbon budget flexible management mechanism and the development of applications for enterprise carbon budget flexible management. These efforts aim to foster a green and low-carbon industrial pattern and accelerate high-quality socioeconomic development through green and low-carbon practices.

I. Introduction

The carbon budget system is an essential innovation, as directed by the CPC Central Committee, to shift from double control on energy consumption to double control on both the total carbon emissions and their intensity. Carbon budget management is the application of a budget system in carbon emission management. Pinghu has developed a flexible carbon emission budget management system for key enterprises, applying digital empowerment and improving management efficiency. The system focuses on solving problems such as unclear direction, unclear path, and insufficient motivation in the process of enterprise low-carbon transformation. In addition, Pinghu effectively guides and regulates activities such as enterprise carbon emissions and carbon reduction, achieves the carbon emission reduction goals of enterprises, and promotes the high-quality implementation of low-carbon and green development models by enterprises. Efforts have also been made to assist the government in forming an efficient carbon emission management mechanism and implementing regional dual carbon policy objectives.

II. Main Practices and Achievements

A. Strengthening the Foundation: Establishing a Flexible Enterprise Carbon Budget Management System

Pinghu has intensified reforms and innovations within the energy sector, conducted research on energy rights confirmation, broadened the scope of budgeted energy utilization, and established management measures tailored for key energy-consuming enterprises. In 2022, a method for determining the budgeted energy use of enterprises consuming between 1,000 tons and 5,000 tons of energy per year was formulated. Meanwhile, efforts were made to strengthen the construction of the data collection system. It has also created the "Sense-Wisdom Convergence" comprehensive service platform for intelligent governance and perception, with access to 24,000 routes of various sensing devices and the collection of 580 million pieces of perception and government data. This platform effectively assists in the data collection work for the carbon budget pilot. Furthermore, Pinghu has deepened existing digital energy applications, such as the Pinghu Park Energy Data Governance Laboratory at Zhangjiang Yangtze River Delta Sci-Tech City. Currently, data from over 84 large-scale enterprises within the park, totaling more than 950,000 entries, have been accessed, including over 490,000 entries of electricity data, providing strong support for the application of carbon budget management in Pinghu City.

B. Improving Methodology: Building a Scientific and Flexible Carbon Budget Target System

The rapid calculation system is the key foundation of carbon budgeting. By quickly calculating the total carbon emissions and intensity across sectors and fields within the city, it supports the effective operation of the carbon budget management mechanism and provides data support for the implementation of other carbon reduction policy tools. Pinghu's calculation system follows the principles of "focusing on major areas while utilizing existing data" to develop the methodology for rapid calculation. Its carbon emissions are divided into six sectors: agriculture, industry, construction, transportation, other services, and residential living. A data collection mechanism has been established, clarifying the energy types, basic data, and data sources for each sector. A regional carbon emission calculation system based on quarters, with monthly data taken into account, has been proposed. Pinghu City's carbon emission calculation system has been validated for accuracy using Zhejiang provincial-level energy consumption statistics data. Simultaneously, a methodology for decomposing enterprise carbon budget targets has been established to promote budget management in a scientific, fair, and reasonable manner. Principles for setting enterprise carbon budget targets have been proposed, emphasizing the coordination between enterprise goals and Pinghu's high-quality carbon peaking goals. Target decomposition should reflect the unity of responsibility, capacity, and potential. Flexible adjustments to targets should consider both the flexibility of the overall regional target and the targets assigned to enterprises, achieving precise budget control of enterprise carbon emissions to realize regional emission targets. By focusing on key elements such as regional carbon emission targets, industry carbon efficiency levels, and enterprise carbon productivity, Pinghu has developed a mechanism to determine the baseline carbon emissions, adjustable carbon emissions, carbon productivity coefficients, and emission trend coefficients for enterprises. This proposes a set of key enterprise carbon budget determination methods, providing foundational support for conducting enterprise carbon budgeting.

C. Enhancing Digital Empowerment: Advancing the Depth and Effectiveness of the Carbon Budget Management System

In Pinghu, innovative efforts are made to develop flexible carbon budget management applications, with a focus on 4 core indicators: total energy consumption, carbon emissions, energy consumption intensity, and carbon emission intensity. By exploring and analyzing the characteristics and trends of energy consumption and carbon emissions data in various regions, sectors, major industries, and key enterprises in the city, the authorities can gain insights into the carbon emission situation, while integrating the entire cycle of enterprise carbon emission budget management processes, including target setting, target decomposition, monitoring and tracking, decision-making, and target flexibility adjustment.

Based on the city's integrated intelligent public data platform, the Platform has aggregated various energy consumption data and economic data, so as to support the development of three major application scenarios through carbon emission statistical accounting models and budget target decomposition models: the governance end cockpit for users, the service end budget system for enterprises, and the management end management system for the government. The core of the platform is the governance end cockpit, mainly including modules such as regional high-frequency monitoring, sectoral peak tracking, industry structure analysis, and enterprise budget management, achieving precise intelligent control of regional carbon emissions. At the same time, high-frequency monitoring of regional carbon emissions data focuses on achieving closed-loop management of rapid carbon emission calculation, high-frequency monitoring, scientific early warning, and intelligent disposal. Importantly, the management application platform, based on the flexible mechanism of carbon budget management, accurately depicts carbon profiles for enterprises, supporting enterprises to decompose monthly budget amounts according to their own production and operational conditions. Simultaneously, the government management end guides enterprises to accelerate the iterative upgrading and innovation of products and production lines by providing multidimensional policy services such as finance and technical transition.

III. Insights from Experience

A. Assisting Industrial Enterprises in Effectively Improving Their Carbon Monitoring and Accounting System

Enterprise carbon budget management necessitates a clear analysis of carbon emissions status and trends, especially in the context of low-carbon economic development. A comprehensive carbon monitoring and accounting system facilitates enterprises to further understand their carbon emissions profile, comprehensively grasp the main sources of carbon emissions in the production process, and lay a solid foundation for the next steps of energy-saving technological transition, production line upgrading, and the establishment of a product carbon footprint system.

B. Promoting the Accelerated Low-carbon and High-quality Transition and Development of Industrial Enterprises in Counties and Cities

A flexible carbon budget system for enterprises can simultaneously benefit both energy efficiency improvement and optimization of energy structure. This is conducive to enterprises meeting the requirements of energy conservation and emission reduction for new projects through diversified measures. Additionally, it can effectively guide enterprises to accelerate the iterative upgrading and innovation of products and production lines that meet the requirements for vigorous development, high capacity utilization efficiency, large profit margins, and more advanced application of low-carbon technologies. This flexibility helps accelerate the transition and upgrading of enterprises towards low-carbon and high-quality development.

Author: The writing group of Zhejiang economic & information centre

Anji County Implements the "Replacing Plastic with Bamboo" Initiative, Leading the Way to Green Living

To further explore new paths for controlling the source of plastic pollution, revitalize the traditional bamboo industry, and encourage the public to embrace a green and low-carbon production and lifestyle, Anji County took the lead nationwide in implementing the "Replacing Plastic with Bamboo" initiative proposed at the High-level Dialogue on Global Development. Through innovative mechanisms, empowerment, and scenarios, Anji has provided the province and even the whole country with the "Anji Program" for tackling plastic pollution and revitalizing traditional industries. This Program has created a positive model and leading impact at home and overseas. On August 24, 2023, the General Office of the National Development and Reform Commission approved the support for the construction of the "Replacing Plastic with Bamboo" application promotion base in Anji County, Zhejiang Province.

I. Introduction

Plastic pollution has become the second-largest global environmental concern after climate change, posing great challenges to global sustainable development. It is imperative to develop safe, environmentally friendly, and renewable plastic alternatives. Bamboo, as a green, low-carbon, fast-growing, renewable, and biodegradable biomaterial, can directly replace some non-biodegradable plastic products in packaging, construction materials, and many other fields. The "Replacing Plastic with Bamboo" initiative is an effective way to reduce plastic usage at its source and alleviate plastic pollution. Anji, the birthplace of the concept that "Lucid waters and lush mountains are invaluable assets", is a famous "Chinese Bamboo Town" with 1.011 million *mu* of bamboo forests. The bamboo industry in Anji plays an important role and has significant influence globally, with a total output value of nearly 20 billion *yuan*. Bamboo materials are widely used in construction, decoration, furniture, packaging, textiles, disposable products, and other fields. So it is advisable to actively promote the "Replacing Plastic with Bamboo" initiative.

II. Main Practices and Effects

A. Innovative Mechanisms: Establishing a Systematic Policy Framework of "Replacing Plastic with Bamboo"

Through research, a range of policy measures and systems has been developed, including the issuance of the *Implementation Plan for the Application and Promotion Base of "Replacing Plastic with Bamboo" in Anji County* (*2023—2025*) and the *Revised Measures for the Application and Promotion Incentives of "Replacing Plastic with Bamboo" in Anji County* (*2023*). These documents outline work plans for various aspects. Specific policies supporting the application and promotion of "Replacing Plastic with Bamboo" have been introduced in areas such as takeaway catering (the "Four Bamboo Items"), hotel and homestay accommodations (the "Six Bamboo Items"), villages dedicated to "Replacing Plastic with Bamboo", and green agricultural markets. Additionally, a special fund of 20 million *yuan* is allocated annually to support the development of bamboo products as substitutes for plastics, along with an annual allocation of 4 million *yuan* to incentivize the purchase of bamboo products as substitutes for plastics, including 1 million *yuan* for bamboo tableware (such as bamboo tea sets). These supportive measures have laid a solid foundation for the widespread application and promotion of "Replacing Plastic with Bamboo" across the region.

B. Innovative Empowerment: Vigorously Promoting the Development of the "Replacing Plastic with Bamboo" Industry

To ensure the large-scale and intensive management of bamboo forests, Anji County has established a legal, compliant, and rational mechanism for the quantification and circulation of bamboo forest resources. Based on the principles of voluntary entry and exit, by maintaining the original contracting methods and property rights, the County has promoted forest rights reform, accelerating the large-scale and intensive management of bamboo forests. About 840,000 *mu* (approx. 56,000 hectares) of bamboo forests have been transferred, and 119 joint-stock dedicated cooperatives for bamboo have been established. Efforts have been made to cultivate enterprises producing bamboo products as substitutes for plastics. From the perspective of reducing resource consumption and protecting the ecological environment, bamboo materials are actively used in construction, furniture, packaging, and disposable products, among other areas. To promote product development and ensure a market share for bamboo substitutes for plastics, Anji has issued the *Implementation Opinions on Accelerating* the *Revitalization and Development of the Bamboo Industry in Anji County*, allocating 20 million *yuan* of fiscal funds annually for special support.

Anji County continuously enhances the bamboo industry's value chain, which spans from "raw materials to processing, product development, and marketing". With over 100 enterprises dedicated to producing bamboo as a substitute for plastic, they now constitute approximately 30% of the industry. Among them, there are 37 large-scale bamboo industry enterprises, with a total output value of nearly 20 billion *yuan*. Numerous leading domestic bamboo industry enterprises have been attracted to settle in Anji, resulting in a diverse product range that includes over 3,000 types of bamboo goods across eight distinct series. These series encompass bamboo packaging, daily bamboo products, bamboo-based biological items, and bamboo shoot foods, with total sales reaching 1.25 billion *yuan* in 2022.

Based on the research and development resources of the Chinese Academy of Forestry in the bamboo industry, Anji has established a comprehensive, three-dimensional, and cutting-edge cooperation platform for domestic bamboo industry collaboration. This platform acts as a new bridge for cooperation among the government, research institutions, and enterprises. Key challenges in areas such as the transition of bamboo continuous production equipment and the recycling of bamboo waste have been addressed, empowering industrial development with scientific and technological talent, and laying a foundation for promoting the integration of production, education, and research in the bamboo industry.

C. Innovative Scenarios: Continuously Expanding the Application of "Replacing Plastic with Bamboo"

Anji County actively explores scenarios for replacing plastic with bamboo products. Based on the foundation of optimized policy mechanisms, Anji encourages the extension of bamboo products towards the high-value ends of the "smile curve", such as the transition from bamboo chopsticks to bamboo meal kits and from traditional bamboo mats to bamboo fiber mats. Meanwhile, it strengthens cross-industry cooperation to empower the industry, encourages leading companies to enhance industrial design concepts, and explores the application of traditional bamboo materials in fields such as chemical energy, biomedicine, energy development, and prefabricated construction. Through these strategies, the new bamboo products have not only secured a dominant position in the industry but also enhanced their durability and resistance to fatigue.

Since the beginning of this year, Anji has broadened its range from bamboo biodegradable plastic bags and bamboo tableware (referred to as bamboo packaging) in daily necessities to include additional products in the takeaway sector, known as the "four bamboo items", as well as items for homestays and hotels, termed the "six bamboo items". Throughout this exploration, Anji has been continuously refining the design of more practical and efficient bamboo products as eco-friendly alternatives to plastic. Since 2023, approximately 200,000 sets of the "six bamboo items" and 30,000 sets of the "four bamboo items" have been distributed. This also includes nearly 10,000 bamboo table signs and over 6,000 sets of bamboo tableware, extending the use of these sustainable products across nearly 300 hotels and homestays.

At the same time, Anji takes the lead in demonstrating in key industries and initiates pilot projects in the courier industry to replace plastic with bamboo. The County collaborates with front-end industries such as e-commerce and home manufacturing to promote the use of "completely biodegradable bamboo film bags" in the county's top ten courier brands and 68 courier outlets through methods such as "trial use by key customers", "interactive connection between production and use", and "customization of specialized models". Anji is the first in the country to achieve full coverage of "replacing plastic with bamboo" in all county-level express delivery outlets. This initiative was showcased at the 14th Multi-year

Expert Meeting on Commodities and Development of the United Nations Conference on Trade and Development (UNCTAD) and at the "Promoting Green Consumption through the Replacement of Plastic with Bamboo" forum in Hainan province, gaining good application and promotion influence at home and overseas.

D. Publicity and Guidance: Comprehensively Promoting Social Participation

Fostering a strong atmosphere of county-wide collaboration and public participation, Anji has launched the "Six Entry Projects" (entry into scenic spots, homestays, hotels, institutions, supermarkets, and neighborhoods) and "Prosperous Bamboo Market" initiative, along with multiple bamboo cultural activities such as the "National Bamboo Industry Technology Innovation Development Summit" and the "Two Mountains Cup" International Bamboo Product Creative Design Competition. Among these, the "Prosperous Bamboo Market" initiative attracted participation from over 70 bamboo product businesses, resulting in agreements totaling over 2 million *yuan*, and 9 designs from the design competition have been successfully commercialized.

The above experiences and practices have been reported by media outlets such as People's Daily, CCTV News, and CCTV Financial Channel. They were also presented as a thematic exchange at the Hainan Forum on "Promoting Green Consumption through the Replacement of Plastic with Bamboo" On August 15, 2023, bamboo products from Anji County were used for the main event of the first National Ecology Day, receiving full recognition from the attending leaders. On August 16, 2023, the first International (Anji) "Replacing Plastic with Bamboo" Innovation Conference took place, unveiling the first group standard for *Bamboo Substitution Product Classification and Grading* (T/AJZCY 001—2023) in China and abroad.

III. Insights from Experience

Anji has actively responded to the "Replacing Plastic with Bamboo" initiative, taken the opportunity to reform the comprehensive carbon sink in bamboo forests and made the transition and upgrading of the bamboo industry the main focus. The County has creatively introduced a new green and low-carbon concept characterized by "party and government leadership, industry-leading role, market participation, and nationwide promotion", achieving a "win-win" situation that revitalizes the bamboo industry and addresses plastic pollution.

A. Dual Approach of Policy Guidance and Financial Incentives

Anji County has enacted relevant policies and special incentive measures for the "Replacing Plastic with Bamboo" initiative, providing economic incentives for local enterprises and individuals to purchase bamboo products. This helps reduce the market entry threshold for "plastic replacement" products, mobilizing all parties and rapidly promoting the widespread application of bamboo products in daily life and commercial scenarios.

B. Synergistic Innovation and Upgrading across the Entire Industry Chain

In implementing the "Replacing Plastic with Bamboo" strategy, the Anji County government focuses on cultivating and developing the integrity of the bamboo industry chain. This systematic layout not only promotes the effective utilization of bamboo resources but also ensures the competitiveness and sustainable supply of bamboo products, thereby laying a solid foundation for the substitution of plastic products.

C. Expansion, Demonstration and Promotion of Diversified Application Scenarios

Anji County actively explores the alternative possibilities of bamboo products in various fields. These series of measures not only reflect the environmental protection and practicality inherent in bamboo products but also lead to a change in consumer attitudes, fostering the development of a societal green growth model, and providing a valuable reference for the management of plastic pollution nationwide and globally.

Author: The writing group of Zhejiang economic & information centre

Jiaojiang District Fully Commits to Establishing a "Blue Cycle" Model for Marine Plastic Pollution Management

As one of the important areas to address plastic waste issues and reduce carbon emissions, marine plastic pollution control is a crucial aspect of achieving carbon peaking and carbon neutrality goals. In response to challenges such as the difficulty of collecting marine plastic waste, its high-value utilization, and long-term management, Jiaojiang District, guided by digital reform, has creatively applied new technologies such as the Internet of Things and blockchain. Under the promotion of digital reform in Zhejiang Province, Jiaojiang District has overcome the difficulties in marine plastic waste collection and high-value utilization through multi-party governance, forming a recyclable value chain for the collection, transportation, recycling, and high-value utilization of marine pollutants. This effort has successfully created a new model of governance for the recycling and high-value utilization of marine plastic waste, known as the "Blue Cycle".

I. Introduction

General Secretary Xi Jinping attaches great importance to marine ecological civilization and has introduced the strategic goal of becoming a maritime power, as well as the significant initiative of fostering a maritime community with a shared future. To address global marine plastic pollution, the National Development and Reform Commission and the Ministry of Ecology and Environment have jointly issued *Opinions on Further Strengthening the Treatment of Plastic Pollution* and the *14th Five-Year Plan for Plastic Pollution Control*, clearly proposing to strengthen the full-chain governance of plastic pollution and promote source reduction and standardized recycling. The Ministry of Ecology and Environment and other five departments jointly issued the *14th Five-Year Plan for Marine Ecological and Environmental Protection*, emphasizing the importance of continuous improvement of the marine ecological environment and strengthening targeted pollution control to build beautiful bays.

To promote the modernization of the marine pollution control system and governance capabilities, Jiaojiang District, according to the objectives of reduction, resource utilization, and harmless treatment, has used digital means and market mechanisms to develop a "blue cycle" digital governance application for marine pollutants, which is characterized by "government leadership, land-sea integrated planning, and a collaborative effort involving diverse participation and social engagement". This approach offers a distinctive long-term strategy for the prevention and control of marine pollution through the systematic regulation of pollution sources, comprehensive governance measures, and the integrated utilization of marine resources.

II. Main Practices and Effects

A. Adhering to Closed-loop Management, Targeting the Persistent Issue of Marine Debris

In Jiaojiang, by adopting a comprehensive collection model of "land-based prevention, gate interception, beach purification, and ship collection", the local authorities mobilized fishing boats and the public to establish temporary garbage sorting points called "Blue Homes" in their own courtyards or small shops at the docks. They encouraged them to use their spare time to implement land-based source control, interception at river mouths (locks), shore and sea cleaning, and vessel garbage recovery for garbage at sea entrances and side beaches, marine drift garbage, ship pollutants, and seabed garbage. Currently, 15 "Blue Homes" have been jointly established with five other coastal counties and districts, with 237 industrial chain enterprises and 10,200 ships joining the "blue circulation", involving 61,800 participants.

Using the IoT (Internet of Things) technology to connect collectors, equipment, and sites to a digital governance platform, the platform plans collection routes rationally based on real-time data such as the location, size, and weight of various marine waste, using intelligent algorithms. The collected waste is efficiently transported to the "Marine Cloud Storage" for volume reduction and processing. This operation is fully unmanned, reducing the weight of garbage by 90%, improving transportation efficiency by 70%, and reducing carbon emissions from transportation and disposal by more than 30%. Building a closed-loop governance system that visualizes the entire process of marine plastic waste collection, transportation, disposal, and recycling, the initiative achieved the collection and treatment of 10,900 tons of marine waste, including 2,254 tons of plastic waste, and reducing carbon emissions by 2,930 tons.

B. Creating Value-Added Platforms, Clearing Channels for High-Value Utilization

Jiaojiang District, in collaboration with international environmental organizations, marine-related research institutions, and leading plastic enterprises, jointly formulated industry standards for methods and tools such as carbon emission reduction and carbon footprint certification for marine plastics. They established a value-added trading system for marine plastics (carbon), thereby facilitating the green and low-carbon transformation of the plastic-related industries. Innovatively applying decentralized certification and visualization technologies based on blockchain, they digitally certified the carbon footprint of marine plastics, realizing the visualization and traceability of the entire process of marine plastic "generation-collection-transportation-disposal-processing-trading". Recycled marine plastics obtained certification from the internationally authoritative institution TÜV Rheinland in Germany, significantly enhancing the environmental competitiveness of plastic export enterprises.

Waste plastics and other renewable garbage processed through the "blue cycle" recycling are standardized and concentrated into plastic pellets, which can increase in value by 300%. The overall value of the industry chain has increased by more than 105%. Additionally, through the plastic program of Verified Carbon Standard (Verra), recycled marine plastic waste is developed into tradable plastic credits, providing additional value-added space for recycled plastics. Currently, the certification has been jointly established with authoritative certification bodies such as TÜV Rheinland in Germany, plastic recycling giant Veolia from France, 237 domestic industrial chain enterprises, and more than 20 international consumer brands such as Coca-Cola and Nike for marine plastic certification-processing-sales transactions. Over 10 types of high-quality recycled marine plastics are being applied in various fields globally, such as textile clothing and daily chemical packaging, generating substantial profits.

C. Establishing a Redistribution System, Crafting a Model of Ecological Shared Prosperity

Utilizing blockchain smart contract technology for secondary profit distribution, Jiaojiang has allocated a portion of the sales profits from recycled plastic products to pay remuneration to frontline recyclers, cover medical insurance for serious illnesses, and establish education funds for their children. On average, each participant in the collection process sees an increase of approximately 1,800 *yuan* in their monthly income. Through organizing public welfare activities, a total of 153,000 bottles of mineral water have been provided free of charge to fishermen. The frontline collection positions prioritize the employment of economically disadvantaged individuals in coastal towns and villages. Simultaneously, a "Blue Alliance" public welfare organization has been established in partnership with domestic industry chain enterprises, brands, certification agencies, and environmental organizations. Twenty percent of the premiums from the high-value utilization of marine plastics is set aside to establish the "Blue Wealth-sharing Fund" to provide basic security for low-income groups. Currently, an initial "Ecological Wealth-sharing Fund" of 3 million *yuan* has been set up, providing basic social insurance for the first batch of 217 collectors. Additionally, a credit evaluation system for the fishing industry has been developed, with "safety" and "environmental protection" as the main assessment criteria. Participating fishing vessels are given scores based on these criteria. Vessels with high scores are eligible for discounts on essential supplies such as diesel fuel and can access loans at preferential interest rates, so as to encourage active participation in the collection efforts. So far, the fishing industry credit evaluation system has cumulatively disbursed a total of 123.2 million *yuan* in low-interest green finance loans to fishermen.

III. Insights from Experience

From the evolution of "Marine Cloud Storage 1.0" to "Marine Cloud Storage 2.0" and then to "Blue Cycle", Jiaojiang District has been proactive in implementing the "Maritime Power" strategy and the significant concept of "A Maritime Community with a Shared Future". By utilizing digital means and market-oriented mechanisms, the district has redefined the governance of marine pollution, the protection of marine ecology, the conversion of marine ecological value (blue carbon), and the societal reinvestment system that generates returns. By stimulating the intrinsic motivation for both conservation and development, Jiaojiang has successfully created a model for digital governance in the field of marine ecological environment management, promoting the construction of a "zero-waste city" across the region.

A. Multi-Party Governance is the Key: Establishing a Marine Ecological Collaborative Governance System Based on "Enterprise Entities + Market Operations" to Promote the Transition from "Single-Line Governance" to "Multi-Party Governance"

The "Blue Cycle" has reshaped the marine plastic pollution governance system. It addresses the problem of "no one recycling" with "high profitability", resolves the issue of "low value" with "high credibility", and tackles the sustainability challenge with "high returns". This overhaul has completely changed the previous governance model where the government assumed the role of the main governing body and funds provider. In the new model, the government transitions from being a manager to a service provider and regulator, while fishermen and fishing boats shift from being polluters to ecological protectors. Additionally, the general public moves from being consumers to participants in environmental protection, forming a governance pattern with diverse stakeholders and market-industry linkages.

B. Value-Added Utilization is the Driving Force: Opening up a Channel for the Value Transition of Marine Plastics Through "Digital Technology + Industrial Synergy", Aiming to Convert "Marine Debris" into "Marine Wealth"

Innovative combination of "IoT with blockchain technology" enables the full-process data traceability of marine plastics, ensuring the authenticity of their oceanic origins "from sea to shelf". Authenticated marine plastics by authoritative certification agencies can see a significant increase in value, playing a positive role in empowering the green and low-carbon transformation of the plastic industry.

C. Ecological Shared Prosperity is Fundamental: Creating a Profit Distribution Model for the Marine Industry that Encourages "Social Participation + Philanthropic Support", Transforming "Governance Challenges" into "Benefits of Shared Prosperity"

Embracing the principles of shared participation and mutual benefit, the value chain is redefined through the sharing of profits and the redistribution of value. This approach channels a portion of the premium back into all participating stages, thereby enhancing societal engagement. The redistribution process focuses on supporting the front end, improving fishermen's welfare, and ensuring the livelihoods of low-income groups. Through assistance to vulnerable groups, this strategy aims to ensure and elevate the quality of life for individuals while advancing environmental conservation and industrial growth.

Author: The writing group of Zhejiang economic & information centre

Xiangshan County Implements the Blue Carbon Action Plan and Releases China's First Cross-Provincial Blue Carbon Ecological Carbon Account Initiative

In response to global challenges such as climate change, China has committed to "striving to peak its carbon dioxide emissions before 2030 and achieve its carbon neutrality before 2060". "Blue carbon" refers to the processes and mechanisms involving marine activities and organisms that absorb CO_2 from the atmosphere and sequester it within the ocean. The exploration of carbon sequestration potential in the ocean is gaining momentum. With abundant marine resources, Xiangshan is striving to build a green energy base with non-fossil energy as the mainstay. Guided by robust value realization mechanisms for carbon sinks, Xiangshan is implementing a Blue Carbon Action Plan and creating channels for blue carbon prosperity, thereby stimulating the growth of the marine economy. These efforts are dedicated to providing a "Xiangshan model" for the "dual carbon" (carbon peaking and carbon neutrality) strategy, exploring pathways to common prosperity, and expanding the "Lucid waters and lush mountains are invaluable assets" transition channel, which underscores the value of lucid waters and lush mountains as invaluable assets.

I. Introduction

Marine blue carbon plays a crucial role in the global carbon cycle. Based on the local natural resources, Xiangshan County has vigorously implemented the action plan for the development of a blue carbon economy. This plan focuses on enhancing the foundational capabilities of blue carbon, ensuring institutional safeguards for transactions, and innovating value conversion models. Xiangshan has conducted an accounting of its blue carbon assets, fortified the blue carbon property rights system, set up a blue carbon trading service platform, and expanded channels for the conversion of blue carbon value. Efforts have been made to address issues such as unclear blue carbon data, undefined ownership, and insufficient value conversion, resulting in several innovative breakthroughs including China's first blue carbon auction, Zhejiang province's first blue carbon mortgage, the nation's first blue carbon asset insurance, and the establishment of a cross-provincial blue carbon ecological carbon account. These achievements have provided valuable insights, known as the "Xiangshan Experience", for the development of blue carbon nationwide.

II. Main Practices and Effects

A. Surveying Blue Carbon Assets

The first Blue Carbon Research Center in Zhejiang province was established, based on the Ningbo Marine Economy Green Development Innovation Center. The Center, named Damuyang Blue Carbon Research Center, is responsible for the construction and daily maintenance of the Marine Carbon Sink Digital Intelligent Management Platform. It focuses on the ecological value conversion of marine carbon sinks and on identifying the pathways for transforming resources into assets and assets into capital. Surveys of blue carbon resource distribution have been conducted in typical ecosystems such as salt marshes, muddy tidal flats, marine waters, shellfish and algae aquaculture, and natural shellfish and algae growth sites in Xiangshan. The annual carbon sequestration capacity of each ecosystem has been estimated, and the province's first database of typical blue carbon ecosystems has been established. Carbon footprint assessments have been initiated for typical exported agricultural products, such as Enteromorpha, in Xiangshan, clarifying the full lifecycle of carbon emissions from production to disposal and laying a solid foundation for subsequent certifications.

B. Establishing the Cornerstone of Blue Carbon Trading

To establish a robust blue carbon trading system, Xiangshan has fortified the property rights system of blue carbon resources. It explores the development and utilization model for aquaculture sea areas that adhere to the principle of "Separation of Three Rights, Secondary Management, and Single Certificate Throughout The Process". This model establishes a tripartite structure where the ownership of maritime areas remains with the state, the right to use these areas is transferred through public bidding to government-owned enterprises, and the operational rights for marine aquaculture are granted to village collectives or individual enterprises and individuals. Besides, the model provides clear property rights boundaries for blue carbon trading. Focusing on standardizing blue carbon trading, Xiangshan is preparing to establish the Ningbo Blue Carbon Green Trading Center and construct a regional blue carbon trading platform, so as to lay a solid foundation for the normalization of blue carbon trading in the future. Simultaneously, to address issues such as high costs for carbon sequestration accounting services, difficulties in transaction matching, and challenges in full-process supervision, Xiangshan has established the "Blue Carbon Partner" service platform, which enables automatic carbon sequestration accounting, blue carbon grading evaluation, and multi-party transaction matching. The platform has won the second prize in the Ningbo Big Data Development and Utilization Competition and ranked first in Zhejiang province's low-carbon competition track.

C. Establishing a Cross-Provincial Blue Carbon Ecological Carbon Account

Leveraging the strategic partnership between the property trading centers in Ningbo and Xiamen, on March 11, 2024, Xiangshan County, in collaboration with the Xiamen Property Trading Center, established the first cross-provincial cooperative blue carbon ecological carbon account in China. This initiative has completed Zhejiang province's first "Blue Carbon + Property Rights + Judicial Elements" transaction, efficiently integrating marine carbon market supply and demand resources between the two regions and enabling the closed-loop management system for the development, registration, transaction, verification, and application of ecological products. Apart from judicial ecological compensation transactions, the "Xiangshan County Blue Carbon Ecological Carbon Account" will also embed diversified dual-carbon application scenarios for export-oriented enterprises, listed companies, industrial parks, financial institutions, and large-scale events. It aims to develop innovative models for realizing the value of ecological products, including carbon inclusivity projects, marine product carbon footprint assessments, and blue carbon data products, among others, thereby transforming marine carbon sinks from "soft assets" into tangible benefits for the marine economy. This initiative aims to boost the economy with a "blue engine" for high-quality development and to provide a participatory and replicable model for the construction of a unified national market for green elements such as blue carbon in Xiangshan. Additionally, the country's first insurance clause for excess carbon emissions losses and the first comprehensive carbon account insurance policy were released during the event.

D. Creating a New Model for Blue Carbon Value Transition

Xiangshan County took the lead in adopting an auction mechanism to initiate a new channel for blue carbon value transition. China's first blue carbon auction transaction took place on February 28, 2023, in Xiangshan County, facilitating a transaction of approximately 2,340.1 tons of carbon sink volume from the Xihu Port fishery for a year. The blue carbon auction set a precedent for marine carbon sink auction transactions in China, which has significant implications for subsequent market exploration and transaction mode innovation, providing new impetus for promoting high-quality development of the marine economy. At the same time, China's first blue carbon insurance was launched, with the Xiangshan branch of PICC Property and Casualty Company Limited providing risk protection for carbon sink volume from *Enteromorpha* cultivation. The Xiangshan County branch of the Agricultural Bank of China provided Zhejiang province's first "blue carbon" pledged loan of 248,000 *yuan* to enterprises, pioneering a new path for financial support for the realization of the value of marine carbon sink ecological products. In addition, in collaboration with the court, procuratorate, and China Pacific Insurance (Group) Co., Ltd., a judicial carbon account was jointly developed to facilitate the collection and storage of blue carbon resources, create a transaction loop for violators to purchase carbon credits, and link ecological damage penalties, so as to activate the blue carbon trading market.

III. Insights from Experience

A. Policy Innovation and Mechanism Development

Xiangshan County, in collaboration with Ningbo City and Xiamen City, has jointly created the first cross-provincial blue carbon ecological carbon account in China, breaking geographical boundaries and promotes collaborative cooperation among different administrative regions in the management and trading of marine ecological resources. This approach is conducive to the scale and intensive management and utilization of blue carbon resources, providing reference experience for other regions. The blue carbon property rights system clarifies the ownership, use rights, and income rights of blue carbon resources, laying a legal foundation for the market-based trading of blue carbon assets. This helps motivate diverse stakeholders to actively engage in the protection and restoration of blue carbon resources.

B. Exploration of Market-Oriented Paths and Value Transition

The blue carbon trading service platform promotes blue carbon as a tradable commodity, transforming intangible ecological value into tangible economic value, which not only facilitates the implementation of ecological compensation mechanisms but also guides social capital investment in the development and protection of blue carbon projects. As a result, a "win-win" situation for eco-environmental protection and economic benefits can be achieved. Blue carbon auction transactions have also pioneered new pathways for environmental damage compensation and ecological restoration, combining environmental violations with the purchase of blue carbon ecological products. This provides new solutions for eco-environmental governance in the judicial field.

Author: The writing group of Zhejiang economic & information centre

PART FOUR SPECIAL INNOVATIONS

Roadmap for Transitioning from Double Control on Energy Consumption to Double Control on Carbon Consumption

I. Necessity of Transitioning from Double Control on Energy Consumption to Double Control on Carbon Consumption

A. Necessary Institutional Arrangement for Coordinating Development and Emissions Reduction

There is a global consensus on the need to address climate change and reduce greenhouse gas emissions. Consequently, the question of how to uphold the green and low-carbon transformation, while effectively balancing development and emissions reduction, has emerged as a crucial issue. Since the "14th Five-Year Plan" period, the overall decrease in carbon intensity in China has not met expectations. In a situation where development is the top priority, it is even more necessary to firmly grasp the direction of green development without deviation or slowdown amid the requirements for stable growth, employment, and prices. The Report to the 20th National Congress of the Communist Party of China has clearly stated the need to focus on overall coordination, enhance a systemic view, improve the regulation of total energy consumption and intensity, and gradually transition to a system of double control over both total and intensity of carbon emissions. In July 2023, the second meeting of the Central Commission for Comprehensively Deepening Reform (CCCDR) deliberated and approved the *Opinions on Promoting the Gradual Transition from Dual Control of Energy Consumption to the Dual Control of Carbon Emissions*, clarifying the work arrangements and implementation path for the transition of double control systems, pointing out the direction for the next step of work. In August of the same year, General Secretary Xi Jinping made important instructions at the first National Ecology Day, demanding to "take 'dual carbon' work as a guide and promote the gradual transition of double control on energy consumption to double control on carbon emissions". The importance and urgency of this institutional transition are further highlighted. The core of this policy is to implement more refined and flexible management of carbon emissions, thereby promoting green and low-carbon transformation more accurately and scientifically, further balancing multiple goals such as economic development, carbon emissions, and energy security, with coordinating the relationship between development and emissions reduction.

B. The Practical Need for Tackling the Inadequate Dual Control System over Energy Consumption

The double control on energy consumption is an important measure to achieve peak carbon emissions and carbon neutrality. Since its implementation, there have been significant changes in China's overall development. Coarse energy utilization methods have been altered, energy efficiency levels have greatly improved, and industrial structure has continued to optimize, especially with significant improvements in air quality. However, since the "14th Five-Year Plan" period, due to changes in both internal and external situations, the double control on energy consumption has been continuously patched up, and its existing problems have become increasingly prominent.

Firstly, there is an issue with poor linkage of indicators, which is heavily influenced by external factors. In special circumstances, such as during periods of slow economic development, the production of enterprises is affected, which in turn affects overall energy efficiency and may lead to an increase in energy intensity instead of a decrease.

Secondly, there is inconsistency in policies and a lack of continuity in implementation. At the national level, the double control policies on energy consumption have been adjusted multiple times, lacking stability in implementation. Meanwhile, at the local government level, there are instances of either overly tight control over energy consumption or lax approval of "two highs" projects (projects with high energy consumption and high emissions) when balancing energy consumption control with economic development.

Thirdly, the absence of market mechanisms poses a significant challenge, hindering business motivation to transform. Despite recent efforts at the national level to establish market mechanisms for double control on energy consumption, progress has been sluggish. Take the energy rights trading system as an example. While Zhejiang Province, as one of the four pilot regions in China, has made achievements in incremental trading, the current situation remains limited to transactions between enterprises and the government, falling short of true marketization.

Consequently, the implementation of double control on energy consumption remains heavily reliant on government efforts, with low participation from enterprises, social organizations, and the wider public.

C. The Inevitable Path to Achieve the "Dual Carbon" Goals

Currently, China stands at a crucial moment of economic revitalization and industrial enhancement. As our development persists along a path heavily reliant on resources and investment-fueled growth, the contradiction between the increasing demand for energy and the need for energy consumption control is becoming increasingly apparent. Nevertheless, the double control system on energy consumption, albeit a crucial measure in pursuing carbon emission peak and carbon neutrality goals, falls short in meeting the present demands of ecological and societal green development. Therefore, to achieve the "dual carbon" goals, China should accelerate the transition from double control on energy consumption to double control on carbon emissions.

Firstly, this approach greatly facilitates the growth of green and low-carbon industries. With reduced carbon emissions, green and low-carbon projects and industries will benefit directly, enabling a more comprehensive and forward-thinking proactive strategy.

Secondly, this method effectively optimizes the allocation of energy resources. Projects with excessively high carbon emissions will undergo tighter controls, while those with robust and complementary chains can secure their launch through the integration of non-fossil energy sources, thus avoiding the long-term constraints associated with energy consumption.

Thirdly, this approach actively promotes the expansion of renewable energy development and utilization, overcoming the limitations of scale that have traditionally hindered its progress. This provides additional energy and resource security for economic growth and societal transformation.

II. Experience in Carbon Emission Control

A. International Experience in Carbon Emission Control

1. Clear Objectives and Pathways

Climate change is a significant challenge facing human society, affecting human existence and the interests of all countries. Currently, over 130 countries and regions worldwide have proposed climate goals of "zero carbon" or carbon neutrality. Among them, more than 30 countries have established carbon neutrality goals through legislation, policy declarations, or leadership commitments. The European Union (EU) achieved carbon peak emissions in 1990 and has formulated and improved a series of carbon reduction targets. It has set forth carbon reduction targets for 2030 and climate neutrality goals for 2050, and issued the *European Green Deal*. The EU has planned long-term emission reduction strategies in areas such as energy, industry, construction, transportation, food, and ecological environment, specifying key sectors and tasks for emission reduction[1]. Meanwhile, each member state has formulated corresponding implementation plans based on overall policies and national conditions. In 1993, the United States released the *Climate Change Action Plan*[2], setting explicit emission reduction targets for the first time by 2001. Subsequently, at the Copenhagen Conference, the United States proposed goals of reducing carbon emissions by 17% by 2020 and by 83% by 2050. The Biden administration has introduced the "35 · 50" goal[3], aiming to achieve carbon-free electricity generation through renewable energy by 2035 and carbon neutrality by 2050. In terms of implementation pathways, most countries prioritize the green and low-carbon transformation of the energy system as a key strategy for long-term emission reduction. This includes promoting the electrification of energy consumption in end-use sectors, decarbonization of the power industry, and promoting alternative energy sources such as hydrogen in industries where electrification is challenging. To control overall energy consumption, methods mainly involve improving energy efficiency in various sectors, developing industrial circular economy models, and managing the energy demand side.

2. Strict Management and Sound Systems

Countries and regions such as the United States and the European Union have incorporated specific reduction targets for greenhouse gas emissions into their laws, establishing total carbon emission control goals through legislation. They have introduced various policy measures tailored to different sectors and directions based on their respective economic, social, and energy development situations. For instance, the United States has enacted a series of emission reduction policy bills such as the *National Environmental Policy Act*, the *Climate Security Act*, the *Clean Energy and Security Act*, the *Climate Leadership and Environmental Action for our Nation's (CLEAN) Future Act*, and the *Clean Energy Standard Act*[4]. These policy bills primarily focus on improving energy efficiency, developing new energy sources, and innovating greenhouse gas reduction technologies. They are implemented through taxation, fiscal subsidies, and carbon trading, involving various departments to begin with emission reduction, strengthen cooperation between the government and enterprises, thereby mobilizing corporate enthusiasm to form a voluntary emission reduction model, which has played a positive role in domestic carbon reduction efforts in the United States. Another major energy consumer, the European Union, began practicing low-carbon economy initiatives as early as the early 1970s, formulating a series of low-carbon development plans, policies and laws in the aspects of energy, climate and the environment. Since the 21st century, the EU has continued to formulate and improve a series of targeted, far-reaching low-carbon economic policies and plans, including the *EU Hydrogen Strategy* and the *EU Strategy for Energy System Integration*, issued in 2020, which further emphasizes the development plans for renewable energies such as hydrogen and sets corresponding targets[5].

3. Active Market Entities and Public Participation

Carbon markets are a primary policy tool globally for addressing climate change. Currently, more than 40 countries and 25 regional governments price carbon emissions through emission trading systems, covering over 22% of global greenhouse gas emissions. The European Union established the EU Emissions Trading System (EU-ETS) in 2005, the world's first cross-border carbon emission trading market, accounting for over three-quarters of the total international carbon trading volume at that time. Presently, the EU utilizes its developed carbon financial market and green financial system to finance the funding gap required for low-carbon transition through the "carbon emission cap + trade" approach, providing financial support for green transformation technology research and application[6]. Additionally, transitioning to a low-carbon economy is a gradual and long-term process that cannot rely solely on government impetus. Active participation from the entire population is necessary to build a low-carbon society. The European Union has always attached great importance to nurturing public environmental awareness, actively promoting digital government construction at the government level, implementing green and paperless office practices, advocating for green and low-carbon lifestyles in cities, and implementing green consumption policies. In terms of a just transition, the EU has also established corresponding mechanisms and funds to support enterprises and people affected by the green transition, mitigating the negative impacts of the transition.

B. Domestic Practice of Carbon Emission Control

1. Practical Experience Explored by the State

Currently, at the national level, efforts to control carbon emissions are mainly represented by the assessment of greenhouse gas emission targets and responsibilities by provincial-level governments. The emphasis is on intensity control, with the "decrease rate of CO_2 emissions per unit of GDP" set as a binding indicator for the five-year plan. Similar to the "double control on energy consumption", the national government also categorizes the intensity of carbon emissions reduction for each province based on factors such as development stage, resource endowment, strategic positioning, and ecological protection, according to the carbon intensity reduction targets in the five-year plan.

In terms of institutional system construction, since the proposal of the "30 · 60" targets, China has successively issued documents such as the *Working*

Guidance for Carbon Dioxide Peaking and Carbon Neutrality in Full and Faithful Implementation of the New Development Philosophy and the *Action Plan for Carbon Dioxide Peaking Before 2030*, in order to achieve the carbon dioxide peaking and carbon neutrality goals. These were accompanied by implementation plans for key areas such as industry and construction, as well as supporting measures in taxation and finance, forming a policy system of carbon peaking and carbon neutrality "1+N". This system delineates a timetable, roadmap, and implementation details. At the second meeting of the Central Commission for Comprehensively Deepening Reform (CCCDR) in 2023, the *Opinions on Promoting the Gradual Transition from Dual Control of Energy Consumption to Dual Control of Carbon Emissions* were deliberated and passed, marking a new stage of the "dual carbon" efforts characterized by establishing a double control system for carbon emissions.

In terms of market-driven progress, China began exploring the establishment of a carbon emission trading market in 2011, which can be divided into 3 stages: The first stage was the initiation of local pilot projects (2011—2013). Eight regions including Shenzhen, Beijing, Shanghai, Tianjin, Chongqing, Hubei, and Fujian launched pilot carbon market trading projects. The second stage was unified national market preparation and launch (2014—2019). Top-level documents such as the *Interim Measures for the Management of Carbon Emission Trading* and the *National Carbon Emission Trading Market Construction Plan* (*Power Industry*) were successively issued. This marked the crucial simulation and operational stage of the unified national carbon market, with a focus on quota trading in the power industry. The third stage was the gradual maturity of the unified national carbon market (since 2020). The *Measures for the Administration of Carbon Emission Trading* (*Trial*) was formally implemented, and the unified national carbon market targeting the power industry was officially launched in July 2021. Subsequently, the coverage of industries will gradually expand to include key sectors such as steel, petrochemicals, chemicals, and aviation.

2. Practice Experience in Zhejiang Province since the "14th Five-Year Plan" Period

Zhejiang Province, as a developed coastal province in eastern China, has accumulated rich practical experience in actively responding to the national "dual carbon" goals—carbon peaking and carbon neutrality strategic deployment.

Firstly, the province has established the "6+1" carbon peaking work system. The issuance of provincial assessment methods for carbon peaking and carbon neutrality, along with the clarification of duties and assessment contents for various provincial departments, and the conduct of provincial inspections on dual carbon work, have collectively established an effective model for enhancing work division and advancement. It has undertaken four national statistical pilot tasks, including research on provincial sectoral carbon emission accounting methods, promoting the elevation of Zhejiang's experience to the national level. Additionally, Zhejiang Province has undertaken China's first comprehensive pilot for "dual carbon" certification, focusing on constructing a systematic, scientific, internationally aligned, and Zhejiang industry-characteristic "dual carbon" certification system.

Secondly, it has established a carbon emission statistical accounting system, conducting research on carbon emission statistical accounting methods in prefecture-level cities, guiding the preparation of simplified energy balance sheets for prefecture-level cities, and clarifying data sources and responsibilities. Combining Zhejiang's industrial characteristics, investigations and studies on carbon emissions during the industrial production processes of industries such as cement, steel, and petrochemicals in the province have been conducted, along with proposing corresponding statistical accounting methods and statistical reporting system suggestions.

Thirdly, it has strengthened the guarantee for "dual carbon" work in Zhejiang Province through digitization. It has established the Zhejiang "dual carbon" intelligent platform to enhance the collection and integration of carbon emission data, exploring the application of "project carbon accounts", covering over 4,800 planned construction projects across the province, and collecting basic information, category-specific energy consumption data, and carbon emission data, with energy-saving audits as screening criteria.

C. Summary

As a unique system in China, the double control system on energy consumption has established a relatively complete institutional framework in terms of laws, statistics, assessments, standards, and markets. This framework can effectively support the implementation of energy consumption double control and lay a solid foundation for the transition from energy consumption double control to carbon emission double control. The successful experience and advanced models of international carbon emission control provide valuable references and insights for Zhejiang Province and even the entire country in transitioning from double control on energy consumption to double control on carbon emissions. Overall, in the current stage and policy context of transitioning from energy consumption double control to carbon emission double control, Zhejiang Province adheres to the principles of innovation-driven, market-oriented, and rule-of-law guarantee in the institutional construction practice of carbon emission double control. It emphasizes both top-level design and planning guidance and the implementation of specific measures on the ground, forming a multi-level and wide-ranging institutional framework, laying a solid foundation for achieving the "dual carbon" goals.

III. Challenges Faced by Zhejiang Province in Transitioning from Dual Control on Energy Consumption to Dual Control on Carbon Emission

A. Unclear Transition Route from Double Control on Energy Consumption to Double Control on Carbon Emissions

At the international level, countries worldwide are facing severe challenges posed by climate change, and there is relatively consistent international recognition of carbon reduction targets. Based on international experience, methods such as carbon budget management have been adopted by the EU, the UK, and others to reduce greenhouse gas emissions. The energy consumption double control system, as a unique system in China, is primarily positioned as a transitional policy for special periods. While transitioning from double control on energy consumption to double control on carbon emissions may align Zhejiang Province with the international discourse system, such a transition route currently lacks precedents internationally.

At the national level, due to the administrative nature of the energy consumption double control work itself, there have been instances of escalating measures and even "one-size-fits-all" approaches in the execution process, which have to some extent affected enterprise production and economic development. Situations of "power curtailment and electricity rationing" caused by energy consumption double control have occurred repeatedly in recent years. Especially in 2021, after the National Development and Reform Commission (NDRC) issued "red light" warnings for energy consumption intensity and total consumption in some provinces and regions, some localities implemented "one-size-fits-all" policies such as production stoppages and production restrictions to meet energy consumption double control targets, leading to a series of economic and social issues. Since the end of 2021, the state has repeatedly emphasized the need to transition from double control on energy consumption to double control on carbon emissions. The *Opinions on Promoting the Gradual Transition from Dual Control over Energy Consumption to Dual Control over Carbon Emission issued* in 2023 deployed the goals and main tasks for the next stage of transitioning from energy consumption double control to carbon emission double control. However, there has been no systematic analysis on how to make this transition. It is necessary to study the roadmap for transitioning from energy consumption double control to carbon emission double control to provide guidance and reference for the state's subsequent work in this area.

B. Inadequacy of the Coordination Mechanism between Double Control on Energy Consumption and Double Control on Carbon Emissions

The transition from double control on energy consumption to double control on carbon emissions implies, on the one hand, the "unbinding" of energy constraints on enterprises. However, during the "14th Five-Year Plan" and "15th Five-Year Plan" periods, both energy consumption and carbon emission double control systems need to coexist for a period of time. Under the dual constraints of these two assessment mechanisms, enterprises face the challenge of transitioning from energy efficiency improvement to carbon efficiency improvement and transforming themselves into low-carbon entities. On the other hand, after the implementation of double control on carbon emissions, systematic research is needed on how to gradually transform and orderly eliminate high-carbon industries. A comprehensive assessment is essential for potential issues such as employment reduction due to the exit of high-carbon industries and the upward cost pressure caused by the relocation of upstream industry chains.

Regarding supporting systems, it is imperative to enhance the production factor allocation mechanism guided by carbon productivity. Firstly, although Zhejiang Province has established a "1+N+X" "dual carbon" policy system, there is still a lack of support from higher-level laws, especially in terms of mechanisms guided by carbon productivity at the operational level of enterprises and projects. Secondly, due to the incomplete data foundation and management system, carbon emissions have not yet become "hard indicators" in aspects such as project introduction and capacity elimination, which require attention. Lastly, there is a significant lack of synergy among factors such as green finance, green technology, land, and carbon emission indicators, resulting in widespread resource misallocation.

Regarding the transition itself, effective coordination between the two mechanisms during the transitional period is urgently needed.

Firstly, the goals of the two mechanisms are not coordinated. The double control on energy consumption has a significant project-specific mechanism that carbon emission double control lacks, leading to a significantly higher difficulty in achieving carbon intensity reduction targets compared to energy intensity targets.

Secondly, the work of the two mechanisms is not coordinated. The energy consumption double control assessment is led by the energy-saving regulatory department, while the carbon intensity assessment is led by the ecological environment department, with each department setting targets, managing progress, and conducting assessments independently.

Lastly, during the coexistence of the two mechanisms, relevant enterprises face dual constraints of energy consumption intensity and carbon emission intensity, which may increase implementation costs and easily trigger public opinion issues.

C. Incomplete Management of Carbon Emission Double Control Throughout the Life Cycle

From the perspective of target setting and decomposition, carbon emission targets are usually set and decomposed mainly at the regional level, based on the historical economic development and energy consumption targets of the region, with the five-year plan targets evenly distributed and assessed annually. Carbon accounts for enterprises are only limited to some local pilot areas, and management at the project and product levels has not yet been initiated. There is a lack of effective flexibility in target completion, without considering the changes in the supply chain and industrial chain caused by tightening economic conditions and external environments, or the incremental carbon emissions from major national projects that local areas cannot absorb.

From the perspective of management policies, the current carbon emission double control system lacks clear differentiated management measures, and related admission and elimination standards, evaluation and assessment methods, and reward and punishment systems, need to be improved, making it difficult to fully mobilize the enthusiasm of entities such as enterprises and individuals for emission reduction. At the same time, carbon emission management is mainly implemented by assessing the completion of regional carbon emission intensity targets, lacking pre-event and in-event management, with assessment results limited to notifications and discussions, showing prominent non-closure characteristics.

From the perspective of statistical monitoring, although Zhejiang Province is at the forefront nationwide in terms of greenhouse gas inventories, carbon reports of key enterprises, and regional carbon emission accounting, it still struggles to meet the timeliness requirements of "dual carbon" work. Firstly, a high-frequency carbon emission monitoring system covering regions and industries has not yet been established, making it impossible to timely grasp, evaluate, and provide feedback on the progress of double control on carbon emissions. Secondly, substantive data system construction for construction projects and industrial products, which are the basic units and main sources of carbon emissions, has not been carried out in Zhejiang Province, and the granularity of carbon emission data is not detailed enough. Lastly, the carbon emission data covering regions, enterprises, projects, and products still commonly suffer from issues such as carbon accounting without actual carbon reduction, failing to consider economic development in a linked manner.

From the perspective of assessment feedback, the past carbon assessment results need to be strengthened in terms of their guiding role in tackling climate change, with limited support for precise policy implementation in the future. There is a lack of dynamic regulation over key variables such as the layout and timing of new projects, making it difficult to maximize economic value based on regional carbon carrying capacity.

IV. Research on the Roadmap for Zhejiang's Transition from Double Control on Energy Consumption to Double Control on Carbon Emissions

A. Overall Design Concept

Both double control on energy consumption and double control on carbon emissions are aimed at guiding and promoting comprehensive green transformation of the economy and society. The starting points and policy logic of the two are closely related, aiming to gradually transition from energy consumption double control to carbon emission double control. Firstly, it is necessary to ensure an orderly transition, deeply understand the consistency and differences between the goals of the two kinds of double control, and implement the institutional transition in a planned step-by-step manner according to the requirements of carbon peaking and carbon neutrality, scientifically grasping the rhythm and intensity to ensure a smooth transition. Secondly, it is necessary to adhere to the principle of establishing before breaking. The carbon emission double control system is a highly innovative initiative that will have profound impacts on economic and social development after its implementation. Therefore, it is essential to formulate a series of supporting systems as safeguards to actively create conditions for the implementation of the carbon emission double control system. Thirdly, it is necessary to conduct scientific evaluations and assessments. Many of the problems existing in the current energy consumption double control are caused by issues related to goal setting and assessment. There needs to be a comprehensive reflection on the goal setting and assessment of energy consumption double control, taking into account the characteristics of carbon emission double control. Efforts should be made to effectively connect total carbon emission control with carbon emission quota trading in key industries, ensuring energy security, economic development, and the quality of life of residents while reducing carbon emissions.

B. Roadmap Design

1. Design Process

In the research on the roadmap for the transition from double control on energy consumption to double control on carbon emissions, following the principle of "problem orientation", the main objectives for carrying out this work in Zhejiang Province are determined, followed by the research and proposal of major tasks, and finally, based on the actual situation and work foundation of Zhejiang Province, the task scheduling is determined.

Process One: Setting Objectives

As a frontier for green and low-carbon development, Zhejiang Province has conducted effective work in responding to changes and promoting low-carbon development over the past decade, accumulating more than 10 years of carbon emission data. Facing new circumstances, there is a need to further strengthen the awareness of objectives, providing referenceable experiences and models for the country in the transition from double control on energy consumption to double control on carbon emissions. Based on the existing problems in the current implementation of energy consumption double control and carbon intensity assessment, such as rigid indicators, administrative nature of assessment, and low application of results, the objectives for Zhejiang Province to transition from double control on energy consumption to double control on carbon emissions are determined as follows: linkage of indicators, flexibility of management methods, and development of result-oriented services. These objectives aim to address issues related to data statistics and accounting, lack of flexibility in management, and insufficient application of assessment results, effectively integrating carbon double control with economic development and energy security and achieving synergy among multiple goals.

Process Two: Determining Tasks

In accordance with the main contents of the *Opinions on Promoting the Gradual Transition of Double Control on Energy Consumption to Double Control on Carbon*

Emissions, the requirements of the state for each province are clarified, and the contents of the national opinions are comprehensively sorted out to determine the work requirements and tasks for the "Fourteenth and Fifteenth Five-Year Plan" periods. The decomposition of tasks is mainly based on whether they belong to the indicator level, management level, or application level. Tasks at the indicator level mainly address issues related to data statistics and accounting; tasks at the management level mainly address how carbon double control is managed; tasks at the application level mainly address the synergy between economic development and green and low-carbon transformation. Based on the work foundation of Zhejiang Province, tasks are carried out in a manner that is divisible and implementable, and the dimensions of task decomposition are set as region, enterprise (industry), project, and product, thereby conducting hierarchical task sorting.

Process Three: Making Schedules

Principles of integrity: The scheduling of tasks fully considers the overall requirements of the state and is set based on the specific content of the national policy *Opinions on Promoting the Gradual Transition of Double Control on Energy Consumption to Double Control on Carbon Emissions*.

Principles of customization: Based on the work foundation and characteristics of energy consumption double control and "dual carbon" in Zhejiang Province, proactive actions are taken in target decomposition, project carbon evaluation, product carbon footprint, etc., to provide "Zhejiang experience" for the country.

Principles of marketization: Enterprises are the foundation and main body of carbon double control. Zhejiang Province needs to fully mobilize the enthusiasm of enterprises to promote carbon double control work, fully utilize means such as green finance to leverage funds, and rely on mechanisms such as carbon inclusion to achieve a virtuous cycle of energy saving and carbon reduction.

According to the scheduling principles, a task list is formed by decomposing the task index, and then a roadmap is constructed, which is presented in 4 dimensions: region, enterprise, project, and product.

2. Design Content

(1) Regional level

At the regional level, the focus will be on institutional development, designing control paths for carbon double control goals, and establishing overall plans and requirements for implementing carbon double control for enterprises, projects, and products. Taking the optimization of indicator linkage as an example, during the "14th Five-Year Plan" period, emphasis will be placed on basic capacity building to ensure the standardization of data monitoring and the use of measuring instruments, and to preliminarily establish data statistics and reporting systems. During the "15th Five-Year Plan" period, comprehensive activities will be carried out to develop energy balance sheets, set and decompose flexible targets, establish statistical accounting foundations for carbon emission double control, and build a carbon emission monitoring system covering all areas of industry, construction, and transportation(Figure 4-1-1).

Figure 4-1-1 Regional Level Transition Roadmap

(2) Enterprise level

For enterprises, facing the carbon double control system, it is necessary to focus on establishing a carbon management system, especially by constructing an enterprise carbon account system and conducting carbon efficiency evaluations. The results of carbon efficiency evaluations should be applied in categorizing strategies. Taking regulatory management as an example, during the "14th Five-Year Plan" period, the key is to establish an enterprise carbon efficiency evaluation system, regularly carry out energy budget management, and explore pilot projects for enterprise carbon budget management. Moving into the "15th Five-Year Plan" period, efforts will continue to optimize carbon efficiency evaluation methods, implement enterprise carbon budget management, and continuously innovate energy-saving and carbon reduction management for key carbon-emitting units. After the "15th Five-Year Plan" period, carbon efficiency evaluation standards will be gradually improved, forming a complete carbon budget management system (Figure 4-1-2).

Figure 4-1-2 Enterprise Level Transition Roadmap

(3) Project level

Projects serve as the stabilizing force for development. To promote economic growth, both local governments and enterprises need to continue launching industrial projects. The approval of projects should adhere to a green and low-carbon orientation, effectively balancing economic and low-carbon development. From the perspective of enterprises, the key focus lies in establishing project carbon account systems. Under the carbon double control system, project carbon account information is utilized for carbon evaluation management. During the "15th Five-Year Plan" period, a system for project carbon evaluation will be developed, which will gradually apply to project approvals. Moreover, it is crucial to apply the results of carbon efficiency evaluations to the allocation of resource factors, integrating them with project attraction and elimination efforts to establish a project resource allocation system based on carbon efficiency (Figure 4-1-3).

Figure 4-1-3 Project Level Transition Roadmap

(4) Product level

With the introduction of new battery regulations and other policies by the European Union, carbon labeling has gradually become one of the factors affecting international trade access and market competitiveness. However, there are still issues in the construction of the carbon labeling system, such as the lack of internationally recognized methodologies and localized carbon footprint databases. Under the carbon double control system, attention needs to be paid to carbon emission control of products. From the product perspective, the main focus is on establishing a carbon footprint labeling system for products, gradually setting up product carbon efficiency standards, and further conducting carbon label certification during the "15th Five-Year Plan" period to promote the development of a green consumption atmosphere and enhance the export competitiveness of China's major products (Figure 4-1-4).

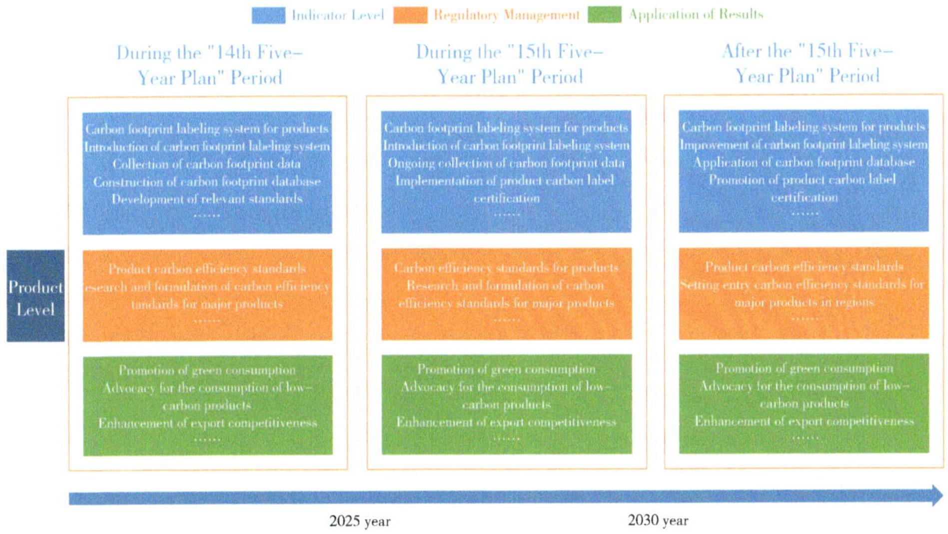

Figure 4-1-4 Product Level Transition Roadmap

Author: The writing group of Zhejiang economic & information centre

References

[1] Li Xiuting, Wang Jian, Cao Jinli. Practice Experience of Low-Carbon Economic Development in the European Union and Its Enlightenment to China[J]. *International Trade*, 2023(9): 62-74.

[2] Jiang Qingyun, Yang Jie. Differences in the Paths of Climate Governance Between the United States and Europe, Bridging Trends, and Their Impact[J/OL]. *International Economic Review*, 2024: 1-22.

[3] Liu Jianguo, Ji Shiyu, Cui Cheng, et al. Content and Impact of Biden Administration's New Climate Policies[J]. *International Economic Review*, 2021(6): 161-176.

[4] Zheng Jun, Liu Ting. Practical Experience of Carbon Peaking and Carbon Neutrality in Major Developed Countries and Its Enlightenment to China[J]. *China Environmental Management*, 2023, 15(4): 18-25.

[5] Lv Xiaobei, Chen Ting, Ding Jiefang. Enlightenment of Green Low-Carbon Policy Mechanisms in European Countries to China[J]. *Journal of Urban Planning*, 2022(S1): 272-278.

[6] Wang Ke, Lv Chen. Achievement and Prospects of China's Carbon Market Construction (2024)[J]. *Journal of Beijing University of Technology* (*Social Sciences Edition*), 2024, 26(2): 16-27.

Regional Carbon Budget Management

I. International and Domestic Experience and Explorations in Regional Carbon Budget Management

A. Connotation of Regional Carbon Budget Management

The concept of carbon budget was initially used in ecology to denote the carbon emissions or carbon sinks of specific entities. Since the adoption of the *Kyoto Protocol*, the concept of carbon budget management has been introduced to deal with climate change issues. As the *Kyoto Protocol* stipulated, all parties shall "formulate, where relevant and to the extent possible, cost-effective national and, where appropriate, regional programs to improve the quality of local emission factors, activity data and/or models which reflect the socio-economic conditions of each Party for the preparation and periodic updating of national inventories of all greenhouse gases" (GHG). The GHG accounting system established and the national inventories compiled and updated based on it are considered the prototype of the carbon budget system. The concept was first adopted by the Intergovernmental Panel on Climate Change (IPCC) in its Fifth Assessment Report (AR5). The existing regional carbon budget concept is based on the "global carbon budget" and unfolds hierarchically from top to bottom. It attempts to quantify the responsibilities of different regions for GHG emissions through methodological demonstration and then determines the emission quotas of each region to achieve convergence in per capita emissions across different regions, which is a path and means to achieve climate equity ultimately.

B. Foreign Practices of Carbon Budget Management

The implementation scope and the "top-down" target decomposition mode of the regional carbon budget system determine that the system must be promoted by government departments, and strong legal and regulatory guarantees should be provided to ensure stability and predictability at the target level. However, carbon budget management exhibits significant dynamic management characteristics, with the dual institutional attributes of ex-ante management and in-process management[1].

The U.K. primarily implements carbon budget management through legislation. It adopted the *Climate Change Act* in 2008, which was the first law of its kind in the world, and explicitly proposed to periodically formulate and implement GHG control plans through carbon budgets. The U.K. carbon budgets are set twelve years in advance of the budget period, providing ample time for the government to develop policies and for businesses to transform their investments. In 2021, the U.K. government announced its Sixth Carbon Budget, i.e., the legal limit for the net carbon emissions over the years 2033—2037 should be set at 965 Mt CO_2e. This carbon budget is guided by a net-zero carbon target, and covers all GHG emissions, including those from international aviation and shipping. At the same time, to achieve substantial emission reductions, recourse to international carbon units to meet the carbon budget is not allowed, and it must be based on actual U.K. emission reductions. As a whole, the Sixth Carbon Budget is positioned around three objectives: first, to promote and implement the Paris Agreement, and enhance the U.K.'s leadership in addressing climate change; second, to promote the development of a low-carbon economy and achieve economic recovery; third, to create more job opportunities and bring multi-dimensional benefits such as health and welfare. In March 2023, the U.K. also released its Carbon Budget Delivery Plan (CBDP), decomposing the total GHG control targets into various sectors, such as agriculture, buildings, domestic transport, fuel supply, industry, power, waste and F-gases, international aviation, and shipping, accompanied by a wide range of mechanisms and policy measures.

Germany primarily implements sectoral carbon budgets, where the emissions reduction target is allocated to individual sectors through legislation.

In November 2019, the German Bundestag approved the *Federal Climate Change Act* (FCCA), legally setting its medium and long-term GHG emission reduction targets for the first time. It intended to cut national GHG emissions by 55 percent of the 1990 levels by 2030 and hit net zero emissions by 2050. Moreover, the national targets can be raised but not lowered[2]. In July 2021, Germany officially announced the approved amendment to the FCCA, proposing more stringent emission reduction targets. It raised the emission reduction target in 2030 from 55 percent to 65 percent, advanced the carbon neutrality target year to 2045, and proposed net-negative emissions after 2050. In contrast to the cyclical carbon budget in the U.K., Germany explicitly outlines its annual carbon budget targets until 2040 and sets growth targets for net absorption at key intervals. In addition to stipulating the total GHG emission reduction target, the German amendment to the FCCA defines the sectoral budgets for the six sectors of power, industry, buildings, domestic transport, agriculture, and waste management from 2020 to 2030 in the form of carbon budgets. It also matches different emission sources in the GHG inventory with the 6 sectors, partially decomposing the targets.

C. Domestic Policy Trends

Over the years, China has been continuously advancing its "dual carbon" policy system, carbon emission accounting and carbon market construction, and has had the foundation and conditions for establishing a carbon budget mechanism on the whole. However, the top-level design of the carbon budget management system has not been established yet, and there is a lack of clear division of responsibilities and work guidance among governments at different levels. The connection with other systems like the control of the total amount and intensity of energy consumption "dual control" needs to be further studied. To this end, it is imperative for China to establish a top-level framework for carbon budget management that covers the whole process of target setting, target decomposition, tracking and evaluation, dynamic adjustment, and supervision and management.

In September 2023, China officially issued the *Opinions on Promoting the Gradual Transition from Control of Total Amount and Intensity of Energy Consumption to Control of Total Amount and Intensity of Carbon Emissions*, which explicitly proposed to carry out carbon budget management, explore the compilation of regional carbon budget plans, and use carbon budget management to explore the path for effective control of total carbon emissions. In December 2023, the Inner Mongolia Autonomous Region issued the *Pilot Plan of Inner Mongolia Autonomous Region for the Transition from Control of Total Amount and Intensity of Energy Consumption to Control of Total Amount and Intensity of Carbon Emissions*, which clearly proposed to establish a regional carbon emission budget management system, formulate five-year and annual regional carbon emission budget management plans by constructing a two-level carbon emission budget management system at the autonomous region and league/city levels, and combining factors such as industrial structure, energy structure, the layout of major projects, energy conservation and emission reduction targets and potential, and implement "rigid balance of carbon emission intensity + flexible balance of total carbon emissions" with the consideration of the impact of new projects to ensure the connection between carbon emission budgets and carbon dual control targets in different regions. This is also the first provincial-level policy document for the transition from energy consumption dual control to carbon emission dual control in the country.

II. Analysis of the Current Status of Regional Carbon Budget Management in Zhejiang Province

A. Foundation and Advantages of the Zhejiang Province

1. Digital Platforms Provide a Strong Foundation for Carbon Emission Data Quality

Zhejiang Province has always attached importance to carbon emission statistics, accounting and data accumulation.

Firstly, Zhejiang Province emphasizes the long-term accumulation of enterprise carbon emission data. Early in 2014, the Province established the first provincial-level carbon emission management platform in the country for addressing climate change—the Zhejiang Climate Change Research and Exchange Platform. This platform covers provincial, municipal, and county levels as well as key enterprises, and realizes the online collection, compilation, review, management, analysis, and judgment of carbon emission data throughout the process, forming a unified basic information database for addressing climate change across the province. The database contains door-to-door carbon emission data from nearly 2,000 industrial enterprises with an annual comprehensive energy consumption of over 5,000 tons across the province since 2014, covering sectors such as power generation, cement, chemical engineering, papermaking, and textiles. Among them, the data from about 400 enterprises can be further subdivided at the facility level.

Secondly, the digital platform provides strong support. Zhejiang Province has always regarded digital platforms as a key and systematic measure for carbon peaking and carbon neutrality. It has built the first "dual carbon" platform in the country with functions such as intelligent monitoring, dynamic accounting, forecasting and early warning, assessment and evaluation, and precise services, which has received positive instructions from several leaders of national ministries and commissions.

Zhejiang Province's dual carbon digital intelligence platform has built more than 10 major application scenarios, including carbon account, carbon statistics and accounting, forecasting and early warning, energy conservation and carbon reduction e-account, carbon finance, and carbon inclusiveness, and accumulated carbon emission data of the whole province by region, field and sector, as well as carbon account data of key enterprises. In particular, it has developed a "project carbon account" application, which takes energy conservation review as the screening condition. It covers more than 4,800 proposed construction projects in the province, and collects basic information, and energy consumption data by variety, as well as carbon emission data. Zhejiang Province's online approval and supervision platform for investment projects has undergone three rounds of iterations, collecting information and data on the entire life cycle of investment projects approved, certified, and filed in the province, and calculating their carbon emissions through embedded algorithms. Therefore, Zhejiang Province has a relatively good foundation in data collection, management, and application, providing strong data support for carbon emission control.

2. Coordinated Efforts Assist in the Flourishing of Low-Carbon Pilot Programs

Since the "14th Five-Year Plan" period, Zhejiang Province has been earnestly implementing the decisions and deployments of the CPC Central Committee and the State Council on carbon peaking and carbon neutrality. It has established a "6+1" carbon peaking work system, and adhered to the guidance of "dual carbon" to promote various carbon emission control tasks. All regions have deeply studied and implemented the "dual carbon" deployment of the provincial Party committee and the government, and improved policy mechanisms according to the overarching approach of the province. Public awareness and action on green and low-carbon development have been significantly enhanced, and positive progress has been made in the "dual carbon" work. Among them, Hangzhou and Huzhou have been successfully included on the list of the first batch of pilot cities seeking to peak carbon dioxide emissions, providing operable, replicable, and scalable experience and practices for the country, contributing to achieving the carbon peaking and carbon neutrality goals. What's more, Zhejiang Province has long encouraged cities and counties to explore innovative practices, and encouraged grassroots pioneering spirit. By integrating points, lines, and surfaces, it has explored low-carbon and zero carbon development models in multiple fields, at multiple levels, and in multiple ways, aiming to promote the building of a demonstration zone for common prosperity through high-quality development. As of now, focusing on four categories of industrial low-carbon transformation, low-carbon energy development, enhancement of carbon sink capacity, and integration, the province has successively selected 30 low-carbon pilot counties. All localities have explored and carried out pilot projects for green and low-carbon development. For example, Lin'an and Changshan have conducted project carbon emission evaluations, and other relevant exploration; while Xiaoshan, Yueqing, Keqiao, and Songyang have conducted carbon footprint accounting and application practices with typical products such as textiles and new energy batteries as the focus. Pinghu, Wuxing and other localities have focused on key industrial enterprises to conduct enterprise carbon budget management. Through continuous exploration and practice, a group of "dual carbon" models with Zhejiang characteristics has been formed, laying a solid practical foundation for the implementation of carbon emission dual control in the province in the next step.

B. Challenges Faced

1. Prominent Contradictions Between the Dual Pressures of Economic Development and Emission Reduction Targets

The proposal of carbon peaking and carbon neutrality goals has placed higher demands on China's economic and social transformation, and energy structure transformation. On the one hand, the province has continuously deepened supply-side structural reforms, with the vigorous development of emerging industries represented by digital economy. Meanwhile, the accelerated replacement of old growth drivers with new ones has become a powerful engine for the high-quality development of Zhejiang's economy. On the other hand, there has been a lag in the progress of energy consumption dual control, coal consumption and other assessment targets during the "14th Five-Year Plan" period. From the perspective of energy consumption dual control assessment, the national energy consumption dual control system has been continuously improved, increasing new policies such as renewable energy and raw material energy consumption deduction, and clarifying the separate list of major projects, which has provided more paths for the province to achieve energy consumption dual control assessment goals. However, it is still relatively challenging to achieve the national assessment targets. From the perspective of coal consumption assessment, there are relatively significant changes in both the internal motives and external circumstances for coal reduction. To begin with, coal continues to account for a large proportion of the energy consumption structure, and remains a primary source of air pollutants and carbon emissions. Under the dual policy pressures of air pollution prevention and control and carbon peaking, it is imperative to further reduce coal consumption. Moreover, affected by multiple factors such as the Russia-Ukraine war and the COVID-19 pandemic, Zhejiang Province has to keep a foothold in the national situation of relying on coal as the main energy source. However, since it is a province with few energy resources, it suffers sharply increased pressure on power supply security mainly based on coal-fired power. The situation of coal consumption reduction is not optimistic. This means that in the short term, Zhejiang Province urgently needs to resolve the contradictions between emission reduction and rapid economic development. How to coordinate the relationship between development and emission reduction remains a huge challenge for Zhejiang Province.

2. Lagging Progress in Carbon Emission Intensity

Carbon emission dual control is the control of both the total amount and intensity of carbon emissions. The total amount of carbon emissions refers to the total amount of carbon dioxide generated in a certain period within a region, while the intensity of carbon emissions refers to the carbon dioxide emissions produced per unit of gross domestic product. Since the "12th Five-Year Plan" period, China has been implementing carbon emission control, which is dominated by intensity control. During the "14th Five-Year Plan" period, the national carbon emission intensity reduction target assigned to Zhejiang Province is 20.5%, but there is no target for total carbon emissions yet. Since the "14th Five-Year Plan" period, the production capacity of major industrial projects in Zhejiang Province has continued to be released, leading to an increase in energy consumption and carbon emissions. For example, there is no separate policy for projects in terms of carbon emission intensity assessment. However, the end of the "13th Five-Year Plan" and the "14th Five-Year Plan" periods are a special period of significant production capacity release in major petrochemical projects and the layout of industrial chains like downstream high-value-added new materials in the province, which will have a relatively significant impact on carbon emission intensity. On the other hand, in recent years, the province has seen a growing demand for energy, especially for electricity, and the power supply and demand are in a tight balance. During the "14th Five-Year Plan" period, especially the first three years, the province will face a dilemma of "double shortage" of power and electricity. The coal consumption of sectors such as electricity, chemical engineering, non-ferrous metal, and steel in the Zhejiang Province has long accounted for over 95%, resulting in huge pressure on the ecological environment due to their high energy consumption and emissions.

Since the proposal of the carbon peaking and carbon neutrality goals, reasonable control of carbon emissions has become an important task for the current and future long periods. In the past, the formulation and decomposition of carbon intensity targets were often based on the historical economic development and energy consumption targets of a region, and the five-year plan targets were evenly distributed each year for assessment. This traditional mode restricted the region's ability to self-adjust, self-select, and adapt to economic environment changes, and was not conducive to balancing the relationship between development and emission reduction. Considering the lack of practical experience in carbon dual control at both the national and local levels and the fact that Zhejiang Province is a small resource province with an urgent need to resolve the contradictions between development and emission reduction, it is necessary to conduct carbon budget research and analyze the methods for setting and breaking down carbon intensity targets, so as to seek a path that is conducive to the development of Zhejiang Province.

III. Reflections and Recommendations on Establishing a Regional Carbon Budget Management Mechanism in the Zhejiang Province

A. Overall Reflections

Different from the top-down decomposition of carbon emission targets, which assigns rigid emission reduction tasks to each level, the regional carbon budget comprehensively considers both rigid intensity constraints and flexible total control. It is autonomously compiled, implemented, and adjusted by local governments and is a necessary management tool for achieving carbon emission targets. It focuses on clarifying the upper limits of emissions of various sectors and departments in the medium and long term from a holistic perspective and provides a basis for systematic project planning, policy formulation and carbon emission regulation. Through the regional carbon budget, local governments can conduct fine management over carbon emissions in a more targeted manner, scientifically promote project implementation under the carbon budget framework, guide the green and low-carbon transformation of industries, and ultimately enhance carbon productivity as a whole.

Zhejiang Province is the birthplace of the idea that "lucid waters and lush mountains are invaluable assets", a national ecological conservation pilot zone and a demonstration zone for common prosperity through high-quality development, and shoulders the significant responsibility of exploring green and low-carbon transformation and development for the whole country. It has taken the lead in a series of innovative practices such as carbon emission statistics and accounting, and project carbon efficiency evaluation, laying a solid foundation for formulating more refined emission reduction strategies. With the new requirements of the national carbon emission dual control policy, it is timely for Zhejiang Province to explore the gradual establishment of a regional carbon budget management system at the three levels of the province, cities, and counties. In light of this, the following four steps need to be considered:

First, carriers should be selected. It is necessary to select prefecture-level cities with relatively good carbon emission management foundations, clear data, and urgent needs to pioneer regional carbon budget at the city and county levels within a five-year planning cycle to peak carbon dioxide emissions before 2030.

Second, the budget should be set. Efforts should be made to scientifically set the upper limits of carbon emissions for the two levels of cities and counties in combination with the current development status of the "14th Five-Year Plan" and the goals of the "15th Five-Year Plan", organize counties (cities, districts) for consultation and coordination, and ensure the smooth realization of the goals at the city and county levels under the premise of ensuring regional economic and social development.

Third, implementation should be guaranteed. It is necessary to fully consider the emission reduction potential and path differences of different fields to break down the set budget targets by field, department, and sector into specific sub-targets that are executable and quantifiable, and provide corresponding policy planning and monitoring mechanisms for support; and it is also necessary to develop annual target tables with certain flexibility, and evaluate the completion status each year and make corresponding adjustments.

Fourth, promotion should be enhanced. Based on the implementation of the regional carbon budget in pilot areas, efforts should be made to sum up successful experiences and optimize approaches, promote regional carbon budget work across the province, effectively connect macro carbon dual control targets with micro execution, and provide feasible and replicable "Zhejiang experience" for regional carbon emission management nationwide.

B. Recommendations

1. It is necessary to adhere to development orientation. When setting regional carbon budgets, it's crucial to closely integrate the forward-looking analysis of economic cycles and the project implementation plans, take regional economic development level, industrial layout, and resources endowment into full consideration, and formulate five-year budget plans and annual target tables that are aligned with regional development plans. Local governments should delegate emission reduction tasks to specific industries and enterprises, leverage regional carbon budgets to ensure the priority development of productivity, guide the green, low-carbon and efficient transformation of industrial structure, guide enterprises to enhance carbon management and improve carbon productivity and avoid the "one-size-fits-all" approach that hinders economic growth.

2. It is crucial to emphasize flexibility. Considering the impact of factors such as changing carbon emission trends, international carbon market fluctuations, and updates in carbon emission accounting methods, the formulation and implementation of regional carbon budgets should be flexible, allowing for micro-adjustments based on actual development conditions to ensure that they can both meet macro policy orientations and adapt to the complexities of micro-level implementation. An annual assessment and dynamic adjustment mechanism for managing and controlling regional carbon emission budget targets should be established to conduct a systematic assessment of the target completion status of the previous year. For regions or fields that have not achieved or exceeded the targets, it is necessary to analyze specific reasons and adjust subsequent annual targets appropriately to ensure the smooth realization of overall targets within the five-year period.

3. It is necessary to link to major projects. Industrial projects are the main sources of regional carbon emission increments. In light of this, the formulation and implementation of regional carbon budgets should fully consider the planning and implementation of major projects. For specific projects with

relatively large carbon emissions that will be implemented within the five-year planning cycle, separate accounting and priority guarantees should be provided when necessary. Specifically, there are two types: first, leading industrial projects that are key to local development and major industrial projects that have a critical position in the industrial chain and supply chain; second, projects that are subject to national and provincial dispatch, where local dispatch capabilities are limited. In addition, non-fossil energy power generation projects can reduce carbon emissions from the supply side and have a direct emission reduction effect. Moreover, their release schedule can be generally predicted. Therefore, they can be deducted in advance when breaking down annual carbon emission control targets.

4. It is crucial to implement common but differentiated responsibilities. The building and implementation of a regional carbon budget system is a complex process that involves multi-dimensional and multi-level decision-making. Local departments should formulate more refined and differentiated policies and targets to guide the participation of various fields, regions, and entities. From the perspective of regions, it is necessary to fully consider regional development differences and emission reduction fairness. For regions where remarkable emission reduction achievements have been made and the task of industrial structure transformation has been completed relatively well during the "14th Five-Year Plan" period, it is necessary to objectively assess their actual carbon reduction potential and scientifically set feasible regional carbon budget targets to avoid excessive pressure on advanced regions. Conversely, for regions with imbalanced industrial structures and low energy utilization efficiency, appropriate pressure should be applied to promote the transformation and upgrading of their economies towards industries with low energy consumption and low carbon emissions. From the perspective of fields, it is necessary to consider the difficulty and spatial differences in carbon reduction in different fields, especially in fields directly related to people's livelihoods like residential living. It is necessary to emphasize the long-term cultivation of low-carbon habits and avoid the impacts on residents' quality of life caused by overly aggressive emission reduction measures in the short term. For fields with relatively great carbon emission potential but relatively high reduction difficulty,

it is necessary to guide low-carbon technology innovation in combination with fiscal and tax measures to achieve balanced progress in emission reduction across all fields.

Author: The writing group of Zhejiang economic & information centre

References

[1] Pan Xiaobin. Theoretical Isomorphism and Legislative Path of National Carbon Budget under Carbon Neutralization [J]. *Journal of Hunan University (Social Sciences)*, 2024, 38 (1): 112-118.

[2] Yang Shanshan, Guo Hao, Yang Xiu, et al. Consideration and Prospect of Total Carbon Emission Control System under the "Double Carbon" Target [J]. *Climate Change Research*, 2023, 19 (2): 191-202.

Reflections and Suggestions on Enterprise Carbon Budget Management

I. The Concept and Practices of Fine-grained Carbon Emission Management in Enterprises

A. The Concept of Fine-grained Carbon Emission Management in Enterprises

Fine-grained carbon emission management within enterprises refers to a management system where enterprises meticulously account for their carbon emissions and take necessary measures to supervise, regulate, and reduce their carbon emission activities. It covers various aspects of corporate carbon-related activities, including monitoring, reporting, analysis, management, and improvement. Generally, the implementation of fine-grained carbon emission management in enterprises includes various methods such as internal carbon pricing, carbon asset operation, and carbon budget management, among which carbon budget management is a more common approach. Enterprise carbon budget management refers to a series of activities carried out by enterprises around their carbon emissions, including planning, accounting, control, and evaluation. In the current context of low-carbon economic development with "dual carbon" as its goal, the implementation of carbon budget management has become an important driving force for many enterprises to practice low-carbon development strategies and achieve carbon constraints.

B. Main Practical Experience of Fine-Grained Carbon Emission Management by Enterprises at Home and Abroad

Currently, few domestic and international enterprises truly embrace the concept of "carbon budget" for fine-grained carbon emission management. Instead, most enterprises primarily focus on controlling carbon emissions at the source through energy and production management, often supplemented by end-of-pipe treatment methods.

TotalEnergies, a prominent foreign enterprise operating in China, has disclosed its carbon neutrality targets in its business reports. By improving the efficiency of its facilities, promoting zero methane emissions, capturing and sequestering internal carbon emissions from its facilities, and investing in carbon sinks, TotalEnergies aims to achieve net zero carbon emissions by 2050. It has been monitoring its energy products' average carbon intensity and the efficiency of its facility emissions, planning to achieve zero conventional energy combustion in its facilities by 2030 through the use of decarbonized electricity and investment in emission reduction projects. This will pave the way for further advancements in carbon dioxide capture and sequestration facilities and the development of carbon sink projects to offset the remaining emissions from projects. Notably, TotalEnergies goes beyond merely monitoring its production process emissions; it also takes into account the indirect emissions generated by customers when using its products. Additionally, while focusing on carbon dioxide capture and sequestration for its internal facilities, TotalEnergies also extends these CCUS services to its customers.

The Sinopec Group issued the *Sinopec Action Plan for Carbon Peaking by 2030* and formulated and implemented the "Eight Major Actions for Carbon Peaking", continuously strengthening greenhouse gas emission management and promoting CO_2 emissions reduction. The so-called "Eight Major Actions" mainly start from eight dimensions, including energy use in enterprise production, process transformation, resource recycling, coordinated reduction of pollutants and CO_2, technological support, exhaust gas capture and storage. From production to process, from management to system, from green behaviors to technological support, targeted actions are taken for modular carbon reduction by modularizing carbon emissions within enterprise boundaries. Moreover, as a participant in China's carbon trading, Sinopec coordinates the surplus and deficit quotas of its subsidiary controlled-emission enterprises, formulates the group's carbon trading plan, establishes a dedicated carbon trading team, and conducts centralized management of carbon trading, obtaining green funds through market mechanisms to offset emission reduction activities. Based on its own carbon management experience, Sinopec has notably issued the *Guidelines for Carbon Neutrality Implementation and Accounting at Gas Stations* and the *Guidelines for Carbon Neutrality Implementation at Oil Production Well Sites* to guide peer enterprises in the industry to carry out targeted carbon management and green transformation, providing valuable pioneering experience for carbon management and green transformation in the petrochemical industry.

Both domestic and overseas enterprises place great emphasis on systematic, accurate, and targeted carbon emission management. Systematicity is reflected in the comprehensive assessment of all carbon emissions within the enterprise boundaries, segmenting and systematically managing each emission source. Accuracy is demonstrated through precise calculation and understanding of the enterprise's carbon emissions, accurately positioning its carbon productivity and efficiency through monitoring product unit energy consumption and distribution. Targeted measures are reflected in the path of carbon reduction, where enterprises can propose green transformation paths that align with their industry, production behaviors, and development strategies, thereby providing a good demonstration of significance.

II. Advantages and Challenges of Carbon Budget Management for Enterprises in Zhejiang Province

A. Basic Situation

In July 2023, the second meeting of the Central Commission for Deepening Reform approved the *Opinions on Promoting the Gradual Transition from Dual Control over Energy Consumption to Dual Control over Carbon Emissions*, advocating the establishment of a carbon budget management system and the adoption of scientific and effective regulatory measures so as to expedite the optimization and upgrading of the local industrial and energy structure. On

August 15, 2023, during the first National Ecology Day event held in Huzhou, Zhejiang Province, General Secretary Xi Jinping made important instructions, emphasizing the leadership of the "dual carbon" initiative and calling for the gradual transition from dual control over energy consumption to dual control over carbon emissions, continuously advancing the green and low-carbon transformation of production methods and lifestyles. The significant policy shift of the "dual control" system will serve as an important driver for promoting the "dual carbon" initiative in the future, triggering a series of policy innovations and institutional innovations. Exploring the carbon budget management system will be one of the effective policy tools to promote the green and low-carbon transformation of production methods.

As the peak carbon emission target draws nearer, the acceleration of green and low-carbon transformation in production methods has emerged as an inevitable path for industrial growth. This shift is particularly evident as enterprises have progressed from "being required to reduce carbon emissions" to "voluntarily reducing carbon emissions". Green and low-carbon initiatives are becoming the core competitiveness of enterprise development. The exploration and implementation of carbon budget systems, coupled with the improvement of related incentive policies, can further drive enterprises to achieve green and low-carbon transformation through equipment renewal, application of green and low-carbon advanced technologies, utilization of clean energy, and product iteration. In addition, for the regions where enterprises are located, the application of carbon budget management systems can effectively optimize the allocation mode of carbon emission targets. Starting from the demand for high-end development of regional industrial chains and industrial structures, it can support and guide industries and enterprises with strong development needs, high capacity utilization efficiency, large profit margins, and more advanced applications of low-carbon technologies, thereby achieving low-carbon transformation and upgrading of industrial development levels.

Of particular concern is the growing trend of green trade barriers in recent years. The EU carbon tariff has officially entered a transition period, and countries such as the United States, Japan, and Canada have also implemented some invisible "carbon barriers" measures. This has had a significant impact on many foreign trade enterprises in Zhejiang Province. Export-oriented enterprises will undoubtedly face more requirements in terms of carbon reduction production and providing compliant data in the future. Accelerating the exploration and establishment of the enterprise carbon budget system can effectively encourage enterprises to strengthen internal carbon emission accounting and production standards management. This will drive the formation of a genuine and effective carbon pricing mechanism, assisting export-oriented enterprises in better addressing carbon tariff issues by enhancing the competitiveness of low-carbon products and providing proof of carbon costs. This approach will also help them avoid being constrained by carbon emission standards set by countries or regions such as the European Union, and better grasp the initiative in foreign trade exports.

B. Analysis of Main Advantages

As a leading province in the eastern economy, Zhejiang has achieved remarkable accomplishments in the construction of its modern industrial system. In the region, enterprises possess a profound awareness of high-quality development, which has been further augmented in recent years by the deepening of the "Number One Project" aimed at elevating the quality of innovation in the digital economy. This has resulted in significant advancements in innovative models and digital empowerment among enterprises. Of particular, the high-energy-consuming industrial enterprises, which occupy a significant proportion in Zhejiang, are the key targets for implementing carbon budget management in the future. Through the promotion of digital transformation, the energy statistical management system of enterprises has been significantly improved, leading to a substantial increase in informatization. This has effectively enabled the collection of energy data for production equipment and supporting facilities within the enterprises, facilitating monitoring, analysis, and prediction of energy consumption status. This has laid a solid management and data foundation for the future implementation of carbon budgeting.

In particular, with the deepening of the "dual carbon" initiative, Zhejiang Province has vigorously promoted energy conservation and carbon reduction in the industrial sector. Innovative management models such as industrial carbon accounts and industrial carbon efficiency codes have emerged, along with practices such as energy budget management and energy efficiency diagnosis. These serve as highlights for exploring and advancing enterprise carbon budgeting.

First of all, in terms of industrial carbon accounts, Zhejiang has established application scenarios for enterprise carbon accounts across the province, relying on the Zhejiang Dual Carbon Intelligent Platform and utilizing data such as enterprise carbon emissions and carbon intensity, combined with the annual enterprise carbon emission verification system. Project carbon accounts have been created for over 47,000 enterprises and 5,600 projects, covering high-carbon sectors such as power generation, steel, petrochemicals, papermaking, building materials, printing and dyeing, chemical industry, and chemical fiber. This enables effective recording, analysis, and evaluation of carbon emissions information. Furthermore, Zhejiang has actively promoted the industrial carbon efficiency code management model piloted in Huzhou, establishing an intelligent benchmarking application scenario for industrial carbon efficiency on the Zhejiang "dual carbon" Intelligent Platform. This service has been extended to over 40,000 large-scale enterprises province-wide, providing intelligent benchmarking data services for industrial carbon efficiency.

Secondly, Zhejiang Province has carried out pilot projects for corporate energy budget management in key industries in 11 cities in two batches since 2022, involving nearly 4,000 key industry enterprises in Zhejiang Province. It has established a hierarchical management mechanism for energy budgeting from "province to city to county to enterprise" and a closed-loop mechanism for work from "admission to monitoring to early warning to evaluation to service". At the same time, the work of energy budget management has initially formed channels for data sources and carriers for core business. Full-process information-based, digitalized, and intelligent management has been achieved through the "Energy Conservation and Carbon Reduction e-Book" application's "energy budget management" sub-application. A sound digital management system for enterprise energy use has been established, such as the provincial energy conservation and carbon reduction e-book, energy online monitoring, and other digital platforms. Most of the energy consumption data of key energy-consuming enterprises can be automatically obtained through the platform, laying a good data advantage for the next step of implementing corporate carbon budget management. It is worth mentioning that Zhejiang aims to tap into the energy-saving and efficiency-enhancing potential of its high-energy-consuming industries, proposing to complete energy efficiency diagnosis for 4,000 key industry enterprises province-wide, with a coverage rate of 100% for energy efficiency diagnosis in key industries. In 2023, the province uniformly deployed energy efficiency diagnosis for 1,142 enterprises, mainly focusing on industries such as textiles and non-metallic mineral products, providing targeted suggestions for enterprises to promote energy conservation and efficiency enhancement and laying a certain foundation for the future exploration and implementation of corporate carbon budget management objectives.

Finally, since the "Twelfth Five-Year Plan" period, Zhejiang Province has organized nearly 450 carbon trading entities and nearly 1,300 non-carbon trading entities to submit carbon reports each year, and commissioned more than 10 third-party verification institutions to conduct verification in batches. It has established a complete monitoring, reporting, and verification (MRV) system in the province, with a solid foundation in data collection related to enterprise carbon emissions.

C. Analysis of Major Challenges

Currently, China's ecological civilization construction has entered a crucial stage with carbon reduction as the key strategic direction, promoting coordinated reduction of pollution and carbon emissions to enhance efficiency, and facilitating the comprehensive green and low-carbon transformation of economic and social development. From the perspective of economic development, however, China is currently in a critical period of economic recovery and transformation upgrading, facing challenges such as pressure from economic structural adjustments, insufficient effective demand, and the accelerated process of decoupling between China and the United States. Ensuring economic stability and promoting development has become the primary focus of current work. Against this backdrop of an unstable market environment, enterprises are more concerned about how to survive and develop, and there is not yet a strong and direct demand for investment in energy conservation and carbon reduction. Therefore, the important challenges at present lie in striking a balance between development and emission reduction, promoting the coordinated enhancement of energy conservation, emission reduction, and economic development, and encouraging enterprises to voluntarily advance green and low-carbon transformation via carbon budget management.

Meanwhile, with the vigorous promotion of the "Number One Reform Project" aimed at optimizing and improving Zhejiang's business environment, it has become an important orientation for policies related to enterprises to reduce the burden on enterprises and facilitate cost reduction and efficiency enhancement. The urgent task is to explore and solve the problem and challenge of how to construct a scientific, efficient, and orderly carbon budget management mechanism. In particular, it is necessary to improve the carbon emission accounting, reporting, and verification system at the enterprise level, achieve high-frequency monitoring of enterprise carbon emissions data, and consolidate the data foundation of the carbon budget system without adding additional burdens to enterprises, which requires further research on the existing MRV (monitoring, reporting, and verification) mechanism.

Furthermore, the key to the implementation of the carbon budget management mechanism lies in tapping into the potential for carbon reduction in enterprises, clarifying the carbon reduction path, and implementing carbon reduction measures, so as to form a closed-loop mechanism for corporate carbon budget management. Although green and low-carbon practices are becoming the core competitiveness of enterprises, and carbon reduction awareness is gradually shifting from external pressure to internal drive, enterprises still face many challenges in exploring their carbon reduction potential. These include unclear directions for carbon reduction, with some enterprises falling into the misconception of seeking quick fixes by offsetting instead of implementing sustainable carbon reduction measures. In addition, there is a shortage of innovative resources, and insufficient support for advanced green and low-carbon technologies. Especially, many enterprises are unable to accurately estimate and quantify investment returns, fearing that the returns on carbon reduction investment may fall short of expectations, which has hindered the progress of energy conservation and carbon reduction work and constituted the ultimate challenge for exploring carbon budget management in the future.

III. Reflections and Suggestions

A. Overall Reflections

Enterprises are pivotal entities and major contributors to carbon emissions. Establishing a corporate carbon emission budget management system is not only a practical necessity for local governments to enhance their carbon emission control framework but also a crucial demand for enterprises to expedite their low-carbon transformation and optimize carbon asset management. Given the current challenges facing China's socioeconomic development, both local government departments grappling with development pressures and enterprises contending with survival pressures must strike a balance between growth and emission reduction.

Considering that the current role of green technology and green funds in promoting low-carbon transformation at the enterprise level in China remains rather constrained, government departments must initially spearhead the implementation of corporate carbon budget management to encourage selected key emitting enterprises to take the lead. Through piloting these key emitting enterprises, the most effective path in practice can be identified, enabling the control of the majority of carbon emissions while safeguarding the survival of enterprises. With the subsequent economic situation, supporting policies, and other environmental adaptation conditions, the government can gradually shift towards promoting and encouraging the voluntary adoption of corporate carbon budget management throughout society.

On the other hand, corporate carbon budget management is also an important lever for promoting enterprises' low-carbon and high-quality development under the trend of transitioning from dual control over energy consumption to dual control over carbon emission, and it is an effective approach to achieving precise management of regional carbon emissions. When implementing carbon budget management for key enterprises, the focus should be on promoting low-carbon and high-quality development. By scientifically setting corporate carbon budget targets and using incentives and penalties, enterprises can achieve regional carbon emission targets via precise budget control. It is essential to adhere to the basic principle of orienting services towards enterprises, establish relevant incentive mechanisms based on the execution of corporate carbon budgets, explore the best application paths for corporate carbon emission budget management, stimulate enterprises' internal drive to reduce carbon emissions, and thereby drive the overall regional development towards a green and low-carbon path.

B. Suggestions

1. Concerted Efforts from Government and Enterprises

Regulatory authorities need to further solidify the carbon emission data foundation required for carbon budget management, improve the standards and methodologies for carbon emission statistics and accounting on the enterprise side, and streamline the indicator system needed for the implementation of enterprise carbon budget work. Based on a comprehensive understanding and accurate assessment of regional carbon emissions levels, the authorities should take into account various practical factors such as the development level of enterprises in different industries, economic growth patterns, development orientation, energy structure characteristics, and energy-saving and emission reduction potential, in order to scientifically formulate enterprise carbon budget target control plans, and appropriately delegate regional emission control tasks to the enterprise level. Enterprises can cooperate with regulatory authorities to truthfully submit their energy consumption and carbon emission data, actively participate in the carbon budget capacity-building organized by regulatory authorities, proactively benchmark against advanced practices, and explore fine-grained carbon emission management methods suitable for their development, thereby achieving a common low-carbon goal through a demonstration effect and step-by-step action.

2. Standardization of Data, Methodologies, and Processes

Currently, the carbon budget concept that is predominantly researched is still based on integrating carbon emission budget management into comprehensive financial budgeting within companies, with limited assistance for carbon reduction and green transformation at the project level. To comprehensively implement green and low-carbon transformation with projects as the focal point, it is necessary to clarify the overall train of thought, key objectives, and supervisory methods, and to construct a methodological framework for corporate carbon emission budget management covering the entire cycle of target setting, target decomposition, monitoring and tracking, decision-making in response, and flexible adjustment of targets. This methodology should fully consider how to accurately and fairly determine benchmark emissions, which could be based on existing energy consumption data collection methods or conducted through energy efficiency diagnostics already underway. Simultaneously, it should take into account industry and enterprise development trends, the potential for new projects, and appropriate flexibility. When calculating budget targets, different emission coefficients should be set for enterprises with different carbon efficiencies under the same benchmark, ensuring that the budget scale is appropriately flexible, conducive to promoting emission reduction through pressure, without affecting the normal production and operation of the budget subject.

3. Exploration of Corporate Carbon Emission Reduction Potential

To thoroughly tap into emission reduction potential, regulatory authorities should establish an integrated digital platform for enterprise carbon budget monitoring, management and application. This platform enables rapid monitoring of carbon emissions within the budgeted enterprises, facilitating horizontal comparison among enterprises of the same type to identify those with relatively lower carbon efficiency. Subsequently, more restrictive carbon budget management goals are guided. From the perspective of enterprises spontaneously exploring carbon emission reduction space, on one hand, third-party organizations can be commissioned for verification. Social resources can be utilized to conduct energy efficiency and carbon efficiency diagnostics on oneself, so as to identify points with lower carbon efficiency for targeted carbon reduction. On the other hand, it is possible to fully utilize digital means to establish monitoring systems for energy consumption and carbon emissions at the enterprise level. A sound system should be developed for the management and use of energy resources and third-level measuring instruments, ensuring the accuracy, availability, and accessibility of carbon emission data, thereby facilitating targeted identification of carbon reduction opportunities.

4. Establishment of a Supporting System for Enterprise Carbon Emission Reduction Services

Currently, the transition of enterprises towards green and low-carbon development is primarily hindered by two key factors: technology and funding. From a technological standpoint, regulatory bodies should expedite the advancement of green and low-carbon technologies. This can be accomplished through targeted policies and incentive mechanisms aimed at bolstering the research, development, and enhancement of green technologies. Simultaneously, it is imperative to promote the transformation and dissemination of technological achievements. By constructing a classification and evaluation framework for green technologies, coupled with supporting platforms for achievement transformation, we can facilitate direct access to genuinely "fast and good" green technologies, thereby addressing the pressing demand. From a financial perspective, given that the current marginal costs of carbon emission reduction at the enterprise end far exceed the marginal benefits, enterprises face the dilemma of balancing development and emission reduction. Regulatory authorities can enhance the role of green funds in enterprise emission reduction through policies such as green finance and transformation finance. Additionally, it involves guiding financial institutions to increase their credit investment in enterprise green transformation. Furthermore, establishing a green technology repository and regularly publishing a list of green technologies will ensure the swift dissemination of relevant information to financial institutions. Lastly, incentivizing enterprises applying green technologies by providing subsidies can help reduce their financing costs through measures like interest subsidies for those utilizing green loans for green and low-carbon transformation. This approach aims to stimulate the proactive use of green technologies by enterprises.

5. Proactive Integration with Other Dual Control Systems for Carbon Emissions

It is necessary to promote in-depth integration of corporate carbon budget management with the carbon emission trading market, making the corporate carbon budget the benchmark and guidance for setting the total quota of the carbon trading market, and linking the supply-demand relationship of the carbon market to influence the setting and adjustment of carbon budgets. The integration of corporate carbon budget management with regional carbon budget management mechanisms should be advanced, decomposing regional carbon budget management targets to specific projects or enterprise levels, and promoting the achievement of regional carbon emission control targets through localized, specific efforts. It is also a must to drive the downward extension of corporate carbon budget management to product carbon footprint management, integrating the mechanism of fine-grained carbon emission management into the overall life cycle management of product manufacturing.

Author: The writing group of Zhejiang economic & information centre

Considerations and Suggestions on Project Carbon Emission Evaluation

I. Concept of Project Carbon Emission Evaluation and Its Domestic Practices

A. Concept of Project Carbon Emission Evaluation

1. Definition of Project Carbon Emission Evaluation

Carbon emission evaluation is a process of evaluating and measuring the emissions of CO_2 and other greenhouse gases from institutions, workplaces, projects, or policy measures, as well as their potential impacts. Project carbon emission evaluation aims to quantify the impact of greenhouse gas emissions from projects on the carbon emission control targets of the industry or region throughout the project's lifecycle. Typically, it involves calculating and analyzing the carbon emissions during the entire lifecycle of the project to identify major emission sources, assess carbon emission reduction potential, identify emission reduction measures, and develop strategies and measures to reduce carbon emissions.

2. Significance of Conducting Project Carbon Emission Evaluation

Project carbon emission evaluation is in line with the requirements of China's "dual carbon" goals policy. Fixed asset investment projects play an important role in driving investment and promoting economic development, but they are also a major source of carbon emission growth, especially for those projects with high energy consumption and high carbon emissions. China's *Action Plan for Reaching Peak Carbon Emissions by 2030* explicitly stated, Strengthen energy-saving review of fixed asset investment projects, conduct a comprehensive evaluation of project energy use and carbon emissions, and promote energy conservation and carbon reduction from the source.

Project carbon emission evaluation is one of the key approaches to achieving China's "dual carbon" goals. The introduction of the carbon dioxide peaking and carbon neutrality national strategy helps promote the transformation of traditional production and consumption patterns towards a new mode with higher quality and efficiency, as well as fairer, more sustainable, and safer development. In this transition process, project carbon emission evaluation can play an important role. By identifying high-carbon emission points, implementing source prevention, optimizing and adjusting the industrial layout, and promoting industrial technological upgrading, it is possible to effectively promote the transformation of productivity towards green and low-carbon development.

B. National Requirements for Project Carbon Emission Evaluation

The policy evolution of project carbon emission evaluation is intricately linked to the advancement of China's carbon emission control system.

During the "Eleventh Five-Year Plan" period, China established a reduction in unit GDP energy consumption as a binding indicator and explicitly proposed policy objectives related to greenhouse gas emission reduction in the *National Program on Climate Change*. According to this program, by 2010, China planned to achieve a reduction of about 20% in unit GDP energy consumption compared to 2005 to slow down the rate of CO_2 emissions. To ensure the realization of these goals, the revised *Energy Conservation Law of the People's Republic of China* further improved the energy conservation regulatory system, including the establishment of mandatory energy efficiency standards for energy-consuming products (equipment), the setting of unit energy consumption quotas for high-energy-consuming products, and the addition of an energy-saving assessment and review system for fixed asset investment projects.

During the Twelfth and Thirteenth Five-Year Plan periods, China officially set clear and specific targets for reducing carbon emissions, aiming for a "40%~45% reduction in CO_2 emissions per unit of GDP by 2020 compared to 2005". At the same time, carbon emission intensity targets were set as binding indicators in the development plans of these two periods. Since 2010, the National Development and Reform Commission has gradually carried out a series of pilot projects aimed at establishing low-carbon provinces (regions), cities, industrial parks, communities, and towns. The exploration and implementation of a CO_2 emission assessment system for fixed asset investment projects is one of the important components.

At the General Debate of the 75th Session of the United Nations General Assembly on September 22, 2020, General Secretary Xi Jinping announced that China aims to have CO_2 emissions peak before 2030 and achieve carbon neutrality before 2060. Since 2021, the state has made a series of deployments for its "dual carbon" goals, including "creating conditions to achieve the transformation from double control of energy consumption to double control of total carbon emissions and intensity as soon as possible", "improving the regulation of total energy consumption and intensity, focusing on controlling the consumption of fossil energy, and gradually transitioning to the double control system of total carbon emissions and intensity", and "taking the double control approach as a guide, promoting the gradual transition of double control on energy consumption to double control on carbon emission, and continuously advancing the green and low-carbon transformation of production methods and lifestyle choices". Subsequently, the Ministry of Ecology and Environment issued a series of documents, including the *Guiding Opinions on Strengthening Eco-Environment Source Prevention and Control for High-Energy-Consumption and High-Emission Projects* and the *Notice on Carrying Out Pilot Projects for Carbon Emission Environmental Impact Assessment of Key Industry Construction Projects*.

In 2023, the National Development and Reform Commission issued the *General Outline for the Compilation of Feasibility Study Reports for Government Investment Projects* (*2023 Edition*) and the *Reference Outline for the Compilation of Feasibility Study Reports for Enterprise Investment Projects* (*2023 Edition*), with the addition of a section on the impact analysis of "Peak Carbon and Carbon Neutrality Analysis". According to the new chapter, for projects with high energy consumption and emissions, based on the analysis of project energy and resource utilization, it is a must to predict and calculate the annual carbon emissions of the project and the carbon emission intensity of the main products, propose a project carbon emission control plan, specify the path and methods to reduce carbon emissions and analyze the impact of the project on the achievement of carbon peaking and carbon neutrality targets in the region.

In summary, since the Eleventh Five-Year Plan period, China has implemented a range of strategic initiatives for carbon emission control and has achieved the continuous reduction of CO_2 emissions per unit of GDP. At the same time, the policies for conducting project carbon emission evaluations have become increasingly defined, emphasizing that project carbon emission evaluation should be regarded as a key means for emission source control. This approach lays an important foundation for the practical implementation of project carbon emission evaluations.

C. Practices of Project Carbon Emission Evaluation

Before the proposal of the "dual carbon" goals, China has already initiated various diversified explorations of project carbon emission evaluations, and taken advantage of opportunities like the National Development and Reform Commission's low-carbon pilot programs and the launch of local carbon markets. The specific details are shown in the table below (Table 4-4-1).

After the proposal of the "dual carbon" goals, the Ministry of Ecology and Environment of the People's Republic of China has explicitly stated its intention to incorporate carbon emission impact assessment into the environmental impact assessment system. Particularly for industrial park environmental assessments where "two highs" (high energy consumption and high emissions) industries are predominant, efforts should be intensified to analyze carbon emissions and emission reduction potential, thereby promoting the development of parks towards green and low-carbon directions. Additionally, the active promotion of pilot environmental assessments of "two highs" projects is being pursued. This involves comprehensive consideration of the identification of pollution sources and carbon emissions, intensity calculation of emissions,

Table 4-4-1 Exploration of Carbon Emission Evaluation Models and Systems in Various Provinces and Cities

Main Mode	Regions of Implementation	Policy Framework	Main Contents and Practices
Project Carbon Emission Evaluation Mode for Carbon Trading Service	Guangdong Province	*Guangdong Province Carbon Emission Management Measures (Trial)*	When enterprises purchase compensated quotas, the results of project carbon emission evaluation are used as the basis. For new projects applying for compensated quotas, they need to submit energy-saving evaluation reports, energy-saving review opinions, and relevant data such as the estimated annual carbon emissions. The carbon trading competent authorities at the prefecture level and above will review the materials submitted by enterprises and submit the review results to the provincial-level carbon trading competent authorities for approval to determine the amount of compensated quotas that newly established project enterprises should purchase. At the same time, the competent authorities will directly evaluate the carbon emissions of new projects
	Fujian Province	*Interim Measures for Carbon Emission Rights Trading Management in Fujian Province*	
Project Carbon Emission Evaluation Mode Attached to Energy Conservation Evaluation	Beijing Municipality	*Beijing Municipality Measures for Energy Conservation Evaluation and Review of Fixed Asset Investment Projects (Trial)*; *Beijing Municipality Guidelines for Energy Conservation Evaluation and Review of Fixed Asset Investment Projects (2013 Edition)*	Integrate project carbon emissions assessment into the framework of energy-saving evaluations by incorporating pertinent criteria and metrics. When fixed asset investment project enterprises compile energy-saving evaluation documents (energy conservation special sections or energy conservation registration forms), they need to add content such as carbon emission calculation, evaluation, and control measures. Energy conservation review authorities will incorporate relevant opinions on carbon emissions into energy conservation reviews, and issue corresponding review opinions based on the carbon emission level of the project. Energy conservation supervision agencies will increase supervision and inspection of the implementation of carbon emission control measures during the process of supervising the implementation of energy conservation evaluation and review measures for fixed asset investment projects
	Wuhan City	*Notice on Adding Carbon Emission Index Evaluation in Energy Conservation Evaluation and Review of Fixed Asset Investment Projects in Wuhan Municipality*; *Guidelines for Carbon Emission Index Evaluation of Fixed Asset Investment Projects in Wuhan City*	
	Shijiazhuang City	*Regulations on Low-carbon Development Promotion in Shijiazhuang City*	

Continued table

Main Mode	Regions of Implementation	Policy Framework	Main Contents and Practices
Independent Project Carbon Evaluation System	Zhenjiang City	*Interim Measures for Carbon Emission Impact Assessment of Fixed Asset Investment Projects in Zhenjiang City*	Independent project carbon emission evaluation should be implemented based on existing energy and environmental evaluations and other pre-assessments. An index system should be established for project carbon emission evaluation from the four aspects of resource utilization, economic contribution, environmental benefits, and social benefits to conduct comprehensive evaluations of fixed asset investment projects and analyze the level of low-carbon development of the projects. Project carbon emission evaluation will be commissioned by the carbon emission administrative competent authorities to third-party agencies. Its conclusions will become necessary conditions for project review (approval, filing), and also an important basis for construction commencement and completion acceptance. Projects that fail to conduct carbon emission evaluation as required or whose evaluation fails will not be reviewed (approved, filed) by the investment competent authorities, and such projects shall not commence construction
	Nanchang City	*Regulations on Low-carbon Development Promotion in Nanchang City*	

feasibility demonstration of pollution and carbon reduction measures, and selection of different schemes, resulting in the optimal scheme of collaborative control. The Ministry of Ecology and Environment has also issued the *Notice on Conducting Pilot Environmental Impact Assessments of Carbon Emissions for Key Industry Construction Projects*, encouraging localities to explore incorporating project carbon assessment into the environmental assessment system in key industries such as iron and steel, petrochemicals, electric power, building materials, chemicals, non-ferrous metals, papermaking, printing and dyeing, among others. As of 2023, pilot projects have been initiated in Hebei, Guangdong, Hainan, Jiangsu, Shandong, Shaanxi, Chongqing, Fuzhou, Shanghai, and other places, with corresponding policy documents being released.

In summary, the pilot projects for conducting project carbon emission evaluations have several characteristics. Firstly, there must be clear management measures or evaluation guidelines for conducting pilot work. Secondly, there should be clear work processes and evaluation scopes. Lastly, the results of project carbon emissions should have practical application scenarios.

II. Opportunities and Challenges of Project Carbon Emission Evaluation in Zhejiang Province

A. Work Foundation of Project Carbon Emission Evaluation in Zhejiang Province

1. Preliminary Exploration of Policy and Institutional Frameworks

Zhejiang Province, along with some prefecture-level cities, has formulated multi-level (province, municipality, prefecture) policy and institutional frameworks tailored to local conditions, providing a solid policy foundation for the implementation of project carbon emission evaluation. At the provincial level, the *Implementation Opinions of the Zhejiang Provincial Party Committee and Provincial Government on Fully Implementing the New Development Concept and Doing a Good Job in Carbon Peaking and Neutrality* explicitly state the inclusion of carbon emission intensity into the "Heroes per Acre" and "Standardized Land" index system, initiating pilot carbon emission evaluation of construction projects. The *Guidelines for the Preparation of Carbon Emission Evaluation of*

Construction Projects in Zhejiang Province (*Trial*) specifies the implementation of project carbon emission evaluation in the environmental impact assessment of nine key industries including iron and steel and thermal power. At the local level, Nanxun District of Huzhou City issued documents such as the *Trial Plan for Carbon Evaluation of Fixed Asset Investment Projects in Nanxun District and the Guidelines for Carbon Evaluation of Fixed Asset Investment Projects in Nanxun District* to guide the implementation of project carbon emission evaluation work.

2. Solid Foundation in Digital and Intelligent Management Systems

The Zhejiang Province Online Approval and Supervision Platform for Investment Projects is the sole management service system within the province for the application and approval of investment projects. It has provided ample implementation conditions for conducting project carbon emission evaluations. Through three rounds of iterations, the platform has aggregated lifecycle information and data for all investment projects in the province requiring approval, verification, or filing, achieving a fully online approval process. Leveraging energy consumption data from the energy evaluation process, the platform can automatically calculate project carbon emissions through embedded algorithms. In particular, the application of "Project Carbon Account" on the provincial "dual carbon" smart platform, linked to the Online Approval and Supervision Platform for Investment Projects and based on energy-saving assessment as a screening criterion, has accumulated data for over 4,800 projects planned for production. This data includes basic information, energy consumption data by category, and carbon emission data, laying a solid data foundation for conducting project carbon emission evaluations.

3. Prominence in Green Finance and Technological Advantages

Zhejiang Province's pioneering exploration in green finance and green technology has provided potential application scenarios for conducting project carbon emission evaluations.

In terms of green finance, leveraging the carbon finance application built on the provincial "dual carbon" smart platform, the province can connect green and low-carbon enterprises and projects requiring support with institutions providing financial products, thereby achieving more precise and effective green finance services. At the local level, Huzhou has explored the introduction of financial products such as "Transformation Loans" and "Small and Micro Carbon Efficiency Loans" based on the framework of transformation finance standards. Similarly, Quzhou has pioneered the adoption of carbon accounts to underpin the labeling of corporate carbon emissions, facilitating financial institutions in providing categorized and graded green finance services.

In terms of green technology, the National Green Technology Trading Center, as China's only market-oriented national platform for green technology transactions, is fully committed to promoting the innovation and transformation of green technologies. It has facilitated nearly a thousand transactions of green technologies, attracting tens of billions of *yuan* in investment for the green industry.

B. Current Challenges

1. The Absence of Foundational Materials and Data Systems for Project Carbon Evaluation Impedes the Thorough and Meticulous Implementation of Carbon Emission Evaluations

Firstly, there is an absence of a comprehensive system for collecting carbon emission data. Although Zhejiang Province has established a data platform that aggregates energy consumption and carbon emission data for some projects, its scope is limited to projects undergoing energy audits and is confined to carbon emissions from the energy sector. Compared to the total number of projects, this accounts for a very small proportion. The majority of projects still face difficulties in obtaining energy consumption and carbon emission data, let alone information regarding carbon emissions during industrial production processes.

Secondly, there is a lack of reference values for project carbon emission evaluations. The complexity of various sub-industries within a project as well as the scarcity of detailed, industry-specific data render it difficult to accurately assess a project's environmental performance in comparison to its peers. Similarly, at the regional level, the unavailability of carbon emission intensity data impedes the precise quantification of a project's impact on regional carbon emissions and the progress towards attaining the regional carbon peaking goal.

2. Limited Policy Support and Practical Application Scenarios Hinder the Enforceability and Effectiveness of Carbon Emission Evaluations

Project carbon emission evaluations necessitate support from top-level design, yet the current positioning and role of these evaluations during the initiation and approval processes remain ambiguous. Despite the existence of policy mandates calling for their conduct, practical application scenarios remain scant. Based on previous situations, integrating carbon emission calculations within energy evaluation reports can potentially lead to a muddling of energy-saving and carbon reduction measures. When carbon emission evaluations are incorporated into environmental impact assessment reports, they often merely result in a self-declared calculation of project carbon emissions. Given the absence of a policy-binding force, the challenge lies in making project carbon emission evaluations genuinely useful, particularly in fostering a green, low-carbon, and high-quality layout of productivity. This is an issue that deserves urgent attention and resolution.

III. Reflections and Suggestions on Conducting Project Carbon Emission Evaluation in Zhejiang Province

There is a wide variety of project types and industries, each with its characteristics in terms of carbon emissions, making the heterogeneity quite evident. In order to construct a carbon emission evaluation system that is both promotable, operational, and highly accurate, it is necessary to first determine the appropriate scope of projects suitable for carbon assessment. Based on this foundation, a comprehensive carbon emission evaluation method should be formulated, along with establishing a reasonable and standardized process for carbon emission evaluation, further exploring the practical applications of the system.

A. Scope of Carbon Emission Evaluation

From a perspective of reasonableness and feasibility, three dimensions are primarily considered. Firstly, it is critical to pursue low-carbon development. Projects with high carbon emissions and high energy consumption significantly hinder Zhejiang Province's aspirations for achieving carbon peaking and neutrality. Therefore, it is imperative to promptly conduct carbon emission evaluations to seek scientifically sound carbon reduction strategies. Secondly, it is essential to comply with policy and regulatory requirements. In the *Outline for Feasibility Study Reports on Government and Enterprise Investment Projects*, the National Development and Reform Commission requires that "Two Highs" projects (i.e., projects with high energy consumption and emissions) should incorporate content on project carbon emission evaluation. The Zhejiang Provincial Department of Ecology and Environment explicitly states that project carbon emission evaluation should be included in the environmental impact assessment of nine major industries, including iron and steel and thermal power. Thirdly, a groundwork for implementation already exists. In sectors within Zhejiang Province that have participated in pilot projects for carbon emission environmental impact assessments, there is minimal resistance to moving forward with project carbon emission evaluations. As a result, projects within these sectors that possess adequate accounting data or the ability to acquire it should be prioritized for consideration.

B. Main Content of Project Carbon Emission Evaluation

To accurately reflect the project's carbon emissions and their implications for regional carbon peaking goal, a standardized approach is necessary for evaluating the project's carbon footprint. Given the influence on both the industry and the region, as well as the potential impact of carbon pricing mechanisms, it is advisable to undertake project carbon emission evaluations that focus on three key areas: the project's carbon productivity, the project's impact on regional carbon peaking goals, and the negative externalities associated with the project's carbon emissions. Specifically, the evaluation of project carbon productivity should aim to reveal the efficiency of generating economic benefits relative to carbon emissions. This will indicate the project's low-carbon performance and reflect the overall level of low-carbon development within the industry. When evaluating the project's impact on regional carbon peaking goals, it is crucial to focus on analyzing how the project will influence the carbon emission control targets in the area upon its completion. In addition, the evaluation of negative externalities resulting from carbon emissions should involve quantifying these impacts as costs or benefits, incorporating them into financial or national economic analysis, and assessing their impact on key economic indicators.

C. Workflow for Project Carbon Emission Evaluation

To smoothly progress the evaluation of carbon emissions, it is crucial to comprehensively consider all aspects pertaining to project carbon emissions and integrate them into a structured and closed-loop evaluation system.

The first approach is to clarify the evaluation process for conducting project carbon emission evaluations. This necessitates a comprehensive and transparent process that standardizes the participating project units and guarantees the precision and reliability of the evaluation work. Broadly speaking, the process can be divided into four stages: data acquisition, data verification, report compilation and approval, and result application.

The second approach is to issue clear and detailed guidelines for project carbon emission evaluations. This primarily involves outlining the writing guidelines and technical guidelines for project carbon emission evaluations. The writing guidelines should explicitly outline the scope of carbon evaluation, detail the necessary data to be submitted, and provide reference measures for decarbonization. The technical guidelines should standardize the content and format of project carbon emission evaluations, establish methodologies for calculating relevant indicators, and provide guidance on the selection of parameters and factors.

The third approach entails strengthening policy and technical support, with a focus on enhancing top-level design. Governments should take into account the practical operation of carbon emission evaluations during the formulation of relevant institutional documents, and provide comprehensive guidance. Furthermore, facilitating cross-platform sharing of relevant data is crucial for regulatory authorities to gain a thorough understanding of project realities, thereby promoting the progress and continuation of carbon emission evaluation work in the medium to long term.

D. Application Scenarios of Project Carbon Emission Evaluation

Given the current lack of policy binding force, the application scenarios of project carbon emission evaluations should primarily be examined from the perspectives of factors and markets, with a particular emphasis on ensuring the quality projects.

First of all, we should identify decarbonization opportunities and offer green finance and technological support. For projects falling below the industry average in carbon productivity, we can explore internal decarbonization potential through technological advancements and improved management practices. Through labeling and coding, governments can provide information on project carbon productivity to financial institutions, enabling differentiated financial supply. For projects that have the potential for technological decarbonization, governments can offer feedback to relevant research and development institutions, introduce support for green and low-carbon technologies to foster market-oriented progress.

Second, we should assess economic impacts and judge internal and external risks associated with projects. By incorporating the negative externalities of carbon emissions into economic analysis, we can quantitatively calculate the economic impacts of carbon pricing. This approach enables us to evaluate the impact of carbon pricing and develop measures in advance to enhance the project's resilience and profitability. In doing so, we can prevent asset stranding and proactively plan for contingencies.

Third, we should assess the project compatibility and assist in the regional carbon peaking process. If a project's carbon emissions significantly hinder the reduction of carbon intensity in the region and the achievement of carbon peaking and carbon neutrality goals, it is essential to promptly take relevant mitigation actions, or consider relocating the project to other more suitable areas.

Author: The writing group of Zhejiang economic & information centre

References

[1] Wu Yaping. Establishing a "Carbon Assessment" System for Investment Projects[J]. *China Investment* (*Chinese and English*), 2021(7): 70-71.

[2] Wang Shekun. On the Construction of China's Carbon Evaluation System[J]. *Northern Methodology*, 2022, 16(2): 27-36.

Reflections and Suggestions for Building a Product Carbon Footprint Management System Oriented Towards Serving Enterprises

Globally, there is a consensus on the need to tackle climate change and expedite the transition towards a green and low-carbon future. The product carbon footprint, as a new type of green trade barrier, is gradually attracting worldwide attention. Through analyzing the domestic and international practices of product carbon footprints and exploring the prominent issues faced by enterprises in carrying out carbon footprint management, this chapter proposes an overall framework for a product carbon footprint management system. This framework is oriented towards serving enterprises, utilizing local product carbon footprint databases as carriers, supported by standard specifications, and applied in carbon labeling scenarios. The aim is to provide ideas for establishing a product carbon footprint management system with characteristics specific to Zhejiang Province.

I. Domestic and International Practices of Product Carbon Footprint Management Systems

As globalization rapidly advances and environmental protection gains increasing global attention, the promotion and utilization of carbon footprint labeling have emerged as a new trend. In line with evolving international dynamics, developed countries have established green trade barriers through product carbon footprints, leveraging disparities in resource endowments, economic development stages, and unequal international labor division within industrial chains. These barriers have transformed into a new technological obstacle in international trade.

Many countries have initiated practices of promoting low-carbon transformation through carbon footprint management. In 2007, the United Kingdom took the lead in introducing the first batch of carbon-labeled products, including food and daily necessities, making it the first country globally to implement a product carbon labeling system. The following year, the British Standards Institution issued the *Specification for the Assessment of the Life Cycle Greenhouse Gas Emissions of Goods and Services* (PAS 2050:2008), the world's first standard for product carbon footprint method. Subsequently, 12 countries and regions including Japan, the United States, Canada, and the republic of Korea have also established their own carbon footprint labeling systems and related standard specifications. In 2018, the International Organization for Standardization (ISO) unified the standards for product carbon footprint evaluation by releasing the *Greenhouse Gases - Carbon Footprint of Products - Requirements and Guidelines for Quantification* (ISO 14067:2018), which is internationally recognized as the ISO standard for quantifying product carbon footprints. In 2021, the French National Assembly passed an amendment bill to add "carbon emission scores" labels to products, making France the first country to include product carbon labeling in legal texts. In the same year, the European Commission issued the "Eco-Design Directive", becoming the first international organization to apply carbon labeling to international trade. In April 2023, the European Commission adopted an agreement on the Carbon Border Adjustment Mechanism, proposing the imposition of taxes related to the carbon emissions of certain imported goods. The implementation of these policies has put pressure on Chinese export enterprises, increasing their operating costs, reducing the competitiveness of their export products, and squeezing their survival space. This has forced export enterprises to undergo green and low-carbon transformation to cope with the green trade barriers constructed internationally through carbon tariffs.

Enterprise engagement in product carbon footprint management is an essential means for enterprises to achieve green and low-carbon transformation. Faced with the dual pressures of international carbon trade barriers and domestic "dual carbon" strategic goals, enterprises have no choice but to prioritize product carbon footprint management, accelerate the pace of low-carbon transformation and upgrading, thereby striving for a healthy growth environment, significant competitive advantages, and sustainable development potential. In promoting enterprise green and low-carbon transformation and guiding enterprises to carry out carbon footprint management, the state has undertaken multiple work deployments.

In September 2021, the Central Committee of the Communist Party of China and the State Council issued the *Opinions on Fully Implementing the New Development Philosophy, Doing Well in Peak Carbon Emissions and Carbon Neutrality*, pointing out the need to formulate greenhouse gas emission standards for key industries and products and improve the system of low-carbon product standard labeling.

In October of the same year, the State Council issued the *Action Plan for Carbon Dioxide Peaking Before 2030*, further requiring the exploration of establishing standards for the full life cycle of key products' carbon footprints.

In November 2023, the National Development and Reform Commission and other departments jointly issued the *Opinions on Accelerating the Establishment of a Product Carbon Footprint Management System*, clarifying the overall requirements, key tasks, guarantee measures, and organizational implementation requirements for building a product carbon footprint management system, proposing a roadmap for the construction of the system, and responding to the urgent market demand for establishing such a system.

By formulating and improving the product carbon footprint management system, it is possible to effectively promote industrial upgrading and stimulate green consumption. At the same time, it will significantly enhance the competitiveness of overseas trade products, bring huge market opportunities for green and low-carbon enterprises, and lead to broader market demand and financial support for green and low-carbon products and related enterprises, supporting enterprises on the path of green and high-quality development.

As an export-oriented economy, Zhejiang Province is significantly affected by international green trade barriers. With numerous foreign trade enterprises, Zhejiang has a high demand for product exports. Once Western countries start to establish green trade barriers, the province's products will be noticeably impacted in export trade. In December 2021, the Zhejiang Provincial Committee of the Communist Party of China and the Zhejiang Provincial People's Government issued the *Implementation Opinions on Fully, Accurately, and Comprehensively Implementing the New Development Philosophy and Doing a Good Job in Achieving Carbon Peaking and Carbon Neutrality*. It proposed to accelerate the improvement of systems such as "carbon labeling" and "carbon footprint" and promote carbon-inclusive products such as carbon credits. In September 2022, the Office of the Leading Group for Carbon Peaking and Carbon Neutrality Work and the Office of the Leading Group for the Comprehensive Implementation of Standardization Strategy of Zhejiang Province issued a notice on the *Implementation Plan for the Zhejiang Province Carbon Peaking and Carbon Neutrality Work Standard System*, emphasizing the research and formulation of relevant standards for carbon footprints and carbon labeling to promote the entire process of low-carbonization in product design, procurement, production, sales, recycling, and reuse.

In October of the same year, Quzhou City launched the application of industrial product carbon footprints. The first batch of 90 companies completed modeling and accounting, effectively reducing the costs of enterprise carbon footprint accounting and third-party certification.

In March 2023, Shaoxing City issued the Implementation Plan for the Pilot Certification of "Carbon Footprint Labels" in the Textile Industry, proposing to adopt a collaborative approach between cities and districts to conduct pioneering explorations in standards, testing, certification, and other aspects, assisting enterprises in responding to international green trade barriers and guiding consumers to engage in green consumption.

In August 2023, the Zhejiang Economic Information Center and other institutions drafted the local standard of *Product Carbon Footprint Accounting Method* (*Draft for Solicitation of Comments*), formulating standardized specifications for product carbon footprint accounting that are in line with the reality of Zhejiang Province.

Meanwhile, industry associations in key industries in Zhejiang Province, such as textile printing and dyeing, new energy vehicles, and papermaking, are steadily advancing the research and formulation of relevant group standards.

These forward-looking work deployments and initiatives regarding carbon footprints have laid a solid foundation for Zhejiang Province to build a product carbon footprint management system and explore the realization of carbon emission management throughout the product chain.

II. Opportunities and Challenges in Implementing Product Carbon Footprint Management

A. Driving Forces for Enterprises to Implement Product Carbon Footprint Management

Responding to Green Trade Barriers. Under the current international situation, the gradual emergence of new green trade barriers constructed using carbon tariffs has become a new trend in international trade. In August 2021, the Canadian government announced plans to impose carbon tariffs on products imported from China that are produced using coal-fired electricity. In June 2022, the United States submitted the *Clean Competition Act*, proposing to impose taxes on commodities exported to the United States from countries with insufficient carbon emission reductions based on their corresponding carbon emissions. In February 2023, the European Union reached an agreement on the Carbon Border Adjustment Mechanism, imposing taxes on the carbon emissions of imported industrial products such as steel and cement. The implementation of these policies will directly impact the export competitiveness of enterprises, compelling them to establish and improve their product carbon footprint management systems to meet the compliance requirements of domestic and international environmental regulations and to avoid legal risks and economic penalties due to excessive carbon emissions.

Meeting the Demands of Industry Chain Customers. Globally, there is a growing consensus on the importance of promoting the establishment of labeling systems for product carbon footprints. Major multinational corporations also require carbon footprint certification and labeling from their products and suppliers, prompting enterprises to establish corresponding carbon footprint management systems to meet the green procurement needs of downstream customers. On the other hand, as industry leaders and chain-leading enterprises implement more aggressive carbon neutrality goals, the pressure for low-carbon environmental protection is transmitted throughout the entire industry chain, imposing stricter environmental standards on products from suppliers and partners and requiring them to provide carbon footprint data. This compels supply chain enterprises to conduct carbon footprint certification, disclose carbon emissions information, and promote energy conservation and carbon reduction throughout the entire supply chain. In this situation, if these efforts are not carried out effectively, enterprises may lose customers and markets.

Achieving Low-carbon Transformation. Under the "dual carbon" strategic goals, enterprises themselves must undergo green and low-carbon transformation to secure their own survival space. Enterprise low-carbon transformation presents new development opportunities as well as new competition. Under increasingly stringent climate policies from the government, enterprises that do not actively respond or formulate relevant emission reduction measures may face elimination from the market. At the same time, enterprises conducting carbon footprint management internally can fully explore the carbon reduction potential in production processes, and facilitate targeted energy-saving renovations, thereby enhancing the green level of enterprises and reducing product carbon footprints. Additionally, by disclosing carbon footprints, enterprises can showcase their social responsibility and green technology level to consumers and partners, establishing a sustainable development image and enhancing the competitiveness of their products.

Pressure from Consumers. As policies promoting green consumption gain traction and green consumption concepts become more widespread, consumers are increasingly aware and accepting of eco-friendly products. They are now more inclined to purchase low-carbon products that disclose carbon footprint data, thereby embracing a greener and low-carbon lifestyle. In recent years, the state has repeatedly proposed promoting green consumption, actively developing the green and low-carbon consumption market, and improving the production and promotion mechanism of green and low-carbon products. In this context, enterprises should seriously consider engaging in green and low-carbon production, enhancing green innovation levels, and expanding the supply of green products, so as to enhance the long-term competitiveness of their products in the market. This requires enterprises to conduct product carbon footprint management, and undergo carbon labeling certification to intuitively and positively showcase their green and low-carbon image.

B. Challenges Faced by Enterprises in Carrying Out Product Carbon Footprint Management

Insufficient Internal Drive within Enterprises. From the perspective of subjective awareness and consciousness, enterprises often prioritize economic benefits and lack a profound understanding of the importance of climate change and low-carbon transformation, as well as the impact of international green trade barriers such as carbon tariffs. Consequently, they are unwilling or passive in conducting carbon emission management. From the perspective of input-output within enterprises, engaging in carbon footprint management often implies investing more manpower, materials, and finances, inevitably leading to increased production costs and operational expenses, which may bring certain economic pressures to enterprises in the short term. In terms of their capabilities, conducting carbon footprint management and exploring the potential for carbon reduction in products to achieve low-carbon transformation often require technological innovation. Due to weak technological innovation foundations and a lack of professional technical personnel, enterprises find themselves eager but unable to effectively manage carbon footprints. Moreover, insufficient positive guidance on green consumption in the market and the absence of well-established incentive mechanisms have made it difficult for enterprises to gain market recognition for green products in the short term, directly affecting their motivation to conduct carbon footprint management and drive green transformation.

Difficulty in Data Acquisition. Accurately accounting for product carbon footprints requires tracking the entire life cycle from raw material acquisition, production, distribution and storage, product use, to end-of-life disposal, and accurately quantifying carbon emissions at each stage, placing higher demands on the completeness, accuracy, and traceability of data. Currently, due to the widespread lack of carbon emission management-related systems within enterprises, there are difficulties in obtaining actual carbon-related data, including issues with accuracy and traceability, especially concerning upstream product carbon emission data, which is particularly challenging to trace. This poses a significant challenge to the calculation of product carbon footprints. Meanwhile, due to the lack of relevant actual data, it is inevitable to rely on background databases. However, because of the absence of an authoritative background database domestically, enterprises often resort to internationally common databases like Gabi and Ecoevent, resulting in a lack of local specificity in carbon footprint calculations and making them prone to overestimation. As a consequence, this introduces significant uncertainty and undoubtedly increases the difficulty of calculating product carbon footprints.

Nonstandard Accounting Guidance. The standards widely used in the field of product carbon footprint are currently derived from international sources, such as ISO 14067 and PAS 2050. The research on domestic carbon footprint methodologies started relatively late. Although national, industry, local, and group standards related to carbon footprint have been issued in recent years, there are still issues such as a small number of product carbon footprint standards, incompleteness, limited application, and immature carbon footprint evaluation work. This results in enterprises still facing problems such as unclear accounting boundaries, unscientific methods, and unclear data quality requirements when calculating product carbon footprints. In this context, the carbon footprint results calculated by enterprises are difficult to be internationally recognized. Consequently, they have to rely on foreign relevant agencies and the high emission factor limits set by them, leading to emissions significantly higher than the actual values and further increasing the burden of carbon tariffs. Therefore, the formulation of internationally recognized and scientifically unified standards and specifications poses a significant challenge for enterprises to carry out carbon footprint accounting.

Unsound Policy Safeguards. Although national and provincial documents related to carbon footprint management have proposed policies to promote carbon footprint and carbon labeling in fiscal, financial, and market aspects, so as to incentivize enterprises to carry out carbon footprint and carbon labeling work, the relevant mechanisms are still being actively promoted and require time to be implemented. There are still certain shortcomings in institutional safeguards. Furthermore, due to the lack of well-established policies and systems for carbon labeling certification and application, enterprises lack unified guidance when conducting product carbon footprint certification, and the carbon labeling obtained after certification makes it difficult to get international recognition and application. In addition, although the government has paid attention to guiding the public towards green consumption in recent years, consumers' awareness of green products and green consumption is still insufficient, and their willingness to consume green low-carbon products is not high. Even if carbon footprint management is carried out and carbon labeling certification is obtained, the influence and competitiveness in the market are still limited, resulting in the weak subjective willingness of enterprises to carry out carbon footprint management.

III. Reflections and Prospects on Product Carbon Footprint Management

Both enterprises and governments must collaborate to cultivate a carbon footprint management system that aligns with provincial conditions, national standards, and international norms. Enterprises need to strengthen their actions to enhance carbon emission management. The government, on the other hand, needs to offer guidance, technical support, and incentive mechanisms. With regards to establishing a product carbon footprint management system in Zhejiang Province, the following considerations and suggestions are proposed:

At the enterprise level, efforts should be made to enhance carbon emission management. Proactive measures should be taken to advance carbon emission management and accelerate the promotion of green and low-carbon transformation. Firstly, it is necessary to establish a dedicated department for carbon emission management to standardize the handling of carbon-related issues and processes, and timely track the forefront dynamics and specific requirements in the field of carbon footprint domestically and internationally. Secondly, it is crucial to attract professional personnel to oversee carbon-related data management, thereby guaranteeing data quality and laying a robust foundation for effective product carbon footprint management. Thirdly, the enterprises should explore the establishment of enterprise-level standards and specifications to regulate issues such as data collection, measurement, and allocation, addressing difficulties in data collection and poor data quality caused by incomplete standards and inaccurate measurements. Finally, the enterprises should carry out carbon footprint management, strengthen the monitoring of carbon emissions at various stages of production, continuously reduce product carbon emissions, and gain competitive advantages for sustainable development.

At the government level, it is imperative to strengthen capacity building and provide guidance for the establishment of a standardized system for carbon footprint and carbon labeling. The government can start from a systematic and global perspective, combined with the actual situation of Zhejiang Province, to establish a carbon footprint standard system that is coordinated with international and national standards. The "general rules + industry + product" model can be adopted for the design of product carbon footprint standards, covering aspects such as accounting, evaluation, and certification. In the construction sequence of the standard system, priority can be given to focusing on export products most affected by green trade barriers, as well as products of key concern in international and domestic markets. It is advisable to actively involve various parties such as industry associations, enterprises, research institutes, and technical institutions, to carry out the development of carbon footprint-related standards, and continuously conduct reviews, publish, and organize the implementation of relevant standards. At the same time, timely seminars should be organized to select some technically advanced and mature group standards and local standards, gradually elevating them into industry standards and national standards.

The government should enhance the data foundation and spearhead the establishment of a comprehensive product carbon footprint database. By ensuring the use of scientific and standardized methods, coupled with accurate and dependable data, the government aims to develop a publicly accessible and enterprise-oriented database that serves as a cornerstone for enterprises to conduct product carbon footprint accounting and carbon labeling certification. In terms of construction mode, the "government standard guidance, market independent practice" model can be adopted to guide industries and enterprises to lawfully and compliantly collect real-world data on key products in the province to support the construction of a carbon footprint background database. In terms of functionality design, functional modules should revolve around the needs of both enterprises and the government. For the enterprise service end, it is suggested to provide full-process public services such as accounting, evaluation, and certification, supporting enterprises in tracing real-world data upstream in the supply chain and conducting self-declarations of carbon footprints. For the government management end, it can focus on key products, develop statistical analysis functions, and provide decision-making support for industrial optimization and factor support. At the same time, following international data quality assessment principles, a carbon footprint data quality assessment system should be constructed to continuously improve data quality.

The government should standardize carbon labeling certification and actively promote the application of carbon labeling. The government should expedite the research and formulation of the Zhejiang Province Product Carbon Labeling Management Measures, clarify the scope of application, label styles, certification processes, management requirements, etc., to standardize the carbon labeling certification process. Simultaneously, relevant incentive measures and policy documents should be developed to encourage enterprises to voluntarily engage in product carbon labeling practices based on market principles, guiding them to use carbon labels on products, packaging, and advertisements. Encouragement should be given to large-scale supermarkets, and e-commerce platforms to procure and sell carbon-labeled products, facilitating the smooth flow of sales channels. Additionally, in the consumer sector, it should strengthen support of green consumption policies and advocacy of green consumption concepts, focusing on large consumer goods such as electronic products, household appliances, and new energy vehicles, to systematically promote the widespread application of carbon labeling in the consumer goods sector. Furthermore, exploring the inclusion of carbon footprint management requirements into government procurement demand standards can expand the purchasing power for products labeled with carbon footprints, thereby broadening the market scope for the promotion and application of carbon labeling.

The government should enhance financial support and increase support for green financial services. It should establish a sound mechanism for diverse investment fund guarantees and increase financial support from public funds. For enterprises and relevant institutions engaged in carbon footprint and carbon labeling management, improving relevant incentive measures and financial policies can alleviate the economic pressure they may face during the process. Additionally, actively guiding banks and other financial institutions to continuously introduce green financial products linked to product carbon footprints can provide more favorable financing channels for enterprises engaged in carbon footprint management. Exploring the use of carbon footprint accounting results as important criteria for green finance and transformation finance can provide financial support for enterprises and individuals engaged in the production, sale, and purchase of carbon-labeled products.

Finally, the government needs to strengthen regional mutual recognition and promote international alignment. Domestically, active efforts can be made to facilitate mutual recognition with regions such as the Yangtze River Delta and the Guangdong-Hong Kong-Macao Greater Bay Area, promoting the establishment of normalized communication mechanisms to enhance policy communication, academic exchanges, talent training, and other activities, thus establishing a sound product carbon footprint management system. Concurrently, efforts can be made to promote the mutual recognition and sharing of carbon footprint data between the Zhejiang Province Carbon Footprint Database and regions such as the Yangtze River Delta and the Guangdong-Hong Kong-Macao Greater Bay Area, pioneering exploration in establishing domestically mutually recognized data-sharing carbon footprint databases. Based on this foundation, active efforts should also be made to engage in communication and coordination with international methodologies research, standard formulation, and database construction, to promote the alignment and mutual recognition of accounting rules and certification results.

Author: The writing group of Zhejiang economic & information centre

PART FIVE RESEARCH MONOGRAPHS

Urgent Need to Advance Green and Low-Carbon Technology

Advanced green and low-carbon technology is a pivotal force driving the comprehensive transformation towards a green and low-carbon economy and society. During the "14th Five-Year Plan" period, China's ecological civilization construction has reached a critical phase, with a strategic focus on carbon reduction. The research and development, promotion, and application of green and low-carbon technologies are essential in supporting the green transformation and enhancing the quality of the ecological environment. The report of the 20th National Congress of the Communist Party of China explicitly calls for a proactive and cautious approach to peak carbon emissions and achieving carbon neutrality. It underscores the importance of developing green and low-carbon industries and accelerating the research and application of energy-saving and carbon-reduction technologies. In 2023, the National Development and Reform Commission and ten other ministries jointly issued the *Implementation Plan for Green and Low Carbon Advanced Technology Demonstration Project*, further clarifying the direction, protective measures, and organizational methods for the implementation of the demonstration projects. This provides robust policy support for accelerating the industrialization of technologies, bolstering the development model of new green and low-carbon industries, and fostering high-quality industrial competition. The green and low-carbon industry will thereby be ushered into a golden age of development and transformation.

I. Advanced green and low-carbon technologies: A Crucial Step Towards China's "Dual-carbon" Goals

In the context of global efforts to address climate change and promote green development, countries worldwide have set ambitious carbon reduction targets and formulated strategies for a green and low-carbon transition. We are now witnessing an unprecedented period of active development for global green and low-carbon technologies. These technologies are not only related to the effectiveness of mitigating climate change, but also serve as an important support for economic and social sustainable development. A new round of technological revolution and industrial transformation is profoundly impacting the global innovation landscape and economic structure, reshaping the new trends of international competition and cooperation.

Leapfrog technology development is essential for green and low-carbon transformation. Considering China's current stage of development, the country remains in the middle of its industrialization and urbanization. There is a significant coupling relationship between economic development and both energy consumption and carbon emissions. To achieve the dual goals of sustainable economic and social development while attaining carbon neutrality, and to realize high-quality development alongside robust environmental protection, it is imperative to leverage technological innovation. This innovation should aim to decouple the tight link between economic growth and carbon emissions. In the energy sector, it is essential to accelerate the development and iteration of low-carbon and zero carbon energy production technologies, support the clean and efficient utilization of fossil fuels, as well as to vigorously advance the development of emerging industries such as advanced power grids, efficient energy storage, and hydrogen energy. In the industrial sector, efforts should be made to promote energy-saving and emission-reducing technology upgrades in key industries, including steel and iron, construction materials, non-ferrous metals, and petrochemicals, and to orderly develop clean fuels and negative-emission technologies. In the construction sector, it is important to promote the integration of photovoltaics into building designs, alongside the adoption of ultra-low energy consumption technologies and those that enable nearly zero energy buildings. In the transportation sector, emphasis should be placed on constructing low-carbon (and even zero carbon) transportation hubs, including airports, port terminals, and port areas. Additionally, there should be a focus on developing green and low-carbon technologies for vehicles, ships, and aircraft. Furthermore, efforts should target specific urban, industrial and other settings, focusing on the development of energy system optimization and coupling technologies for resource recycling, with the goal of achieving systematic emission reductions. These technologies complement each other and work together to support the achievement of green and low-carbon transformation goals.

Advanced green and low-carbon technology is the engine of global green transformation. In recent years, countries worldwide have introduced policies to promote the development of their domestic green and low-carbon industries. These policies include direct subsidies, preferential loans, and other forms of industry support. Green and low-carbon technologies are advancing alongside artificial intelligence, 5G communications, quantum information science, semiconductors, and biotechnology. Together, they constitute the core areas in the current global technological race. In the United States, the Biden administration has issued the *Tackling the Climate Crisis at Home and Abroad* Executive Order, aiming to comprehensively strengthen the research and promotion of clean technologies. The US Department of Energy and the House Committee on Energy and Commerce have successively launched the *OPEN 2021 Funding Opportunity Announcement* and the *CLEAN Future Act*, with investment of $100 million and $100 billion, respectively, to support the R&D of low-carbon energy technologies. The aim is to catalyze a transition towards a clean energy economy for states, cities, communities, and businesses. French President Emmanuel Macron has announced the "France 2030" Investment Plan, which aims to increase investment in research and development in sectors such as nuclear energy, hydrogen energy, renewable energy, and low-carbon transportation. The plan is designed to reshape France's industrial landscape and achieve a green and low-carbon economy. In the United Kingdom, the Department for Business, Energy and Industrial Strategy has established the "Net Zero Innovation Portfolio" fund. With a total investment of £1.3 billion, it is intended to accelerate research and commercialization of key green, low-carbon technologies in sectors including energy, buildings, and industry, supporting the UK's goal to achieve net-zero emissions by 2050. Additionally, the Green New Deal, introduced by the South Korean government under the administration of Moon Jae-in, and Japan's Cabinet-approved Basic Policy for the GX (Green Transformation), both showcase the nations' strong commitment to and significant investment in the field of green and low-carbon technologies. These policies and initiatives not only aid countries in achieving their individual green development goals but also lay a robust foundation for global collaboration and competition within the realm of green and low-carbon technologies and industries.

Advanced green and low-carbon technologies are pivotal for the global green transformation and represent a critical pathway for China to attain high-quality development and stringent environmental standards. As a key domain in the current global technological race, securing a leading position in global green and low-carbon technologies and industries is of paramount importance for the future of international trade and the geopolitical and economic landscape.

II. Engineering Demonstrations: An Effective Method for Promoting Advanced Green and Low-carbon Technologies

It is critical to focus on core issues and set clear priorities, enabling breakthroughs that drive overall progress, in the face of wide-ranging and varied challenges posed by technological advancements. From a practical standpoint, technological development generally progresses through three stages: research and development, pilot testing and demonstration, and widespread adoption. The phase from "stepping out of the laboratory" to full commercialization is especially challenging. It often lacks adequate support, posing a significant barrier to the practical application of technology. Due to the high costs, lengthy development cycles, and significant risks associated with advanced green and low-carbon technologies, the barrier to their implementation has also increased. As a result, investors tend to be cautious about investing in these areas. Especially during the concept validation stage of technology commercialization, projects are often characterized by high uncertainty and encounter low market acceptance, which makes it difficult for the technology to attract market investment. Furthermore, although an initial policy support framework has been established, the policies lack strong coordination, effective execution, forward-looking planning, and specificity. Additionally, the provision of essential resources, such as land and energy, along with other environmental considerations, is inadequate and requires urgent reinforcement and guidance.

Therefore, implementing demonstration projects of green and low-carbon technologies can be beneficial. These projects should be technologically advanced and have significant emission reduction effects, setting good examples and demonstrating synergistic effects in both pollution and carbon reduction. Such demonstrations can effectively bridge the gap between technology R&D and commercial application, thereby accelerating the commercialization process. As the technology iterates and upgrades, the demonstration project will further optimize and enhance the technologies, advancing them towards maturity and facilitating their commercialization and promotion. This process fully demonstrates the practical benefits and potential value of advanced green and low-carbon technologies, thereby increasing their market acceptance and improving their risk resilience. China's successful experiences in high-tech sectors, including photovoltaic power generation, semiconductor lighting, the BeiDou Navigation Satellite System, and high-speed railways, have demonstrated the crucial role of new technology industrialization in accelerating technological innovation and enhancing market acceptance. This proven and effective model for new technology application significantly accelerates the industrialization process of technology and cultivates new drivers of green and low-carbon economic growth.

Simultaneously, demonstration projects are beneficial for refining the business models and policy environments that support the development of emerging green and low-carbon industries and sectors. The transformation of scientific and technological achievements into practical applications is essential for driving industrial upgrades and economic progress, particularly as disruptive technologies can swiftly give rise to new industries, revolutionizing various aspects of human life, industrial production, and commercial consumption. Internationally, long-term strategies for the industrialization of key technologies have been developed, with research and development plans formulated and financial support allocated. By implementing innovative projects, demonstration projects serve a dual purpose: they not only highlight the practical benefits of advanced technologies but also lay the groundwork for business model innovation. Governments support the construction of demonstration projects by providing policy support and funding, guiding the efficient allocation of market resources. Markets, through the successful implementation of demonstration projects, actively provide feedback that promotes the commercial adoption of technology and fosters innovation and vitality within the market. This positive interplay between government guidance and market-driven forces not only accelerates the development and growth of new green and low-carbon industries and sectors but also lays a solid foundation for the green transformation and sustainable development of society as a whole.

China's over forty years of experiences with reform and opening up prove that demonstration projects have played a crucial role in promoting the development and transformation of advanced technologies. They are not only an effective means to promote the application and broader adoption of these technologies, but also a key strategy for securing competitive advantages within green and low-carbon industries. By refining the construction and management of demonstration projects in green and low-carbon technologies, we can fully harness their positive impact on green transformation and sustainable development, which will strongly support the development of our country's green economy.

III. Accurately Pinpointing Major Trends in Current Advanced Green and Low-carbon Technologies

The development of green and low-carbon technologies requires adherence to comprehensive working principles and targeted support directions. In terms of areas, the development should focus on key areas such as energy, industry, construction, transportation, to promote the application of advanced and applicable technologies that address carbon emission reduction at the source, during the process, and facilitate carbon sequestration at the end of the industrial chain. In terms of the innovation chain, the focus should be on advanced and applicable technologies that are technically mature but have not yet been widely commercialized, with the aim to accelerate the transformation of scientific and technological achievements into industrial applications. Based on these two principles, advanced green and low-carbon technologies can currently be categorized into three major categories: source carbon emission reduction, process carbon emission reduction and end-of-pipe carbon sequestration.

(1) Source Carbon Emission Reduction

The primary focus of source carbon emission reduction is in the energy production sector, emphasizing comprehensive carbon reduction for the economy and society through the green and low-carbon transformation of energy supply. This includes advanced demonstration projects utilizing non-fossil energy sources, such as high-efficiency photovoltaic panels, large-capacity solar thermal power generation, high-capacity wind power, and the use of shallow geothermal energy for heating and cooling. Additionally, it supports demonstration projects on clean and efficient coal power, comprehensive regulation of new energy power generation, rapid start-up, shutdown and deep peak load regulation for coal power, and low-carbon (nearly zero carbon) oil and gas field demonstrations. Furthermore, the focus extends to advanced grid, energy storage, and green hydrogen demonstration projects that are more compatible with the evolving energy supply systems of the future.

(2) Process Carbon Emission Reduction

Process carbon reduction primarily involves emission reduction projects in key industries and significant scenarios, with a focus on enhancing the greening of production methods. Examples of process carbon reduction demonstration projects include zero carbon steel and iron smelting, low-carbon non-ferrous metal smelting, advanced low-carbon petrochemical processes, and modern coal chemical industries. They also encompass digital green synergies aimed at carbon reduction, as well as green data center demonstrations that achieve zero carbon or near-zero carbon emissions standards. In the construction sector, advanced demonstration projects have been deployed for entire buildings, including ultra-low energy buildings and near-zero-energy buildings. Additionally, there are demonstration projects for new types of low-carbon and zero carbon building materials, including innovative cementitious materials, low-carbon concrete, and advanced bio-based materials. In the transportation sector, further examples include comprehensive green transformation demonstrations at transportation hubs, the development of intelligent transportation systems, and the production and supply of green transportation vehicles and fuels, among others.

(3) End-of-Pipe Carbon Sequestration

End-of-pipe carbon sequestration primarily refers to projects that capture, utilize, and store carbon dioxide, with a focus on reducing or sequestering carbon dioxide emissions after the production process. Given the variety of industries and process routes involved, these projects are categorized into three types: full-scale, advanced capture, and resource utilization. Full-scale projects target sectors such as petrochemicals, coal chemicals, coal-fired power generation, steel and iron, non-ferrous metals, building materials, and oil extraction. These initiatives support comprehensive, large-scale projects that include the capture, transportation, utilization, and storage of carbon dioxide, with specific requirements for the quantities of storage and utilization. Advanced capture projects aim to employ innovative processes, equipment, solvents, or materials to efficiently and cost-effectively capture low-concentration carbon dioxide. Meanwhile, resource utilization and carbon sequestration demonstration projects concentrate on transforming carbon dioxide into other products through chemical reactions. The combination of carbon reduction at the source, carbon reduction during processes, and end-of-pipe carbon sequestration establishes a complete closed-loop system.

This system fosters a synergistic approach to carbon control and reduction across the entire lifecycle.

IV. Developing a Comprehensive Support System for Green and Low-carbon Technology Demonstration Projects

To promote the implementation of green and low-carbon technologies, it is necessary to further strengthen government guidance and establish comprehensive protective measures and incentive mechanisms. When addressing the uncertainties that arise in the development of new industries and business models, enhancing the protection of various factors of production is crucial. This contributes to providing robust support and highly targeted strategies, which in turn effectively boosts confidence in the commercial market and policy environment.

Firstly, it is necessary to improve the fiscal incentive mechanism. For demonstration projects that are classified as fixed asset investments, it is essential to actively coordinate the use of existing central budget investment channels to support eligible demonstration projects. This includes incorporating the infrastructure construction projects of eligible green, low-carbon, and advanced technology demonstration projects within the scope of local government special bonds support. Additionally, local finances that meet the necessary conditions are encouraged to enhance their support for the construction of relevant projects through budgetary investment and other financial channels.

Secondly, it is important to enhance financial policy support. The concept of integrating an efficient market with proactive government involvement must be resolutely implemented. As tools that support carbon reduction are being broadly utilized, governments should guide financial institutions to provide funding for eligible projects. Additionally, support for demonstration projects should be strengthened through green finance and transition finance products, such as climate investment and financing projects. This approach organically integrates carbon reduction tools, green finance, transition finance, and climate investment tools with market projects, addressing the mismatch between available funding and the projects that require it. Furthermore, implementing insurance compensation mechanisms, such as those for the nation's first (sets of) major technological equipment, can effectively mitigate the technical and market risks associated with the project.

Thirdly, it is essential to establish more favorable conditions that ensure the protection of resource and environment. During the technology implementation and promotion phase, bolstering the security of key project elements, such as energy and land use, will effectively alleviate many concerns regarding project execution. Specifically, by calculating energy consumption and carbon emissions across the project's entire lifecycle, and prioritizing carbon emission reduction in energy-saving assessments, we can enhance the confidence in energy use efficiency. Furthermore, encouraging local flexibility in land supply methods—such as offering flexible lease terms, long-term leasing options, lease-before-sale arrangements, and lease-sale combinations—will bolster the security of land use provisions.

Fourthly, it is beneficial to focus on enhancing the coordinated benefits derived from policies. The transformation of scientific and technological achievements is a complex process that involves multiple factors, including funding, technology, talent, and information, each corresponding to different government departments. Effective coordination and cooperation among these entities, along with the efficient allocation of resources across various factors, are crucial for the steady and smooth progression of this transformation. To reinforce the coordinated efforts among all involved parties, a list of technical projects will be distributed to various regions, relevant departments, and financial institutions. This unified approach encourages all units to provide consistent policy support, thereby significantly amplifying the impact and effectiveness of these policies.

Fifthly, it is crucial to enhance the dissemination of best practices. The promotion of green and low-carbon technologies that demonstrate significant commercial potential and exemplary effectiveness should be amplified. These technologies and industries should be integrated promptly into key policy documents, including the Catalogue for Guiding Industry Restructuring, the Green Industry Guide Catalogue and the Green Technology Promotion Catalogue, which will facilitate the replication and expansion of successful experiences and practices. This initiative will undoubtedly serve as an accelerated pathway, expediting the marketization process and bolstering market confidence in emerging technologies as they transition from the lab to the marketplace.

V. Conclusions

In the critical transition from quantitative to qualitative improvements in ecological and environmental conditions, green and low-carbon technologies emerge as a key driver of the global move toward sustainable development. These advanced technologies are increasingly essential in optimizing the economic structure, initiating technological innovation, and propelling industrial transformation. Furthermore, they hold significant sway over the future dynamics of international trade and the geopolitical economic landscape Previous practices have conclusively demonstrated that demonstration projects are instrumental in the industrial application of technology. They effectively promote the widespread adoption of advanced, practical technologies and foster a robust, interdependent model characterized by government guidance and market leadership. To fully accelerate the industrialization of technology and achieve the ambitious goal of carbon reduction across the economy and society, it is essential to uphold rigorous working principles, define a clear strategic target, and establish a robust and dependable support framework for production factors. These initiatives will collectively drive the vigorous development of green and low-carbon technologies, create new competitive edges in pursuing the "dual carbon" goals, and provide steadfast support for the nation's objectives to peak carbon emissions and achieve carbon neutrality. They will also infuse new impetus into the green economy, propelling the economy and society onto a path of high-quality development.

Author: Mu Qijian[1], Li Haoming[2]

1 Mu Qijian, serves as the Director of the Climate Change Division within the Resource and Environment Industry Department at China International Engineering Consulting Corporation. He holds a Ph.D. in Management and has been conferred the title of Associate Researcher.

2 Li Haoming, Senior Engineer in the Climate Change Division within the Resource and Environment Industry Department at China International Engineering Consulting Corporation.

Practice and Reflections of Transition Finance in Zhejiang Province

The promotion of low-carbon transformation in high-carbon industries serves as a key lever and an inevitable path towards achieving the "dual carbon" goals. Transition finance can provide vital financial services to enterprises with high carbon intensity and significant environmental impact, exhibiting greater flexibility and adaptability in terms of service targets. Besides, it serves as a crucial complement to the green finance system. As a pilot zone in green finance reform and development, Zhejiang Province makes full use of the first-mover advantages of the green finance reform pilots in Huzhou and Quzhou, explores innovative practices in transition finance through the coordination between the province and its cities and the combination of point and area approaches, and strives to facilitate the orderly and effective connection between green finance and transition finance. All these efforts have laid a solid foundation for the building of a provincial transition finance system and the reinforcement of financial support for the low-carbon transformation of high-carbon industries in the next step.

I. Significance of Developing Transition Finance

On September 22, 2020, General Secretary Xi Jinping solemnly pledged at the 75th Session of the UN General Assembly that China "will strive to peak carbon dioxide emissions before 2030 and achieve carbon neutrality before 2060". It was pointed out in the report to the 20th National Congress of the Communist Party of China that "a green and low-carbon economy and society are crucial to high-quality development". Internationally, structural adjustment and industrial upgrading are critical to achieving carbon peaking and carbon neutrality. For example, developed countries such as the US, the UK, and Japan had industrial value-added proportions of around 25% and service industry value-added proportions of around 70% when reaching carbon peaking. In 2022, China's industrial value-added proportion was 33.2%, and the service industry value-added proportion was 52.8%. To smoothly achieve the "30 · 60 goals", China must resolutely implement the *Working Guidance for Carbon Dioxide Peaking and Carbon Neutrality in Full and Faithful Implementation of the New Development Philosophy* of the CPC Central Committee and the State Council, and vigorously promote the transformation and upgrading of industrial structure.

Different from green finance which primarily supports "pure green" or "deep green" economic activities, transition finance provides financial support for market entities, economic activities, and asset projects under low-carbon and zero carbon emission transformation, especially in traditional carbon-intensive and high-environmental impact fields. The People's Bank of China attaches great importance to transition finance.

In November 2022, the People's Bank of China took the lead in formulating the *G20 Transition Finance Framework*, establishing five pillars of transition finance, including "approaches to identification of transitional activities and investments, reporting of information on transition activities and investments, development of transition-related financial instruments, designing incentive policy measures and just transition", providing guidance for local governments' promotion of innovative development of transition finance in the next stage. As the birthplace of the idea that "lucid waters and lush mountains are invaluable assets", Zhejiang has always attached great importance to low-carbon development. In particular, it has further accelerated its pace of low-carbon transformation since the proposal of the carbon peaking and carbon neutrality goals.

In December 2021, Zhejiang Provincial Party Committee and Government promulgated the *Guidance for the Implementation of Carbon Dioxide Peaking and Carbon Neutrality in Full and Faithful Implementation of the New Development Philosophy*, proposing to accelerate the establishment of a carbon peaking system in "6+1" fields, with a target of lowering its carbon emission intensity by over 65% by 2030 from the 2005 level. The comprehensive deployment of carbon peaking and carbon neutrality work implies unprecedented and broad prospects for development in the field of low-carbon transformation, especially in key fields such as industry, energy, buildings, transportation, and agriculture, where there is a huge demand for funds for transformation and development and an urgent need of vigorous support from transition finance.

II. Exploration and Practice of Transition Finance in Zhejiang

Since 2021, Zhejiang has given full play to the first-mover advantages of the green finance reform and innovation pilots in Huzhou and Quzhou. Following the work approach of "piloting first and expanding gradually", Zhejiang has actively conducted beneficial explorations and innovative practices in key fields such as the policy framework, standards and specifications, product innovation, information disclosure, and incentive policies and constraints of transition finance, focusing on promoting the orderly and effective connection between transition finance and green finance.

A. Actively Building the Policy Framework System for Transition Finance

At the provincial level, five departments, including the People's Bank of China Zhejiang Provincial Branch, jointly issued the *Guidance on Financial Support for Carbon Peaking and Carbon Neutrality* in May 2021, explicitly outlining the goal of "supporting the low-carbon transformation of enterprises with high carbon intensity", while promoting localities and cities in the province to carry out "Five-One" initiative for transition finance implementation according to their local conditions. This initiative comprises the identification of a pilot industry, the development of a catalog for industries eligible for transition finance support, the innovation of transition finance products, the introduction of supporting policies, and the establishment of a mechanism for disclosing transition finance information. Huzhou City issued the *Implementation Opinions on Deepening the Construction of Green Finance Reform and Innovation Pilot Zone and Exploring the Building of a Transition Finance System*. Focusing on the financial needs of low-carbon transformation of carbon-intensive industries, the development of high-carbon and high-efficiency enterprises, and the application of low-carbon transformation technologies, it outlined several key tasks such as institutional standards, incentive policies, product services, and risk prevention and control. Quzhou City issued the *Implementation Opinions on Deepening Carbon Account-based Transition Finance Work*, explicitly proposing to guide the financial system to support the orderly transformation of key industries through the implementation of five projects of enhanced foundation of transition finance, incentives, innovation, digital intelligence governance, and industry-research institute cooperation.

B. Exploring the Establishment of a Standard System for Transition Finance

Focusing on its "8+1" high-carbon industries[1], Huzhou City, by adopting a "white list" and "technology neutrality" approach, formulated the *Huzhou Directory of Activities Supported by Transition Finance (2023 Edition)*, specifying 37 subdivided industries and 106 low-carbon transformation technological paths supported by transition finance. It not only provides clear directions for corporate technological changes in the future but also reduces the difficulty for enterprises and financial institutions to use the directory. At the same time, it also formulated complementary local norms for transition finance such as *Guidelines for Target Planning of Key Industry Transformation and Outline for the Formulation of Transformation Plans for Financing Entities*. Quzhou City studied and formulated local norms for carbon account building in five sectors such as industry, agriculture, building, transportation and energy to provide carbon information support for the development of transition finance; at the same time, it also developed a transition finance support directory for industries such as chemical engineering and papermaking. By selecting the carbon account data of above-scale enterprises in chemical engineering and papermaking industries, industry carbon emission benchmarks are established to guide enterprises in the corresponding industries setting transformation goals and pathways.

On the basis of local pilots, at the beginning of 2024, Zhejiang Association

1 Eight traditional key industries: textiles, papermaking and paper products, chemical raw materials and chemical products manufacturing, chemical fiber manufacturing, non-metallic mineral products, ferrous metal smelting, rolling and processing industry, non-ferrous metal smelting, rolling and processing, power and heat production and supply, and one medium-sized industry: wire and cable.

of Finance issued several provincial group standards for transition finance, including the *Directory of Economic Activities in the Textile Industry Supported by Transition Finance* (T/ZJFS 011—2024) *and the Specification for the Implementation of Transition Loans by Banking Financial Institutions*(T/ZJFS 010—2024), which have provided important regulatory guidance for financial institutions across the province to conduct transition finance practices and promote the provincial expansion of transition finance.

C. Deepening Innovation in Transition Finance Products and Services

In terms of transition loans, Huzhou and Quzhou have actively explored credit product innovation based on carbon information. Huzhou City has explored and launched a series of carbon financial products such as "Carbon Efficiency Loan", "Carbon Price Loan" and "Carbon Benefit Loan", increasing financial support for carbon reduction, emission reduction and other technological upgrading projects. At the same time, it has guided financial institutions to formulate financial service plans for enterprises under transformation. For example, Bank of China Huzhou Branch has launched the "Green Transformation and Upgrading Loan" product, which has assisted more than 40 small and micro-enterprises in conducting green and low-carbon transformation and upgrading, with a total credit of 316 million *yuan*. Changxing Rural Commercial Bank has introduced a "Textile Transformation Loan". As of the end of 2023, it had cumulatively issued the loan to 22 enterprises, totaling 329 million *yuan*. Based on carbon accounts, Quzhou City has developed over 30 carbon account credit products such as "Carbon Financing" and "Carbon Reduction Loan". By the end of 2023, the transition finance loan balance based on carbon accounts reached 65.637 billion *yuan* across the city, a year-on-year increase of 71.01%, with an average loan interest rate of 3.99%, 19 BP lower than the overall enterprise loan rate, positively encouraging the low-carbon transformation of traditional industries. In terms of bond financing, Zhejiang encourages and supports enterprises to issue bonds related to sustainable development, transition bonds, and other transition finance products. Since 2021, a total of 13 bonds related to sustainable development have been issued, raising 9.27 billion *yuan*.

D. Conducting Carbon Accounting and Transition Finance Information Disclosure

At the provincial level, based on the building of the Yangtze River Delta Green Finance Information Management System, the People's Bank of China Zhejiang Provincial Branch launched the "Environmental Information Disclosure" module in 2022. It supports financial institutions to fill in disclosure contents modularly and generates disclosure reports automatically. It also provides reference examples for qualitative indicators and automatically captures data for some quantitative indicators (like green loan balance), which effectively improves the efficiency of financial institutions' environmental information disclosure and supports transition finance information disclosure.

At the prefecture level, Huzhou City has established a carbon accounting data center, which is coordinated with the business systems of financial institutions and currently covers carbon emission data of nearly 20,000 enterprises. Relying on the carbon accounting data center, a digital system for transition finance has been developed and launched, enabling carbon accounting for each transition loan business, facilitating the financial product development, information disclosure and transition risk prevention and control of financial institutions. Quzhou City has achieved online carbon emission "collection-accounting-disclosure" through the Quzhou Financial Services Credit Information Sharing Platform (QRT), which integrates carbon account platforms in six fields and the core business systems of 27 financial institutions. Currently, the carbon accounting entities cover nearly 4,000 enterprises and 2.39 million residents in fields such as industry, energy, agriculture, buildings and transportation.

E. Strengthening Policy Support and Positive Incentives of Transition Finance

Both Huzhou and Quzhou cities fully leverage their pilot advantages to explore the building of a policy support system for transition finance. Huzhou City promotes coordinated efforts in fiscal, monetary, and regulatory policies to stimulate the endogenous dynamics of transition finance. It has researched and formulated the Green Finance 2.0 policy, planning to provide a 0.5% loan interest subsidy for enterprises included in the list of transition finance support and achieving scheduled progress in transformation goals. For enterprises engaged in transition information disclosure and achieving just transformation, the subsidy amount will be increased by 10%. Policy subsidies of 300,000 *yuan* will be provided for financial institutions with significant results in terms of "carbon neutrality" banking construction and transition finance deployment respectively. The assessment incentives and tracking evaluation mechanisms will be further improved, and the transition activities of financial services will be included in the assessment of the green finance reform work of financial institutions. Quzhou City has introduced low-carbon transformation incentive policies from the three aspects of credit, finance, and financial supervision. It has introduced *Guidance on Financial Support for Carbon Account System Construction* and other credit guidelines to guide financial institutions to support transformation by preferential interest rates and other credit policies. It has established a fiscal low-carbon transformation special fund to enhance enterprises' willingness for low-carbon transformation through measures such as interest subsidies and guarantees. It has implemented low-carbon transition finance regulatory policies, incorporating carbon account financial work into the comprehensive evaluation of financial institutions, central bank institution ratings, and financial institution green finance evaluations.

III. Difficulties and Challenges in Transition Finance Development

Currently, the development of domestic transition finance is still in its infancy, and there is no effective path or model for how it can support the low-carbon transformation of high-carbon industries. As a pilot zone of green finance reform, Zhejiang has a certain foundation advantage in promoting the effective connection between green finance and transition finance, and good conditions for the development of transition finance. However, in practice, there are still many difficulties and challenges in transition finance, such as the definition of transition activities, product innovation, information disclosure and incentive guarantee.

A. The Scientificity of Transition Finance Standards to Be Improved

Most existing management systems in the industry do not include carbon emission requirements, making it challenging to quantify the carbon emission reduction achieved by the technological paths adopted in transition finance standards. Moreover, financial departments lack cutting-edge knowledge in related fields and lack professional judgment on industry transformation paths, which may lead to a lack of practicality in standard formulation. Standards derived from relevant policies and documents of industrial sectors may not include the latest advanced technologies or screen out technologies no longer applicable, potentially resulting in "carbon lock-in" due to outdated carbon reduction technologies or limited results. In addition, the universality of locally formulated transition standards from the bottom up and their promotion are issues that need further attention.

B. Financial Institutions' Challenges in Identifying and Recognizing Enterprises under Transformation

The two core elements for recognizing enterprises under transformation are transformation technological paths and transformation goals. For transformation technological paths, large enterprises have relatively clear technology R&D plans, while small and medium-sized enterprises (SMEs) are more focused on equipment upgrading and replacement. If the original output value per unit of electricity consumed is increased by equipment upgrading, it is a decrease in energy consumption from the perspective of unit consumption, but the total energy consumption has not decreased. Therefore, it is relatively difficult to identify from a micro perspective. For transformation goals, enterprises under transformation need to formulate short-term and medium-term targets for 2025 and 2030, as well as long-term carbon neutrality goals by 2060. However, most enterprises lack awareness of carbon emission intensity and long-term planning.

C. A Lack of Effective Means for Continuous Tracking and Evaluation of Business Transformation Goals

Transformation is a long-term process, and there is a mismatch between the demand for transformation funds and the achievement of results. Enterprises' demand for transformation funds occurs during machinery equipment purchase and technology R&D, while transformation effects become evident after project production and operation. For example, if a company sets goals for reducing carbon intensity by 2025 and 2030 during the formulation of its transformation plan, it may have already repaid all its loans by then. During the loan period, financial institutions may verify the phased achievements of enterprises and their realization of targets to timely adjust credit conditions accordingly. However, the cost and difficulty of long-term tracking and dynamic evaluation of clients who have completed the loan are greatly increased. If an enterprise fails to achieve the final transformation goals, there is also a lack of means to recover transition finance preferences.

D. Inadequate Motivation and Willingness to Transform Under the Current Economic Situation

Transformation aligns with the needs of most large enterprises to reduce costs and show their social responsibilities. However, SMEs pay less attention to activities with relatively strong externality like low-carbon transformation, and lack sufficient motivations for transformation. On the one hand, within a relatively short lifecycle, generating relatively significant profits remains the primary concern for SMEs, especially during this ongoing economic rebound; on the other hand, the technologies and funds required for transformation are common difficulties faced by SMEs in their business development. Meanwhile, enterprises under transformation also face the issue of an imbalance between transformation costs and benefits. Transformation features relatively significant externalities and requires substantial investment in technologies and funds. However, the visible transformation effects in the short term are limited. For example, the reduced carbon emissions, when converted based on domestic carbon quota prices, are far lower than the costs incurred in transformation.

E. Incomplete Incentives and Constraints of Transition Finance and Related Supporting Mechanisms

In the initial stage of the development of transition finance, investment returns and risks are not fully matched, leading market investors to adopt a wait-and-see and skeptical attitude. Policy funds are needed to play a foundational guidance and risk-sharing role. Currently, there are relatively few fiscal incentive policies such as interest subsidies and risk sharing for transition finance, leading to insufficient enthusiasm from market participants in investment and financing of transition finance. At the same time, there are no mechanisms at the government level to cope with transformation risks. No effective risk identification mechanisms have been established for enterprises, industries, and regions with concentrated transformation risks. No substantial compensation systems and risk response mechanisms have been established for issues such as enterprise bankruptcy, unemployment and economic shocks that may arise from transformation.

IV. Reflections and Recommendations on Deepening the Transition Finance Development in Zhejiang Province

A. Strengthening the Top-level Design of Regional Transition Finance Development

First of all, provincial-level plans should be formulated for transition finance development. It is necessary to research and formulate specific plans for transition finance development in combination with the implementation plans for carbon peaking and financial development plans in Zhejiang, and clarify the specific ideas, overall goals and key tasks for short-term and medium-to-long-term development. It is crucial to promptly promulgate provincial-level guidance on the development of transition finance, which should elaborate on specific work measures, guarantee mechanisms and division of responsibilities, strengthen the coordination between industrial sectors and financial departments, and jointly build a transition finance system that matches the industrial characteristics, low-carbon transformation paths, etc. in Zhejiang.

Second, we need to explore the multi-level and diversified transition finance pilots. It is necessary to select some key industries, regions, and financial institutions with relatively good foundations in a targeted manner to carry out transition finance pilots and achieve key breakthroughs. For example, select some key regions and industries to explore coordinated development pilots of transition finance with the low-carbon transformation in key industries, and select some state-owned, joint-stock, and major corporate banks in the province to take the lead in exploring transition finance service models and business innovation mechanisms, implement a batch of demonstration projects for transition finance services, and strive to develop replicable and referenceable management and service models for transition finance.

B. Exploring Regional Transition Finance Standard Systems

First of all, efforts should be made to explore the establishment of a directory for transition finance support in key industries. Since there is no national-level transition finance directory yet, efforts may be made to actively explore the establishment of a transition finance support directory that suits the characteristics of industries in Zhejiang. It is recommended that provincial industrial sectors take the lead and coordinate with financial departments to formulate a directory for transition finance support in carbon-intensive sub-industries, clarify the key fields and scope of economic activities supported by transition finance, and guide financial resources to precisely support the low-carbon transformation of high-carbon industries.

Secondly, a list of transition projects should be compiled dynamically. It is recommended to explore the establishment of a unified, quantifiable, and operational evaluation standard for transition finance projects across the province, promote the establishment of transition finance project libraries at the provincial and municipal levels, and facilitate precise matching of investment and financing for transition finance projects. During the specific promotion process, professional forces from professional third-party organizations, industry associations, etc. should be leveraged to provide technical support in standard formulation, project identification, continuous tracking and evaluation of transformation benefits.

C. Deepen Transition Finance Systems and Product Innovation

First of all, it is necessary to promote innovation in financial institutions' service models for transition finance. Financial institutions should be encouraged to formulate strategic plans for the development of transition finance business, clarify the implementation path, development goals, relevant risks and countermeasures of transition finance. At the same time, it is recommended that provincial financial regulatory departments formulate and issue guidance or operational guidelines for transition credit granting, guiding financial institutions to actively explore transition credit business models and establish mechanisms for loan access, credit approval, and interest rate pricing for high-carbon industries.

Secondly, it is necessary to enhance innovation and promotion of transition finance products. Eligible high-carbon enterprises should be supported to issue bonds linked to sustainable development to raise medium to long-term funds for low-carbon transformation. Efforts should be made to explore innovative pilots on transformation bonds and support private enterprises and other types of enterprises to register and issue transformation bonds. Efforts should also be made to explore innovative products such as equity-based financing tools, insurance, risk mitigation instruments, and securitization related to transition finance, and social capital should be encouraged to establish low-carbon transformation industry investment funds through market-based modalities.

D. Enhancing the Functionality of Digital Platforms for Transition Finance Services

Firstly, efforts should be made to build and improve the enterprise carbon accounting and carbon information sharing mechanism, with the provincial "dual carbon" digital intelligence platform as the core. The establishment of a unified enterprise carbon accounting method in the province should be accelerated. Starting from easy to difficult and from large to small, a unified enterprise carbon accounting and carbon account system across the province should be built step by step. The carbon data collection and backflow functions of the provincial dual carbon digital intelligence platform should be further enhanced to promote the full sharing and innovative application of the carbon account information in the financial field.

Secondly, the application scenarios for transition finance should be built by relying on existing financial digital platforms. Efforts should be made to promote the integration of existing green finance service platforms with the provincial "dual carbon" data intelligence platform and the big data platform in the "6+1" fields, and upgrade and build a digital service platform for transition finance. Through digital empowerment, online synergy between banks and enterprises, and precise carbon accounting should be realized while meeting the digital supervision of the transition finance management system.

E. Improving the Transition Finance Incentive and Constraint Mechanism

Firstly, we need to strengthen the guidance and incentives of financial policies for transition finance. On the one hand, it is necessary to sum up various policy measures of provincial financial regulatory authorities to support green finance, and establish a corresponding policy support system for transition finance. At the same time, efforts should be made to strengthen coordination with the carbon peaking action plans for the "6+1" fields to amplify the policy superposition effect. On the other hand, it is necessary to enhance evaluations and incentives. Efforts should be made to establish a transition finance statistical monitoring system, where the development of transition finance by financial institutions will be used as an important reference for the application of central bank policy tools, central bank ratings, CBIRC supervision and evaluation, provincial financial work evaluation and selection, policy incentives, etc.

Secondly, we need to give full play to the leverage effect of fiscal and taxation policies. It is recommended that provincial fiscal and taxation departments take the lead in establishing incentive mechanisms such as interest subsidies for transition finance, risk compensation, and tax reduction and exemption. For example, financial subsidies may be provided for transformation loans, and bonds linked to sustainable development. For enterprises in high-carbon industries that are actively engaged in transformation, it may be considered to include carbon emission intensity reduction targets in the scope of fiscal compensation, and accelerated depreciation of fixed assets may also be allowed; and tax reduction and exemption may also be provided for investors in transformation financing. At the same time, the establishment of provincial-level transformation funds may be explored to encourage more social capital to support the low-carbon transformation of high-carbon industries in the Zhejiang Province.

F. Building a Risk Prevention System for Transition Finance

Firstly, we should explore the establishment of a transition finance information disclosure mechanism. It is necessary to steadily promote the environmental information disclosure of financial institutions across the province, and explore the addition of transition finance disclosure content under the current environmental information disclosure framework. Huzhou and Quzhou should be encouraged to take the lead in conducting transition finance environmental information disclosure, timely summarize relevant experiences and practices, and promote them to financial institutions across the province when appropriate. Financial institutions, especially small and medium-sized banks, should be guided to strengthen their capacity building, enhance supervision and evaluation of transition finance business, establish industry risk monitoring and tracking mechanisms for transition finance projects, and continuously improve risk management capabilities with fintech means.

Secondly, we should strengthen the transformation risk assessment and judgment of high-carbon industries. On the one hand, it is recommended that relevant provincial departments clarify and standardize the information disclosure of enterprises in high-carbon industries, especially those with financing needs for transformation, including enterprise transformation paths, carbon emission reduction, realization of transformation goals, environmental and social benefits, and risk factors. On the other hand, transformation risks in the high-carbon industries should be assessed regularly; quantitative analysis and stress testing should be strengthened; the ability to identify and warn about transition risks should be enhanced, and corresponding supporting response mechanisms and measures should be established.

Author: Xiang Yanbiao[1]

1 Xiang Yanbiao, Doctor of Science, currently works at the People' s Bank of China (Zhejiang Provincial Branch). He is long engaged in the research on green finance, science and innovation finance. as well as other regional financial reforms. He has contributed to the formulation of numerous provincial policies in the field of green finance and authored several academic papers published in core journals such as *Economic Research Journal* and *Journal of Financial Research*.

Exploring the Green Transformation Legislative Practices in China's Zhejiang Province Through the Lens of UK's Climate Change Legislation

I. Characteristics of UK's Climate Change Legislation

The UK's *Climate Change Act* was passed on November 26, 2008, becoming the first global legally binding climate change mitigation target set by a country. Based on the *Climate Change Act* and relevant supporting regulations and policies, the UK has achieved remarkable results in strengthening its ability to respond to climate change and the effectiveness of its carbon emission reduction policies, among which the most significant milestone is the harmonious pursuit of economic growth and carbon emission reduction. This paper will analyze the characteristics of the UK's climate change legislation in terms of legislative framework, target setting, policy measures and implementation path, with a view to providing a reference for China's exploration and construction of a legal mechanism to address climate change.

Firstly, the UK's legislative framework for addressing climate change is characterized by a high degree of systematization. Based on the *Climate Change Act*, the UK government has formulated a series of climate change-related regulations and policies, such as the *Energy Act*, the *Low Carbon Transition Plan*, the *Green Finance Strategy*, and *A Roadmap to Sustainable Investing*, to build a complete climate governance system. Among them, the *Climate Change Act* serves as the core, with a total of 101 articles in six parts, which provide legally binding emission targets and a basic system for climate action in the UK. The six parts include: Carbon Target and Budgeting, The Committee on Climate

Change, Trading Schemes, Impact of and Adaptation to Climate Change, Other Provisions, and General Supplementary Provisions.

Second, the UK has set legally binding long-term targets through climate change legislation, providing clear guidance for the UK government to develop climate policies. Based on the UK's ratification of the *Paris Agreement* in 2016 and its commitment to a net-zero target by 2050, and the recommendation of the UK Climate Change Committee, the UK Parliament made an amendment to the carbon target of the *Climate Change Act* in 2019, amending "80 percent reduction in GHG emissions by 2050 compared to the 1990 baseline" to "100 percent reduction in GHG emissions by 2050 compared to the 1990 baseline". In addition, the carbon budget system sets legally binding greenhouse gas (GHG) emission caps for the UK government in five-yearly rounds as phased-in sub-targets for achieving the 2050 emission targets. This clear and specific way of target setting not only provides predictability and planning space for the UK government to formulate policies, but also helps to enhance the sense of responsibility and urgency of all parties, and promotes their active participation in actions to address climate change.

Thirdly, in order to achieve the smooth delivery of carbon budgets, the UK government has promulgated a package of supporting policies covering energy, electricity, transportation and other areas. For example, in the area of clean energy, it vigorously promotes renewable energy such as wind and solar energy, and encourages enterprises to invest in clean energy projects through the provision of tax incentives and financial support; in the area of energy efficiency enhancement, it has formulated stringent energy-efficiency standards, and promotes energy-saving technologies and products to reduce energy consumption and carbon emissions. In the area of low-carbon transportation, it promotes electric vehicles and public transportation, and reduces the use of private cars. Meanwhile, based on evaluating the *2019 UK Green Finance Strategy* and absorbing *A Roadmap to Sustainable Investing*, the UK government officially released the *2023 UK Green Finance Strategy* in March 2023, which for one thing, creates an investment environment for private capital flows to net-zero areas through the green finance standards and tools provided by the UK government, including the development of green finance classification standards and the framework for transition plans; for another, it emphasizes the UK government's provision of investment routes for private capital flows to the net-zero areas, including the provision of support funding for carbon capture, storage and utilization technologies, publication of a roadmap for net-zero investment, and promotion of international green finance investment and cooperation.

Furthermore, the UK government has established a high degree of social consensus and ensured the effective implementation of policies to address climate change by strengthening regulation and encouraging public participation. It has established a comprehensive regulatory system to supervise and manage the emission reduction behaviors of enterprises and individuals, actively promoted green culture, and raised public awareness of and participation in environmental protection, thus forming a good atmosphere for the whole society to address climate change jointly, and also providing favorable conditions for the establishment of higher binding emission targets in the carbon budget. As of October 2023, 44% of UK enterprises have formulated plans to control their carbon footprints and climate impacts, laying a solid foundation for the UK to realize the carbon budget targets at various stages.

Finally, international cooperation is also an important factor in the UK's efforts to promote the construction of a legal system to address climate change. On one hand, the UK government actively advances the progress of global climate governance by enrolling in climate cooperation agreements with other countries and participating in international climate negotiations. On the other hand, the UK actively carries out international cooperation projects, and works together with other countries to develop and popularize the innovation and application of clean energy technologies, thereby contributing to the global green transformation.

II. China's Legislation to Promote Green Transformation in the Development Approach

With the increasingly severe global climate change issues in recent years, China's attention to green development and low-carbon economy has been increasing, and green transformation has become an important strategic direction for its national development. In the report to the 20th National Congress of the Communist Party of China, General Secretary Xi Jinping pointed out that "we must uphold and act on the principle that lucid waters and lush mountains are invaluable assets, and we must remember to maintain harmony between humanity and nature when planning our development", and clarified the main tasks of accelerating green development transformation. In March 2021, the National People's Congress (NPC) announced the *Outline of the 14th Five-Year Plan* (2021—2025) *for National Economic and Social Development and Vision 2035 of the People's Republic of China*, which devotes a chapter to "Faster Transformation for Green Development", making it clear that we will prioritize the ecology and pursue green development, promote overall resource management, scientific allocation, comprehensive conservation, and recycling, and coordinate efforts to drive high-quality economic development and high-level ecological environment protection. Against this background, the domestic legislative work to promote green development transformation has shown a positive trend, with continuous improvement of policies and regulations, gradual improvement of the institutional system, and active exploration of local legislation, which provides a strong rule of law guarantee for the green transformation.

First, a major legal and policy system for carbon peak and carbon neutrality has been constructed. The *Working Guidance for Carbon Dioxide Peaking and Carbon Neutrality in Full and Faithful Implementation of the New Development Philosophy* and the *Action Plan for Carbon Dioxide Peaking Before 2030*, issued by the Central Committee of the Communist Party of China (CPC) and the State Council, have provided a top-level design and a guide to action for the work of achieving carbon peak and carbon neutrality. Meanwhile, the implementation plans and supporting measures for various fields and industries, such as energy, industry and transportation, provide strong institutional safeguards for China to realize the goals of carbon peak and carbon neutrality, as well as clear policy guidance for green transformation.

Second, a gradual transition from dual control over the amount and intensity of energy consumption to dual control over the amount and intensity of carbon emissions should be achieved. In accordance with the *Recommendations of the Central Committee of the Communist Party of China for Formulating the 14th Five-Year Plan for Economic and Social Development and Long-Range Objectives through to the Year 2035*, the NPC deliberated and passed the *Outline for the 14th Five-Year Plan for Economic and Social Development and Long-Range Objectives through to the Year 2035* on March 11, 2021, which set the target of reducing carbon dioxide emissions per unit of GDP by 18 percent, and explicitly implemented a system of carbon intensity control, supplemented by total carbon emission control. To ensure the realization of the target, the General Office of the CPC Central Committee and the General Office of the State Council have issued the *Opinions on Promoting the Gradual Transition from Control of Total Amount and Intensity of Energy Consumption to Control of Total Amount and Intensity of Carbon Emissions*. In contrast, the Ministry of Ecology and the Environment and various ministries and commissions have successively issued the *Priority Tasks on Climate Change Response* (*2023—2025*) and the "14th Five-Year Plan" special programs on industry, construction, transportation, energy, etc. The emission reduction targets have been broken down in terms of local and key areas and industries, forming a working mechanism and system for the establishment and implementation of dual control over the amount and intensity of carbon emissions.

Thirdly, local legislation has played an active role in promoting green transformation. Although many national-level policy explorations have been carried out in the area of addressing climate change, the formulation of specialized laws and regulations has yet to be further studied and justified. In this context, some local authorities, including Beijing, Shanghai, and Zhejiang, have taken into account their realities and carried out explorations and attempts to enact local legislation. The *Regulations on the Promotion of Green and Low-Carbon Transformation of Zhejiang Province* (*Draft*) (hereinafter referred to as the *Zhejiang Regulations*) have been considered by the Sixth Session of the Standing Committee of the 14th Zhejiang Provincial People's Congress, and opened for public consultation on November 27, 2023. The *Regulations on the Promotion of Green Development Transformation in Shanghai* (hereinafter referred to as the *Shanghai Regulations*) were adopted at the Ninth Session of the Standing Committee of the Sixteenth Shanghai Municipal People's Congress and came into force on January 1, 2024.

III. Similarities and Differences between the *Zhejiang Regulations* and the *Shanghai Regulations*

The *Zhejiang Regulations* and the *Shanghai Regulations* are important legislative achievements in promoting green transformation and sustainable and high-quality economic and social development in China, and they are both promotion and comprehensive laws guiding local green transformation. However, they are different in terms of specific provisions and implementation details, and such difference not only reflects the characteristics and needs of different regions but also demonstrate the diversification of China's efforts to promote green transformation.

First, both Regulations have established a basic management system for promoting green transformation. Both incorporate the objectives and tasks of green and low-carbon transformation into national economic and social development planning, explore the promotion of a gradual transition from dual control over the amount and intensity of energy consumption to dual control over the amount and intensity of carbon emissions and establish a corresponding coordination mechanism that clearly defines the responsibilities of the relevant departments, which helps to consolidate resources, coordinate the interests of all parties, and form a strong synergy to promote green transformation and ensure the organized progress of green transformation.

Secondly, both Regulations take energy, industry and residents' life as the key areas for promoting green transformation. The *Zhejiang Regulations* include three chapters devoted to clean energy, green production and low-carbon living, while the *Shanghai Regulations* include three chapters on green transformation of energy development, green transformation of industrial structure and green transformation of living and consumption. Both of them focus on optimizing the energy structure, constructing a new type of energy system, fostering green and low-carbon industries, promoting the green transformation in industry, construction, transportation and other fields, and guiding the formation of a green and low-carbon way of life and consumption.

Thirdly, both Regulations clarify the main responsibility of production operators in the green transformation. Both the *Zhejiang Regulations* and the *Shanghai Regulations* require production operators to adopt and promote green and low-carbon technologies and production methods, conserve and intensively utilize energy resources, and reduce the emission of pollutants. This approach, which places the responsibility for green transformation on production operators, helps to promote green transformation at the source.

Finally, both Regulations emphasize public participation and the enhancement of social consensus. Both the *Zhejiang Regulations* and the *Shanghai Regulations* give full consideration to the roles and positions of various types of subjects, clarify the boundaries of the responsibilities of different types of subjects, such as administrative organs, public institutions, production and operation subjects, individuals and social organizations, and set up a mechanism for multi-dimensional co-administration guided by the government, led by the market, coordinated by the society, and involving all people. Therefore, a favorable social atmosphere for green development transformation is created, and a pattern of proactive control, effective response and participation by all people is formed.

At the same time, there are also some differences between the two Regulations in terms of specific measures and focus. In terms of the key areas of green transformation, the *Zhejiang Regulations* focus more on the construction of new energy systems, clean energy supply capacity enhancement, and the promotion and application of green and low-carbon technologies, and explicitly provide for the active, safe and orderly development of coastal nuclear power generation, the advancement of the construction of deep and distant sea wind power, the layout of hydrogen production facilities, and the promotion of the application of hydrogen energy in the fields such as transportation, energy storage and industry; while the *Shanghai Regulations* focus more on optimization and upgrading of the energy and industrial structures, and the construction of market institutions such as green power trading, green power certificate trading, distributed power generation market-oriented trading mechanism. In terms of supporting measures, the *Zhejiang Regulations* include a special chapter on scientific and technological support, focusing on scientific and technological innovation as a key variable, setting up key special projects such as research and demonstration of key technologies for green and low-carbon transformation, promoting the industrial application of green and low-carbon technologies, and stimulating the vitality of scientific and technological innovation in the field of green and low-carbon transformation, by perfecting scientific and technological incentives, scientific and technological talent evaluation, support for the construction of innovation platforms, and measures for the promotion of advanced technologies; the *Shanghai Regulations* focus more on scientific and technological, financial and fiscal policy guarantee in terms of scientific and technological innovation and technological R&D, green financial products and services, differential and tiered electricity pricing policies, solid waste disposal charging mechanism, and carbon market.

Overall, the two Regulations exhibit minor differences amidst great similarities, with each regulation possessing its unique focus and attributes. This diversity not only mirrors the varying needs and circumstances of different regions in their pursuit of green transformation but will also breathe fresh momentum into the green and low-carbon development of these regions as they are implemented and continually refined.

IV. Suggestions on Building a Sound Legal Framework for Green and Low-Carbon Transformation in Zhejiang Province

Based on the UK's experience in green and low-carbon transformation legislation and the practice of Zhejiang and Shanghai in promoting green transformation legislation in the early stage, this paper puts forward the following suggestions for Zhejiang to establish and improve the legal system for green and low-carbon transformation:

First, we should take planning as an important supplement to legislation and strengthen strategic guidance. In the process of promoting the promulgation and implementation of the *Zhejiang Regulations*, it is suggested that planning should be taken as an important supplement to strengthen the strategic leading role. Planning is not only the concretization of legislative objectives but also an important means of legislative implementation. The province should closely combine the overall strategy of national green development, formulate a green and low-carbon transformation plan in line with its reality, and clarify the transformation objectives, timetable and roadmap. At the same time, planning should be binding to ensure that all departments and regions can strictly follow it in the implementation process, and form a good situation in which legislation and planning are linked and promoted together. By strengthening the strategic leading role of planning, we ensure that the legislative objectives of green and low-carbon transformation can be realized.

Secondly, we should pay attention to the connection and coordination between regulations to form a synergy. In the legislative process of green and low-carbon transformation, the province should pay attention to the connection and coordination between different regulations to avoid legal gaps and conflicts. This requires a comprehensive combing and assessment of existing regulations, and clarifying their relationship and positioning, to ensure that they complement each other in content and logically connect. At the same time, it is necessary to strengthen the connection with upper-level legislation to ensure that local legislation is consistent with national laws and administrative regulations. In addition, it is also required to strengthen communication and cooperation between Zhejiang and other provinces to jointly promote the improvement and development of green transformation regulations, ensure the systematic, coherent and operable nature of green transformation legislation and related supporting policies, and form a synergy to promote the deep green transformation.

Thirdly, we should focus on the matching of policy design with work execution to enhance the implementation effect. Policy design is an important part of the green transformation legislation, while the matching of policy design with work execution is a key indicator to measure the effect of policy. When formulating policies related to green and low-carbon transformation, the province should fully consider the needs and characteristics of work execution to ensure that the policies can be effectively implemented. Specifically, the policy design should be problem-oriented, and specific measures should be developed for key difficulties in green transformation; at the same time, attention should be paid to the operability of policy, to ensure that the policy can be implemented and achieve actual effect. In addition, the province should also strengthen the supervision and evaluation of the implementation of policies, timely detection of problems, adjustment and perfection, so that the policy design matches work execution.

Fourthly, we should strengthen supervision and law enforcement to ensure the efficacy of law. Supervision and law enforcement are the key links to ensure the effective implementation of legislation on green and low-carbon transformation. The province should establish a sound supervision mechanism for green transformation, strengthen supervision and inspection of relevant fields, enhance the construction of law enforcement teams, improve the quality and capacity of law enforcement personnel, and ensure that law enforcement is impartial and effective. In addition, cross-agency collaboration and information sharing should be strengthened to form a supervision synergy, safeguard the authority and seriousness of legislation, and jointly promote the effective implementation of green transformation legislation.

Lastly, we should draw on advanced international experience and strengthen international cooperation and exchanges. The experience and mature practices of the UK and other countries and regions in green and low-carbon transformation legislation are worthy of Zhejiang's in-depth study and reference. The province can strengthen international exchanges and cooperation, introduce advanced legislative concepts and technical means, and thus improve the quality and level of green transformation legislation in the province. At the same time, the province can actively participate in the international green transformation cooperation mechanism and jointly promote the global green transformation process with other countries and regions. By drawing on advanced international experience and strengthening international cooperation and exchanges, the province can continuously improve its capacity and level of green transformation legislation.

Author: Tang Wei[1]

1 Tang Wei, partner of Dentons Law Offices, consultant expert of Shanghai Carbon Neutrality Promotion Center and member of Carbon Neutrality Specialized Committee of Hangzhou Energy Society. His research interests include policy studies in the fields of climate change, resources and environment, as well as innovative business practices in carbon market and green finance.

Progress and Prospect of the Reform of National Voluntary GHG Emission Reduction Trading Mechanism

With the challenges posed to the social development of human beings by climate warming, melting glaciers and increased extreme climate events, joining hands to address climate change has become a common issue for humankind. According to the Sixth Assessment Report of the Intergovernmental Panel on Climate Change (IPCC), it is unequivocal that human influence has warmed the atmosphere, ocean and land; the rise in global surface temperature over the Industrial Revolution period is overwhelmingly attributed to human activities. According to *Emissions Gap Report* by the United Nations (UN), global greenhouse gas (GHG) emissions have increased by an average of 1.4 percent per year since 2010. In order to achieve a global warming limit of 2℃ and 1.5℃, global GHG emissions must be reduced by 30 percent and 45 percent, respectively, compared to the projections by current policy. To this end, the *Paris Agreement* has set out the global target for tackling climate change and the target for nationally determined contributions, i.e., to limit the global temperature rise to 2℃ and to pursue efforts towards the 1.5℃ target; and to form a "bottom-up" constraint on the space and pathways for global GHG emissions, including an early peaking and a rapid decline in global emissions, and the achievement of net-zero or even negative emissions in the second half of this century.

Among the concrete implementation paths to address climate change, carbon pricing mechanisms are recognized worldwide as a policy tool that can effectively reduce GHG emissions. According to World Bank's statistics4[1], as

1 World Bank's: State and Trends of Carbon Pricing 2023.

of April 2023, there were 37 carbon emissions trading systems and 36 carbon tax systems in the world, covering 23 percent of global emissions; in 2022, the volume of global allowance trading was about 12.5 billion tons, and the value reached US $978.56 billion, with a 29 percent year-on-year increase. In parallel with Compliance Carbon Markets, there is also the voluntary GHG emission reduction mechanism. It is an incentive mechanism for GHG emission reduction, in which various social subjects voluntarily develop GHG emission reduction projects under no mandatory requirements, and the emission reduction effects of these projects become tradable emission credits [known as "China Certified Emission Reduction" (CCER) in China] after quantitative verification according to the relevant methodology. Such emission credits can be sold for corresponding emission reduction revenues in the market. Globally, there are about 30 voluntary GHG emission reduction mechanisms of various types, with about 19,000 registered projects and about 4.8 billion tons of carbon credits issued, of which the Clean Development Mechanism (CDM), Verified Carbon Standard (VCS), etc., account for more than 80 percent. The emission reduction projects are widely sourced from the fields of renewable energy, agriculture, forestry, energy efficiency, fuel switching, industrial gases, manufacturing, land use, transportation, waste disposal, etc.

The voluntary GHG emission reduction trading system in China draws on the experience of project management in CDM and carries out national voluntary GHG emission reduction project registration and trading activities in China. As early as 2012, China issued a series of documents such as the *Interim Measures for the Administration of Voluntary GHG Reduction Trading*, implemented unified record management for national voluntary GHG emission reduction trading, and established a national voluntary GHG emission reduction registration system to support the nationwide implementation of CCER trading. In 2017, the application for filing of national voluntary GHG emission reduction trading was provisionally suspended (with no impact on projects that had already been approved) in order to implement the requirements of the State Council for the reform to "delegate powers, improve regulation, and strengthen services". Since 2020, all sectors of society have paid great attention to the restart of China's national voluntary GHG emission reduction trading mechanism; significant changes in the international and domestic situation of carbon emission reduction have also accelerated the restart:

First, the Central Committee of the Communist Party of China (CPC) and the State Council proposed that the strengths of the government and the market should be leveraged and the function of market mechanisms should be given into play in order to realize the "dual carbon" goals (i.e. carbon peaking and carbon neutrality).

Second, the Ministry of Ecology and Environment (MEE) issued the *Measures for the Administration of Carbon Emission Trading* (*Trial*) in December 2020, stipulating that major emission units can use CCER to offset the surrender of carbon emission allowances; and third, the International Civil Aviation Organization (ICAO) endorsed the incorporation of CCER into the offsetting indicator system of the Carbon Offsetting and Reduction Scheme for International Aviation (CORSIA) in March 2020.

Taking into account the new situation of the national voluntary GHG emission reduction trading mechanism in the context of "dual carbon", this paper summarizes the progress of the reform of the national voluntary GHG emission reduction trading mechanism, analyzes the key aspects of project development and registration in the reformed mechanism, and puts forward the prospect of the future demand market for CCER.

I. New Situation of China's Voluntary GHG Emission Reduction Trading Mechanism in the Context of "Dual Carbon"

In 2021, the CPC Central Committee and the State Council issued *Working Guidance for Carbon Dioxide Peaking and Carbon Neutrali in full and Faithful Implemenation of the New Developme Philosophy*, which requested to ground our work in the new stage of development, apply the new development philosophy, and foster a new pattern of development; apply a systematic thinking, incorporate endeavors to peak carbon dioxide emissions and achieve carbon neutrality into the overall economic and social development framework, and aim to effect a comprehensive green transformation in respect of economic and social development, with a special focus on the development of green and low-carbon energy, with a view to expediting the development of industrial structures, production modes, living patterns, and spatial zones that will conserve resources and protect the environment; defined the five major principles of "exercising nationwide planning, prioritizing conservation, leveraging the strengths of the government and the market, coordinating efforts on the domestic and international fronts, and guarding against risks", of which, "leveraging the strengths of the government and the market" requires that both the government and the market have an important role to play in accelerating the revolution in green and low-carbon technology, giving full play to the role of market mechanisms, and creating effective incentive and restraint mechanisms; and also proposed to accelerate the construction of the national carbon emissions trading market, gradually expand the coverage of the market, and enrich trading varieties and trading methods, among other specific requirements.

In 2021, the General Office of the CPC Central Committee and the State Council issued *Guideline on Deepening Reform of Eco-compensation Mechanism*, which explicitly requested accelerating the construction of carbon emissions trading market, improving the carbon emissions offset mechanism based on the national voluntary GHG emission reduction trading mechanism, and incorporating voluntary GHG emission reduction projects with ecological, social, and other benefits in forestry, renewable energy, methane utilization and other fields into the national carbon emissions trading market. In 2023, the CPC Central Committee and the State Council issued opinions on building a beautiful China, proposing to develop the national carbon market further and build a perfect national voluntary GHG reduction trading market; and making it clear that a more effective and more dynamic carbon market with greater international influence will be built by 2035.

In 2023, a series of important speeches were made by General Secretary Xi Jinping on "building a national voluntary GHG emission reduction trading market and supporting a greater role of the service industry in green development" and "huge green market opportunities that will be created by the upcoming national voluntary GHG emission reduction trading market", which have pointed out the direction for the establishment of a more effective and more dynamic carbon market with greater international influence.

The above new situation has indicated the political direction and implementation path for accelerating the reform and system construction of a national voluntary GHG emission reduction mechanism.

II. Progress of the Reform of National Voluntary GHG Emission Reduction Trading Mechanism

The year 2023 marks a significant milestone in the construction of the national voluntary GHG emission reduction trading mechanism, where a new institutional and technical support system framework has been constructed.

The MEE has actively reformed and improved the management of the voluntary GHG emission reduction trading mechanism in accordance with the requirements of "delegating powers, improving regulation, and strengthening services", and issued the *Measures for the Administration of Voluntary GHG Emission Reduction Trading* (*Trial*) jointly with the State Administration for Market Regulation (SAMR) in October 2023. These Measures reshaped the management rules for voluntary GHG emission reduction methodologies, projects, emission reduction, validation and verification institutions and trading institutions, providing basic guidelines and policy basis for guaranteeing the function of the national voluntary GHG emission reduction trading mechanism.

In March 2023, by soliciting public opinions on the methodologies for national voluntary GHG emission reduction projects, the MEE formally released four methodologies, namely afforestation carbon sequestration, grid-connected solar thermal power generation, grid-connected offshore wind power generation, and mangrove creation, in October 2023[1], and clarified the prioritized fields of technology to be supported and the methodological basis for the monitoring and accounting of emission reductions after the reform of the national voluntary GHG emission reduction trading

1 https:// www.mee.gov.cw/xxgk/xxgk06/202310/t20231024_1043877.htm.

mechanism.

In December 2023, the SAMR and the National Certification and Accreditation Commission jointly issued the *Implementation Rules for the Validation of Voluntary GHG Emission Reduction and the Verification of Emission Reductions*, which stipulates the basis, basic procedures, and general requirements for the validation of voluntary emission reduction projects and the verification of emission reductions.

In October 2023, the MEE issued *Notice on the Arrangement of Related Work Matters of the National Voluntary GHG Emission Reduction Trading Market*. clarifying that before the registration and trading institutions are established for national voluntary GHG emission reduction, the National Center for Climate Change Strategy and International Cooperation (NCSC) will undertake the registration of projects and emission reductions and be responsible for the operation and management of the registration system, and the China Beijing Green Exchange (CBCE) will provide trading services and be responsible for the operation and management of the trading system. In November 2023, the above organizations formulated the *Guidelines for the Design and Implementation of Voluntary GHG Emission Reduction Projects*, the *Rules for the Registration of Voluntary GHG Emission Reduction* (*Trial*), and the *Rules for Voluntary GHG Emission Reduction Trading and Settlement* (*Trial*), which clarified the process and technical requirements for the relevant subjects to develop and implement emission reduction projects, apply for the registration of projects and emission reductions, and carry out CCER trading, and also enhanced the implementability and operability of the mechanism.

In January 2024, Vice Premier Ding Xuexiang declared the launch of the national voluntary GHG emission reduction trading market, marking the formation of China's complete carbon trading market system, which is expected to realize the registration of new projects in national voluntary GHG emission reduction in 2024 after the reform.

III. Design and Implementation of National Voluntary GHG Emission Reduction Projects

The national voluntary GHG emission reduction trading mechanism imposes strict technical requirements on emission reduction projects and emission reductions, whereby emission reduction projects shall carry additionality, and emission reduction effects shall be of environmental integrity, conservativity, uniqueness and durability. The additionality of emission reduction projects implies that voluntary emission reduction projects are not the best choice in terms of financial indicators such as internal rate of return compared with other alternatives that provide the same products and services and that there are barriers in financing and key technologies. The implementation of these projects helps to overcome these barriers and has additional emission reduction effects over the baseline. Environmental integrity means that the voluntary GHG emission reduction projects have no carbon leakage or carbon leakage must be deducted from emission reduction, and have no negative impact on the environment and sustainable development. Conservativity means that a conservative approach shall be used for estimation, value taking, etc. in the process of accounting or verification of emission reductions if there are uncertainties that make it difficult to make precise judgments on the relevant parameters and technological pathways. Uniqueness means that the voluntary GHG emission reduction projects are not involved in other GHG emission reduction trading mechanisms, and that there is no duplicate identification of projects or duplicate calculation of emission reductions.

Voluntary GHG emission reduction projects have to be designed in accordance with the *Guidelines for the Design and Implementation of Voluntary GHG Emission Reduction Projects* and relevant methodologies and be validated by a third party before project registration is requested. Upon completion of project registration, the project owner will monitor its relevant parameters and emissions. The monitoring report needs to be publicized and verified by a third-party validation and verification institution. Finally, applications for registration of projects and emission reductions will be made to the registration agency, which will result in CCER (Figure 5-4-1).

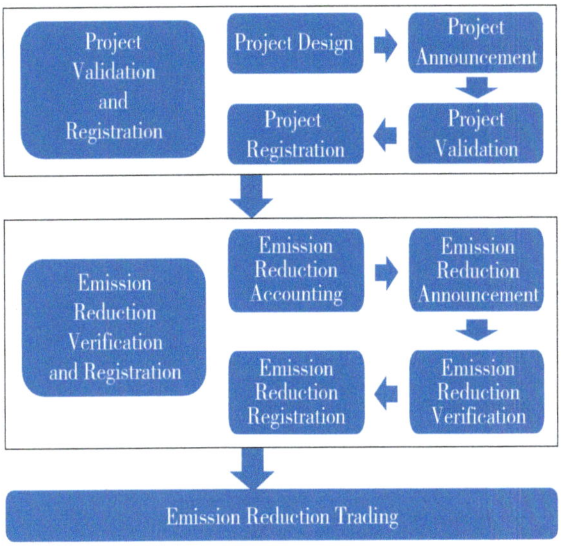

- The national voluntary GHG emission reduction trading mechanism imposes strict technical requirements on emission reduction projects and emission reductions:
  - √ Emission reduction projects shall carry additionality: Emission reduction projects will not be implemented without incentives for CCER under the emission reduction mechanism;
  - √ Emission reductions can be monitored, reported and verified, and are aligned with project methodologies and relevant technical specifications;
  - √ Emission reductions shall be unique: Emission reduction projects are not involved in other emission reduction mechanisms, and emission reduction effects will not be double-counted or double-claimed

Figure 5-4-1 Design and Implementation of Voluntary GHG Emission Reduction Projects

Additionality is a fundamental requirement for voluntary GHG emission reduction projects. According to the *Guidelines for the Design and Implementation of Voluntary GHG Emission Reduction Projects*, for the general demonstration of additionality of a project, the project owner needs to analyze the difficulties faced by the voluntary emission reduction project when implemented as a commercial project from two different perspectives, namely, investment analysis and barrier analysis. If all the difficulties faced by the project can be quantified as financial costs or benefits, it is required to use the method of investment analysis to quantitatively demonstrate that the financial indicators of the project are unattractive to investors; if these difficulties cannot be quantified as financial costs or benefits, the method of barrier analysis can be applied to qualitatively argue for the additionality of the project. When the MEE formulates and publishes the methodology for voluntary GHG emission reduction projects, it can set up requirements for simplifying or exempting from the demonstration of project additionality for specific types of projects that meet the conditions. For example, the demonstration of additionality may be exempted for projects that have high costs and poor financial indicators and require support, such as grid-connected offshore wind power projects, grid-connected solar thermal power projects and mangrove creation projects (Figure 5-4-2).

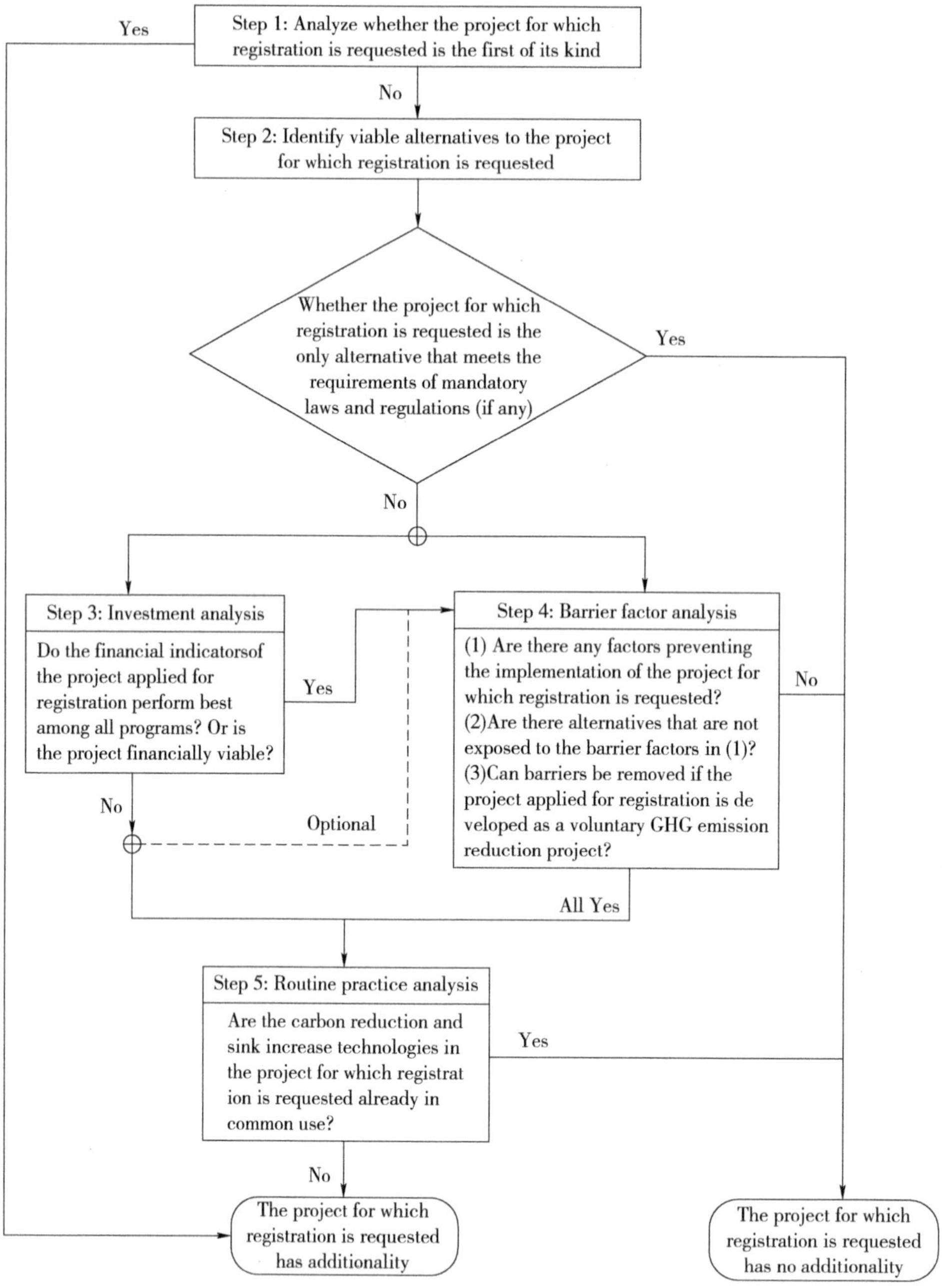

Figure 5-4-2 Demonstration of Additionality of Voluntary GHG Emission Reduction Projects

With regard to addressing the perishability of carbon sinks in forestry projects, the methodologies for afforestation carbon sequestration and mangrove creation projects explicitly set out the following relevant requirements for this issue.

Firstly, the design documents of forestry projects should state the measures taken to prevent fire, pests and diseases, felling and other impacts on the persistence of emission reductions.

Secondly, with full reference to the prevailing international practices and the extensive views of various parties in the forestry sector, it is requested that a proportion of emission reductions be deducted for forestry projects according to the relevant methodologies in the emission reductions accounting, thus coping with the risk of perishability. The specific proportion of deduction shall be subject to the project methodologies.

IV. Registration of National Voluntary GHG Emission Reduction Projects

Currently, the NCSC, as the national voluntary GHG emission reduction registration authority, is responsible for the operation and management of the national voluntary GHG emission reduction registration system, through which it accepts applications for registration and cancellation of voluntary GHG emission reduction projects and emission reductions, and records the information related to voluntary GHG emission reduction projects, verifies the registration, ownership, change, cancellation and other information on voluntary emission reduction projects, and issues relevant certificates upon application. The information recorded in the system is the final basis for judging the ownership and status of CCER.

In order to meet the demand for electronic management of the whole process of projects after the restart of the national voluntary GHG emission reduction trading mechanism, the MEE organized and newly constructed the national voluntary GHG emission reduction registration system and the national voluntary GHG emission reduction trading system, which were launched in August 2023. The new national voluntary GHG emission reduction registration system has improved the demand design for full-process business functions, including online processing of all procedures for project management and emission reductions, e.g., announcement, application and registration of projects and emission reductions; in terms of compliance offsets, the new system is the first to be connected with the national carbon market allowance registration system, while also reserving interfaces with the local carbon market and international offsetting functions.

According to the *Rules for the Registration of Voluntary GHG Emission Reduction* (*Trial*), the registration authority shall open registration accounts for the following eligible subjects upon application: legal persons and other organizations (project owners) applying for the registration of voluntary GHG emission reduction projects; major emission units in the national or local carbon emissions trading market; other trading subjects engaging in CCER trading; validation and verification institutions; department of ecology and environment at the provincial level; individuals and units that intend to comment on the design documents and emission reduction accounting reports of voluntary GHG emission reduction projects in the announcement. Specifically, the accounts for project owners are mainly used to record information on the registration, ownership, change and cancellation of CCER; the accounts for national or local carbon emissions trading subjects have the function of compliance; the accounts for trading subjects are mainly used to record information such as ownership, change and cancellation of CCER. The department of ecology and environment at the provincial level that becomes a newly registered subject can inquire about the registration of CCER projects and emission reductions in its region through the new system. Validation and verification institutions approved by the SAMR can open registration accounts and submit validation and verification reports, achieving dual commitment and ensuring the uniqueness of validation and verification reports. In addition, individuals or organizations can register public accounts for the sole purpose of submitting comments on the publicized information on CCER projects and emission reductions.

An important responsibility of the national voluntary GHG emission reduction registration authority is to review the integrity and normative nature of projects and emission reductions applied for registration. The authenticity, integrity and validity of all application materials are the responsibility of the project owner and the validation and verification institution. Projects with incomplete and irregular materials will not be registered. Given the current social demand for cancellation certificates of emission reductions issued for carbon neutrality, the new system is designed with a CCER cancellation certificate function. Registered subjects only need to fill in the purpose of cancellation if they voluntarily cancel their CCER for public welfare purposes. The new system will generate and publicize the cancellation certificate to ensure the uniqueness of CCER cancellation and use.

V. Local Department in the National Voluntary GHG Emission Reduction Mechanism

According to the relevant provisions of the *Measures for the Administration of Voluntary GHG Emission Reduction Trading* (*Trial*) (Table 5-4-1), the duties involving local department of ecology and environment mainly include the supervision and administration of voluntary GHG emission reduction trading and related activities in its administrative regions, as well as the investigation, handling and law enforcement of irregularities such as data falsification by project owners. In addition, these Management Measures also provide in principle for the handling of violations such as misuse of authority by relevant staff of the department of ecology and economy.

Table 5-4-1 Responsibilities of Department at the Provincial Level under the National Voluntary GHG Emissions Trading Mechanism

Matters	Provisions
Responsibilities	Article 5: The department of ecology and environment at the provincial level is responsible for the supervision and administration of voluntary GHG emission reduction trading and related activities in its administrative region. The department of ecology and environment at the districted-city level cooperates with the department of ecology and environment at the provincial level to supervise and administer the voluntary GHG emission reduction trading and related activities within its administrative area
Supervision over Project Owners	Article 43: If a project owner provides false materials when applying for the registration of voluntary GHG emission reduction projects or emission reductions, the department of ecology and environment at or above the provincial level shall order it to take corrective action and impose a fine of not less than RMB 10,000 nor more than RMB 100,000. In case of intentional fraud such as tampering or falsification of data, the department of ecology and environment at or above the provincial level shall also notify the registration institution to cancel the project registration, and shall no longer accept the application for registration of voluntary GHG emission reduction projects or emission reductions submitted by the project owner within three years

Continued table

Matters	Provisions
Supervision over Project Owners	If the project owner obtains false CCER due to the implementation of the fraudulent acts specified in the preceding paragraph, the department of ecology and environment at or above the provincial level shall notify the registration institution and the trading institution to suspend trading on the CCER held by the project owner, and order the project owner to deregister the same emission reductions as the false emission reductions. If it fails to deregister as required within the time limit, the department of ecology and environment at or above the provincial level shall notify the registration institution to force the deregistration, order the insufficient reductions to be returned, and impose a fine of not less than RMB 50,000 nor more than RMB 100,000, and no longer accept application for voluntary GHG emission reduction projects and emission reductions submitted by the project owner
Illegal Behavior	Article 46: If the relevant staff of the departments of ecology and environment and market regulation, registration institutions, trading institutions, and validation and verification institutions abuse their powers, neglect their duties, or engage in malpractices for personal gains, their subordinates or higher-level administrative organs shall order them to take corrective action and be punished according to law. If the relevant staff members of the aforesaid entities disclose relevant trade secrets or other acts that constitute violations of the provisions of the state on transaction supervision and administration, they shall be dealt with in accordance with other relevant laws and regulations

Following the restart of the voluntary GHG emission reduction trading reform, the focus will be on how to implement the responsibilities of the department of ecology and environment at provincial level in carrying out supervision and administration of CCER projects and emission reduction quality, and in ensuring the high-quality function of the CCER mechanism. The departments of ecology and environment at the provincial level are required to clarify the overall requirements, ideas, and processes for the supervision and audit management of voluntary GHG emission reduction trading and related activities, as well as the audit points, technical processes, and system implementation for specific supervision work. In particular, it is necessary to implement supervision and enforcement targeting projects in the four specific technical fields for which methodologies have been issued, combined with core contents such as project eligibility and emission reduction data quality. It is suggested that all provincial departments first identify resources available, access the potential of projects in the region, accelerate the organization and implementation of relevant research and capacity-building work, refine the provincial regulatory workflow, and establish work templates, to provide technical support for the management of the CCER mechanism after its restart.

VI. Future Prospect

The national voluntary GHG emission reduction trading market is another important policy tool launched by the government after the national carbon emissions trading market to help achieve the "dual carbon" goals, and it is a major institutional innovation that makes use of the market mechanism to mobilize the forces of society as a whole to jointly participate in GHG emission reduction actions. Both the national carbon emissions trading market and the national voluntary GHG emission reduction trading market are tools for controlling and reducing GHG emissions through market mechanisms. They are differentiated and operate independently, but are also linked and complementary to each other. In addition, they are interconnected through the allowance surrendering and offsetting mechanism and together constitute China's national carbon market system. Meanwhile, the national voluntary GHG emission reduction trading system is constructed to encourage enterprises and social subjects in a wider range of industries to take additional GHG emission reduction actions on their own volition by creating huge green market opportunities and driving the whole society to participate in green and low-carbon development.

The CCERs generated by the national voluntary GHG emission reduction trading mechanism are mainly used for compliance offsetting and voluntary social cancellation in the national and local carbon emissions trading markets. Regarding the compliance offset in the national carbon emissions trading market, major emission units can use CCERs to offset the surrendering of carbon emission allowances every year, and the offset ratio shall not exceed 5 percent of the carbon emission allowances to be surrendered; at an estimated national total allowance of 5 billion tons, the maximum theoretical demand for CCER compliance offset is 250 million tons/year. In terms of compliance offset in the local carbon emissions trading market, Beijing and the other 8 local carbon markets permit major emission units to use CCERs for compliance. Generally, these markets set limitations on CCER compliance in terms of offset ratio (generally not exceeding 5~10 percent of the carbon allowances to be surrendered), project schedule and type, and geographic area of project activities, among others; at an estimated national total allowance of 1 billion tons, the maximum theoretical demand for CCER compliance offset is 0.5 billion tons/year. As for voluntary social cancellation, one of the main paths for the whole society to participate in low-carbon actions is the voluntary cancellation of emission reductions. At present, in addition to CCERs, the sources of emission reductions that can be used for voluntary cancellation, such as carbon neutrality, also include several international emission reduction mechanisms as well as China's local carbon-inclusive products. Estimated by historical data, the short-term demand is about 2 million tons/year.

In summary, China's CCER demand market is still dominated by compliance offset demand in the allowance market in the short term, with a theoretical maximum demand of approximately 300 million t/a. The future market potential will also be subject to a combination of factors such as supply side, market pricing, and social awareness and engagement.

References

Liu Haiyan, Yu Shengmin & Li Mingzhu. Optimization Suggestions on the Management and Reboot of National Greenhouse Gas Voluntary Emission Reduction Trading Mechanism in China [J]. *Chinese Journal of Environmental Management*, 2022,14(5): 22-27.

Authors: Liu Haiyan[1], Yu Shengmin[2]

1 Liu Haiyan, China's National Center for Climate Change Strategy and International Cooperation.

2 Yu Shengmin, China's National Center for Climate Change Strategy and International Cooperation.

Reflections and Suggestions on the Integrated Development of Market-oriented Allocation of Resource and Environmental Factors in Zhejiang Province

The report of the 20th National Congress of the Communist Party of China (CPC) proposed "to improve the system of market-oriented allocation of resource and environmental factors". In July 2023, General Secretary Xi Jinping further pointed out at the National Conference on Ecological and Environmental Protection that "It is imperative to promote a better combination of efficient markets and competent government, and integrate resource and environmental factors such as carbon emission rights, energy use rights, water use rights, and pollutant discharge rights into the overall reform of market-oriented allocation of factors of production", which set clear requirements on the direction of market-oriented reform of resource and environmental factors. In the face of increasingly severe and complex resource and environmental pressures, Zhejiang Province, as the frontier of China's market-oriented reform, has actively explored the development of resource and environmental factors market, and has achieved remarkable results in improving the efficiency and effectiveness of resource and environmental factors allocation, promoting the survival of the fittest, and accelerating the green and low-carbon transformation. On the other hand, there are still problems of varying intensity, such as insufficient articulation of factor market mechanisms, insufficient endogenous impetus for market transactions, poor value-added paths for factors, and inadequate fundamental work systems.

Based on the pilot experiences of Zhejiang Province, and with an eye to promoting carbon reduction, pollution reduction, greening and growth at the national level, it is recommended to strengthen the top-level design of integrated allocation of resources and environmental factors, explore the establishment of trans-regional, especially trans-provincial and trans-district, resource and environmental factors trading markets, promote the construction of an integrated trading platform for multiple kinds of resource and environmental factors, synergistically push forward the price reform and market mechanism construction for resource and environmental factors prices, coordinate the innovation of value-added modes of resource and environmental factors, and strengthen policy and regulatory guarantees and basic capacity building.

I. Practice and Effectiveness of Zhejiang Province in Promoting Market-oriented Allocation of Resource and Environmental Factors

A. Main Practices

As a province at the forefront of China's reform and opening-up, Zhejiang Province is taking the lead in terms of innovative market-oriented mechanisms. At the same time, Zhejiang, a "province with limited resources", faces not only scarcity in energy, minerals, and other resources, but also acute challenges in pollutant emissions as its economy grows. Since the 1980s and 1990s, the province has been actively exploring the development of pollutant discharge rights, water use rights, mineral rights, energy use rights, carbon emission rights and other areas of market-oriented trading. In the face of increasingly severe resource and environmental pressures, the province has accelerated the pace of market reform for resource and environmental factors, and further explored the reform of market-oriented allocation of ecological factors such as forest rights and grass rights.

The province was the first to start emissions trading. As early as the 1980s, Jiaxing City in the province has been actively exploring emissions trading. In 2007, the city launched the first emission reserve trading center. In the same year, the province became one of the first batch of pilot projects for the compensated use and trading of pollutant discharge rights. Since 2014, the province has been continuously improving its policies related to the compensated use and trading mechanism of pollutant discharge rights, covering the five core links including "verification, pricing, compensation, trading and supervision", and has established management bodies for pollutant discharge rights trading at the provincial, municipal and county levels, realizing full coverage of the province, municipalities and counties, full coverage of the main pollutants, and full coverage of the key industrial pollutant discharging units.

The province actively explored water rights trading. Back in 2000, a water rights trading contract with a total amount of RMB 200 million was concluded between the governments of Dongyang and Yiwu, with a water supply of 49.999 million m^3/a for 100 years, and in 2019, the two cities entered into another water rights trading contract with a total amount of RMB 1.5 billion and a water supply of no less than 30 million m^3/a for 50 years. The Dongyang-Yiwu water rights trading is China's first case of transferring water rights and pioneers in the reform of market-oriented allocation of water resource factors. Subsequently, the province has implemented a number of trading practices, such as Shaoxing-Cixi regional water rights, Chun'an-Jiande regional water rights, collective pool and reservoir water rights in Cizidao Village of Lin'an and Dinghai, and water intake-rights among industrial enterprises in Qiangjiao Town of Ninghai County, with a cumulative trading volume of 8.21 billion m^3 and a trading amount of RMB 2.56 billion, forming a variety of trading modes including regional water rights trading, water intake rights trading and pledge, and rural collective pool and reservoir water rights.

The province created the first batch of energy use rights trading pilots in China. In December 2018, the province launched a unified energy use rights trading market, and established the "1+2+X" energy use rights trading system, as well as a series of technical standards and supporting policies. In the implementation route, the province mainly carries out incremental transactions for the moment in accordance with the development step of "first incremental, then inventory". In terms of platform construction, the province has built a unified energy use rights trading platform on the principle of "unified standards, online trading, real-time supervision and online clearing". The platform aims at realizing full-process online registration, online trading and fund clearing, and covers the entire trading process of application, audit, trading, fulfillment and supervision, making the system construction level at the forefront of the country.

Fourthly, the province accelerated and promoted carbon emissions trading. In 2016, the province implemented the preparation of corporate carbon reports, and proceeded with the carbon reporting of enterprises included in the non - carbon market with annual comprehensive energy consumption of 5,000 tons of standard coal or more based on enterprises included in the carbon market (annual comprehensive energy consumption of 10,000 tons of standard coal or more) according to national regulations. Through consecutive years of carbon reporting and submission as well as verification and review, the statistical management system of carbon emission data of enterprises has been gradually established and perfected, and the standardization of carbon reporting has been continuously strengthened. Additionally, the province continued to deepen the digital and intelligent management of carbon emissions, and realized the online closed-loop management of filling in the carbon emission report of enterprises - submission for approval - verification - review - final review, covering the carbon emission data of more than 2,000 enterprises in the province in each of the years from 2016 to 2021.

The province promoted the trading of mineral rights in depth. As early as the late 1990s, exploration has been made on the compensated acquisition of mineral rights in Wuyi and other places, and a resource packaging approach has been adopted in Haiyan for public auction of mineral rights. In 2000, Haiyan, Yuhuan, Wenling, Shaoxing, and Huzhou were selected as pilot sites for the auction of mineral rights in the province, and in 2010, a "net mine" transfer policy was introduced to ensure the smooth entry of mining enterprises into the field of construction. In recent years, the province has been constantly improving the mineral rights trading rules, and included all mineral rights trading into its natural resources trading platform for unified management, fully implementing online trading of mineral rights.

The province has continued to explore the market-oriented allocation of ecological factors. As the birthplace of the concept that "lucid waters and lush mountains are invaluable assets", the province has actively explored and practiced mechanisms for realizing the value of ecological products. The province has established an ecological property rights system, pushed forward the reform of property rights system for natural resources, uniformly registered the authentic rights of natural ecological space such as waters, forests and wetlands, and delineated the boundaries of ownership rights exercised by different subjects. The province has explored and established diversified natural resource ownership systems. In Lishui, for example, "six rights" were established and empowered, i.e., rural land contractual management rights, residence land use rights, farmhouse ownership rights, forest rights, water rights, and village collective economics equities with the rural financial reform as an opportunity. Moreover, the province has promoted the transfer of forest land management rights, contracting of river management and operation rights to farmers in sections or zones, and a series of other innovative practices, and endeavored to explore property right reform, value transformation and transfer of ecological and environmental factors.

B. Overall Effects

Firstly, the province maintained its overall leading or advanced position in the national market for resource and environmental factors, providing a useful experience for the country to promote related work. As of April 2023, the province has completed 124 energy use rights transactions, involving energy consumption targets of over 3 million tons of standard coal, with a transaction amount of RMB 0.4 billion, a leading scale of transactions in the country. From 2015 to 2021, the province's pollution discharge rights transactions amounted to RMB 16.3 billion, accounting for roughly half of China's total volume of pollution discharge rights transactions during the same period.

Secondly, province optimized the efficiency of factor allocation to provide strong protection for the construction of major projects. The province fully articulated the market-oriented allocation of resource and environmental factors with the market-oriented reform of the province's factors, and explicitly proposed that priority can be given to the protection of resource and environmental factors for national and provincial major engineering projects. Since 2022, the province has had 7,010 projects with pollution discharge right demand (including 225 provincial major projects), allocating a total of 11,279 tons of chemical oxygen demand (COD), 1,059 tons of ammonia nitrogen, 6,910 tons of sulfur dioxide, and 19,132 tons of nitrogen oxides (NO_x).

Thirdly, the province achieved synergistic benefits for the optimization of industrial structure and increased funding for environmental governance. By giving full play to the decisive role of the market mechanism, the province promoted the further aggregation of resource and environmental factors to areas with high output efficiency and low resource consumption, thereby greatly promoting the continuous optimization of industrial structure. For example, the province incorporated projects of industrial units with an additional energy consumption higher than 0.52 tons of standard coal/million RMB into energy use rights trading, to encourage high energy-consuming enterprises to adopt advanced technology in the project design phase, and to inhibit the blind construction of low-level projects. Another example is the city of Huzhou, which has phased out its highly polluting printing and dyeing industry through the implementation of compensated declarations and market-oriented trading of pollutant discharge rights, while at the same time mobilizing RMB 845 million to effectively address the problem of insufficient funds for pollution control.

Fourthly, the province pioneered a series of model innovations, system innovations, financial innovations and technological innovations, providing the "Zhejiang experience" for the market-oriented allocation of resource and environmental factors for the whole country. Taking digital technology innovation as a traction, the province explored the Lishui model and Anji model of transforming ecological factors for increase in value, innovated the digital supervision system and security deposit system for the trading of pollutant discharge rights, carbon emission rights, water use rights and energy use rights, implemented financial innovations such as leasing, mortgaging and guaranteeing of pollutant discharge rights and water use rights, and established a one-stop digital management platform, delivering a useful reference.

II. Main Problems

A. Insufficient Articulation between Markets for Trading Resource and Environmental Factors

Firstly, a mechanism for sectoral coordination and convergence needs to be established. At present, the pilot trading of pollutant discharge rights and carbon emission rights is promoted by the ecological and environmental departments, the pilot trading of energy use rights and green power certificates is promoted by the development and reform (energy) departments, and the pilot trading of water use rights is promoted by the water conservancy departments. Different environmental rights and interests trading mechanisms are promoted by different authorities, with insufficient consideration given to optimizing the allocation of resource and environmental factors as a whole.

Secondly, there are some overlaps between markets for resource and environmental factors. As there is a correlation between energy resource consumption, pollutants and carbon emissions, coupled with the fact that the main bodies in the environmental rights and interests trading mechanism are all high-energy-consuming and high-emission enterprises, some enterprises may be involved in more than one market at the same time, and there is a problem of overlapped compliance. At the same time, there is insufficient articulation between green electricity and green certificate trading and energy use rights and carbon trading, which increases the transaction costs of enterprises.

Thirdly, it is difficult for resource and environmental factors to flow across regions. Due to the resource and environmental conflicts and different environmental capacities in different regions, there are differences in environmental standards, which constrain the efficient flow of resource and environmental factors between different regions. At the same time, some regions have been pursuing one-sidedly the completion of the energy-saving, pollution-reducing and carbon-reducing target tasks issued by higher-level governments, and are not highly motivated to optimize the allocation of resource and environmental factors across regions.

The market trading platforms need to be further integrated. There is insufficient information interconnection between different resource and environmental factor markets, and insufficient articulation between provincial, municipal and county-level platforms and between comprehensive and specialized platforms. The service capacity of some specialized platforms needs to be improved, and some municipal and county-level platforms have become "zombie platforms", so there is still much room for improvement in the integration of platforms.

B. Insufficient Endogenous Dynamics of Market Transactions

First of all, market transactions are dormant. At present, secondary markets for water use rights, pollutant discharge rights and energy use rights are not actively traded. From the supply side, resource and environmental rights and interests are regarded as development rights by enterprises, and the phenomenon of reluctance to sell is common. From the demand side, many enterprises have the attitude of "waiting for, relying on and requesting", coupled with the insufficient implementation of binding goals and tasks such as energy conservation, pollution reduction, carbon reduction and water conservation, the spontaneous motivation of enterprises to participate in market-oriented transactions is not strong.

Secondly, pricing resources and environmental factors are complex and contentious issues. In the case of water rights trading, for instance, the benchmark prices for high-quality water resources in Chun'an County vary significantly, ranging from RMB 14.2/m^3 using the cost method, RMB 35.2/m^3 cubic meter via the income method, to RMB 222.4/m^3 based on brand value. These prices are often challenging for downstream cities to accept. In practice, numerous cities still prefer obtaining water resources through administratively sanctioned diversion and transfer projects, reluctant to fulfill new water demands via market-driven water rights trading.

Thirdly, market trading rules have ample room for enhancement. Currently, water rights trading heavily relies on government coordination and promotion, lacking a standardized and unified trading system and platform. Contract terms are often determined on a case-by-case basis. Additionally, forestry carbon sink trading is integrated into the voluntary emission reduction market, but its non-mandatory nature constrains market demand for carbon sinks.

C. Difficulty in Transforming and Increasing the Value of Resource and Environmental Factors

First, there is a lack of criteria for evaluating the value of resources and environmental factors. At present, there is still a lack of full understanding of the economic and social value of resource and environmental factors, especially ecological factors, and there is a lack of standards for evaluating the value of these factors so that the value and premium effect of resource and environmental factors are widely underestimated.

Second, the resource and environmental certification system needs to be standardized. China has established a series of certification systems in green, ecological, energy-saving, water-saving and other areas, including third-party certification, self-declaration and other forms, yet there are also problems of function overlapping of government departments, inconsistency between powers and responsibilities, and duplicate testing and certification of enterprises.

Third, there is inadequate financial support. As the standardization, certification and traceability systems of resource and environmental factors are not sound enough, it is difficult to further convert these factors into financial products. They are not well linked to mortgages, green evaluations and allocation of factors, and financial support is also inadequate.

D. Incomplete Policies, Regulations and Support Guarantees

First, the level of legalization in the trading of resources and environmental factors needs to be upgraded. At present, the laws and regulations related to the trading of resource and environmental factors are not yet sound, and the support of upper-level legislation is urgently needed to deepen the market-oriented trading of energy use rights, water use rights, pollutant discharge rights, and carbon emission rights.

Second, supporting management systems need to be improved. In Zhejiang Province, for example, revenues generated by local governments at all levels from the sale of energy-consumption indicators in energy use rights trading are included in "Income from the compensated use of other state-owned resources (assets)". As a result, there is a situation in which the transaction funds are retained in the account.

Third, the relationship between established policies and regulations and innovative work urgently needs to be resolved. The market-oriented allocation of resources and environmental factors is a cutting-edge and challenging task that requires local governments to make a series of innovations. At present, there is an increasing number of policy legitimacy reviews, and every policy requires an evidence base. However, there is no precedent for innovative work, so it is more difficult to advance these tasks.

Fourth, there is a weak data foundation. At present, there is a lack of effective monitoring for enterprises' actual discharge capacity and comprehensive energy consumption. Besides, water rights measurement and monitoring facilities are inadequate, while carbon emissions accounting and monitoring processes are challenging and costly.

III. Inspirations and Suggestions

The practice of Zhejiang Province in promoting the market-oriented reform of resource and environmental factors has shown that resource and environmental factors have value, and that the value gradually increases with time. For example, the value of water rights increased from RMB 4/ton in 2000 to RMB 50/ton in 2019; the annual average price of pollutant discharge rights (in the case of COD) increased from RMB 59,000/ton in 2015 to RMB 92,000/ton in 2021. At the same time, through the implementation of market-oriented allocation of resource and environmental factors, the decisive role of the market can be brought into play, which is conducive to improving the efficiency of factor allocation, promoting the survival of the fittest and the optimization of regional industrial structure, and increasing the sources of funding for environmental governance, which are "multiple benefits in one move". In addition, the introduction of a market-oriented allocation mechanism for factors between provinces, regions and cities is also conducive to guiding active competition between governments in green and low-carbon development, and promoting the continuous improvement of the resource and environmental governance system and governance capacity of governments at all levels.

At a new development starting point, as China's economic and social development enters the stage of high-quality development with accelerated greening and low-carbonization, it is necessary to fully draw on the experience of pilot implementation in Zhejiang Province, and continue to explore and innovate the allocation of resources and environmental factors in the direction of integration and marketization, to lay a solid institutional guarantee for the handling of the relations between high-quality development, high ecological quality and high security level.

The first is to strengthen the top-level design of the integrated allocation of resources and environmental factors. In consideration of resource endowment, ecological and environmental carrying capacity, economic and social development needs, and other facts, we should strengthen the comprehensive integration and innovative market-oriented allocation of resource and environmental factors in accordance with local conditions, effectively play the role of guaranteeing the development of advanced productive forces and promoting the survival of the fittest, and improve the efficiency of synergistic allocation of factors. Besides, it is essential to establish a sectoral coordination mechanism for the market mechanism of relevant resource and environmental factors, carry out the top-level design of the market trading system for resource and environmental factors by grasping the relationship between environmental protection and economic development and giving full consideration to economic, financial, market and fiscal factors, and promote the connection between the market-oriented allocation of resource and environmental factors and the relevant policies in various fields.

The second is to explore and establish trans-regional, especially trans-provincial and trans-district, markets for the trading of resources and environmental factors. Taking the Yangtze River Delta, Beijing-Tianjin-Hebei region, Pearl River Delta and other regions as pilots, we should promote the unification of market trading rules, supporting implementation rules, as well as technical standards, data specifications and service standards for the construction of trading platforms. We should resolutely break down regional barriers, explore the implementation of unified energy-saving, environmental protection and carbon reduction standards, and promote the free flow of factors in different regions. Additionally, we should strengthen the synergistic integration of key aspects such as initial allocation, compensated use, market access, trading rules, financial services, property rights protection and market supervision, and advance in order the fairness and unity of policies and regulations, monitoring and accounting, and supervision and law enforcement.

The third is to construct an integrated trading platform for multiple kinds of resource and environmental factors. We should encourage regions that are in a position to do so to explore, on an early and pilot basis, the construction of a comprehensive trading service platform that integrates multiple resource and environmental factors, such as carbon emission rights, energy use rights, water use rights and pollutant discharge rights. We should further promote the integration of various public resource trading platforms at all levels, and accelerate the formation of a pattern in which the national, provincial, municipal and county levels are linked, and the comprehensive and specialized platforms are coordinated and cooperated. By fully utilizing digital technology, blockchain technology, and other cutting-edge advancements, we should establish common platforms for diverse resource and environmental trading markets while prioritizing the sharing and interconnectivity of pertinent data and platforms across departments, so as to mitigate project overlap and inefficiencies stemming from information asymmetry.

The fourth is to coordinate and advance the price reform of resource and environmental factors and the construction of market mechanisms. With a focus on reflecting market supply and demand and the scarcity and negative externalities of resource and environmental factors, we should evaluate the value of various resource and environmental factors, and actively explore different pricing methods such as cost method, income method and equity method, as well as the scope of their application and the conditions under which they can be applied. Moreover, we should also gradually rationalize the price transmission mechanism, strengthen the connection between the energy and electricity market and the resource and environmental factor market, and promote the effective transmission of costs and benefits of energy conservation, pollution reduction, carbon reduction and water conservation across different sectors of society, thus achieving two-way interaction and coordinated transformation between supply and demand.

The fifth is to coordinate and promote innovation in value-added modes of resource and environmental factors. We should complete the types of rights to use resource and environmental factors, and explore such rights as granting, transferring, leasing, mortgaging, guaranteeing and investing, so that users of resource and environmental factors can obtain direct income through granting, transferring or leasing, or obtain credit loans through mortgaging or guaranteeing, or turn them into assets through investing. We should also coordinate and advance the standardization, certification and labeling systems in the field of resources and environment, and explore and establish green labels and eco-labels that are consistent with national conditions and aligned with international standards.

The sixth is to coordinate and strengthen policy and regulatory guarantees and basic capacity building. We should introduce unified laws in the field of resource and environmental factors, clarify the legal attributes of these factors, and improve the supporting technical guidelines and implementation rules for the trading of resources and environmental rights and interests. Furthermore, we should promote unified monitoring and accounting of resource and environment, clarify the standard requirements for unified norms, improve the enterprise monitoring and reporting system, and improve the effectiveness, accuracy and timeliness of monitoring and accounting data. Meanwhile, efforts should also be made to strengthen the mechanism for interactive verification of data from multiple sources to ensure that data can be validated, traced and verified.

Authors: Tian Zhiyu[1], Zhao Meng[2]

1 Tian Zhiyu, Director and Research Fellow at the Sustainable Development Center, Energy Research Institute of Chinese Academy of Macroeconomic Research.

2 Zhao Meng, Deputy Director and Associate Research Fellow at the Sustainable Development Center, Energy Research Institute of Chinese Academy of Macroeconomic Research.

Addressing Green Trade Barriers: The Impacts and Strategies for Coping with EU's Carbon Border Adjustment Mechanism

In May 2023, *the EU Carbon Border Adjustment Mechanism* (EU 2023/956)[1] officially came into effect. According to this Directive, the EU Carbon Border Adjustment Mechanism (CBAM) officially entered its transition period in October 2023 and will be formally implemented on January 1, 2026. Driven by CBAM, countries like the UK and the US are actively establishing their green trade barriers. This trend will have a profound impact on global trade rules and challenge China's product exports. China must attach great importance to this matter and actively respond.

I. Main Content and Implementation Progress of CBAM

A. Main Content: Six Sectors, Single-Certificate Management and Dual Systems

CBAM mirrors the EU carbon market, precisely delineating the spectrum of imported goods it encompasses. It institutes a "notional" carbon market targeting the importers of these products, which is tantamount to a post-border trade initiative. This "notional" carbon market is unrestrained by a cap on total volume and comprises solely a primary market, devoid of a secondary one, with its carbon pricing pegged to that of the EU carbon market. As per the definitive text of the EU CBAM directive, the particulars are as follows:

1 Regulation (EU) 2023/956 of the European Parliament and of the Council of 10 May 2023, establishing a carbon border adjustment mechanism. http://data.europa.eu/eli/reg/2023/956/oj.

CBAM covers six sectors and three types of GHGs. According to the final legislation, CBAM will cover six sectors: cement, electricity, fertilizers, iron & steel, aluminum, and chemicals (hydrogen). The scope for iron & steel and aluminum extends not only to primary products such as iron & steel but also to semi-processed items including plates, pipes, cabinets, rails, and door frames, yet it does not cover high-end products like machinery and equipment. In terms of product carbon emission calculations, it is specified that different products have different measurement criteria. For iron & steel, aluminum, and hydrogen, only direct emissions are considered-that is, emissions from the production process (including those from refrigeration and heating). Cement and fertilizers additionally take into account indirect emissions from electricity production. When determining the carbon emission levels of products, the EU will take into account multiple greenhouse gas (GHG) emissions. For iron & steel, cement, electricity, and hydrogen considerations are limited to carbon dioxide emissions, while aluminum includes both carbon dioxide and perfluorocarbon emissions, and fertilizers consider carbon dioxide and nitrous oxide emissions.

Importers have to pay financial adjustments for imported goods in the scope and purchase CBAM certificates. For the import of goods covered by the CBAM, the EU will manage the qualifications of importers. Competent CBAM authorities are responsible for authorizing and examining the qualifications of importers or indirect customs declaration representatives within EU countries. Only those who pass the examination will be granted the qualification to import CBAM-related goods. Importers are obligated to fulfill quarterly reporting and annual declaration duties. Specifically, they must submit a CBAM quarterly report to the European Commission at the end of each quarter and an annual CBAM declaration by May 31 for the previous year's data, as detailed in Table 5-6-1. The EU manages the compliance of importers with a "one-certificate" system through the sale, surrender, and repurchase of CBAM certificates[1]. At the end of each quarter, importers must hold no fewer than 80% of the CBAM certificates equivalent to the carbon content of the goods imported that year. During the annual declaration, the quantity of CBAM certificates held by importers should

1 CBAM certificate is an electronic voucher issued by the competent CBAM authorities. A single CBAM certificate can offset one ton of the embodied carbon emissions from imported products.

not be less than the designated emission levels of carbon for the entire year's imported products. CBAM certificates are only valid for the current year, and after the completion of annual compliance, the European Commission will repurchase the CBAM certificates at the original price, but the repurchase volume will not exceed one-third of the amount purchased by the importer.

Table 5-6-1 Content of CBAM Authorized Declarants' Quarterly Reports and Annual Declarations

S/N	Content of CBAM Report (Specific Quarter)	Content of CBAM Declaration (Annual)
1	Total quantity of each category of goods produced by each installation in the country of origin	Total import volume of various CBAM goods
2	Actual carbon emissions calculated	Aggregate carbon emissions
3	Total indirect emissions computed	Total number of CBAM certificates required for surrender
4	Carbon price paid by the country of origin for the carbon emissions of imported goods after considering rebates or subsidies	Copies of verification reports issued by accredited verifiers

Data source: This table is compiled based on the final text of the CBAM published in the Official Journal of the European Union.

The actual carbon border adjustment fee paid is influenced by factors such as the product's carbon emissions, the carbon prices in the country of origin, and the proportion of free EU allowances. The final actual carbon border adjustment fee borne by EU importers is jointly determined by the number and price of CBAM certificates. The number of CBAM certificates is equivalent to the total embodied carbon emissions of the imported goods. During the phase where free allowances are still in place within the EU carbon market, the number of CBAM certificates that importers need to purchase is reduced proportionally according to the ratio of free allowances. From 2026 to 2034, the ratio of free allowances in the EU carbon market will be gradually reduced until it is completely phased out (Figure 5-6-1). The price of a CBAM certificate is based on the weekly average closing price of the EU carbon market, which is regularly published by the European Commission. If a carbon price (carbon tax, carbon market price, or other explicit carbon price) has already been paid in the country of origin, importers can deduct the corresponding amount when paying the fee. The formula for calculating the actual carbon border adjustment fee borne by importers is as follows:

Importer Carbon Border Adjustment Fee = EU Carbon Market Price ×

Quantity of Products × (Specified Emission Volume - Free Allowance Covered Emissions) - Carbon Price in the Country of Origin

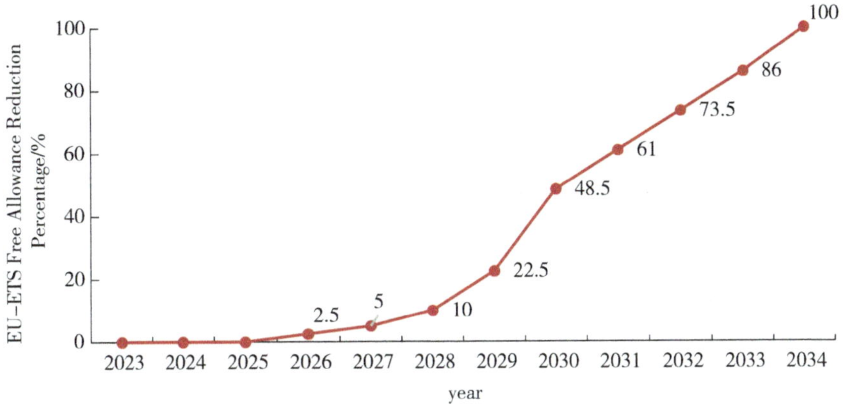

Figure 5-6-1 EU Carbon Market Free Allowance Reduction Roadmap

Data Source: EU Carbon Market.

CBAM is jointly implemented by the European Commission and the CBAM authorities of the member states, based on a common central platform and the CBAM registry system. During the specific implementation process of the CBAM, the European Commission is responsible for macro-management tasks, such as enacting detailed rules according to delegated powers, establishing and managing the CBAM registry, setting up and administering the public central platform, risk control, supervision, and review, as well as the repurchase and cancellation of CBAM certificates. The CBAM authorities of the member states (primarily environmental or climate departments) are responsible for the practical execution, which includes approving and registering CBAM accredited declarants, reviewing CBAM declarations, verifying the number of CBAM certificates due for surrender, selling CBAM certificates to domestic importers, and penalizing non-compliant importers. Two systems are required during the implementation: the public central platform mainly used for the sale and repurchase of CBAM certificates, and the CBAM registry system mainly used for the qualification review of accredited declarants, management of accredited declarant accounts (for CBAM declarations and certificate surrender), and reporting of information on production installation and operators in the country of origin. To facilitate the implementation of the CBAM, customs will conduct entry examinations, prohibiting the import of relevant goods by anyone other than CBAM accredited trader, and will also regularly report to the

European Commission on the status of goods imports and assist in investigations. Information from the CBAM registry system will be promptly synchronized with customs authorities (Figure 5-6-2).

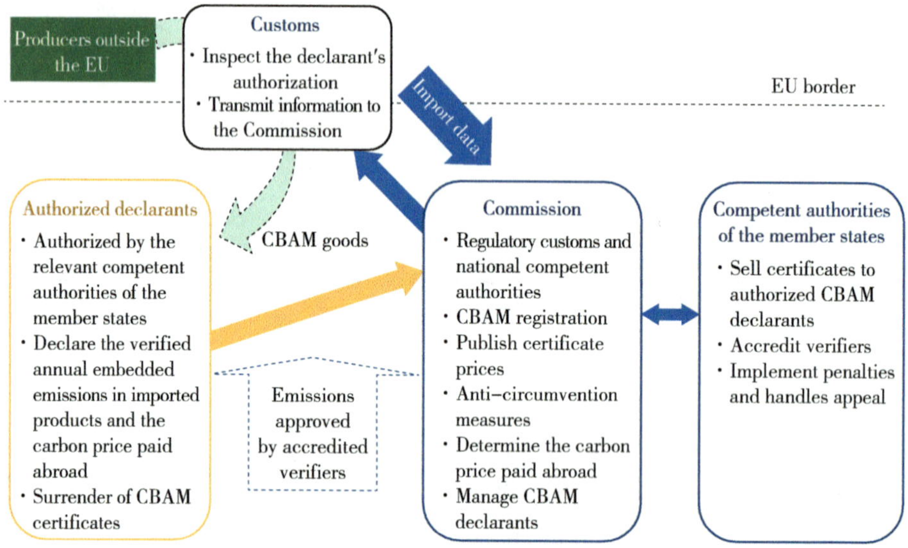

Figure 5-6-2 Management Responsibilities of CBAM

The exemption method from CBAM is to join or link with the EU carbon market. Currently, the countries that meet the conditions for this exemption are Iceland, Liechtenstein, Norway, and Switzerland.

B. Implementation Progress: Entering a Three-year Transition Period

CBAM has completed legislation and officially entered the transition period in October 2023 (Figure 5-6-3).

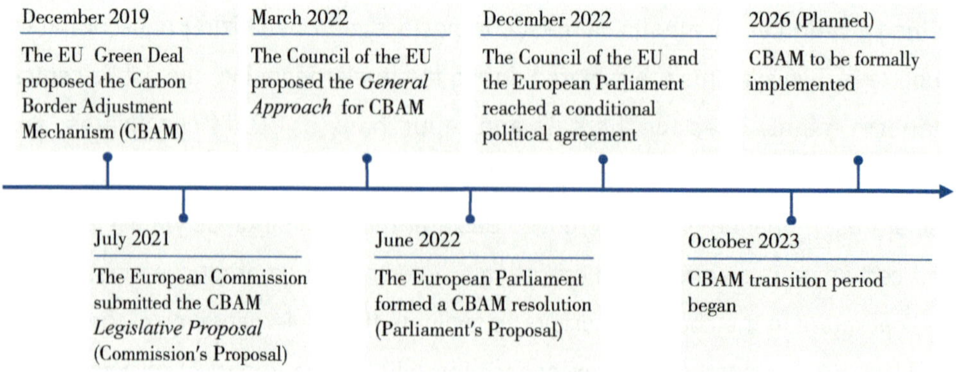

Figure 5-6-3 Implementation Progress of CBAM

The European Commission will progressively issue detailed rules for the implementation of the CBAM during the transition period. To date, the European Commission has issued five implementation rules, including *Commission Implementing Regulation (EU) and Annexes*, *Guidance Document on CBAM Implementation for Importers of Goods into the EU*, *Guidance Document on CBAM Implementation for Installation Operators Outside the EU*, *Transitional CBAM Registry User Manual for Declarants* and *Provisional List of National Competent Authorities (NCAs) for the Carbon Border Adjustment Mechanism*.

During the transition period, importers must fill in relevant information as required but do not need to pay related fees. According to the requirements of the *Commission Implementing Regulation (EU) and Annexes*, importers should submit a CBAM report in the transition period registry every quarter. See Table 2 for detailed report information. If a CBAM report is not submitted, or errors in the CBAM report are not corrected in time, the CBAM authorities of the member states will impose fines on the importers, with a penalty ranging between EUR 10 and EUR 50 per ton of unreported emissions. The management during the transition period is detailed in Figure 5-6-4.

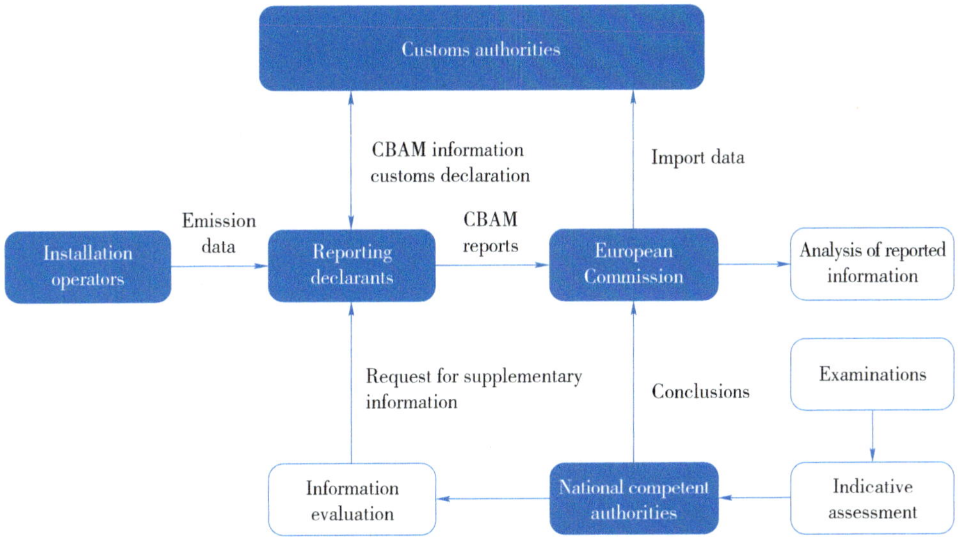

Figure 5-6-4　Information Management during the Transition Period of CBAM

Table 5-6-2 Declaration Information for Importers during the Transition Period

Type		Main Content
Goods Information		Quantity of imported goods; Type of goods determined based on CN codes
Embodied emissions	Direct	Country of origin of imported goods; Information about production installation of goods: UN port code of location, installation company name, installation address and English copy, geographical coordinates of the installation's main emission sources; Production technology route and specific parameters of goods; Direct carbon emissions of goods; Iron and steel products must provide the identification number of the raw steel mill
	Indirect	Electricity consumption per ton of goods produced; Actual indirect emissions or not; Electricity emission factor; Indirect carbon emissions of goods
Carbon Price in the Country of Origin		Type of products indicated by CN code; Information on countries with carbon pricing mechanisms and types of carbon pricing; Carbon pricing policies in the country, including legal provisions, amounts, explanations of carbon pricing policies, etc.; Policies in the country used to offset carbon prices, such as tax refunds, and free allowances; Direct or indirect emissions involved in carbon pricing; Embodied emissions involved in other forms of compensation

C. The Emergence of Accelerated Evolution in International Green Trade Barriers

After the EU introduced the CBAM, the UK announced the introduction of CBAM in 2027 on seven types of products, including aluminum, cement, ceramics, fertilizers, glass, hydrogen, and iron & steel. The Australian Government has launched a review on "carbon leakage" and considers the implementation of CBAM. The United States has successively proposed multiple versions of "carbon tariff" schemes. At the United Nations Climate Change Conference (COP28), 36 members formally launched the Climate Club, covering over 55 percent of the global economy. In addition, international supply chain carbon reviews are also strengthening. France and other countries have increased carbon emission reporting requirements in due diligence investigation, information disclosure, and other regulations, and the *EU Battery Regulation* has started to focus on supply chain carbon footprints. The green trade barriers are increasing, which accelerates the evolution of green barriers in traditional international rules.

II. Analysis of Consistency between Green Trade Barriers and Multilateral Agreements

A. Violation of the WTO MFN

The WTO's most-favored-nation (MFN) treatment requires WTO member countries to give equal treatment to similar products from different trading partners, meaning that the treatment enjoyed by one member must be equally given to all other WTO members. This principle is based on tax preferences, but CBAM strengthens cost convergence. For example, the CBAM defines products with the same function but different carbon content as different products and imposes "carbon tariffs" at varying rates on different countries based on the carbon content. Besides, it selectively grants discretionary exemptions to trading partners. This differential treatment of different countries violates the MFN treatment.

B. Violation of the WTO National Treatment Principle

The WTO national treatment principle requires its member countries to treat similar foreign products as their nationals, meaning that the direct or indirect taxes borne by imported products should not exceed those of domestic products. The EU proposal sets the price of CBAM certificates in line with carbon market prices. It seems that domestic and imported products are treated equally. However, it also violates the national treatment principle, which is specifically reflected in the three aspects below. First, the carbon emission coverage of imported products is greater than that of domestic products. The EU carbon market only covers Scope 1 GHG emissions, while the complex products outlined in the CBAM proposal cover both Scope 1 and raw material

GHG emissions. Second, the compliance procedures for imported products are more difficult than those for domestic products. The EU's local carbon market primarily operates as a futures market for carbon emission rights, allowing for free trade. However, the CBAM certificates purchased by importers under the CBAM cannot be traded. Third, the compliance costs for imported products are higher than those for domestic products. European enterprises can hold historical free allowances or low-cost allowances obtained since the establishment of the carbon market, but importers must bear the high costs brought about by the current high carbon prices. In addition, the EU provides substantial subsidies to energy-intensive enterprises such as iron and steel and electrolytic aluminum. These subsidies make the actual carbon costs borne by local EU products lower than those of imported products.

C. Violation of "Common but Differentiated Responsibilities" in International Climate Governance

"Common but differentiated responsibilities" is pivotal in the three climate agreements—*UN Framework Convention on Climate Change* (*UNFCCC*), *Kyoto Protocol*, and *Paris Agreement*, and is a cornerstone of international climate governance. Every country is obliged to respond to climate change but developed and developing countries have different responsibilities and obligations due to differences in economic development levels, historical responsibilities, and current per capita emissions. There is a qualitative difference between the mandatory emission reductions imposed on developed countries and the voluntary emission reductions undertaken by developing countries. However, in the CBAM proposal, developing countries are required to bear the same carbon costs as developed countries. Developed countries not only fail to fulfill their obligations to provide financial support to developing countries for tackling climate change but also pocket the revenue from carbon border adjustment fees, violating the principle of "common but differentiated responsibilities" in global climate governance.

III. Potential Impact of the International CBAM on China

The overall impact on China's economy is generally controllable in the short term. According to the existing rules and scope of goods under the CBAM, the overall impact on China's exports is limited. According to a study by the United Nations Conference on Trade and Development (2023)[1], if a carbon tariff of USD 44 per ton is set, China's exports to the EU would be reduced by 1.98 percent. If CBAM is implemented in the five sectors of iron and steel, cement, aluminum, fertilizer, and electricity, and a carbon tariff is set at EUR 70 per ton, China's GDP loss would amount to USD 186 million. There will be certain impacts on trades in products like iron steel and aluminum to the EU, but relatively small. Taking iron and steel products as an example, in 2022, China's iron and steel exports to the EU were mainly coated plates, bars, electrical steel strips, and cold-rolled thin plates, totaling 1.07 million tons, 901,000 tons, 317,000 tons, and 260,000 tons, respectively, accounting for 65.5 percent of the EU's iron and steel imports from China. After the EU implements the CBAM, Chinese iron and steel enterprises will face challenges such as increased costs of iron and steel exports to the EU, reduced price advantages, and decreased product competitiveness. However, compared with China's total iron and steel exports of approximately 80 million tons in 2023, the exports to the EU are relatively small and the impact is limited.

Efforts should be made to promote the relocation of domestic electrolytic aluminum and other non-ferrous metal companies to regions with green electricity production. Following the introduction of China's "dual carbon" goals in 2020, and in light of CBAM, an increasing number of multinational corporations have set voluntary emission reduction targets. These corporations are also tracing upstream supply chain businesses to demand emission reductions, further driving the shift of energy-intensive industries such as electrolytic aluminum and silicon production to the southwestern regions of China. As of 2022, Shandong, Xinjiang, Inner Mongolia, and Yunnan had built capacities of 7.92 million tons, 6.21 million tons, 6.18 million tons, and 5.61 million tons, respectively, leading the country in capacity scale. This means that green electricity resources, together with bauxite resources and electricity price

1 United Nations Conference on Trade and Development. A European Union carbon border adjustment mechanism: Implications for developing countries [EB/OL]. (2021G07G14) [2023G03G11]. https://unctad.org/system/files/official G document /osginf2021d2_en.pdf.

advantages, have become important factors driving the regional layout of the electrolytic aluminum industry.

Companies are under significant pressure to adapt. Currently, many enterprises still lack a clear understanding of the EU rules, facing considerable difficulties in both their carbon emission accounting and control, as well as in obtaining carbon emission data from upstream suppliers. This results in substantial pressure when dealing with the data reporting requirements of the CBAM. Moreover, domestic verification and certification bodies lack authority, which may force Chinese exporting companies to accept inspections by foreign third-party organizations, incurring high verification costs.

To some extent, this accelerates China's "dual carbon" process. According to the implementation schedule, the steel industry has a low-carbon transition period of 3~5 years, while the chemical and petroleum refining industries have a transition period of 5~8 years. On the one hand, compared to other developing countries, relevant industries have higher technological levels and a better foundation for renewable energy development. This allows them to seize the limited transition period and quickly catch up with the advanced carbon emission levels of developed countries, enhancing their low-carbon competitive edge. On the other hand, China's emission reduction costs are still significantly lower than those of developed countries, potentially making it a global low-carbon cost land. If China's domestic goals of "peaking carbon dioxide emissions before 2030 and achieving carbon neutrality before 2060" align with the restructuring of international trade rules, China has the opportunity to achieve a "win-win" for both climate change and international trade.

IV. Reflections on Coordinated Response to CBAM and Other Green Trade Barriers

CBAM is expected to have a limited impact on China's exports in the short term. However, international green trade barriers represented by the CBAM will have a profound impact on international trade rules, financial rules, and the global layout of industrial and supply chains. In response, China needs to balance immediate and long-term strategies. Initially, it should implement short-term measures to address internal and external challenges. Meanwhile, with an eye on the future, China must continuously strengthen its fundamental capabilities to proactively tackle the increasingly robust global green trade barriers.

A. Coordinated Efforts to Boost Short-Term Internal and External Response Capabilities for Enterprises

In the short term, as CBAM rolls out an array of rules and specifications, it is anticipated that China's domestic export enterprises will struggle to thoroughly comprehend these rules, thereby facing escalating pressures to respond. Consequently, China's short-term strategic response should be weighted towards aiding export enterprises, with a dual approach of proactive international negotiations and robust domestic support mechanisms.

First, China should strengthen international negotiations through multiple channels to secure a moral high ground. The transition period for CBAM spans from 2023—2025, with some room for adjustment in the final implementation plan by 2026. This transition period is crucial for China to mediate through channels such as the WTO, bilateral dialogues, etc. Consideration should be given to actively presenting Chinese perspectives through bilateral or multilateral channels, such as the WTO, the United Nations, and the China-EU High-Level Environment and Climate Dialogue. On the one hand, under multilateral mechanisms such as the WTO and the United Nations Climate Change Conference, China can profoundly argue how the CBAM violates WTO rules and UN climate governance principles, voicing out to protect the interests of developing countries. On the other hand, efforts should be made to establish multi-level governmental and non-governmental communications with the EU and its member states to maximize the interests of China's exports in terms of detailed rules. For example, under the EU's proposal, developing countries are required to bear the same carbon costs as developed nations. However, based on the principle of common but differentiated responsibilities, developing countries should be entitled to rights and interests such as deferred levies, lower carbon prices, and partial exemptions. Moreover, revenues from the CBAM should serve as a source of funds for developed countries to assist the low-carbon development of developing countries. Efforts could also be made to establish a mutual recognition mechanism for carbon pricing and product carbon content between China and the EU, ensuring that product carbon content is calculated using mutually agreed methods. Furthermore, although the EU's scheme only recognizes the carbon taxes and carbon market prices of the exporting countries as the basis for offsetting carbon costs, as China continues to improve its policies on green electricity and certificates, and the national voluntary greenhouse gas emission trading system, there is a need to strive for their recognition as offsets against carbon costs.

Second, proactive measures should be taken to facilitate the active response of export enterprises. One measure is to accelerate the expansion of the national carbon market to cover more industries, specifying a timeline for the inclusion of sectors such as iron & steel, aluminum, and chemicals. Another measure is to actively conduct carbon emission accounting training for a wide range of enterprises, enhancing their capacity to manage carbon emissions. Additionally, there should be active publication of regional and industry-specific carbon emission accounting factor databases to provide convenience for enterprises seeking to meet EU carbon emission accounting requirements.

B. Long-Term Preparations for Proactive Responses to Green and Low-Carbon International Trade

In the context of global efforts towards carbon neutrality, green and low-carbon practices will become a significant factor in future international trade, finance, and governance. China should seize this trend and make early preparations accordingly.

First, there is a need to accelerate the alignment and implementation of international standards. By integrating domestic existing accounting methods and practices, China should hasten the domestic implementation of international accounting standards and their integration with relevant domestic standards, especially in industries that are energy-intensive, foundational, or have large export volumes. There is a push to swiftly establish a corporate carbon accounting system, refine the methodology for accounting, and expedite the release of product carbon footprint accounting guidelines to firmly grasp the discourse on the carbon emission content of Chinese products. Efforts should be made to quickly address standard gaps in areas such as information disclosure and cultivate a group of talents with relevant knowledge, practical experience, and the capacity for rule practice and formulation. The building of a standard system should be led by application, with the quality of standards enhanced by regional or corporate pilot experience, gradually building and improving a multi-dimensional and multi-level standard system.

Second, there is a need to improve the low-carbon competitiveness of products to better adapt to new international trade rules. On the one hand, there is ongoing encouragement for key industries such as steel, non-ferrous metals, and chemicals to accelerate carbon emission reductions, thereby forming a low-carbon edge in international trade. A priority is to reduce the carbon emission intensity of electricity and continuously increase the proportion of non-fossil energy to support the decarbonization of industrial products. On the other hand, demand should drive the rapid development of low-carbon industries, continuing to consolidate advantages in low-carbon technology industries such as photovoltaics, wind power, and power batteries. There is a concentrated effort to tackle key low-carbon technologies like carbon capture, electrolytic hydrogen production, and fuel cells, accelerating their transformation and application to form the core competitiveness of China's low-carbon industries.

Author: Li Jifeng[1], Yu Min[2]

1 Li Jifeng, Institute of Resource and Environmental Policy, Development Research Centre of the State Council.

2 Yu Min, Institute of Resource and Environmental Policy, Development Research Centre of the State Council.

Innovations in Global Carbon Pricing Mechanisms and Prospects for Carbon Market Policies in China

With the greater progress in the global carbon neutrality process, carbon emission rights are no longer a "free lunch" but an economic responsibility through the correction of "negative externalities". A growing number of nations and regions are embracing carbon pricing mechanisms, and the development of market mechanisms under Article 6 of the Paris Agreement is steadily advancing. It is anticipated that, in the near future, the carbon financial market will eclipse the oil and gas futures market, becoming the world's largest environmental and energy rights marketplace, which will undoubtedly necessitate collaborative efforts from all stakeholders. While China's carbon market system is gradually improving, its success is not imminent; it demands ongoing policy and market innovations to establish a more effective and dynamic carbon market with global influence.

The World Meteorological Organization (WMO) has officially confirmed that 2023 is the warmest year on record, and the annual average global temperature was (1.45 ± 0.12)°C above pre-industrial levels in 2023. The climate crisis is increasingly impacting our daily production and life. Aggregating over the period 2025—2100, the total cost of inaction is estimated at US $1,266 trillion. The United Nations Climate Change Conference in Dubai (COP 28, the *UN Framework Convention on Climate Change*) closed with a *UAE Consensus*, emphasizing the first "Global Stocktake"[1] of nationally determined contributions

1 UNFCCC, Matters relating to the global stocktake under the Paris Agreement, 2023. https://unfccc.int/documents/636584.

(NDCs) that limit global warming to 1.5°C "with limited or no overshoot", by 2050, GHG emissions need to be cut by around 43% by 2030 and 60% by 2035 from 2019 levels, aiming for net-zero CO_2 emissions. By 2030, the total global renewable power generation capacity needs to triple, while the global annual energy efficiency improvements need to double. This transition will require an annual investment ranging from approximately US $4.3 trillion to US $9 trillion, escalating to US $5 trillion to US $10 trillion per year by 2050. In the long run, the global energy system must undergo a just, orderly, and equitable transition away from all fossil fuels.

In addition to increasing public funding support, carbon pricing mechanisms are highly anticipated. All parties expect to guide and leverage more social capital investment into the green and low-carbon sectors through mechanism innovation. As the carbon neutrality trend gains momentum and the future carbon emission budget tightens, international carbon market trading volumes have hit new highs, and topics related to carbon pricing have attracted widespread attention. The risks and opportunities brought about by climate change will also have multifaceted impacts on market investment portfolios and strategies.

I. Latest Progress in Global Carbon Pricing Mechanisms under the Carbon Neutrality Process

Carbon pricing refers to policies or mechanisms that provide clear price signals to address climate change, control and reduce GHG emissions, which generally include carbon emissions trading, carbon taxes, carbon credits, or climate financial instruments. In a broader sense, carbon pricing also includes fuel consumption taxes, fiscal subsidies, structural value-added taxes, and other indirect carbon pricing mechanisms. The theoretical foundation of carbon pricing stems from the concept of "negative externality correction" in environmental economics. The idea is mainly rooted in the property rights theory of Ronald H. Coase, an economist of new institutional economics, and the "Pigouvian tax" proposed by Arthur Cecil Pigou, a welfare economist. Carbon pricing incentivizes policies that mitigate climate change by raising the economic costs for carbon emitters or increasing the economic benefits for carbon reducers. According to the World Bank's annual *State and Trends of Carbon Pricing* report[1], the number of implemented carbon pricing instruments has increased to 73 in 2023, covering approximately 23% of global GHG emissions. Typical carbon markets include the European Union (EU), the UK, Germany, North America, China, New Zealand, and the republic of Korea, while carbon taxes are implemented in countries such as France, Norway, Sweden, Canada and Japan. The differences and characteristics of the two are outlined in Table 5-7-1.

Table 5-7-1 Institutional Comparison of Carbon Taxes and Carbon Markets

Evaluation Indicator	Carbon Tax	Carbon Market
Emission Reduction Certainty	Uncertain emission reduction targets	Certain emission reduction targets
Cost Effectiveness	High total social costs	Lowest total social costs
Incentives for Technological Innovation	Stable stimulus; tax revenues can be specially used to encourage technological innovation	Stimulate business technological innovation, but unstable carbon prices may weaken incentives
Regulatory Maturity	One-way, vertical and linear regulation; high maturity	Networked and multi-regulation; low maturity
Distribution Fairness	Depend on the scope of collection and distribution of carbon tax revenues	Depend on initial allowance allocation and use of compensated incomes
Adaptation to Growth	Industrial growth is affected, depending on the tax rate	Inherent flexible mechanisms can adapt to new growth
Scope of Application	Dispersed and small to medium-sized emission sources	Large and intensive emission sources
Financial Support	Failure to attract financial support	Significantly attracting financial support

Note: Compiled by the author based on relevant data.

Due to its diverse market participants, fluctuating carbon prices, and cross-border impacts, carbon markets have attracted more attention from

1 World Bank. State and Trends of Carbon Pricing, 2023. http://hdl.handle.net/10986/39796.

the international community. Consequently, the construction of market mechanisms has become a key focus in UN climate negotiations. The *Kyoto Protocol* reached in 1997 introduced three types of market mechanisms: joint implementation (JI), clean development mechanism (CDM), and emissions trading (ET). These mechanisms evolved further under the *Cancun Agreements* into a new market-based mechanism (NMM) and framework for various approaches (FVA) and were updated under the *Paris Agreement* as the well-known "Article 6" mechanism. Articles 6.2~6.3 involve voluntary transnational trading markets, known as "cooperative approaches" or the "internationally transferrable mitigation outcomes" (ITMOs), involving the linkage of national/regional markets. Articles 6.4~6.7 are about the centralized market mechanisms under the United Nations, commonly referred to as the Article 6.4 mechanism or "Sustainable Development Mechanism" (SDM), akin to CDM 2.0.

According to the *Emissions Trading Worldwide* report of the International Carbon Action Partnership (ICAP)[1], 28 carbon systems around the world were in force in 2023, covering 17% of global GHG emissions, 1/3 of the population, and 55% of the GDP. Besides, a total of 20 carbon markets were under planning and construction. Since the launch of the EU Emissions Trading System (EU ETS) in 2005, the world's first carbon market, the global market size has tripled. According to the *Carbon Market Year in Review* of the London Stock Exchange Group (LSEG), the value of traded global markets for carbon dioxide permits reached a record EUR 881.16 billion (approx. US $948.75 billion) in 2023, marking a 306% increase compared to EUR 287.799 billion in 2020, as shown in Table 5-7-2. The EU remains the world's largest carbon market in terms of both traded volume and value, accounting for 72.4% and 87.4% of the global share, respectively, occupying an absolute share, followed by North America, the UK, China, the republic of Korea, and New Zealand. Auction revenues from various carbon markets have totaled US $224 billion since 2008.

1 ICAP. Emissions Trading Worldwide: Status Report, 2023. https://icapcarbonaction.com/en/publications/emissions-trading-worldwide-2023-icap-status-report.

Table 5-7-2 Global Carbon Market Trading Volume, year 2019—2023

Trading volume	year 2019		year 2020		year 2021		year 2022		year 2023		Change in Trading Volume/ %	Change in Trading Value/ %	Share of Total Trading Volume/ %
	hundred million tons	EUR hundred million	hundred million tons	EUR hundred million	hundred million tons	EUR hundred million	hundred million tons	EUR hundred million	hundred million tons	EUR hundred million			
EU (EUA, Aviation EUA)	87.06	2,158.94	104.78	2,600.67	122.14	6,825.01	92.77	7,514.59	91.05	7,699.03	−2	2	87
North America (WCI-CCA, RGGI-RGA, WA ETS-WCA)	16.73	223.65	20.10	260.28	26.80	517.36	24.88	624.41	24.28	713.59	−2	14	8
UK (UKA)	—	—	—	—	3.35	228.47	5.12	466.26	6.07	363.53	19	−22	4
China (CEA, CCER)	0.38	7.44	1.34	2.57	4.12	12.89	1.12	7.55	2.94	22.64	163	200	<1
The Republic of (KAU, KOC)	1.30	2.49	0.44	8.70	0.51	7.98	0.39	6.18	0.89	6.39	128	3	<1
New Zealand (NZU)	0.30	4.33	0.30	5.16	0.81	25.05	0.60	28.45	0.17	5.96	−72	79	<1
Certified Emission Reductions (CER)	0.12	0.40	0.16	0.61	0.38	1.51	0.42	1.57	0.22	0.35	−48	−78	<1
Japan (J-Credits)	—	—	—	—	0.007	0.104	0.006	0.123	0.005	0.087	−20	−29	<1
Total	105.89	2,397.25	127.12	2,877.99	158.12	7,618.38	125.31	8,649.13	125.63	8,811.58	0	2	

Note: Compiled by the author based on relevant data from the LSEG and Refinitiv.

Carbon markets generally consist of Compliance Carbon Markets (CCMs) and Voluntary Carbon Markets (VCMs). Current CCMs are primarily composed of mutually independent national and regional markets, with a few achieving limited connectivity, such as the North American and European markets. CCMs are usually led by governments, and industries with relatively significant emissions, such as power, steel, and cement, are required to participate. In contrast, VCMs have already formed a global trading pattern under the JI and CDM of the Kyoto Protocol and will further develop under the SDM under Article 6 of the *Paris Agreement*. Details are shown in Table 5-7-3. In the existing CCMs, a small percentage (usually around 5%~10%) is generally reserved for the VCMs, and the trading prices in the latter are typically lower than those in allowance trading.

The world's first industry emission reduction market, the "Carbon Offsetting and Reduction Scheme for International Aviation" (CORSIA), which entered the pilot phase in 2021, will also rely primarily on VCMs trading to achieve the goal of net zero growth in international aviation emissions after 2020. In addition to achieving energy conservation and emission reduction through technological innovation and process optimization, multinational enterprises and listed companies that have taken the lead in committing to achieve carbon neutrality primarily rely on VCMs to offset GHG emissions. The Institute of International Finance (IIF) initiated the "Taskforce on Scaling Voluntary Carbon Markets" (TSVCM) in 2021, with over 250 member institutions currently, and will establish new VCMs standards and methodologies, i.e., the "Core Carbon Principles (CCPs)". Similarly, the "Voluntary Carbon Markets Integrity Initiative" (VCMI) established in 2021 is also promoting new trading rules. In addition to carbon markets in the jurisdiction, this initiative is gradually linked to economic and trade policies, as seen in the EU's unilateral implementation of the Carbon Border Adjustment Mechanism (CBAM), which directly links to CCMs.

Table 5-7-3 Current Types of Carbon Market Trading

Carbon Trading Type	Legal Basis	Trading Items	Trading Motivation	Buyer	Seller
Emissions Trading (ET) (Mandatory-Allowance)	*Kyoto Protocol*	Carbon emission allowance (AAUs)	Compliance	Developed countries	Developed countries

Continued table

Carbon Trading Type	Legal Basis	Trading Items	Trading Motivation	Buyer	Seller
Joint implementation (JI) (Voluntary-Offset)	*Kyoto Protocol*	Emission reduction credits (ERUs)	Focus on compliance	Developed countries, enterprises included in European carbon markets	Developed country emission reduction project developers
Clean development mechanism (CDM) (Voluntary-Offset)	*Kyoto Protocol*	Emission reduction credits (CERs)	Focus on compliance	Developed countries, enterprises included in European carbon markets	Developing country emission reduction project developers
Domestic or Regional Carbon Markets (EU, New Zealand, The Republic of Korea, California, China's Seven Pilots, etc.) (Mandatory-Allowance)	Domestic or regional laws	Various carbon emission allowances	Compliance	Common carbon trading participants, such as carbon trading enterprises and investment institutions	
Regional Offset Mechanisms (e.g., China's CCER) (Voluntary-Offset)	Domestic or regional laws	Various emission reduction credits	Focus on compliance	Common carbon trading participants, such as carbon trading enterprises and investment institutions	Offset project developers
Voluntary Offset Mechanisms (VCS, Golden Standard, etc.) (Voluntary-Offset)	Rules established by non-governmental organizations	Respective emission reduction credits	Focus on voluntary emission reduction	Enterprises committed to social responsibility	Voluntary emission reduction project developers

Note: Compiled by the author based on relevant data.

II. History of China's Carbon Emissions Trading Market Development

Based on its early exploration and participation in the international voluntary carbon emission reduction market, China initially chose the policy instrument of carbon emissions trading in terms of its carbon pricing mechanism. In 2011, the *Outline of the "12th Five-Year" Plan* proposed the gradual establishment of a carbon emissions trading market for the first time, and the competent authorities of climate change issued the *Notice on Conducting Pilot Programs on Carbon Emissions Trading*, officially launching pilot programs from the bottom up. In 2012, the *Interim Measures for the Administration of Voluntary GHG Reduction Trading* was promulgated, and China's GHG-certified emission reduction trading was gradually carried out. Since 2013, Shenzhen has taken the lead in launching its carbon market, and pilot markets in Shanghai, Beijing, Guangdong, Tianjin, Hubei, and Chongqing have been launched successively. The *Interim Measures for the Administration of Carbon Emissions Trading* was also promulgated in 2014. The seven pilot carbon markets have successively included more than 20 industries, 2,837 key carbon emission units, 1,082 non-compliance entities, and 11,169 natural persons. The cumulative trading volume of carbon emissions allowances has reached 742 million tons, with a turnover of more than RMB18.72 billion. The practice and exploration of local carbon markets have provided valuable experience in terms of carbon emission allowances, industry inclusion, and market cultivation for the construction of a national carbon market. The specific content with distinctive features is shown in Table 5-7-4.

Table 5-7-4 China's Carbon Emissions Trading Pilots and Key Features

Pilot	Industries Involved	Allowance Allocation Approach
Shenzhen	Industry (power, water, manufacturing, etc.), buildings, buses, taxis, subways and other common mobile sources	Combination of competitive game (industry) and total quantity control (buildings), with initial allowances allocated for free
Shanghai	Power, steel, petrochemicals, chemical engineering, non-ferrous metals, building materials, textiles, papermaking, rubber, and chemical fibers; Aviation, airports, ports, commerce, hotels, commercial office buildings, and railway stations	Historical emissions approach and baseline approach, with initial allowances allocated for free

Continued table

Pilot	Industries Involved	Allowance Allocation Approach
Beijing	Power, heat, cement, petrochemicals, other industries and service industry, transportation (key transportation enterprise fixed sources, such as buses, rails, suburban passenger transport, road administration, as well as rail transit, buses, taxis, passenger transportation, and other mobile sources); Beijing liquefied natural gas (LNG) public transportation project is the first CCER project in the transportation sector in China	Historical emissions approach and baseline approach, with initial allowances allocated for free
Guangdong	Power, cement, steel, petrochemicals, ceramics, textiles, non-ferrous metals, chemical engineering, papermaking and civil aviation	Historical emissions approach and baseline approach, with initial allowances allocated for free + paid allocation. The proportion of free allowances for power enterprises is 95%, and that for steel, petrochemicals, cement, and papermaking enterprises is 97%, and that for aviation enterprises is 100%
Tianjin	Power, heat, steel, chemical engineering, petrochemicals, oil and gas exploitation, building materials, papermaking and aviation	Historical emissions approach and baseline approach, with initial allowances allocated for free
Hubei	16 industries including power, steel, cement, chemical engineering, petrochemicals, papermaking, heat and cogeneration, glass and other building materials, textiles, auto manufacturing, equipment manufacturing, food and beverage, ceramics manufacturing, pharmaceuticals, non-ferrous metals, and other metal products	Combination of benchmarking, historical intensity, and historical emissions approaches. Among them, the benchmarking approach is adopted for cement (except for clinker-procurement cement enterprises) and power industries, while the historical intensity approach is adopted for heat, cogeneration, papermaking, glass, and other building materials, water production and supply, equipment manufacturing (partially) industries, and the historical emissions approach is adopted for other industries

Continued table

Pilot	Industries Involved	Allowance Allocation Approach
Chongqing	Power generation, chemical engineering, cogeneration, cement, self-owned power plants, aluminum electrolysis, flat glass, steel, cogeneration of cooling, heating and power, civil aviation, papermaking, aluminum smelting, other non-ferrous metal smelting, calendering, and processing	Combination of government total quantity control and enterprise competitive game, with initial allowances allocated for free
Fujian	Power, steel, chemical engineering, petrochemicals, non-ferrous metals, civil aviation, building materials, papermaking, ceramics	Combination of baseline approach and historical intensity approach, with initial allowances allocated for free

Note: Compiled by the author based on relevant data.

China has launched and is currently operating the world's largest carbon market in terms of emission coverage, and its carbon emissions trading system is gradually improving. President Xi Jinping officially announced during the UN Climate Change Conference Paris 2015 that China will build a nationwide carbon emission trading market. In 2021, the *Measures for the Administration of Carbon Emission Trading* (*Trial*) was released, and the national carbon emissions trading market officially launched online trading. Documents such as the *Measures for the Administration of Carbon Emission Trading* (*Trial*) and the *Measures for the Administration of Voluntary GHG Emission Reduction Trading* (*Trial*) were issued successively, and the first batch of four methodologies for voluntary GHG emission reduction was officially released. The construction of the national voluntary greenhouse gas emission reduction registration system and trading system was completed.

At the beginning of 2024, the national voluntary greenhouse gas emission reduction trading market was launched, and the executive meeting of the State Council deliberated and approved the *Interim Regulation on the Management of Carbon Emissions Trading*. The national carbon market has now completed two compliance periods, involving 2,162 and 2,257 power-generating enterprises, respectively. These enterprises contribute roughly 4.5 billion tons and 5.1 billion tons of carbon dioxide emissions, representing about 40% of all emissions in the country. Since the official launch of online trading on July 16, 2021, as of 2023, the national carbon market had accumulated a trading volume of 442 million tons of carbon emission allowances (CEAs) and a total trading value of RMB 24.919 billion, with a daily closing price of the composite price ranging from RMB 41.46 per ton to RMB 81.67 per ton.

In addition, from 2015 to 2023, the national voluntary greenhouse gas emission reduction trading market traded approximately 460 million tons of China Certified Emission Reductions (CCERs), with a total trading value of about RMB 6.8 billion. China's current carbon market is limited to the spot market and includes only the power industry. Carbon emission allowance trading has not yet been opened to non-compliant institutional investors, so the trading volume and market liquidity are still relatively limited. Currently, China's carbon trading volume accounts for less than 1% of the global total. With the carbon market expansion, the opening of the voluntary market, the development of carbon finance, and the participation of more qualified institutional investors, the future growth potential of China's carbon market is relatively promising. According to forecasts, the national carbon market trading volume is expected to reach the 100 billion level by 2030, as shown in Table 5-7-5.

Table 5-7-5 Development Stages and Size Outlook of China's Carbon Market

	2017—2025 (Cultivation Stage)	2025—2035 (Development Stage)	2035—2060 (Maturity Stage)
Emissions Included in the Carbon Market	Approximately 5 billion tons CO_2e/year	Approximately 8 billion tons CO_2e/year	Emissions will gradually decrease
Turnover Rate	3%~5% (reference to domestic pilots)	10%~15%	20%~30%
Spot Trading Volume	90 million~150 million tons CO_2e/year	450 million~825 million tons CO_2e/year	1.2 billion~2.1 billion tons CO_2e/year
Average Spot Price	RMB 50/ton CO_2e	RMB 100/ton CO_2e	RMB 200/ton CO_2e
Carbon Spot Scale	RMB 4.5 billion~ 7.5 billion	RMB 45 billion~ 82.5 billion	RMB 240 billion~ 420 billion
Futures/Spot Ratio	0	5~10	20~30
Carbon Futures Scale	RMB 15 billion	RMB 22.5 billion~ 825 billion	RMB 4,800 billion~ 12,600 billion

Note: Estimated by the author.

III. Development of Carbon Financial Markets and Investor Participation

In the global carbon market, over 90% of the trading involves carbon futures and other derivatives, and innovation of instruments and products in the carbon financial market has attracted considerable attention. In foreign carbon markets, derivative trading markets that provide hedging functions for the spot market are active. For instance, the EU Emissions Trading System (EU ETS) introduced carbon financial derivatives in the early days, including carbon forwards, carbon futures, carbon options and carbon swaps. Its primary trading platforms and derivatives are shown in Table 5-7-6.

Table 5-7-6 Major Carbon Trading Platforms and Derivative Instruments in Europe

	Trading Platform	Futures	Options	Forwards	Swaps
EU Carbon Emission Allowance (EUA)	European Climate Exchange (ICE-ECX)	√	√	√	√
	European Energy Exchange (EEX)	√			
Certified Emission Reduction (CER)-CDM Project	(ICE-ECX)	√	√	√	√
	(EEX)	√			
Emission Reduction Unit (ERU)-JI Project	(ICE-ECX)	√	√		
	(EEX)	√			

Futures trading in the Regional Greenhouse Gas Initiative (RGGI) in the United States preceded spot trading, and the Chicago Climate Exchange (CCX) established the Chicago Climate Futures Exchange (CCFE) early in 2008. The carbon financial market is generally regulated by economic, environmental, energy, and financial sectors jointly, with diverse participants, including enterprises subject to emission control, non-compliance institutions, and individual investors included in allowance management.

Relatively mature carbon trading markets such as the EU and North America are open to investment institutions, including investment banks, private equity firms and hedge funds, such as BlackRock, Barclays, Citibank, Deutsche Bank, JPMorgan Chase & Co., Goldman Sachs, Macquarie and Mercuria, which are deeply involved. BlackRock's LEAF (Liquid Environmentally Aware Fund) is a typical example. Major energy enterprises have also established independent trading departments, including BP, Shell and TotalEnergies.

Institutional investors apply financial market instruments and product innovations to the carbon market, forming a multi-tiered carbon financial market, the main mode of which is shown in Figure 5-7-1. Mutual funds, pension funds, insurance companies, and other institutional investors mostly participate in the primary and secondary markets of carbon trading through fund operations. In other words, they profit from the development and investment in carbon emission credits, as well as the arbitrage trading of carbon emission allowances, carbon credits, and carbon financial derivatives.

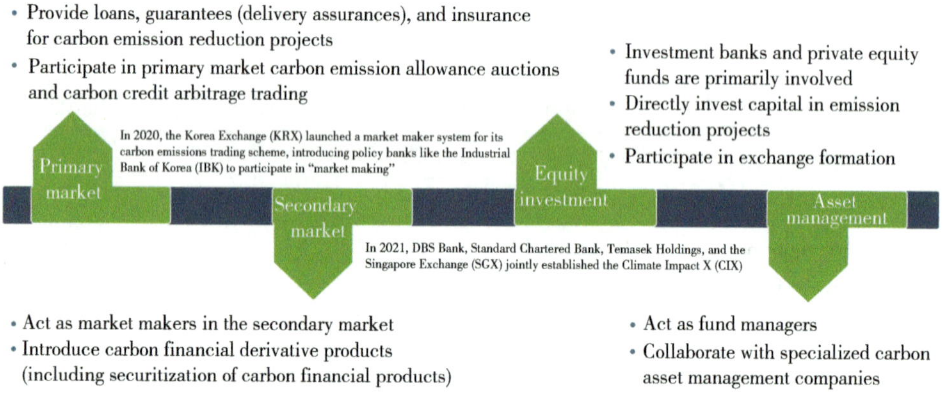

Figure 5-7-1 Main Mode of the Carbon Financial Market

Launched in 2017, Climate Action 100+ (CA100+) is an investor initiative that has targeted the world's major corporate GHG emitters to take necessary action on carbon emission reduction and has over 700 institutional investors currently responsible for US $68 trillion in assets under management. The Net-Zero Asset Owner Alliance was formed in 2019 during the UN Climate Action Summit, becoming the first initiative in the financial sector to ensure the long-term objectives of the *Paris Agreement* are met. The general objective of the Alliance is to achieve net-zero GHG emissions by 2050. The Alliance was initiated by Allianz in Germany, Caisse des Dépôts in France, Canadian La Caisse de dépôt et placement du Québec (CDPQ) in Canada, PensionDanmark in Denmark, Folksam Group in Sweden and Swiss Re in Switzerland, and counts 86 members today, with US $9.6 trillion in assets under management.

In 2022, the Bloomberg New Economy Climate Technology Coalition was jointly established by Bloomberg, Sequoia China, Brookfield, Tata, FMG, Mubadala and Envision. Additionally, pension funds such as Canada Pension Plan Investment Board (CPPIB), New Zealand Superannuation Fund (NZSF), and Algemeen Burgerlijk Pensioenfonds (ABP), as well as sovereign wealth funds, are considering the impact of carbon pricing on asset allocation and specific investment strategies. Moreover, insurance companies not only directly participate in carbon trading but also conduct risk assessments and risk pricing in the carbon market.

Europe has been the frontrunner in institutional investor participation and management of carbon funds, and the EU has been the largest buyer of carbon credits for years, with a consistent upward trend. Internationally renowned carbon asset management companies include early EcoSecurities in the UK, EDF Trading in France, Tricorona in Sweden, and GreenStream Network in Finland. Institutional investors have entered the carbon market through acquisitions of carbon asset management companies. For example, EcoSecurities was acquired by JPMorgan Chase & Co. for nearly US $200 million in 2009, becoming its wholly-owned subsidiary.

Meanwhile, some institutional investors directly invest in emerging carbon emission trading platforms. For example, in 2021, DBS Bank, Standard Chartered Bank, Temasek Holdings, and the Singapore Exchange (SGX) jointly established the international carbon trading platform Climate Impact X (CIX). Early institutional investors in developed countries have shown a preference for purchasing carbon credits to fulfill national emission reduction commitments. An example is the Japan Greenhouse Gas Reduction Facility, which is mainly composed of multiple private enterprises and two policy-based lending institutions, the Japan Bank for International Cooperation (JBIC) and the Development Bank of Japan (DBJ), representing the Japanese government in investment and management. There are also carbon funds in developed countries established for profit, such as the US Merzbach Carbon Finance (MCF). For developing countries, the increase in the number of carbon funds is mainly due to leveraging international market mechanisms to accumulate carbon credits for sale, such as the Sustain Capital Carbon Fund and the Sri Lanka

Carbon Fund.

A research conducted in 2021 by the Government of Singapore Investment Corporation (GIC), the Singapore Economic Development Board (EDB), and McKinsey & Company highlighted the increasing potential of carbon markets as a viable asset class. It outlined that institutional investors will provide important support for enterprises and countries to achieve carbon neutrality. The VCMs are projected to grow 15-fold by 2030 and 100-fold by 2050. However, the global carbon market's trading volume, nearing a trillion dollars, remains relatively insignificant compared with the US $100 trillion global asset management. The potential for institutional investor participation in the carbon market remains largely untapped due to factors such as inadequate liquidity, limited market size, non-standardized trading processes, and policy-sensitive pricing mechanisms. With the establishment of carbon market mechanisms in more countries or regions and the impact of climate transition risks in energy markets, industrial investments, and international trade, institutional investors are increasingly looking to this emerging environmental equity market. This trend will drive its transition from a niche market to a mainstream asset class, becoming a necessary component in the asset portfolio allocation of institutional investors.

In 2022, China Securities Regulatory Commission issued an industry-standard *Carbon Financial Products* (JR/T 0244—2022), proposing a series of norms including future development of trading instruments (carbon futures, carbon forwards, carbon swaps, carbon options, carbon loans, etc.), financing instruments (carbon bonds, carbon asset-backed financing, carbon asset repurchase, carbon asset custody, etc.), and support tools (carbon indices, carbon insurance, carbon funds, etc.). The financial attributes of carbon markets are also under the spotlight. It is stipulated in Article 21, Chapter IV of the *Measures for the Administration of Carbon Emission Trading* (*Trial*) that "key carbon emission units and institutions and individuals that comply with relevant national trading rules are the trading entities in the national carbon emissions trading market". Article 7 of the *Interim Regulation on the Management of Carbon Emissions Trading* also stipulates that "key GHG emission units included in the national carbon emissions trading market and other entities that comply with relevant national regulations can participate in carbon emissions trading".

From the perspective of the progress of national carbon market construction, relevant national trading rules will be further clarified in the next stage, and institutional and individual investors are likely to qualify for participation in carbon emission allowances (CEA) trading in the national carbon market. In local market allowance and CCER trading, institutional investors have already begun to "test the waters". Looking to the future, institutional investors should play a significant role in the carbon financial market construction.

IV. Recommendations on Advancing the Development of China's Carbon Pricing Mechanism with Higher Quality

From an economic perspective, the fundamental function of the carbon market is to achieve predetermined total carbon emission control (peaking) goals at lower costs, higher efficiency, and greater flexibility. At the same time, the carbon market also has the functions of providing price signals and facilitating low-carbon financing. On one hand, it stimulates carbon emitters to change their emission behavior by either adopting emission reduction measures or purchasing emission allowances. On the other hand, it facilitates financing for green and low-carbon transitions and guides investments towards green and low-carbon industries by forming long-term carbon price expectations. Reasonable supply, sufficient demand, effective pricing, and a complete market are essential elements for the successful operation of the carbon market. The core of the carbon market is to enable the market to play a decisive role in the allocation of carbon emission rights and to better leverage the role of the government. The construction of a national carbon market is significant for accelerating the establishment of an ecological civilization system, building a green and low-carbon supply chain, developing new quality productivity, improving the modern market system, and building a new open economic system. As an emerging market, carbon emissions trading has fewer historical burdens, making it easier to achieve results and breakthroughs.

The establishment of a carbon market requires basic requirements in terms of politics, law, market, information, and technology, and requires the competent authorities to create a favorable institutional environment. The development of the carbon market faces different political, economic, and technological risks, which require prudent identification. The construction of the carbon trading market is parallel to the reform of the electricity market and the trading of pollutant discharge rights, and appropriate design can achieve mutual support. It also complements carbon taxes and may explore hybrid mechanisms. It overlaps or conflicts with green electricity certificate trading and energy use rights/energy-saving trading, and efforts should be made to seek policy alternatives or integration. Central and local competent authorities and financial departments have different regulatory functions in carbon market system design, allowance allocation and distribution, carbon finance, trading, and compliance, and should fulfill their respective responsibilities and jointly form policy synergy.

At the 2023 National Conference on Ecological and Environmental Protection, General Secretary Xi Jinping emphasized the establishment of a more effective and vibrant carbon market with international influence. The national carbon market construction is both a political task and a major initiative for innovative development, facing many challenges and heavy tasks. The *Paris Agreement* has established long-term global goals, and China is actively implementing its NDCs. In the future practice, there will be many practical issues to be resolved and many new obstacles to overcome in the carbon pricing mechanism.

Author: Chai Qimin[1]

1 Chai Qimin, Director and Research Fellow of the Department of Strategic Planning in National Center for Climate Change Strategy and International Cooperation; his research fields include comprehensive assessment to address climate change, energy and environmental economics and market theory.

Reflections on Preventing Stranded Energy Infrastructure Assets in the Context of "Dual Carbon" Goals

I. Energy Transition: The Key to Carbon Peaking and Carbon Neutrality

The energy consumption in China is dominated by high-carbon fossil fuels. In 2022, the total energy consumption soared to 5.41 billion tons of standard coal equivalents, with coal, oil, and natural gas accounting for 56.2%, 17.9%, and 8.4% in primary energy sources. Fossil fuels, represented by coal, still occupy an important position in the energy supply system. Around 90% of China's greenhouse gas emissions are derived from the energy system. While there is a rigid growth in energy consumption, the total carbon emissions show an upward trend. In 2022, China's energy-associated emissions reached 12.1 billion tons (IEA, 2023), primarily from infrastructure related to the production, processing, and consumption of fossil fuels in the electricity, steel, cement, oil and gas fields, and chemical industries (hereinafter referred to as "energy infrastructure").

China has committed to achieving carbon peaking by 2030 and carbon neutrality by 2060. The goals of carbon peaking and carbon neutrality require systemic transformations across the economic and social landscape, particularly necessitating an accelerated profound transition of the energy system.. Energy system transition involves the entire spectrum of energy production, transmission, and consumption. To achieve the national carbon neutrality goals, sectors like energy must adopt measures such as improving energy efficiency and substituting with low-carbon energy sources, optimizing the energy mix to achieve maximum emission reduction. Residual emissions will be offset through negative emission technologies, reducing carbon emissions to near-zero and ultimately shifting from near-zero to net-zero emissions. Achieving carbon peaking and carbon neutrality imperatively requires promoting the transition of an energy structure dominated by fossil fuels, and developing renewable energies such as wind and solar to replace fossil fuels.

The service life of energy infrastructure spans several decades, and there is a potential carbon emission lock-in effect that will impact the achievement of China's "dual carbon" goals in the future (Zhang Qiang and Tong Dan, 2021). The service life of China's energy-related infrastructure is relatively short; facilities such as coal-fired power, steel, and cement have an average service life of only 9~15 years, making it impractical to meet carbon emission reduction requirements through large-scale capacity exits, thus exacerbating the pressure to transform. On the other hand, sectors such as electricity, steel, cement, and chemicals are fundamental to China's socioeconomic development. To continuously meet the demand for energy and industrial products required by China's industrialization and urbanization, there may be further investments and constructions of incremental energy infrastructure (O'Callaghan et al., 2022), which could further constrain the room for carbon emissions.

Traditional fossil fuel infrastructure is highly interconnected, and a preliminary energy system network has been formed among electricity, steel, cement, oil and gas fields, and chemical industries. Given the substantial financial investment required for facility construction and renovation, decisions regarding transition must be made cautiously. Moreover, the transition process of energy-related infrastructure will directly impact energy system efficiency improvement and the adoption of clean energy technologies. To properly balance the relationship between development and emission reduction, as well as the short-term and medium-to-long-term considerations, the energy transition must adhere to the principle of "establishing before dismantling, and combining establishment with dismantling", entering a phase of smooth transition for the energy system.

II. Stranded Assets Risk: One of the Key Challenges in the Transition of Energy Infrastructure

Under the trend of energy transition, the transition pathways of related infrastructure and the socioeconomic impacts during the transition process have become key issues of common concern for both policy decision-making and scientific research. Under the carbon emission constraints and the influence of transition policies, energy-related infrastructure faces scenarios such as early obsolescence or retrofitting, affecting asset values and investor returns among other factors. The impairment of value in energy-related infrastructure not only causes market losses and a decline in asset quality within the industry (Alova, 2020) but also undermines companies' ability to fulfill debt repayment obligations, potentially leading to financial market instability and, consequently, macroeconomic crises (Shimbar, 2021), as shown in Figure 5-8-1.

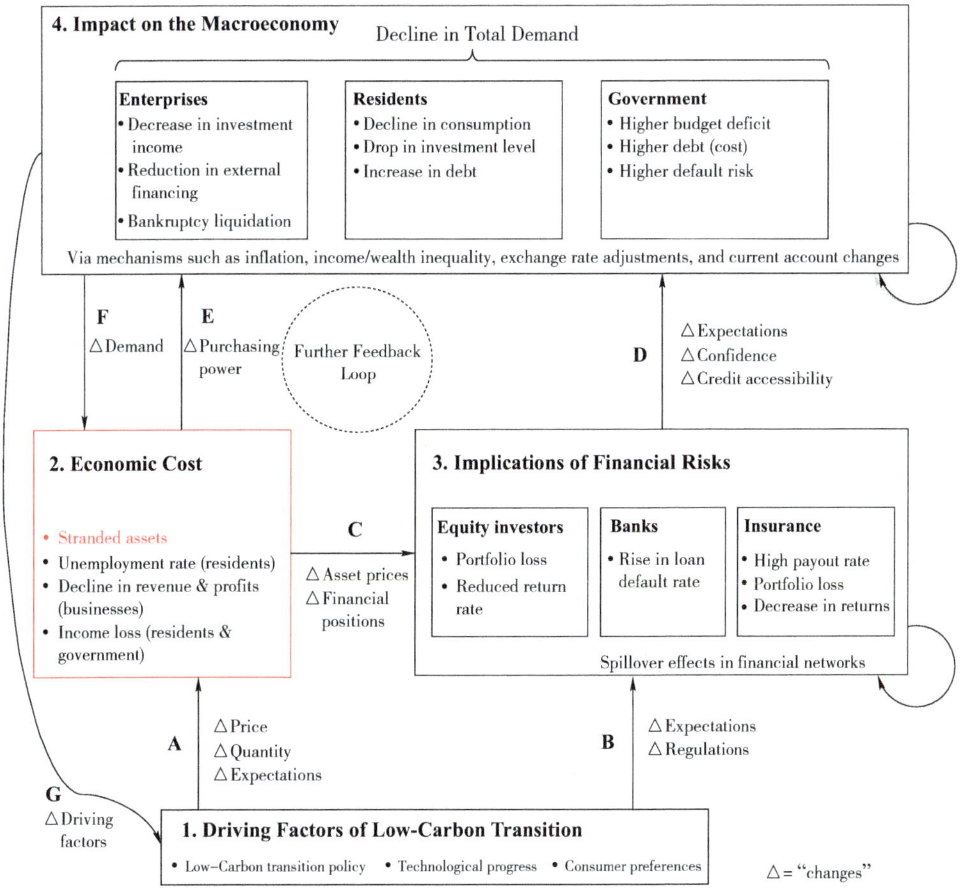

Figure 5-8-1 Connection between Stranded Assets and Other Risks during Low-Carbon Transition

Source: Based on literature by Semieniuk and others.

The concept of "stranded assets" emerged in response to assets that prematurely forfeit their economic value before reaching their anticipated lifespan(Table 5-8-1). A portion of fossil fuel reserves is expected to become unexploitable due to the global trend towards a low-carbon transition, with over 80% of coal reserves and 33% of oil reserves globally poised to become stranded assets under carbon budget constraints (Curtin et al., 2019). Global fossil fuel assets could potentially lead to a loss of US $7~11 trillion in global wealth (Mercure et al., 2018). Subsequently, the focus on stranded assets has shifted more towards infrastructure investments that are rendered economically unviable due to climate policies and market regulations (IEA, 2013), emphasizing the impairment of asset value through write-downs, devaluations, or conversion into liabilities (Caldecott et al., 2013; Gray et al., 2018a). The accounting scrutiny for stranded assets is primarily directed at the production and consumption sectors associated with fossil energy, such as resource extraction industries for coal and oil (Löffler et al., 2019; Van der Ploeg and Rezai, 2020), as well as the power generation industry (Pfeiffer et al., 2018). Linquiti and Cogswll (2016) estimated that, under a business-as-usual development trajectory without climate policy constraints, the value of global fossil energy-related enterprises would be approximately US $295 trillion. However, under stringent warming target constraints, this asset value could decrease to around US $110 trillion, with the impact of asset stranding further reverberating to downstream related industries.

Table 5-8-1 A Literature Review on the Concept of Stranded Assets

The Concept of Stranded Assets	Source
Under the constraints of climate targets (like the global warming targets of 2℃ and 1.5℃), fossil fuels that cannot be used or consumed, emphasizing the inherent nature of fossil energy sources themselves	McGlade and Ekins (2015); Rozenberg et al. (2016); Rozenberg et al. (2020)
To achieve climate goals, high-carbon assets are gradually being replaced or phased out before the end of their expected lifespan, resulting in residual book value that is not recovered. Stranded asset objects are increasingly shifting towards energy-related infrastructure	IEA (2013); IEA and IRENA (2017);LI Zheng et al. (2021); Edwards et al. (2022)
High-carbon assets lose their economic value before their expected lifespan due to legislation, regulations, market forces, disruptive innovations, social norms, or environmental shocks	Generation Foundation (2013)
Assets that are subject to unexpected or premature impairment, devaluation, or reclassification as liabilities, with a heightened emphasis on accounting for asset value depreciation	Caldecott et al.(2013); Gray et al. (2018b); Curtin et al. (2019)

Coal-fired power generation is the largest source of carbon emissions in China's energy sector. In terms of the carbon emission proportion from energy infrastructure, the low-carbon transition of the coal-fired power industry will become a key task under the vision of carbon neutrality; decarbonization of the power sector, electrification, energy efficiency improvement, and carbon sinks are the four main pillars for achieving carbon neutrality (IEA, 2021). The coal-fired power low-carbon transition has significant emission reduction potential, and the electrification of end-use sectors can amplify the effects of carbon emission reduction. Studies have shown that, globally, coal power assets alone make up about three-quarters of the total value of stranded assets in the electricity sector, with China's coal-fired power assets making up as much as 45% (Saygin et al., 2019).

III. Case Study on Stranded Coal-fired Power Assets in China

China's coal-fired power capacity is substantial with a relatively short service life, and it has a high proportion of carbon emissions within the carbon-intensive industries. Additionally, the reduction of indirect carbon emissions in end-use industries also relies on the transformation measures of coal-fired power. Therefore, whether from the perspectives of industry importance, interconnectedness, or representativeness, stranded coal-fired power assets will be a focal point of attention in China's energy transition. Moreover, as the three reform linkage" initiative for coal-fired power gradually progresses, the impacts on coal-fired power assets should also be included in the accounting scope of stranded assets. Hence, this paper supplements the existing definition of stranded assets, stating that the risks of stranded assets include not only the loss of expected returns due to the premature retirement of coal-fired power units but also the decline in expected earnings caused by policy or market factors such as flexibility adjustments. The following section will use the coal-fired power transition as an example, and based on the design of a low-carbon transition pathway, estimate the scale and spatiotemporal distribution of stranded asset risks faced by the coal-fired power industry under different transition measures through a self-constructed plant-level coal-fired power financial model (Table 5-8-2).

Table 5-8-2 Scenario Design for Coal-fired Power Transformation Under Electricity Supply and Carbon Emission Constraints

Scenarios	Lifespan (Year)	Hours of Operation	Other Assumptions
Business As Usual (BAU)	30	2021 Benchmark	Units beyond their lifespan phased out within approximately 3 years
Early Retirement (ER)	21	2021 Benchmark	Same as BAU
Low Utilization (LU)	30	≥1 000 MW: 75% CHP: 70% Other: 30%~50%	By 2025, units having completed LU adjustments will total 200 million kW; by 2030, all units with a capacity of less than 600 MW will have undergone LU adjustments
CCS Retrofit	30	2021 Benchmark	Priority is given to deploying CCS in IGCC, supercritical, and ultra-supercritical units, with a gradual rollout to other units after 2043-2045
MIX (MIX)	<200 MW: 25 LU: 35 CCS Retrofit: 40	2021 Benchmark LU: 40%~60%	Beyond technical considerations, CCS is implemented in units exceeding 600 MW and with a remaining operational lifespan of over 10 years

Research has found that the transition of China's coal-fired power could potentially lead to RMB trillions of yuan in stranded assets (Figure 5-8-2). The cumulative stranded assets in China's coal-fired power sector could reach RMB 1.53 trillion, RMB 3.97 trillion, and RMB 3.92 trillion under the influence of three single transition measure pathways: early retirement, LU and CCS retrofit, respectively. Under a categorized policy combination scenario, the coal-fired power transformation pathway incorporates various measures such as early retirement, LU and CCS retrofit, and some coal-fired power units adopt a life extension strategy, resulting in stranded asset magnitudes between those of early retirement, LU and CCS retrofit scenarios, amounting to RMB 2.90 trillion. The existing coal-fired power unit assets are the main part at risk of becoming stranded assets; a comprehensive halt to the construction and preparation of coal-fired power units under development would significantly reduce the scale of stranded assets.

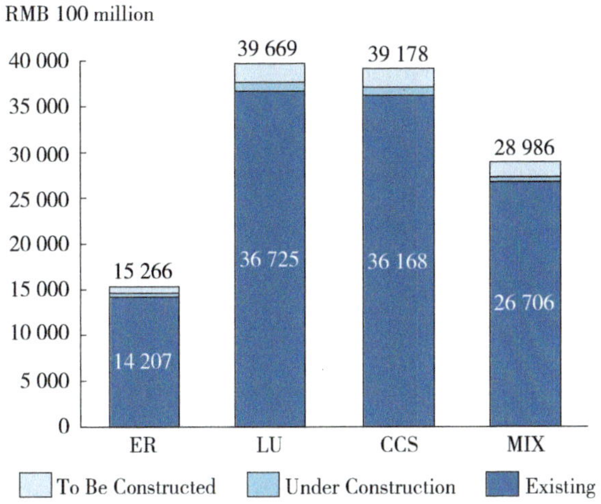

Figure 5-8-2 Comparison of Stranded Assets for Existing and Incremental Units under Different Transition Scenarios

Note: The scale of stranded assets is discounted to the present value as of 2021, and the same applies below.

The temporal distribution and peak levels of stranded assets vary significantly across different transformation pathways. Under the early retirement pathway, the pressure of stranded risks for China's existing coal-fired power is mainly concentrated between 2030 and 2040, with the highest level of stranded assets occurring in 2035 when the net cash flow loss of coal-fired power reached RMB 214.87 billion, accounting for 8.8% of the added value of the electricity and thermal industry in 2020. The annual distribution of stranded assets is related to the age structure of China's coal-fired power units. An administrative change in the coal-fired power approval process in 2015 led to a significant rise in new coal-fired power capacity, with an annual increase in installed capacity reaching 80 GW. These units are expected to be retired early by 2035, resulting in substantial coal-fired power asset losses. Under the LU scenario, both existing and incremental coal-fired power units face comprehensive net cash flow losses over their lifespan, with the peak occurring around 2030—2035, slightly ahead of the early retirement scenario, and the peak level also slightly higher, reaching RMB 275.78 billion. LU will affect the operating hours of most units until they reach the minimum technical output. As coal-fired power units reach the end of their service life, the scale of asset loss will gradually decrease. The CCS retrofit scenario is similar to the LU scenario, but the peak level is maintained for a longer duration, and there will still be risks emerging around 2045, which is related to the timing of CCS deployment. Looking at the risk values of stranded assets, the annual distribution under the CCS retrofit scenario is more concentrated, and the peak level of asset loss exceeds RMB 300 billion, the highest among the four scenarios. In comparison, under the scenario of a categorized policy mix, the interannual distribution of stranded assets is more evenly distributed, peaking at RMB 170.14 billion in asset write-offs in 2032. Since high-tech parameter units undergoing LU and CCS retrofit will also adopt life extension measures, this will result in a compensation of asset value after 2060, manifesting as negative values of stranded assets (Figure 5-8-3).

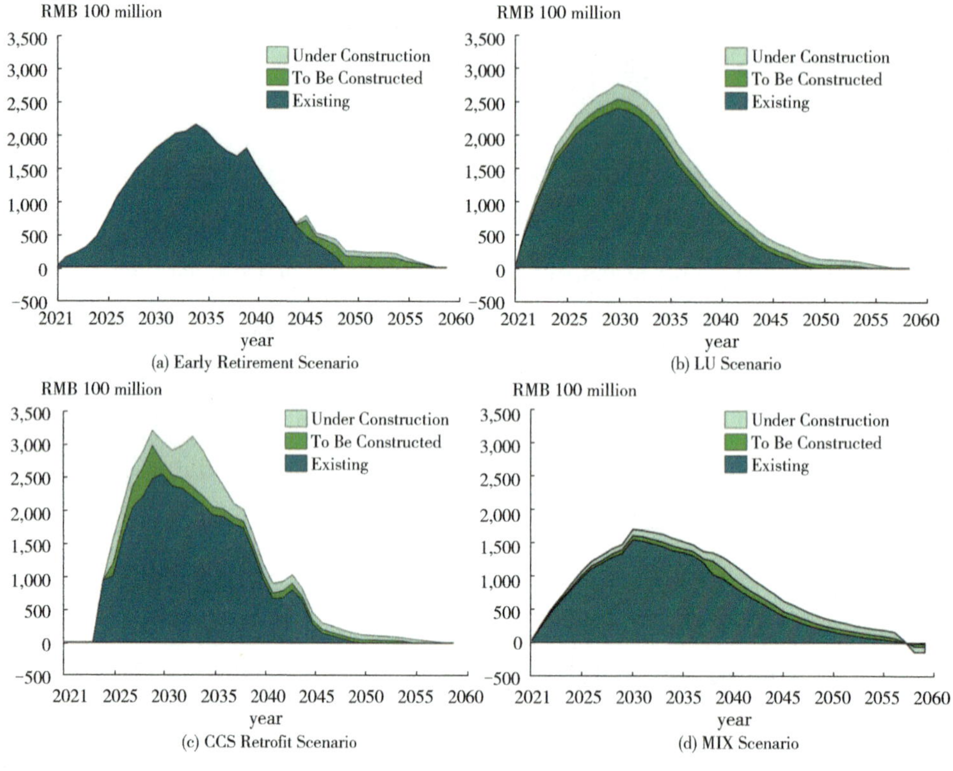

Figure 5-8-3 Interannual Variations of Stranded Assets Under Different Transition Scenarios

Looking at the geographical distribution of coal-fired power stranded asset magnitudes, there is a close correlation with the scale of coal-fired power installations in each province. The top ten provinces with existing coal-fired power installations mainly include Shandong, Inner Mongolia, Jiangsu, Guangdong, Henan, Xinjiang, Shaanxi, Anhui, Hebei, and Shaanxi, accounting for 63.81% of the total national coal-fired power installations and contributing two-thirds of the carbon emissions from the power sector. Under scenarios of early retirement and LU, the scale of stranded assets accounts for 67% and 70% of the national total, respectively, with Shandong and Inner Mongolia being the provinces with the largest scale of coal-fired power installations and thus facing significant stranded asset risks. From the perspective of the six major power grids, the North China and Northwest China power grids have much higher risks of stranded assets under various transformation scenarios compared to other regions. Provinces like Jiangsu, Zhejiang, and Guangdong have a high proportion of large units, with those above 1,000MW making up about 34%~38%. Under the LU scenario, the scale of stranded assets is roughly consistent with that of early retirement, showing a clear comparative advantage over other provinces. In the combined scenario, provinces within the North China and Northwest China power grids remain the most affected by low-carbon transition. Most provinces fall between the scales of stranded assets under the early retirement and LU/CCS retrofit scenarios, with inter-provincial differences also slightly lower than under scenarios with single technical measures. Therefore, during the low-carbon transition of coal-fired power, it is necessary to pay attention to regional differences in transition risks to avoid exacerbating imbalances between regions (Table 5-8-3).

Table 5-8-3 Regional Distribution of Stranded Assets of Existing Coal-fired Power Units

	Early Retirement (In RMB 1 million)	LU (In RMB 1 million)	CCS Retrofit (In RMB 1 million)	MIX (In RMB 1 million)
Nationwide Total	14,207	36,725	36,168	26,706
Shandong	1,087	5,430	3,296	2,637
Inner Mongolia	1,697	6,236	2,378	2,768
Jiangsu	1,041	1,937	950	1,817
Guangdong	307	536	1,409	176
Henan	539	2,104	1,129	1,133
Xinjiang	299	2,021	3,908	3,366
Shanxi	1,269	3,550	2,567	2,048
Anhui	738	1,449	797	1,490
Hebei	685	2,326	1,780	1,321
Shaanxi	1,269	3,550	2,567	2,048
Zhejiang	614	728	1,438	774

IV. Recommended Measures to Prevent Asset Stranding

Currently, China's energy endowment and the energy structure dominated by fossil fuels is an objective reality. Given the long-term and systemic nature of the "dual carbon" goals, it is important to ensure national energy security and economic development as the bottom line, and actively, prudently, and orderly promote the low-carbon transition of various stages such as energy production, processing, and consumption. Improper transition will not only affect energy security, but may also involve significant depreciation of a large amount of existing energy infrastructure assets. The *Opinions on Fully, Accurately and Completely Implementing the New Development Concept to Do a Good Job in Carbon Peaking and Carbon Neutrality* also clearly propose that the transition process must handle the relationships in the process of saving energy, reducing pollution, and lowering carbon emissions, "effectively dealing with the economic, financial, and social risks that may accompany the green and low-carbon transition, preventing overreaction, and achieving safe decarbonization". Discussions about stranded asset risks are not about avoiding transition, but about effectively managing and preventing risks during the transition process. To ensure the safe decarbonization of China's energy system, the following recommendations are proposed:

First, it is necessary to reverse the inertia of investment in high-carbon energy infrastructure, stabilizing short-term supply and long-term investment expectations.

The introduction of the "dual carbon" goals is a solemn commitment made by China to the world, with clear quality requirements and specific time constraints, setting relatively explicit demands on the transition of the energy sector. Currently, China's fossil energy infrastructure is generally still in an expansion phase. Taking natural gas as an example, as a potential transitional energy source, there is still high investment enthusiasm in exploration and development, transportation facilities, as well as processing and conversion facilities, with 26,300 kilometers of gas pipelines under construction and 29,800 kilometers under pre-development. Therefore, related investments should be in line with the energy transformation goals and pathways, considering the growth of energy consumption and the lifespan of infrastructure, to prevent over-investment in related facilities.

To guard against overheating in energy technology and infrastructure investment, it is necessary to strengthen policy guidance and market mechanisms. The government can provide stable expectations for clean energy investment by setting clear energy policies and carbon reduction targets, while also increasing the costs of high-carbon industries through carbon taxes or carbon trading systems, encouraging investors to shift towards low-carbon energy projects. When investing in energy infrastructure, enterprises and investors should fully consider long-term trends and policy risks. By adopting a diversified investment strategies that increases the proportion of investments in low-carbon and renewable energy projects, they can effectively spread risks and reduce the likelihood of future asset strandedness.

Second, it is necessary to orderly phase out outdated infrastructure and fully tap into the reuse and retrofit potential of existing facilities.

Outdated and high-carbon emitting energy facilities often have a long service life with a high probability of recovering investment returns, making them candidates for retirement and replacement. By progressively retiring inefficient coal-fired power units, kilns, and other equipment, obsolete production capacities can be phased out. Furthermore, the construction of new high-energy-consuming and high-emission equipment and facilities should be restricted.

During the low-carbon transition in the energy sector, there will be a demand for the construction of new energy infrastructure, such as infrastructure for the production, processing, and consumption of low-carbon energy sources like green hydrogen. By reusing or retrofitting existing infrastructure for which the capital investment has not been fully recovered, it is possible to retain a significant portion of the infrastructure's value and provide cost-effective opportunities for the deployment of low-carbon energy. There is enormous potential for the reuse and transformation of energy infrastructure. For instance, crude oil and refined oil pipelines can be repurposed as infrastructure for transporting carbon dioxide or hydrogen. Oil refinery can be transformed into biofuel blending facilities, and natural gas infrastructure can be utilized for the rapid deployment of low-carbon gases like biomethane, synthetic methane, and hydrogen.

Third, while ensuring energy security and economic growth, it is necessary to tailor strategies to local conditions and implement categorized policies to ensure a smooth transition in the energy transition.

Given the substantial disparities in energy endowment and consumption demands across provinces, it's crucial to conduct proper monitoring, evaluation, and adjustment during the transition process. This involves the development of both national and local energy transition goals and roadmaps. Taking the coal-fired power industry as an example, provinces have shown markedly different responses to various coal-fired power transition pathways, primarily influenced by factors such as coal-fired power capacity, electricity prices, and profitability. Therefore, special attention should be given to the regional economic impacts of low-carbon transitions in these areas. In provinces like Shandong, Inner Mongolia, and Shanxi, coal-fired power units that have been operating for a long time, with low efficiency and poor profitability, will be prioritized for retirement or upgrading. Additionally, under China's national circumstances, it is an inevitable choice for coal-fired power to take on the role of flexible generators. In the long term, considering the pivotal role of coal power in renewable energy consumption and the stability of the power system supply, some technologically advanced units will adopt CCUS technology. Particularly in the eastern coastal regions such as Zhejiang, Jiangsu, and Guangdong, these units will leverage their advantages of being closer to the load center, having advanced technology, and shorter lifespans. A diverse technical combination of coal-fired power plus CCUS and nuclear power will play a complementary role in generating electricity.

Fourth, it is necessary to intensify the R&D efforts in low-carbon and negative carbon technologies, leveraging the supportive and leading role of scientific and technological innovation.

The core of energy transition lies in the shift from fossil fuels to renewable energy, which requires prioritizing the planning and layout of new energy supply systems and building an energy technology innovation system that aligns with the "dual carbon" goals. The construction of renewable energy infrastructure and supporting projects will be the main focus for support: in the northwestern regions where wind and solar resources are abundant and there is ample usable space in deserts, Gobi, and barren areas, accelerate the planning and construction of large-scale wind and photovoltaic base projects. As the proportion of renewable energy entering the impact of its intermittency and volatility become more pronounced. Therefore, it is necessary to build and optimize a flexible demand response power grid, improve long-distance transmission, and cross-regional dispatching. The deployment of supporting infrastructure such as battery storage and hydrogen storage to provide a variety of services including peak shaving, frequency regulation, and backup. Key industries with high energy consumption, such as steel and cement, should be given focused support for raw material and fuel substitution, CCUS, and other negative carbon technologies, combined with integrated applications of electrification, digitalization, and intelligentization.

Fifth, it is necessary to bolster the financial support and market incentive mechanisms for the transition of energy infrastructure.

A significant number of fossil fuel-related energy infrastructure faces the financial demands of transitioning to low-carbon operations. To lower the financial costs associated with upgrading and retrofitting of enterprises and meet the short-term and medium-to-long-term transition needs of different industries, strategies such as establishing green development funds and providing fiscal and tax incentives should be implemented based on the operational status and transformation requirements of different industries.

To drive forward the market-oriented reform of the power sector, it is imperative to enhance the price discovery mechanism in the energy market. Taking the coal-fired power industry as an example, given its vital role in ensuring power supply security and promoting the consumption of renewable energy, it is imperative to enhance the market-based pricing mechanism. This includes establishing a peak electricity pricing system to share the cost pressure of peak shaving for coal-fired power units. Notably, the impact of LU adjustments on small and medium-sized coal-fired power units is significant, and there should be a particular emphasis on compensating these units for peak shaving auxiliary services. Additionally, a well-developed carbon trading market and green certificate trading mechanism should be established to promote the reduction of carbon emissions and the development of clean energy through market means.

Author: Wang Ke[1], Wang Yanhua[2]

Reference

[1] Alova G. A global analysis of the progress and failure of electric utilities to adapt their portfolios of power-generation assets to the energy transition[J]. Nature Energy, 2020, 5(11): 920-927.

[2] Caldecott B, Tilbury J, Yuge M. Stranded Down Under? Environment-related factors changing China's demand for coal and what this means for Australian coal assets[M]. Smith School of Enterprise and the Environment, University of Oxford, 2013.

[3] Curtin J, Mcinerney C, Gallachóir B Ó, et al. Quantifying stranding risk for fossil fuel assets and implications for renewable energy investment: a review of the literature[J]. Renewable and Sustainable Energy Reviews, 2019, 116: 109402.

[4] Edwards M R, Cui R, Bindl M, et al. Quantifying the regional stranded asset risks from new coal plants under 1.5° C[J]. Environmental Research Letters, 2022, 17(2): 024029.

[5] Foundation G. Stranded Carbon Assets: Why and how carbon risks should be incorporated in investments analysis[R/OL]. London: Generation Foundation, 2013.

[6] Gray M, Ljungwaldh S, Watson L, et al. Powering down coal-Navigating the economic and financial risks in the last years of coal-fired power[R/OL]. London: Carbon Tracker Initiative, 2018a.

[7] Gray M, Ljungwaldh S, Watson L, et al. Global coal economics report and portal[R/OL]. London: Carbon Tracker In Initiative, 2018b.

[8] IEA. CO2 Emissions in 2022[R/OL]. International Energy Agency, 2023.

1 Wang Ke, School of Environment & Natural Resources, Renmin University of China.

2 Wang Yanhua, School of Environment & Natural Resources, Renmin University of China.

[9] IEA. Redrawing the energy climate map: World Energy Outlook 2013 special report[R/OL]. Paris: International Energy Agency, 2013.
[10] IEA. An energy sector roadmap to carbon neutrality in China[R/OL]. Paris: International Energy Agency, 2021.
[11] IEA, IRENA. Perspectives for the energy transition: Investment needs for a low-carbon energy system[R/OL]. Paris: International Energy Agency& International Renewable Energy Agency, 2017.
[12] Linquiti P, Cogswell N. The Carbon Ask: effects of climate policy on the value of fossil fuel resources and the implications for technological innovation[J]. Journal of Environmental Studies Sciences, 2016, 6(4): 662-676.
[13] Löffler K, Burandt T, Hainsch K, et al. Modeling the low-carbon transition of the European energy system-a quantitative assessment of the stranded assets problem[J]. Energy Strategy Reviews, 2019, 26: 100422.
[14] Mcglade C, Ekins P. The geographical distribution of fossil fuels unused when limiting global warming to 2℃ [J]. Nature, 2015, 517(7533): 187-190.
[15] Mercure J-F, Pollitt H, Viñuales J E, et al. Macroeconomic impact of stranded fossil fuel assets[J]. Nature Climate Change, 2018, 8(7): 588-593.
[16] O'callaghan B, Yau N, Hepburn C. How stimulating is a green stimulus? The economic attributes of green fiscal spending[J]. Annual review of Environment and Resources, 2022, 47: 697-723.
[17] Pfeiffer A, Hepburn C, Vogt-Schilb A, et al. Committed emissions from existing and planned power plants and asset stranding required to meet the Paris Agreement[J]. Environmental Research Letters, 2018, 13(5): 054019.
[18] Rozenberg J, Vogt-Schilb A, Hallegatte S. Transition to clean capital, irreversible investment and stranded assets[R/OL]. World bank policy research working paper, 2016.
[19] Rozenberg J, Vogt-Schilb A, Hallegatte S. Instrument choice and stranded assets in the transition to clean capital[J]. Journal of Environmental Economics and Management, 2020, 100: 102183.
[20] Saygin D, Rigter J, Caldecott B, et al. Power sector asset stranding effects of climate policies[J]. Energy Sources, Part B: Economics, Planning, and Policy, 2019, 14(4): 99-124.
[21] Shimbar A. Environment-related stranded assets: An agenda for research

into value destruction within carbon-intensive sectors in response to environmental concerns[J]. Renewable and Sustainable Energy Reviews, 2021, 144: 111010.

[22] Van Der Ploeg F, Rezai A. Stranded assets in the transition to a carbon-free economy[J]. Annual Review of Resource Economics, 2020, 12: 281-298.

[23] Li Zheng, Chen Siyuan, Dong Wenjuan, et al. Realistic, feasible, and cost-affordable pathways for low-carbon transition of China's power sector [J]. Clean Coal Technology, 2021, 27:1-7.

[24] Zhang Qiang, Tong Dan. Global carbon emissions and carbon lock-in effects of energy infrastructure [R/OL]. Beijing: Institute for Carbon Neutrality, Tsinghua University, 2021.